矩阵论及其应用

郭东亮　黄小红　黄海风◎编著

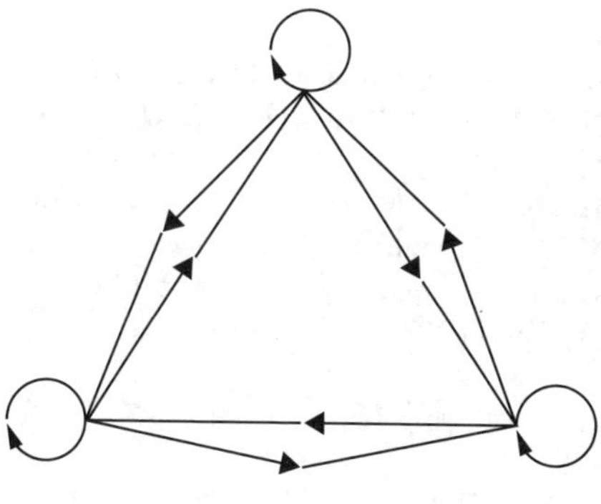

清华大学出版社
北京

内容简介

本书较全面、系统地介绍了矩阵论的基本理论、方法和应用. 全书共 7 章，分别介绍了线性空间、线性变换、典型矩阵与变换、矩阵的相似标准形、矩阵分解、矩阵的微积分、广义逆矩阵. 本书注重矩阵理论和方法的阐述以及推导的严谨性，在每章开篇的导学部分简明扼要地指出该章内容研究的必要性以及解决了什么实际问题，并给出知识网络框图. 同时，注重理论与实践的结合，每章最后一节介绍本章主要理论和方法在电子信息、通信工程等领域的实际应用. 为方便读者学习，每章均配有一定数量的习题，书末给出习题参考答案.

本书可作为高等院校理工科各专业硕士研究生的教材，也可作为高年级本科生的选修课教材，还可供科技人员和有兴趣的读者自学和参考. 本书配有同步学习指导书，可辅助教师教学和帮助学生自学.

图书在版编目(CIP)数据

矩阵论及其应用/郭东亮，黄小红，黄海风编著. —北京：清华大学出版社，2024.3
ISBN 978-7-302-65799-6

Ⅰ. ①矩… Ⅱ. ①郭… ②黄… ③黄… Ⅲ. ①矩阵论 Ⅳ. ①O151.21

中国国家版本馆 CIP 数据核字(2024)第 051102 号

责任编辑：崔 彤
封面设计：李召霞
责任校对：申晓焕
责任印制：丛怀宇

出版发行：清华大学出版社
网 址：https://www.tup.com.cn，https://www.wqxuetang.com
地 址：北京清华大学学研大厦 A 座 **邮 编**：100084
社 总 机：010-83470000 **邮 购**：010-62786544
投稿与读者服务：010-62776969，c-service@tup.tsinghua.edu.cn
质量反馈：010-62772015，zhiliang@tup.tsinghua.edu.cn
课件下载：https://www.tup.com.cn，010-83470236
印 装 者：三河市人民印务有限公司
经 销：全国新华书店
开 本：170mm×230mm **印 张**：15 **字 数**：286 千字
版 次：2024 年 5 月第 1 版 **印 次**：2024 年 5 月第1 次印刷
印 数：1～1500
定 价：49.00 元

产品编号：102642-01

前言

矩阵论(matrix theory)提出于19世纪，经过近两个世纪的发展，现已成为数学中一个独立的重要分支，矩阵论又可分为矩阵方程论、矩阵分解论和广义逆矩阵论等矩阵的现代理论，具有极其丰富的内容. 作为一种重要的数学工具，矩阵论不仅在数学学科内部，而且在力学、物理学和其他科学技术领域都有十分广泛的应用. 进入20世纪以后，电子计算机的发明及计算机科技的迅速发展为矩阵论的应用开辟了广阔前景，矩阵论的理论和方法因具有适合计算机处理的特点而愈加重要，可以说，矩阵论已成为科学研究人员和工程技术人员必备的数学基础，矩阵论的相关知识对于高等院校理工科学生而言是必须掌握的.

本书编著者多年来在中山大学为理工科硕士研究生讲授矩阵论课程，并面向高年级本科生开设矩阵论选修课. 本书是在多年使用的讲义基础上修订完善而来的.

矩阵论的先修课程是线性代数、高等数学，本书以大学理工科专业通用的线性代数、高等数学课程的内容作为预备知识，较全面、系统地介绍了矩阵论的基本理论、方法和实际应用.

全书共7章.

第1章，线性空间；第2章，线性变换. 这两章的内容较抽象，但对训练学生的逻辑思维能力、提高分析问题的严密性、培养学生的数学素养而言非常重要。本书在例题、定理等内容中增加了分析和解释性语言，以使抽象回归到具体，降低理解难度，消除歧义，起到辅导作用. 这种分析、解释、辅导也是本书所有章节的一大特色.

第3章，典型矩阵与变换，是前两章理论的运用，也是线性代数相关内容的深化，同时也是后续章节的必要基础.

第4章，矩阵的相似标准形；第5章，矩阵分解. 这两章的内容是矩阵理论的重要部分，实用性强，是理工科学生和科技人员在分析和解决实际问题中直接用到的数学工具，也是线性代数相关内容的深化.

第 6 章，矩阵的微积分. 这一章的内容对应数学学科中的“分析”领域，即矩阵分析，是高等数学相关内容的深化，需要用到序列、函数、极限、无穷级数、导数与微分、不定积分、定积分等高等数学知识，由于向量范数和矩阵范数是新内容，本章用单独的一节给出.

第 7 章，广义逆矩阵. 广义逆矩阵是矩阵的现代理论的重要内容之一，可应用于矛盾方程组的求解等问题，是线性代数相关内容的深化，实用性很强.

本书的出版凝聚了许多老师、同学和业界同人的努力和心血.

感谢中山大学电子与通信工程学院 2017 至 2021 级本科生和研究生在本书使用中对本书内容提出的宝贵建议，感谢同学们的勘误和补充. 感谢中山大学电子与通信工程学院的领导和同事在本书写作过程中给予的支持.

感谢清华大学出版社盛东亮和崔彤等在本书的编校工作中所做出的贡献.

虽然我们在本书编撰过程中精益求精，但由于时间仓促和编著者水平有限，书中难免有疏漏和不足之处，恳请读者批评指正！

编著者

2024 年 2 月

于中山大学深圳校区

目录

第 1 章　线性空间 …… 1

1.1　线性空间的概念 …… 2

1.1.1　线性空间的定义和性质 …… 2

1.1.2　向量组的线性相关性 …… 4

1.1.3　线性空间的基与维数 …… 7

1.1.4　线性空间的坐标与坐标变换 …… 9

1.2　线性空间的子空间 …… 14

1.2.1　线性子空间 …… 14

1.2.2　子空间的交与和 …… 15

1.2.3　子空间的直和 …… 19

1.3　赋范线性空间 …… 21

1.3.1　范数 …… 21

1.3.2　赋范线性空间的定义 …… 21

1.4　度量空间 …… 22

1.4.1　向量的距离 …… 22

1.4.2　度量空间的定义 …… 22

1.5　内积空间 …… 24

1.5.1　欧氏空间 …… 24

1.5.2　酉空间 …… 26

1.5.3　向量的夹角 …… 27

1.5.4　基的正交化 …… 29

1.6　应用实例 …… 32

1.6.1 线性分组码的编码 …… 32
1.6.2 线性分组码的译码 …… 34
本章小结 …… 37
习题 1 …… 37

第 2 章 线性变换 …… 42

2.1 线性映射 …… 43
2.1.1 线性映射的定义及性质 …… 43
2.1.2 线性映射的矩阵表示 …… 44
2.1.3 两个线性空间不同基组合下的矩阵表示 …… 50
2.1.4 线性映射的值域、核 …… 51
2.1.5 线性映射与其矩阵表示的值域、核的关系 …… 53
2.1.6 同构映射 …… 55
2.2 线性变换及其矩阵 …… 57
2.2.1 线性变换及其矩阵表示 …… 57
2.2.2 线性变换的运算 …… 60
2.2.3 线性变换的特征值与特征向量 …… 61
2.2.4 线性变换的值域、核 …… 65
2.3 线性变换的不变子空间 …… 66
2.3.1 不变子空间的定义 …… 66
2.3.2 不变子空间的性质 …… 66
2.4 应用实例 …… 67
2.4.1 同构映射的应用 …… 67
2.4.2 乘积矩阵的秩 …… 69
2.4.3 数字信号处理中的线性变换 …… 70
本章小结 …… 71
习题 2 …… 72

第 3 章 典型矩阵与变换 …… 75

3.1 正交矩阵与正交变换、酉矩阵与酉变换 …… 76

3.1.1 正交矩阵和酉矩阵 …… 76
3.1.2 正交变换和酉变换 …… 78
3.1.3 正交变换、酉变换实例 …… 81
3.2 幂等矩阵与投影变换 …… 82
3.2.1 幂等矩阵 …… 82
3.2.2 正交补与正交投影变换 …… 83
3.3 对称变换、Hermite 变换及其矩阵 …… 86
3.3.1 对称变换与对称矩阵 …… 86
3.3.2 Hermite 矩阵与 Hermite 变换 …… 88
3.4 正规矩阵与正规变换 …… 92
3.4.1 正规矩阵 …… 92
3.4.2 伴随变换和正规变换 …… 95
3.5 应用实例 …… 97
3.5.1 Householder 镜像变换 …… 97
3.5.2 最小二乘法的数学原理 …… 98
本章小结 …… 102
习题 3 …… 103

第 4 章 矩阵的相似标准形 …… 106

4.1 λ-矩阵及其初等变换 …… 107
4.1.1 λ-矩阵的定义 …… 107
4.1.2 λ-矩阵的初等变换及等价 …… 108
4.2 λ-矩阵的 Smith 标准形 …… 110
4.2.1 λ-矩阵的 Smith 标准形、不变因子 …… 110
4.2.2 用初等变换求 λ-矩阵的 Smith 标准形 …… 113
4.2.3 行列式因子、λ-矩阵等价的充要条件 …… 114
4.2.4 初等因子 …… 116
4.3 数字矩阵相似的充要条件 …… 121
4.4 矩阵的 Jordan 标准形 …… 122
4.4.1 Jordan 标准形的定义及求解 …… 122

4.4.2 相似变换矩阵的求法 …… 124

4.5 应用实例 …… 125

4.5.1 常系数线性微分方程组的求解 …… 125

4.5.2 矩阵计算 …… 127

本章小结 …… 128

习题 4 …… 129

第 5 章 矩阵分解 …… 132

5.1 矩阵的三角分解 …… 133

5.1.1 三角分解及其存在唯一性 …… 133

5.1.2 规范化三角分解 …… 135

5.1.3 三角分解的紧凑计算格式 …… 138

5.1.4 Hermite 正定矩阵的 Cholesky 分解 …… 140

5.2 矩阵的满秩分解 …… 142

5.2.1 满秩分解 …… 142

5.2.2 不同满秩分解之间的关系 …… 143

5.3 矩阵的正交三角分解 …… 144

5.3.1 满秩方阵的正交三角分解 …… 145

5.3.2 一般矩阵的正交三角分解 …… 147

5.4 矩阵的奇异值分解 …… 149

5.4.1 矩阵的奇异值 …… 149

5.4.2 矩阵的奇异值分解方法 …… 150

5.5 应用实例 …… 155

5.5.1 解线性代数方程组 …… 155

5.5.2 基于奇异值分解的数字图像压缩 …… 156

5.5.3 基于奇异值分解的数字水印 …… 159

本章小结 …… 161

习题 5 …… 162

第 6 章 矩阵的微积分 …… 165

6.1 向量和矩阵的范数 …… 166

6.1.1 向量范数 …… 166
6.1.2 矩阵范数 …… 169
6.1.3 向量范数与矩阵范数的相容性 …… 170
6.2 矩阵序列与极限 …… 173
6.2.1 矩阵序列 …… 173
6.2.2 矩阵序列收敛的性质 …… 174
6.2.3 矩阵序列的敛散性 …… 175
6.3 矩阵级数与矩阵函数 …… 177
6.3.1 矩阵级数 …… 177
6.3.2 矩阵幂级数 …… 179
6.3.3 矩阵函数的幂级数定义 …… 181
6.4 函数矩阵的微分与积分 …… 183
6.4.1 函数矩阵的定义及运算 …… 183
6.4.2 函数矩阵的极限 …… 184
6.4.3 函数矩阵的导数 …… 185
6.4.4 函数矩阵的积分 …… 187
6.5 应用实例 …… 187
6.5.1 矩阵范数的应用 …… 187
6.5.2 矩阵函数的应用 …… 189
本章小结 …… 192
习题 6 …… 192

第 7 章 广义逆矩阵 …… 195

7.1 广义逆矩阵的概念 …… 196
7.1.1 广义逆矩阵的定义 …… 196
7.1.2 减号逆的性质 …… 197
7.1.3 减号逆的计算 …… 198
7.2 M-P 广义逆矩阵 …… 200
7.2.1 M-P 广义逆矩阵的定义 …… 200
7.2.2 加号逆的性质 …… 202

7.2.3 加号逆的计算 …… 203
7.3 应用实例 …… 205
7.3.1 相容方程组和矛盾方程组 …… 205
7.3.2 相容方程组的求解 …… 206
7.3.3 矛盾方程组的求解 …… 208
本章小结 …… 210
习题 7 …… 211

参考文献 …… 213

附录 A 矩阵运算相关 MATLAB 函数 …… 214

附录 B 习题参考答案 …… 217

第1章

线性空间

本章的知识网络框图：

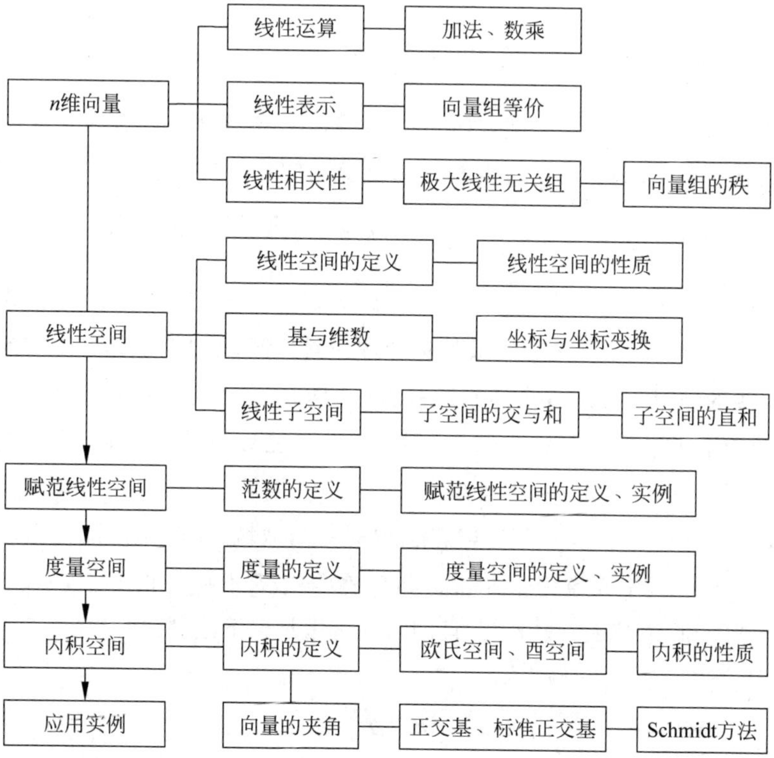

在线性代数中，将几何空间中的三维向量概念推广到由 n 个数构成的有序数组，得到 n 维向量的概念，对 n 维向量定义加法和数乘两种线性运算，得到实数域

$\mathbb{R}$ 上的 n 维向量空间$\mathbb{R}^n$. 将向量空间$\mathbb{R}^n$ 的概念进一步拓展，得出更加抽象的线性空间的概念. 这里的“空间”借用了几何术语，实际上，线性空间是定义了加法和数乘两种线性运算的非空集合，且非空集合中的元素不再局限于有序数组，可以为矩阵、函数等其他类型.

线性空间的概念及相关理论是线性代数知识的进一步深化，是学习矩阵理论的基础. 本章首先介绍线性空间、线性空间的子空间的概念，然后分别通过定义范数、度量、内积，将几何空间中的长度、距离、角度的概念推广到一般的线性空间，进而逐步引入赋范线性空间、度量空间、内积空间的概念，并介绍这些空间的基本性质.

1.1 线性空间的概念

1.1.1 线性空间的定义和性质

定义 1.1.1 设$\mathbb{P}$ 是一个包含 0 和 1 的数集，且若$\mathbb{P}$ 中任意两个数的和、差、积、商(除数为 0 外)仍在$\mathbb{P}$ 中(称$\mathbb{P}$ 对这些运算封闭)，即对任意的 $a,b\in\mathbb{P}$，均有

$$a+b\in\mathbb{P},\quad a-b\in\mathbb{P},\quad ab\in\mathbb{P},\quad \frac{a}{b}\in\mathbb{P}(b\neq 0),$$

则称$\mathbb{P}$ 是一个**数域**.

常见数域有：①全体复数组成的集合称为**复数域**，记为$\mathbb{C}$；②全体实数组成的集合称为**实数域**，记为$\mathbb{R}$；③全体有理数组成的集合称为**有理数域**，记为$\mathbb{Q}$.

线性空间理论所考虑的数域是实数域$\mathbb{R}$ 和复数域$\mathbb{C}$，二者统称为数域，记为$\mathbb{F}$.

定义 1.1.2 设 V 是一个非空集合，$\mathbb{F}$ 是一个数域，在集合 V 的元素之间定义**加法**运算. 即对 V 中任意两个元素 $\boldsymbol{\alpha}$ 和 $\boldsymbol{\beta}$，在 V 中都有唯一的元素 $\boldsymbol{\xi}$ 与之对应，$\boldsymbol{\xi}$ 称为 $\boldsymbol{\alpha}$ 与 $\boldsymbol{\beta}$ 的和，记为 $\boldsymbol{\xi}=\boldsymbol{\alpha}+\boldsymbol{\beta}$. 且加法运算满足以下法则：

(1) 交换律：$\boldsymbol{\alpha}+\boldsymbol{\beta}=\boldsymbol{\beta}+\boldsymbol{\alpha}$.

(2) 结合律：$(\boldsymbol{\alpha}+\boldsymbol{\beta})+\boldsymbol{\gamma}=\boldsymbol{\alpha}+(\boldsymbol{\beta}+\boldsymbol{\gamma})$.

(3) 零元素：V 中存在零元素 $\boldsymbol{0}$，$\forall\boldsymbol{\alpha}\in V$，都有 $\boldsymbol{\alpha}+\boldsymbol{0}=\boldsymbol{\alpha}$.

(4) 负元素：$\forall\boldsymbol{\alpha}\in V$，都有 $\boldsymbol{\alpha}$ 的负元素 $\boldsymbol{\beta}\in V$，使得 $\boldsymbol{\alpha}+\boldsymbol{\beta}=\boldsymbol{0}$. 可用 $-\boldsymbol{\alpha}$ 表示 $\boldsymbol{\alpha}$ 的负元素.

在集合 V 的元素与数域$\mathbb{F}$ 的元素之间定义**数乘**运算，即对 V 中任一元素 $\boldsymbol{\alpha}$ 与 $\mathbb{F}$ 中的任一数 k，在 V 中都有唯一的元素 $\boldsymbol{\eta}$ 与之对应，称为 k 与 $\boldsymbol{\alpha}$ 的数乘，记为 $\boldsymbol{\eta}=k\cdot\boldsymbol{\alpha}=k\boldsymbol{\alpha}$，且数乘运算满足以下法则：

(5) $1\cdot\boldsymbol{\alpha}=\boldsymbol{\alpha}$.

(6) $k(l\boldsymbol{\alpha})=(kl)\boldsymbol{\alpha}$.

(7) $(k+l)\boldsymbol{\alpha}=k\boldsymbol{\alpha}+l\boldsymbol{\alpha}$.

(8) $k(\boldsymbol{\alpha}+\boldsymbol{\beta})=k\boldsymbol{\alpha}+k\boldsymbol{\beta}$.

其中，k,l 是数域$\mathbb{F}$ 中的任意数，$\boldsymbol{\alpha},\boldsymbol{\beta}$ 是 V 中的任意元素.

称满足上述 8 个条件的集合 V 是数域$\mathbb{F}$ 上的**线性空间**. V 中所定义的加法和数乘运算统称为**线性运算**，当$\mathbb{F}$ 为实数域$\mathbb{R}$ 时，称 V 为**实线性空间**，当$\mathbb{F}$ 为复数域$\mathbb{C}$ 时，称 V 为**复线性空间**.

零元素可简称为零元，负元素可简称为负元. 下面是几个实线性空间的例子.

例 1.1.1 实数域$\mathbb{R}$ 作为集合，对通常的数的加法和乘法(作为数乘)运算，构成实数域$\mathbb{R}$ 上的线性空间.

例 1.1.2 n 维实向量集合$\mathbb{R}^n=\{\boldsymbol{\alpha},\boldsymbol{\beta},\boldsymbol{\gamma},\cdots\}$有实向量加法和数乘向量运算，因此该集合构成实数域$\mathbb{R}$ 上的线性空间.

例 1.1.3 n 阶实方阵集合$\mathbb{R}^{n\times n}=\{\boldsymbol{A},\boldsymbol{B},\boldsymbol{C},\cdots\}$有实矩阵加法和数乘矩阵运算，因此该集合构成实数域$\mathbb{R}$ 上的线性空间.

例 1.1.4 以实数域$\mathbb{R}$ 上的元素为系数的多项式称为实数域$\mathbb{R}$ 上的多项式，实数域$\mathbb{R}$ 上的以 x 为变量的全体多项式的集合记为$\mathbb{R}[x]$，其中，次数小于 n 的全体实系数多项式 $f(x)=a_0+a_1x+a_2x^2+\cdots+a_{n-1}x^{n-1}$ 的集合记为$\mathbb{R}[x]_n$，可以证明$\mathbb{R}[x]_n$ 对多项式加法和多项式数乘运算构成实数域$\mathbb{R}$ 上的线性空间.

下面再给出几个复线性空间的例子.

例 1.1.5 复数域$\mathbb{C}$ 作为集合，对通常的复数的加法和复数乘法(作为数乘)运算，构成复数域$\mathbb{C}$ 上的线性空间.

例 1.1.6 n 维复向量集合$\mathbb{C}^n=\{\boldsymbol{\alpha},\boldsymbol{\beta},\boldsymbol{\gamma},\cdots\}$有复向量加法和数乘向量运算，因此该集合构成复数域$\mathbb{C}$ 上的线性空间.

例 1.1.7 n 阶复方阵集合$\mathbb{C}^{n\times n}=\{\boldsymbol{A},\boldsymbol{B},\boldsymbol{C},\cdots\}$有复矩阵加法和数乘矩阵运算，因此该集合构成复数域$\mathbb{C}$ 上的线性空间.

例 1.1.8 以复数域$\mathbb{C}$ 上的元素为系数的多项式称为复数域$\mathbb{C}$ 上的多项式，复数域$\mathbb{C}$上的以x为变量的全体多项式的集合记为$\mathbb{C}[x]$，其中，次数小于n的全体复系数多项式$g(x)=b_0+b_1x+b_2x^2+\cdots+b_{n-1}x^{n-1}$的集合记为$\mathbb{C}[x]_n$，可以证明，$\mathbb{C}[x]_n$对多项式加法和多项式数乘运算构成复数域$\mathbb{C}$上的线性空间.

定理 1.1.1 设集合V是数域$\mathbb{F}$上的线性空间，$\forall \boldsymbol{\alpha}\in V$，$\forall k\in\mathbb{F}$，有

(1) V的零元素唯一.

(2) V的任一元素的负元素唯一.

(3) $k\mathbf{0}=\mathbf{0}$，$0\boldsymbol{\alpha}=\mathbf{0}$，$(-1)\boldsymbol{\alpha}=-\boldsymbol{\alpha}$.

(4) 若$k\boldsymbol{\alpha}=\mathbf{0}$，则$k=0$或$\boldsymbol{\alpha}=\mathbf{0}$.

证：(1) 设V有两个零元素$\mathbf{0}_1$和$\mathbf{0}_2$，则$\forall \boldsymbol{\alpha}\in V$，有$\boldsymbol{\alpha}+\mathbf{0}_1=\boldsymbol{\alpha}=\boldsymbol{\alpha}+\mathbf{0}_2$，所以$\mathbf{0}_1=\mathbf{0}_2$.

(2) 设$\forall \boldsymbol{\alpha}\in V$有两个负元素$\boldsymbol{\beta}_1$和$\boldsymbol{\beta}_2$，则$\boldsymbol{\alpha}+\boldsymbol{\beta}_1=\mathbf{0}$，$\boldsymbol{\alpha}+\boldsymbol{\beta}_2=\mathbf{0}$，则$\boldsymbol{\beta}_1=\boldsymbol{\beta}_1+\mathbf{0}=\boldsymbol{\beta}_1+(\boldsymbol{\alpha}+\boldsymbol{\beta}_2)=(\boldsymbol{\alpha}+\boldsymbol{\beta}_1)+\boldsymbol{\beta}_2=\mathbf{0}+\boldsymbol{\beta}_2=\boldsymbol{\beta}_2$.

(3) $k\boldsymbol{\alpha}=k(\mathbf{0}+\boldsymbol{\alpha})=k\mathbf{0}+k\boldsymbol{\alpha}$，所以$k\mathbf{0}=\mathbf{0}$.

$k\boldsymbol{\alpha}=(k+0)\boldsymbol{\alpha}=k\boldsymbol{\alpha}+0\boldsymbol{\alpha}$，所以$0\boldsymbol{\alpha}=0$.

$(-1)\boldsymbol{\alpha}+\boldsymbol{\alpha}=(-1)\boldsymbol{\alpha}+1\boldsymbol{\alpha}=(-1+1)\boldsymbol{\alpha}=0\boldsymbol{\alpha}=\mathbf{0}$， 所以$(-1)\boldsymbol{\alpha}=-\boldsymbol{\alpha}$.

(4) 的证明留给读者作为练习，注意区分零元素$\mathbf{0}$和数0. ■

1.1.2 向量组的线性相关性

在线性代数中，已经讨论了n维实向量的性质，包括线性相关、线性无关、等价性等，更一般的定义于数域$\mathbb{F}$上的线性空间V也有类似定义和性质.

线性空间V中的元素称为**向量**，常用粗体小写字母表示，矩阵理论中的向量比线性代数中的n维向量$\boldsymbol{\alpha}=(\alpha_1,\alpha_2,\cdots,\alpha_n)^{\mathrm{T}}$的含义更广泛，比如向量可以包括矩阵这种情况.

定义 1.1.3 设集合V是数域$\mathbb{F}$上的线性空间，$\boldsymbol{\alpha}_1,\boldsymbol{\alpha}_2,\cdots,\boldsymbol{\alpha}_r(r\geqslant 1)$是$V$中的一组向量，$k_1,k_2,\cdots,k_r$是数域$\mathbb{F}$中的数，如果$V$中向量$\boldsymbol{\alpha}$可以表示为

$$\boldsymbol{\alpha}=k_1\boldsymbol{\alpha}_1+k_2\boldsymbol{\alpha}_2+\cdots+k_r\boldsymbol{\alpha}_r,$$

则称向量$\boldsymbol{\alpha}$可以由向量组$\boldsymbol{\alpha}_1,\boldsymbol{\alpha}_2,\cdots,\boldsymbol{\alpha}_r$**线性表示**，或称向量$\boldsymbol{\alpha}$是向量组$\boldsymbol{\alpha}_1,\boldsymbol{\alpha}_2,\cdots,\boldsymbol{\alpha}_r$的**线性组合**，$k_1,k_2,\cdots,k_r$称为这个线性组合的系数.

定义 1.1.4 设集合V是数域$\mathbb{F}$上的线性空间，$\boldsymbol{\alpha}_1,\boldsymbol{\alpha}_2,\cdots,\boldsymbol{\alpha}_r(r\geqslant 1)$是$V$中的一组向量，如果在数域$\mathbb{F}$中存在$r$个不全为零的数$k_1,k_2,\cdots,k_r$，使得

$$k_1\boldsymbol{\alpha}_1+k_2\boldsymbol{\alpha}_2+\cdots+k_r\boldsymbol{\alpha}_r=\mathbf{0}, \tag{1.1.1}$$

则称 $\boldsymbol{\alpha}_1,\boldsymbol{\alpha}_2,\cdots,\boldsymbol{\alpha}_r$ **线性相关**.

如果对于一组向量 $\boldsymbol{\alpha}_1,\boldsymbol{\alpha}_2,\cdots,\boldsymbol{\alpha}_r$，只有当 $k_1=k_2=\cdots=k_r=0$ 时有

$$k_1\boldsymbol{\alpha}_1+k_2\boldsymbol{\alpha}_2+\cdots+k_r\boldsymbol{\alpha}_r=\mathbf{0},$$

则称 $\boldsymbol{\alpha}_1,\boldsymbol{\alpha}_2,\cdots,\boldsymbol{\alpha}_r$ 线性无关.

由以上定义可知，一组向量要么线性相关，要么线性无关，非此即彼.

定义 1.1.4 要求 $r\geqslant1$，当 $r=1$ 时，向量组只含有一个向量 $\boldsymbol{\alpha}_1$，由定义 1.1.4，当 $\boldsymbol{\alpha}_1=\mathbf{0}$ 时向量组是线性相关的，当 $\boldsymbol{\alpha}_1\neq\mathbf{0}$ 时向量组是线性无关的.

线性相关性是描述向量组内在关系的概念，向量组 $\boldsymbol{\alpha}_1,\boldsymbol{\alpha}_2,\cdots,\boldsymbol{\alpha}_r$ 线性相关表明向量组中至少有一个向量能由其余 $r-1$ 个向量线性表示. 这是因为如果向量组 $\boldsymbol{\alpha}_1,\boldsymbol{\alpha}_2,\cdots,\boldsymbol{\alpha}_r$ 线性相关，则有不全为 0 的数 $k_1,k_2,\cdots,k_r$ 使得 $k_1\boldsymbol{\alpha}_1+k_2\boldsymbol{\alpha}_2+\cdots+k_r\boldsymbol{\alpha}_r=\mathbf{0}$，不妨设 $k_1\neq0$，于是有

$$\boldsymbol{\alpha}_1=-\frac{1}{k_1}(k_2\boldsymbol{\alpha}_2+\cdots+k_r\boldsymbol{\alpha}_r),$$

即 $\boldsymbol{\alpha}_1$ 能由 $\boldsymbol{\alpha}_2,\boldsymbol{\alpha}_3,\cdots,\boldsymbol{\alpha}_r$ 线性表示.

例 1.1.9　试证：$\mathbb{R}^{2\times2}$ 中的一组向量

$$\boldsymbol{E}_1=\begin{bmatrix}1&0\\0&0\end{bmatrix},\quad \boldsymbol{E}_2=\begin{bmatrix}0&1\\0&0\end{bmatrix},\quad \boldsymbol{E}_3=\begin{bmatrix}0&0\\1&0\end{bmatrix},\quad \boldsymbol{E}_4=\begin{bmatrix}0&0\\0&1\end{bmatrix}$$

是线性无关的.

分析：考察一组向量的线性相关性，需考察满足式(1.1.1)的系数 $k_1,k_2,\cdots,k_r$ 是否只能全为零. 若只能全为零，则向量组线性无关，否则向量组线性相关.

证：若

$$k_1\cdot\begin{bmatrix}1&0\\0&0\end{bmatrix}+k_2\cdot\begin{bmatrix}0&1\\0&0\end{bmatrix}+k_3\cdot\begin{bmatrix}0&0\\1&0\end{bmatrix}+k_4\cdot\begin{bmatrix}0&0\\0&1\end{bmatrix}=\mathbf{0},$$

即

$$\begin{bmatrix}k_1&k_2\\k_3&k_4\end{bmatrix}=\mathbf{0},$$

则有 $k_1=k_2=k_3=k_4=0$. 于是满足 $k_1\boldsymbol{E}_1+k_2\boldsymbol{E}_2+k_3\boldsymbol{E}_3+k_4\boldsymbol{E}_4=\mathbf{0}$ 的 k_1,k_2,k_3,k_4 只能全为零，因此 $\boldsymbol{E}_1,\boldsymbol{E}_2,\boldsymbol{E}_3,\boldsymbol{E}_4$ 线性无关.

例 1.1.10 试证：$\mathbb{R}^{2\times 2}$ 中的向量组

$$\boldsymbol{\alpha}_1=\begin{bmatrix}1 & 2\\ 3 & 0\end{bmatrix},\quad \boldsymbol{\alpha}_2=\begin{bmatrix}1 & 2\\ 3 & 4\end{bmatrix},\quad \boldsymbol{\alpha}_3=\begin{bmatrix}0 & 0\\ 0 & 4\end{bmatrix}$$

是线性相关的.

证：容易验证

$$\boldsymbol{\alpha}_1-\boldsymbol{\alpha}_2+\boldsymbol{\alpha}_3=\mathbf{0},$$

所以 $\boldsymbol{\alpha}_1,\boldsymbol{\alpha}_2,\boldsymbol{\alpha}_3$ 线性相关.

定义 1.1.5 设集合 V 是数域$\mathbb{F}$上的线性空间，$\boldsymbol{\alpha}_1,\boldsymbol{\alpha}_2,\cdots,\boldsymbol{\alpha}_r$ 和$\boldsymbol{\beta}_1,\boldsymbol{\beta}_2,\cdots,\boldsymbol{\beta}_s$ 是 V 中的两个向量组，其中 $r\geqslant 1$ 且 $s\geqslant 1$，如果 $\boldsymbol{\alpha}_1,\boldsymbol{\alpha}_2,\cdots,\boldsymbol{\alpha}_r$ 中的每个向量都可以由 $\boldsymbol{\beta}_1,\boldsymbol{\beta}_2,\cdots,\boldsymbol{\beta}_s$ 线性表示，则称 $\boldsymbol{\alpha}_1,\boldsymbol{\alpha}_2,\cdots,\boldsymbol{\alpha}_r$ 可以由 $\boldsymbol{\beta}_1,\boldsymbol{\beta}_2,\cdots,\boldsymbol{\beta}_s$ 线性表示；如果 $\boldsymbol{\alpha}_1,\boldsymbol{\alpha}_2,\cdots,\boldsymbol{\alpha}_r$ 和$\boldsymbol{\beta}_1,\boldsymbol{\beta}_2,\cdots,\boldsymbol{\beta}_s$ 可以相互线性表示，则称 $\boldsymbol{\alpha}_1,\boldsymbol{\alpha}_2,\cdots,\boldsymbol{\alpha}_r$ 和$\boldsymbol{\beta}_1,\boldsymbol{\beta}_2,\cdots,\boldsymbol{\beta}_s$ 是**等价**的.

容易证明向量组之间的等价具有如下性质：

(1) 自反性：每一个向量组都与其自身等价.

(2) 对称性：如果 $\boldsymbol{\alpha}_1,\boldsymbol{\alpha}_2,\cdots,\boldsymbol{\alpha}_r$ 与$\boldsymbol{\beta}_1,\boldsymbol{\beta}_2,\cdots,\boldsymbol{\beta}_s$ 等价，那么$\boldsymbol{\beta}_1,\boldsymbol{\beta}_2,\cdots,\boldsymbol{\beta}_s$ 也与 $\boldsymbol{\alpha}_1,\boldsymbol{\alpha}_2,\cdots,\boldsymbol{\alpha}_r$ 等价.

(3) 传递性：如果 $\boldsymbol{\alpha}_1,\boldsymbol{\alpha}_2,\cdots,\boldsymbol{\alpha}_r$ 与$\boldsymbol{\beta}_1,\boldsymbol{\beta}_2,\cdots,\boldsymbol{\beta}_s$ 等价，且$\boldsymbol{\beta}_1,\boldsymbol{\beta}_2,\cdots,\boldsymbol{\beta}_s$ 与$\boldsymbol{\gamma}_1,\boldsymbol{\gamma}_2,\cdots,\boldsymbol{\gamma}_t$ 等价，则 $\boldsymbol{\alpha}_1,\boldsymbol{\alpha}_2,\cdots,\boldsymbol{\alpha}_r$ 与$\boldsymbol{\gamma}_1,\boldsymbol{\gamma}_2,\cdots,\boldsymbol{\gamma}_t$ 等价.

定义 1.1.6 设集合 V 是数域$\mathbb{F}$上的线性空间，$\boldsymbol{\alpha}_1,\boldsymbol{\alpha}_2,\cdots,\boldsymbol{\alpha}_s$ 是 V 中的一个向量组，其中 $s\geqslant 1$，如果 $\boldsymbol{\alpha}_1,\boldsymbol{\alpha}_2,\cdots,\boldsymbol{\alpha}_s$ 中存在 r 个线性无关的向量 $\boldsymbol{\alpha}_{i_1},\boldsymbol{\alpha}_{i_2},\cdots,\boldsymbol{\alpha}_{i_r}$，$1\leqslant i_j\leqslant s$，$j=1,2,\cdots,r$，并且 $\boldsymbol{\alpha}_1,\boldsymbol{\alpha}_2,\cdots,\boldsymbol{\alpha}_s$ 中任何一个向量都可以由向量组 $\boldsymbol{\alpha}_{i_1},\boldsymbol{\alpha}_{i_2},\cdots,\boldsymbol{\alpha}_{i_r}$ 线性表示，则称向量组 $\boldsymbol{\alpha}_{i_1},\boldsymbol{\alpha}_{i_2},\cdots,\boldsymbol{\alpha}_{i_r}$ 是向量组 $\boldsymbol{\alpha}_1,\boldsymbol{\alpha}_2,\cdots,\boldsymbol{\alpha}_s$ 的一个**极大线性无关组**（可简称**极大无关组**），称非负整数 r 为向量组 $\boldsymbol{\alpha}_1,\boldsymbol{\alpha}_2,\cdots,\boldsymbol{\alpha}_s$ 的**秩**，记为 $\operatorname{rank}(\boldsymbol{\alpha}_1,\boldsymbol{\alpha}_2,\cdots,\boldsymbol{\alpha}_s)=r$.

在本书的讨论中，向量组限于只含有限个向量的情况.

只含零向量的向量组由于恒线性相关，故没有极大无关组，规定它的秩为 0.

由极大无关组的定义可知：

(1) 若向量组 $\boldsymbol{\alpha}_1,\boldsymbol{\alpha}_2,\cdots,\boldsymbol{\alpha}_s$ 线性无关，则其自身就是它的极大无关组，其秩就是它所含的向量的个数.

(2) 向量组的极大无关组一般情况下并不唯一.

(3) 向量组与其每一个极大无关组都等价. 这是因为任意极大无关组总能由向量组线性表示,而向量组又可由其极大无关组线性表示.

(4) 由等价的传递性,一个向量组的任意两个极大无关组等价,任意两个等价向量组的极大无关组也等价.

(5) 由线性代数中的相关定理可知,一个向量组的所有极大无关组的秩是相等的,因此等价的向量组具有相同的秩.

定理 1.1.2 设线性空间 V 中向量组 $\boldsymbol{\alpha}_1,\boldsymbol{\alpha}_2,\cdots,\boldsymbol{\alpha}_r$ 线性无关,向量组 $\boldsymbol{\alpha}_1,\boldsymbol{\alpha}_2,\cdots,\boldsymbol{\alpha}_r,\boldsymbol{\beta}$ 线性相关,则 $\boldsymbol{\beta}$ 可由 $\boldsymbol{\alpha}_1,\boldsymbol{\alpha}_2,\cdots,\boldsymbol{\alpha}_r$ 线性表示,且表示式是唯一的.

证: 记 $\boldsymbol{A}=(\boldsymbol{\alpha}_1,\boldsymbol{\alpha}_2,\cdots,\boldsymbol{\alpha}_r)$, $\boldsymbol{B}=(\boldsymbol{\alpha}_1,\boldsymbol{\alpha}_2,\cdots,\boldsymbol{\alpha}_r,\boldsymbol{\beta})$,有 $\operatorname{rank}(\boldsymbol{A})\leqslant\operatorname{rank}(\boldsymbol{B})$,因向量组 $\boldsymbol{A}$ 线性无关,故 $\operatorname{rank}(\boldsymbol{A})=r$,因向量组 $\boldsymbol{B}$ 线性相关,故 $\operatorname{rank}(\boldsymbol{B})<r+1$,所以有 $r\leqslant\operatorname{rank}(\boldsymbol{B})<r+1$,故 $\operatorname{rank}(\boldsymbol{B})=r$.

由于 $\operatorname{rank}(\boldsymbol{A})=\operatorname{rank}(\boldsymbol{B})=r$,方程组 $(\boldsymbol{\alpha}_1,\boldsymbol{\alpha}_2,\cdots,\boldsymbol{\alpha}_r)\boldsymbol{x}=\boldsymbol{\beta}$ 有唯一解,即 $\boldsymbol{\beta}$ 可由 $\boldsymbol{\alpha}_1,\boldsymbol{\alpha}_2,\cdots,\boldsymbol{\alpha}_r$ 线性表示,且表示式是唯一的. ■

1.1.3 线性空间的基与维数

在一个 n 维线性空间 V 中,寻找它的基(底),即 V 的一个能代表全空间的子集(向量组)B,它在同类子集中所含元素的个数最少. 这种代表性体现在: V 中的每个元素 a 都能用 B 中的元素线性表示,且这种表示是唯一的.

定义 1.1.7 设 V 是数域 $\mathbb{F}$ 上的线性空间,如果 V 中存在 n 个线性无关向量 $\boldsymbol{\alpha}_1,\boldsymbol{\alpha}_2,\cdots,\boldsymbol{\alpha}_n$,且 V 中任何一个向量 $\boldsymbol{\alpha}$ 都可由 $\boldsymbol{\alpha}_1,\boldsymbol{\alpha}_2,\cdots,\boldsymbol{\alpha}_n$ 线性表示,即存在 $k_1,k_2,\cdots,k_n\in\mathbb{F}$,使得

$$\boldsymbol{\alpha}=k_1\boldsymbol{\alpha}_1+k_2\boldsymbol{\alpha}_2+\cdots+k_n\boldsymbol{\alpha}_n, \tag{1.1.2}$$

则称 $\boldsymbol{\alpha}_1,\boldsymbol{\alpha}_2,\cdots,\boldsymbol{\alpha}_n$ 是 V 的一组**基**, $(k_1,k_2,\cdots,k_n)^{\mathrm{T}}$ 为 $\boldsymbol{\alpha}$ 在基 $\boldsymbol{\alpha}_1,\boldsymbol{\alpha}_2,\cdots,\boldsymbol{\alpha}_n$ 下的**坐标**. 基中向量的个数称为线性空间 V 的**维数**,记为 $\dim V=n$. 若 $\dim V<+\infty$,称 V 是**有限维线性空间**,否则,称 V 是**无限维线性空间**.

本书只讨论有限维线性空间.

例如, $\boldsymbol{\alpha}_1,\boldsymbol{\alpha}_2,\cdots,\boldsymbol{\alpha}_n$ 在基 $\boldsymbol{\alpha}_1,\boldsymbol{\alpha}_2,\cdots,\boldsymbol{\alpha}_n$ 下的坐标分别为 $(1,0,0,\cdots,0)^{\mathrm{T}}$, $(0,1,0,\cdots,0)^{\mathrm{T}}$, $\cdots$, $(0,0,\cdots,0,1)^{\mathrm{T}}$. 再如, n 维线性空间 $\mathbb{R}^{n\times n}$ 中的向量组 $\{\boldsymbol{E}_{ij}\}$ 是 $\mathbb{R}^{n\times n}$ 的一组基,其中 n 阶矩阵 $\boldsymbol{E}_{ij}$ 是第 i 行、第 j 列处的元素为 1,而其余元素全为零的

矩阵.

根据定理1.1.2可知,向量$\boldsymbol{\alpha}$在基$\boldsymbol{\alpha}_1,\boldsymbol{\alpha}_2,\cdots,\boldsymbol{\alpha}_n$下的坐标$(k_1,k_2,\cdots,k_n)^{\mathrm{T}}$是唯一的. 将式(1.1.2)改写为

$$\boldsymbol{\alpha}=k_1\boldsymbol{\alpha}_1+k_2\boldsymbol{\alpha}_2+\cdots+k_n\boldsymbol{\alpha}_n=(\boldsymbol{\alpha}_1,\boldsymbol{\alpha}_2,\cdots,\boldsymbol{\alpha}_n)\begin{bmatrix}k_1\\k_2\\\vdots\\k_n\end{bmatrix},\tag{1.1.3}$$

式中,$(\boldsymbol{\alpha}_1,\boldsymbol{\alpha}_2,\cdots,\boldsymbol{\alpha}_n)$是$1\times n$分块矩阵,元素$\boldsymbol{\alpha}_1,\boldsymbol{\alpha}_2,\cdots,\boldsymbol{\alpha}_n$是列向量.

例 1.1.11 在$\mathbb{R}^4$中,求向量$\boldsymbol{\alpha}=(4,8,4,4)^{\mathrm{T}}$在基

$$\boldsymbol{\alpha}_1=(1,1,1,1)^{\mathrm{T}},\quad \boldsymbol{\alpha}_2=(1,1,-1,-1)^{\mathrm{T}},$$
$$\boldsymbol{\alpha}_3=(1,-1,1,-1)^{\mathrm{T}},\quad \boldsymbol{\alpha}_4=(1,-1,-1,1)^{\mathrm{T}}$$

下的坐标.

解:设$\boldsymbol{\alpha}=(4,8,4,4)^{\mathrm{T}}$在所给基$\boldsymbol{\alpha}_1,\boldsymbol{\alpha}_2,\boldsymbol{\alpha}_3,\boldsymbol{\alpha}_4$下的坐标是$k_1,k_2,k_3,k_4$,故

$$\boldsymbol{\alpha}=k_1\boldsymbol{\alpha}_1+k_2\boldsymbol{\alpha}_2+k_3\boldsymbol{\alpha}_3+k_4\boldsymbol{\alpha}_4,$$

即

$$\begin{aligned}(4,8,4,4)^{\mathrm{T}}&=k_1(1,1,1,1)^{\mathrm{T}}+k_2(1,1,-1,-1)^{\mathrm{T}}+k_3(1,-1,1,-1)^{\mathrm{T}}+\\&\quad k_4(1,-1,-1,1)^{\mathrm{T}}\\&=(k_1+k_2+k_3+k_4,k_1+k_2-k_3-k_4,k_1-k_2+k_3-\\&\quad k_4,k_1-k_2-k_3+k_4)^{\mathrm{T}},\end{aligned}$$

于是有

$$\begin{cases}k_1+k_2+k_3+k_4=4\\k_1+k_2-k_3-k_4=8\\k_1-k_2+k_3-k_4=4\\k_1-k_2-k_3+k_4=4\end{cases},$$

解之得

$$k_1=5,\quad k_2=1,\quad k_3=-1,\quad k_4=-1.$$

所以$\boldsymbol{\alpha}$在所给基$\boldsymbol{\alpha}_1,\boldsymbol{\alpha}_2,\boldsymbol{\alpha}_3,\boldsymbol{\alpha}_4$下的坐标为$(5,1,-1,-1)^{\mathrm{T}}$.

例 1.1.12　在 $\mathbb{R}^{2\times 2}$ 中，求 $\boldsymbol{A}=\begin{bmatrix}2&4\\2&0\end{bmatrix}$ 在基 $\begin{bmatrix}1&1\\1&1\end{bmatrix}$，$\begin{bmatrix}1&1\\1&0\end{bmatrix}$，$\begin{bmatrix}1&1\\0&1\end{bmatrix}$，$\begin{bmatrix}1&0\\1&1\end{bmatrix}$ 下的坐标.

解：设

$$\begin{bmatrix}2&4\\2&0\end{bmatrix}=k_1\begin{bmatrix}1&1\\1&1\end{bmatrix}+k_2\begin{bmatrix}1&1\\1&0\end{bmatrix}+k_3\begin{bmatrix}1&1\\0&1\end{bmatrix}+k_4\begin{bmatrix}1&0\\1&1\end{bmatrix}$$
$$=\begin{bmatrix}k_1+k_2+k_3+k_4 & k_1+k_2+k_3\\ k_1+k_2+k_4 & k_1+k_3+k_4\end{bmatrix},$$

于是有

$$\begin{cases}k_1+k_2+k_3+k_4=2\\k_1+k_2+k_4=2\\k_1+k_2+k_3=4\\k_1+k_3+k_4=0\end{cases},$$

解之得

$$k_1=2,\quad k_2=2,\quad k_3=0,\quad k_4=-2.$$

所以 $\boldsymbol{A}$ 在所给基下的坐标为 $(2,2,0,-2)^{\mathrm{T}}$.

定理 1.1.3　n 维线性空间 V 中任意 n 个线性无关的向量均可构成一组基.

证：设 $\boldsymbol{\omega}_1,\boldsymbol{\omega}_2,\cdots,\boldsymbol{\omega}_n$ 是 V 的一组基，$\boldsymbol{\alpha}_1,\boldsymbol{\alpha}_2,\cdots,\boldsymbol{\alpha}_n$ 是 V 中的一个线性无关的向量组，为证明 $\boldsymbol{\alpha}_1,\boldsymbol{\alpha}_2,\cdots,\boldsymbol{\alpha}_n$ 是一组基，只需证明 V 中的任意向量 $\boldsymbol{\alpha}$ 都可由 $\boldsymbol{\alpha}_1,\boldsymbol{\alpha}_2,\cdots,\boldsymbol{\alpha}_n$ 线性表示.

由于向量组 $\boldsymbol{\alpha}_1,\boldsymbol{\alpha}_2,\cdots,\boldsymbol{\alpha}_n$ 和向量 $\boldsymbol{\alpha}$ 都可由 $\boldsymbol{\omega}_1,\boldsymbol{\omega}_2,\cdots,\boldsymbol{\omega}_n$ 线性表示，这是 $n+1$ 个向量被 n 个向量线性表示的情况，因此向量组 $\boldsymbol{\alpha}_1,\boldsymbol{\alpha}_2,\cdots,\boldsymbol{\alpha}_n$ 和向量 $\boldsymbol{\alpha}$ 线性相关，由定理 1.1.2 可知，向量 $\boldsymbol{\alpha}$ 可由向量组 $\boldsymbol{\alpha}_1,\boldsymbol{\alpha}_2,\cdots,\boldsymbol{\alpha}_n$ 线性表示，且表示唯一.　■

1.1.4　线性空间的坐标与坐标变换

定义 1.1.8　设 V 是数域 $\mathbb{F}$ 上的线性空间，$\boldsymbol{\alpha}_1,\boldsymbol{\alpha}_2,\cdots,\boldsymbol{\alpha}_n$ 与 $\boldsymbol{\beta}_1,\boldsymbol{\beta}_2,\cdots,\boldsymbol{\beta}_n$ 是 V 的两组基，它们之间的关系是

$$\boldsymbol{\beta}_i=a_{1i}\boldsymbol{\alpha}_1+a_{2i}\boldsymbol{\alpha}_2+\cdots+a_{ni}\boldsymbol{\alpha}_n$$

$$=(\boldsymbol{\alpha}_1,\boldsymbol{\alpha}_2,\cdots,\boldsymbol{\alpha}_n)\begin{bmatrix}a_{1i}\\a_{2i}\\\vdots\\a_{ni}\end{bmatrix},\quad (i=1,2,\cdots,n),$$

将这 n 个关系式表示为矩阵形式：

$$(\boldsymbol{\beta}_1,\boldsymbol{\beta}_2,\cdots,\boldsymbol{\beta}_n)=(\boldsymbol{\alpha}_1,\boldsymbol{\alpha}_2,\cdots,\boldsymbol{\alpha}_n)\begin{bmatrix}a_{11}&a_{12}&\cdots&a_{1n}\\a_{21}&a_{22}&\cdots&a_{2n}\\\vdots&\vdots&&\vdots\\a_{n1}&a_{n2}&\cdots&a_{nn}\end{bmatrix}.\tag{1.1.4}$$

称 n 阶方阵

$$\boldsymbol{P}=\begin{bmatrix}a_{11}&a_{12}&\cdots&a_{1n}\\a_{21}&a_{22}&\cdots&a_{2n}\\\vdots&\vdots&&\vdots\\a_{n1}&a_{n2}&\cdots&a_{nn}\end{bmatrix}$$

是由基 $\boldsymbol{\alpha}_1,\boldsymbol{\alpha}_2,\cdots,\boldsymbol{\alpha}_n$ 到基 $\boldsymbol{\beta}_1,\boldsymbol{\beta}_2,\cdots,\boldsymbol{\beta}_n$ 的**过渡矩阵**.

根据过渡矩阵的定义，式(1.1.4)可以写为

$$(\boldsymbol{\beta}_1,\boldsymbol{\beta}_2,\cdots,\boldsymbol{\beta}_n)=(\boldsymbol{\alpha}_1,\boldsymbol{\alpha}_2,\cdots,\boldsymbol{\alpha}_n)\boldsymbol{P}.\tag{1.1.5}$$

定理 1.1.4 过渡矩阵 $\boldsymbol{P}$ 是可逆的.

证：设 $\boldsymbol{\alpha}=(\boldsymbol{\alpha}_1,\boldsymbol{\alpha}_2,\cdots,\boldsymbol{\alpha}_n)$ 和 $\boldsymbol{\beta}=(\boldsymbol{\beta}_1,\boldsymbol{\beta}_2,\cdots,\boldsymbol{\beta}_n)$ 是线性空间 V 的两组基，且有

$$\boldsymbol{\beta}=(\boldsymbol{\beta}_1,\boldsymbol{\beta}_2,\cdots,\boldsymbol{\beta}_n)=(\boldsymbol{\alpha}_1,\boldsymbol{\alpha}_2,\cdots,\boldsymbol{\alpha}_n)\boldsymbol{P}=\boldsymbol{\alpha}\boldsymbol{P},$$

$$\boldsymbol{\alpha}=(\boldsymbol{\alpha}_1,\boldsymbol{\alpha}_2,\cdots,\boldsymbol{\alpha}_n)=(\boldsymbol{\beta}_1,\boldsymbol{\beta}_2,\cdots,\boldsymbol{\beta}_n)\boldsymbol{Q}=\boldsymbol{\beta}\boldsymbol{Q},$$

其中，$\boldsymbol{P}$ 和 $\boldsymbol{Q}$ 为过渡矩阵. 则有 $\boldsymbol{\beta}=\boldsymbol{\alpha}\boldsymbol{P}=\boldsymbol{\beta}\boldsymbol{Q}\boldsymbol{P}$，所以，$\boldsymbol{Q}\boldsymbol{P}=\boldsymbol{E}$. 同理，$\boldsymbol{\alpha}=\boldsymbol{\beta}\boldsymbol{Q}=\boldsymbol{\alpha}\boldsymbol{P}\boldsymbol{Q}$，所以，$\boldsymbol{P}\boldsymbol{Q}=\boldsymbol{E}$. 综上，$\boldsymbol{P}$ 与 $\boldsymbol{Q}$ 互为逆矩阵，$\boldsymbol{P}$ 可逆. ■

下面推导 V 中任意向量在不同的基下的坐标间的关系，即坐标变换公式.

设 $\boldsymbol{\xi}\in V$，若 $\boldsymbol{\xi}$ 在基 $\boldsymbol{\alpha}_1,\boldsymbol{\alpha}_2,\cdots,\boldsymbol{\alpha}_n$ 与 $\boldsymbol{\beta}_1,\boldsymbol{\beta}_2,\cdots,\boldsymbol{\beta}_n$ 下的坐标分别为 $(x_1,x_2,\cdots,x_n)^{\mathrm{T}}$ 与 $(y_1,y_2,\cdots,y_n)^{\mathrm{T}}$，即若

$$\boldsymbol{\xi}=(\boldsymbol{\alpha}_1,\boldsymbol{\alpha}_2,\cdots,\boldsymbol{\alpha}_n)\begin{bmatrix}x_1\\x_2\\\vdots\\x_n\end{bmatrix},\quad \boldsymbol{\xi}=(\boldsymbol{\beta}_1,\boldsymbol{\beta}_2,\cdots,\boldsymbol{\beta}_n)\begin{bmatrix}y_1\\y_2\\\vdots\\y_n\end{bmatrix},$$

则有

$$(\boldsymbol{\alpha}_1,\boldsymbol{\alpha}_2,\cdots,\boldsymbol{\alpha}_n)\begin{bmatrix}x_1\\x_2\\\vdots\\x_n\end{bmatrix}=(\boldsymbol{\beta}_1,\boldsymbol{\beta}_2,\cdots,\boldsymbol{\beta}_n)\begin{bmatrix}y_1\\y_2\\\vdots\\y_n\end{bmatrix}.$$

将式(1.1.5)代入上式右端,得

$$(\boldsymbol{\alpha}_1,\boldsymbol{\alpha}_2,\cdots,\boldsymbol{\alpha}_n)\begin{bmatrix}x_1\\x_2\\\vdots\\x_n\end{bmatrix}=(\boldsymbol{\alpha}_1,\boldsymbol{\alpha}_2,\cdots,\boldsymbol{\alpha}_n)\boldsymbol{P}\begin{bmatrix}y_1\\y_2\\\vdots\\y_n\end{bmatrix}.$$

由于$\boldsymbol{\alpha}_1,\boldsymbol{\alpha}_2,\cdots,\boldsymbol{\alpha}_n$是线性无关的,由线性无关定义,对上式移项并整理,有

$$\begin{bmatrix}x_1\\x_2\\\vdots\\x_n\end{bmatrix}=\boldsymbol{P}\begin{bmatrix}y_1\\y_2\\\vdots\\y_n\end{bmatrix}\tag{1.1.6}$$

或

$$\begin{bmatrix}y_1\\y_2\\\vdots\\y_n\end{bmatrix}=\boldsymbol{P}^{-1}\begin{bmatrix}x_1\\x_2\\\vdots\\x_n\end{bmatrix}.\tag{1.1.7}$$

式(1.1.6)与式(1.1.7)称为**坐标变换公式**.

在实际应用中,当已知由基$\boldsymbol{\alpha}_1,\boldsymbol{\alpha}_2,\cdots,\boldsymbol{\alpha}_n$到基$\boldsymbol{\beta}_1,\boldsymbol{\beta}_2,\cdots,\boldsymbol{\beta}_n$的过渡矩阵$\boldsymbol{P}$,且已知某一向量在基$\boldsymbol{\alpha}_1,\boldsymbol{\alpha}_2,\cdots,\boldsymbol{\alpha}_n$下的坐标时,可以由式(1.1.7)计算该向量在基$\boldsymbol{\beta}_1,\boldsymbol{\beta}_2,\cdots,\boldsymbol{\beta}_n$下的坐标.

例 1.1.13 在$\mathbb{R}^4$中,求由基$\boldsymbol{\alpha}_1,\boldsymbol{\alpha}_2,\boldsymbol{\alpha}_3,\boldsymbol{\alpha}_4$到$\boldsymbol{\beta}_1,\boldsymbol{\beta}_2,\boldsymbol{\beta}_3,\boldsymbol{\beta}_4$的过渡矩阵,其中

$$\begin{cases}\boldsymbol{\alpha}_1=(1,2,-1,0)^{\mathrm{T}}\\\boldsymbol{\alpha}_2=(1,-1,1,1)^{\mathrm{T}}\\\boldsymbol{\alpha}_3=(-1,2,1,1)^{\mathrm{T}}\\\boldsymbol{\alpha}_4=(-1,-1,0,1)^{\mathrm{T}}\end{cases},\quad\begin{cases}\boldsymbol{\beta}_1=(2,1,0,1)^{\mathrm{T}}\\\boldsymbol{\beta}_2=(0,1,2,2)^{\mathrm{T}}\\\boldsymbol{\beta}_3=(-2,1,1,2)^{\mathrm{T}}\\\boldsymbol{\beta}_4=(1,3,1,2)^{\mathrm{T}}\end{cases},$$

并求向量 $\boldsymbol{\xi}=(x_1,x_2,x_3,x_4)^{\mathrm{T}}$ 在 $\boldsymbol{\beta}_1,\boldsymbol{\beta}_2,\boldsymbol{\beta}_3,\boldsymbol{\beta}_4$ 下的坐标.

解：将矩阵 $[\boldsymbol{\alpha}_1,\boldsymbol{\alpha}_2,\boldsymbol{\alpha}_3,\boldsymbol{\alpha}_4 \mid \boldsymbol{\beta}_1,\boldsymbol{\beta}_2,\boldsymbol{\beta}_3,\boldsymbol{\beta}_4]$ 作初等行变换，得

$$[\boldsymbol{\alpha}_1,\boldsymbol{\alpha}_2,\boldsymbol{\alpha}_3,\boldsymbol{\alpha}_4 \mid \boldsymbol{\beta}_1,\boldsymbol{\beta}_2,\boldsymbol{\beta}_3,\boldsymbol{\beta}_4]$$

$$=\left[\begin{array}{cccc|cccc} 1 & 1 & -1 & -1 & 2 & 0 & -2 & 1 \\ 2 & -1 & 2 & -1 & 1 & 1 & 1 & 3 \\ -1 & 1 & 1 & 0 & 0 & 2 & 1 & 1 \\ 0 & 1 & 1 & 1 & 1 & 2 & 2 & 2 \end{array}\right]$$

$$\rightarrow\left[\begin{array}{cccc|cccc} 1 & 0 & 0 & 0 & 1 & 0 & 0 & 1 \\ 0 & 1 & 0 & 0 & 1 & 1 & 0 & 1 \\ 0 & 0 & 1 & 0 & 0 & 1 & 1 & 1 \\ 0 & 0 & 0 & 1 & 0 & 0 & 1 & 0 \end{array}\right].$$

上式表明由基 $\boldsymbol{\alpha}_1,\boldsymbol{\alpha}_2,\boldsymbol{\alpha}_3,\boldsymbol{\alpha}_4$ 到 $\boldsymbol{\beta}_1,\boldsymbol{\beta}_2,\boldsymbol{\beta}_3,\boldsymbol{\beta}_4$ 的关系为

$$(\boldsymbol{\beta}_1,\boldsymbol{\beta}_2,\boldsymbol{\beta}_3,\boldsymbol{\beta}_4)=(\boldsymbol{\alpha}_1,\boldsymbol{\alpha}_2,\boldsymbol{\alpha}_3,\boldsymbol{\alpha}_4)\begin{bmatrix} 1 & 0 & 0 & 1 \\ 1 & 1 & 0 & 1 \\ 0 & 1 & 1 & 1 \\ 0 & 0 & 1 & 0 \end{bmatrix},$$

所以由基 $\boldsymbol{\alpha}_1,\boldsymbol{\alpha}_2,\boldsymbol{\alpha}_3,\boldsymbol{\alpha}_4$ 到 $\boldsymbol{\beta}_1,\boldsymbol{\beta}_2,\boldsymbol{\beta}_3,\boldsymbol{\beta}_4$ 的过渡矩阵为

$$\boldsymbol{P}=\begin{bmatrix} 1 & 0 & 0 & 1 \\ 1 & 1 & 0 & 1 \\ 0 & 1 & 1 & 1 \\ 0 & 0 & 1 & 0 \end{bmatrix}.$$

设 $\boldsymbol{\xi}=(x_1,x_2,x_3,x_4)^{\mathrm{T}}$ 在基 $\boldsymbol{\beta}_1,\boldsymbol{\beta}_2,\boldsymbol{\beta}_3,\boldsymbol{\beta}_4$ 下的坐标为 y_1,y_2,y_3,y_4，即

$$\boldsymbol{\xi}=(\boldsymbol{\varepsilon}_1,\boldsymbol{\varepsilon}_2,\boldsymbol{\varepsilon}_3,\boldsymbol{\varepsilon}_4)\begin{bmatrix} x_1 \\ x_2 \\ x_3 \\ x_4 \end{bmatrix}=(\boldsymbol{\beta}_1,\boldsymbol{\beta}_2,\boldsymbol{\beta}_3,\boldsymbol{\beta}_4)\begin{bmatrix} y_1 \\ y_2 \\ y_3 \\ y_4 \end{bmatrix},$$

其中 $\boldsymbol{\varepsilon}_1=(1,0,0,0)^{\mathrm{T}},\boldsymbol{\varepsilon}_2=(0,1,0,0)^{\mathrm{T}},\boldsymbol{\varepsilon}_3=(0,0,1,0)^{\mathrm{T}},\boldsymbol{\varepsilon}_4=(0,0,0,1)^{\mathrm{T}}$，则

$$\boldsymbol{\xi}=(\boldsymbol{\varepsilon}_1,\boldsymbol{\varepsilon}_2,\boldsymbol{\varepsilon}_3,\boldsymbol{\varepsilon}_4)\begin{bmatrix} x_1 \\ x_2 \\ x_3 \\ x_4 \end{bmatrix}=(\boldsymbol{\varepsilon}_1,\boldsymbol{\varepsilon}_2,\boldsymbol{\varepsilon}_3,\boldsymbol{\varepsilon}_4)\begin{bmatrix} 2 & 0 & -2 & 1 \\ 1 & 1 & 1 & 3 \\ 0 & 2 & 1 & 1 \\ 1 & 2 & 2 & 2 \end{bmatrix}\begin{bmatrix} y_1 \\ y_2 \\ y_3 \\ y_4 \end{bmatrix},$$

于是有

$$\begin{bmatrix} y_1 \\ y_2 \\ y_3 \\ y_4 \end{bmatrix}=\begin{bmatrix} 2 & 0 & -2 & 1 \\ 1 & 1 & 1 & 3 \\ 0 & 2 & 1 & 1 \\ 1 & 2 & 2 & 2 \end{bmatrix}^{-1}\begin{bmatrix} x_1 \\ x_2 \\ x_3 \\ x_4 \end{bmatrix}$$

$$=\begin{bmatrix} \frac{4}{13} & -\frac{6}{13} & -\frac{8}{13} & \frac{11}{13} \\ \frac{2}{13} & -\frac{3}{13} & \frac{9}{13} & -\frac{1}{13} \\ -\frac{3}{13} & -\frac{2}{13} & -\frac{7}{13} & \frac{8}{13} \\ -\frac{1}{13} & \frac{8}{13} & \frac{2}{13} & -\frac{6}{13} \end{bmatrix}\begin{bmatrix} x_1 \\ x_2 \\ x_3 \\ x_4 \end{bmatrix}$$

$$=\begin{bmatrix} \frac{4}{13}x_1-\frac{6}{13}x_2-\frac{8}{13}x_3+\frac{11}{13}x_4 \\ \frac{2}{13}x_1-\frac{3}{13}x_2+\frac{9}{13}x_3-\frac{1}{13}x_4 \\ -\frac{3}{13}x_1-\frac{2}{13}x_2-\frac{7}{13}x_3+\frac{8}{13}x_4 \\ -\frac{1}{13}x_1+\frac{8}{13}x_2+\frac{2}{13}x_3-\frac{6}{13}x_4 \end{bmatrix}.$$

对于例 1.1.13 的求解方法，再分析如下：

(1) 求过渡矩阵 $\boldsymbol{P}$ 使用了初等行变换方法. 因为$(\boldsymbol{\beta}_1,\boldsymbol{\beta}_2,\cdots,\boldsymbol{\beta}_n)=(\boldsymbol{\alpha}_1,\boldsymbol{\alpha}_2,\cdots,\boldsymbol{\alpha}_n)\boldsymbol{P}$，所以 $\boldsymbol{P}=(\boldsymbol{\alpha}_1,\boldsymbol{\alpha}_2,\cdots,\boldsymbol{\alpha}_n)^{-1}(\boldsymbol{\beta}_1,\boldsymbol{\beta}_2,\cdots,\boldsymbol{\beta}_n)=\boldsymbol{\alpha}^{-1}\boldsymbol{\beta}$，构造分块矩阵$(\boldsymbol{\alpha},\boldsymbol{\beta})$，作初等行变换，将 $\boldsymbol{\alpha}$ 化为单位矩阵 $\boldsymbol{E}$ 的初等行变换等价于左乘以 $\boldsymbol{\alpha}^{-1}$，因此由分块矩阵的运算法则，有 $\boldsymbol{\alpha}^{-1}(\boldsymbol{\alpha},\boldsymbol{\beta})=(\boldsymbol{\alpha}^{-1}\boldsymbol{\alpha},\boldsymbol{\alpha}^{-1}\boldsymbol{\beta})=(\boldsymbol{E},\boldsymbol{\alpha}^{-1}\boldsymbol{\beta})$，即将 $\boldsymbol{\alpha}$ 化为单位矩阵 $\boldsymbol{E}$ 的同时，将 $\boldsymbol{\beta}$ 化为了 $\boldsymbol{\alpha}^{-1}\boldsymbol{\beta}$，即过渡矩阵 $\boldsymbol{P}$.

(2) 题目所给的 $\boldsymbol{\xi}=(x_1,x_2,x_3,x_4)^{\mathrm{T}}$ 并非在基 $\boldsymbol{\alpha}_1,\boldsymbol{\alpha}_2,\cdots,\boldsymbol{\alpha}_n$ 下的坐标，因此不能使用式(1.1.7).

(3) 在解题中，也可以省略 n 维单位坐标向量组的相关推导，直接由

$$\begin{bmatrix} x_1 \\ x_2 \\ x_3 \\ x_4 \end{bmatrix} = (\boldsymbol{\beta}_1, \boldsymbol{\beta}_2, \boldsymbol{\beta}_3, \boldsymbol{\beta}_4) \begin{bmatrix} y_1 \\ y_2 \\ y_3 \\ y_4 \end{bmatrix}$$

得

$$\begin{bmatrix} y_1 \\ y_2 \\ y_3 \\ y_4 \end{bmatrix} = (\boldsymbol{\beta}_1, \boldsymbol{\beta}_2, \boldsymbol{\beta}_3, \boldsymbol{\beta}_4)^{-1} \begin{bmatrix} x_1 \\ x_2 \\ x_3 \\ x_4 \end{bmatrix}.$$

1.2 线性空间的子空间

1.2.1 线性子空间

在三维几何空间中，过原点的平面、过原点的直线都是三维几何空间的子空间，在线性空间中也有子空间的概念.

定义 1.2.1 设 V 是数域$\mathbb{F}$上的线性空间，V_1 是 V 的一个非空子集，若 V_1 的元素满足对 V 中所定义的加法和数乘运算的封闭性，即

(1) 若 $\boldsymbol{\alpha}, \boldsymbol{\beta} \in V_1$，则 $\boldsymbol{\alpha} + \boldsymbol{\beta} \in V_1$；

(2) 若 $\boldsymbol{\alpha} \in V_1, \lambda \in \mathbb{F}$，则 $\lambda\boldsymbol{\alpha} \in V_1$.

则容易证明 V_1 也是数域$\mathbb{F}$上的线性空间，称 V_1 是 V 的一个**线性子空间**，简称**子空间**.

线性子空间本身也是一个线性空间，因此也有维数、基和坐标等概念.

由于子空间 V_1 不可能有比线性空间 V 更多的线性无关向量，所以 V_1 的维数不能超过 V 的维数，即 $\dim V_1 \leqslant \dim V$. 注意，这里讨论的维数是空间的维数，而非向量的维数，事实上，由于线性空间中向量的类型很多，向量不一定具有维数的概念.

定义 1.2.2 在线性空间 V 中，由单个零向量构成的集合是一个线性子空间，称为 V 的**零子空间**. 此外，在线性空间 V 中，V 本身也可以看成一个线性子空间，这两个子空间称为 V 的**平凡子空间**.

由于零子空间不含线性无关向量，因此它没有基，规定零子空间的维数为 0.

人们感兴趣的是非平凡的子空间.

定义 1.2.3 设 $\boldsymbol{\alpha}_1,\boldsymbol{\alpha}_2,\cdots,\boldsymbol{\alpha}_s$ 是线性空间 V 中的一组向量，称其所有可能的线性组合的集合

$$\{k_1\boldsymbol{\alpha}_1+k_2\boldsymbol{\alpha}_2+\cdots+k_s\boldsymbol{\alpha}_s \mid \forall k_i \in \mathbb{F}, i=1,2,\cdots,s\}$$

是**由向量 $\boldsymbol{\alpha}_1,\boldsymbol{\alpha}_2,\cdots,\boldsymbol{\alpha}_s$ 生成(张成)的子空间**，记为 $\operatorname{span}\{\boldsymbol{\alpha}_1,\boldsymbol{\alpha}_2,\cdots,\boldsymbol{\alpha}_s\}$.

可以证明 $\operatorname{span}\{\boldsymbol{\alpha}_1,\boldsymbol{\alpha}_2,\cdots,\boldsymbol{\alpha}_s\}$是 V 的线性子空间.

定理 1.2.1 维数 $\dim \operatorname{span}\{\boldsymbol{\alpha}_1,\boldsymbol{\alpha}_2,\cdots,\boldsymbol{\alpha}_s\}=\operatorname{rank}\{\boldsymbol{\alpha}_1,\boldsymbol{\alpha}_2,\cdots,\boldsymbol{\alpha}_s\}$，向量组 $\boldsymbol{\alpha}_1,\boldsymbol{\alpha}_2,\cdots,\boldsymbol{\alpha}_s$ 的任一极大线性无关组均可作为 $\operatorname{span}\{\boldsymbol{\alpha}_1,\boldsymbol{\alpha}_2,\cdots,\boldsymbol{\alpha}_s\}$的一个基.

定理 1.2.2 若 $\boldsymbol{\alpha}_1,\boldsymbol{\alpha}_2,\cdots,\boldsymbol{\alpha}_s$ 和$\boldsymbol{\beta}_1,\boldsymbol{\beta}_2,\cdots,\boldsymbol{\beta}_t$ 都是 n 维向量组，则 $\operatorname{span}\{\boldsymbol{\alpha}_1,\boldsymbol{\alpha}_2,\cdots,\boldsymbol{\alpha}_s\}=\operatorname{span}\{\boldsymbol{\beta}_1,\boldsymbol{\beta}_2,\cdots,\boldsymbol{\beta}_t\}$的充分必要条件是 $\boldsymbol{\alpha}_1,\boldsymbol{\alpha}_2,\cdots,\boldsymbol{\alpha}_s$ 与$\boldsymbol{\beta}_1,\boldsymbol{\beta}_2,\cdots,\boldsymbol{\beta}_t$ 等价.

例 1.2.1 设 $\boldsymbol{\alpha}_1=(1,2,-1,0)^{\mathrm{T}},\boldsymbol{\alpha}_2=(0,1,2,3)^{\mathrm{T}},\boldsymbol{\alpha}_3=(2,3,-4,-3)^{\mathrm{T}}$. 求 $\operatorname{span}\{\boldsymbol{\alpha}_1,\boldsymbol{\alpha}_2,\boldsymbol{\alpha}_3\}$的基与维数.

解：不难验证 $\boldsymbol{\alpha}_1$ 与 $\boldsymbol{\alpha}_2$ 是线性无关的，且

$$\boldsymbol{\alpha}_3=2\boldsymbol{\alpha}_1-\boldsymbol{\alpha}_2,$$

所以 $\boldsymbol{\alpha}_1$ 和 $\boldsymbol{\alpha}_2$ 为 $\operatorname{span}\{\boldsymbol{\alpha}_1,\boldsymbol{\alpha}_2,\boldsymbol{\alpha}_3\}$的基，$\dim \operatorname{span}\{\boldsymbol{\alpha}_1,\boldsymbol{\alpha}_2,\boldsymbol{\alpha}_3\}=2$，显然 $\operatorname{span}\{\boldsymbol{\alpha}_1,\boldsymbol{\alpha}_2,\boldsymbol{\alpha}_3\}=\operatorname{span}\{\boldsymbol{\alpha}_1,\boldsymbol{\alpha}_2\}$.

定义 1.2.4 设 $\boldsymbol{A}$ 为实(复)$m\times n$ 矩阵，$\boldsymbol{x}$ 为 n 维列向量，齐次线性方程组 $\boldsymbol{Ax}=\boldsymbol{0}$ 的所有解(包括零解)的集合构成实数域$\mathbb{R}$(或复数域$\mathbb{C}$)上的线性空间，这个空间为 $\boldsymbol{Ax}=\boldsymbol{0}$ 的**解空间**，也称为矩阵 $\boldsymbol{A}$ 的**核空间**或**零空间**，记为 $N(\boldsymbol{A})$.

定义 1.2.5 设 $\boldsymbol{A}$ 为实(复)$m\times n$ 矩阵，$\boldsymbol{x}$ 为 n 维列向量，则 m 维列向量集合

$$V=\{\boldsymbol{y}\in\mathbb{R}^m(\mathbb{C}^m) \mid \boldsymbol{y}=\boldsymbol{Ax},\boldsymbol{A}\in\mathbb{R}^{m\times n}(\mathbb{C}^{m\times n}),\boldsymbol{x}\in\mathbb{R}^n(\mathbb{C}^n)\}$$

构成实数域$\mathbb{R}$(或复数域$\mathbb{C}$)上的线性空间，称为矩阵 $\boldsymbol{A}$ 的**值域**或**列空间**，记为 $R(\boldsymbol{A})$.

1.2.2 子空间的交与和

子空间可以由线性空间的元素生成，也可以由子空间的交与和生成.

定义 1.2.6 设 V_1 和 V_2 是线性空间 V 的两个子空间，令

$$V_1\cap V_2=\{\boldsymbol{\alpha} \mid \boldsymbol{\alpha}\in V_1 \text{ 且 } \boldsymbol{\alpha}\in V_2\},$$

称 $V_1 \cap V_2$ 为 V_1 与 V_2 的**交空间**.

令

$$V_1 + V_2 = \{\boldsymbol{\alpha} = \boldsymbol{\alpha}_1 + \boldsymbol{\alpha}_2 \mid \boldsymbol{\alpha}_1 \in V_1 \text{ 且} \boldsymbol{\alpha}_2 \in V_2\},$$

称 $V_1 + V_2$ 为 V_1 与 V_2 的**和空间**.

和空间中的向量包含 V_1 和 V_2 中的所有向量,此外还包含新生成的向量.

例 1.2.2 设 $\boldsymbol{A} \in \mathbb{C}^{m\times n}$,$\boldsymbol{B} \in \mathbb{C}^{p\times n}$,则 $N(\boldsymbol{A}) \cap N(\boldsymbol{B})$是方程组

$$\begin{bmatrix} \boldsymbol{A} \\ \boldsymbol{B} \end{bmatrix} \boldsymbol{x} = \boldsymbol{0}$$

的解空间.

例 1.2.3 在三维几何空间中,用 V_1 表示过原点与某给定向量共线的向量集合,V_2 表示过原点并与 V_1 垂直的共面向量集合,则 $V_1 + V_2$ 是整个空间,且 $V_1 \cap V_2 = \{\boldsymbol{0}\}$.

可结合几何空间图示和向量坐标理解本例题的结论.

关于两个生成子空间的和空间有下述定理.

定理 1.2.3 设 $V_1 = \mathrm{span}\{\boldsymbol{\alpha}_1, \boldsymbol{\alpha}_2, \cdots, \boldsymbol{\alpha}_s\}$,$V_2 = \mathrm{span}\{\boldsymbol{\beta}_1, \boldsymbol{\beta}_2, \cdots, \boldsymbol{\beta}_t\}$,则 $V_1 + V_2 = \mathrm{span}\{\boldsymbol{\alpha}_1, \boldsymbol{\alpha}_2, \cdots, \boldsymbol{\alpha}_s, \boldsymbol{\beta}_1, \boldsymbol{\beta}_2, \cdots, \boldsymbol{\beta}_t\}$.

例 1.2.4 已知

$$\boldsymbol{\alpha}_1 = (1,2,1,0)^{\mathrm{T}}, \quad \boldsymbol{\alpha}_2 = (-1,1,1,1)^{\mathrm{T}},$$

$$\boldsymbol{\beta}_1 = (2,-1,0,1)^{\mathrm{T}}, \quad \boldsymbol{\beta}_2 = (1,-1,3,7)^{\mathrm{T}},$$

试求:

(1) $\mathrm{span}\{\boldsymbol{\alpha}_1, \boldsymbol{\alpha}_2\}$与 $\mathrm{span}\{\boldsymbol{\beta}_1, \boldsymbol{\beta}_2\}$的和空间的基和维数.

(2) $\mathrm{span}\{\boldsymbol{\alpha}_1, \boldsymbol{\alpha}_2\}$与 $\mathrm{span}\{\boldsymbol{\beta}_1, \boldsymbol{\beta}_2\}$的交空间的基和维数.

解:(1) 因为 $\mathrm{span}\{\boldsymbol{\alpha}_1, \boldsymbol{\alpha}_2\} + \mathrm{span}\{\boldsymbol{\beta}_1, \boldsymbol{\beta}_2\} = \mathrm{span}\{\boldsymbol{\alpha}_1, \boldsymbol{\alpha}_2, \boldsymbol{\beta}_1, \boldsymbol{\beta}_2\}$,将 4 个基向量构造的矩阵进行行最简化,得

$$\begin{bmatrix} 1 & 2 & 1 & 0 \\ -1 & 1 & 1 & 1 \\ 2 & -1 & 0 & 1 \\ 1 & -1 & 0 & 1 \end{bmatrix} \to \begin{bmatrix} 1 & 2 & 1 & 0 \\ 0 & 3 & 2 & 1 \\ 0 & 0 & 4/3 & 8/3 \\ 0 & 0 & 4 & 8 \end{bmatrix} \to \begin{bmatrix} 1 & 2 & 1 & 0 \\ 0 & 3 & 2 & 1 \\ 0 & 0 & 4 & 8 \\ 0 & 0 & 0 & 0 \end{bmatrix}$$

因此 $\mathrm{rank}\{\boldsymbol{\alpha}_1, \boldsymbol{\alpha}_2, \boldsymbol{\beta}_1, \boldsymbol{\beta}_2\} = 3$,且 $\boldsymbol{\alpha}_1, \boldsymbol{\alpha}_2, \boldsymbol{\beta}_1$ 是向量组 $\boldsymbol{\alpha}_1, \boldsymbol{\alpha}_2, \boldsymbol{\beta}_1, \boldsymbol{\beta}_2$ 的一个极大线性无关组,所以和空间的维数是 3,基为 $\boldsymbol{\alpha}_1, \boldsymbol{\alpha}_2, \boldsymbol{\beta}_1$.

(2) 设 $\boldsymbol{\xi} \in \mathrm{span}\{\boldsymbol{\alpha}_1, \boldsymbol{\alpha}_2\} \cap \mathrm{span}\{\boldsymbol{\beta}_1, \boldsymbol{\beta}_2\}$，由交空间定义知

$$\boldsymbol{\xi} = k_1\boldsymbol{\alpha}_1 + k_2\boldsymbol{\alpha}_2 = l_1\boldsymbol{\beta}_1 + l_2\boldsymbol{\beta}_2$$

即

$$\begin{bmatrix} k_1 - k_2 \\ 2k_1 + k_2 \\ k_1 + k_2 \\ k_2 \end{bmatrix} = \begin{bmatrix} 2l_1 + l_2 \\ -l_1 - l_2 \\ 3l_2 \\ l_1 + 7l_2 \end{bmatrix}$$

解之得

$$\begin{cases} k_1 = -l_2 \\ k_2 = 4l_2 \\ l_1 = -3l_2 \end{cases}$$

取 l_2 为自由未知量，于是

$$\boldsymbol{\xi} = l_1\boldsymbol{\beta}_1 + l_2\boldsymbol{\beta}_2 = l_2[-5,2,3,4]^{\mathrm{T}}$$

所以交空间的维数是 1，基为$[-5,2,3,4]^{\mathrm{T}}$.

例 1.2.5 已知 V_1 与 V_2 分别是方程组(Ⅰ)与方程组(Ⅱ)的解空间：

$$\begin{cases} x_1 + 3x_2 - x_3 + 2x_4 - x_5 = 0 \\ -x_1 - 2x_2 + x_3 + 2x_4 - 3x_5 = 0 \end{cases} \tag{Ⅰ}$$

$$\begin{cases} 2x_1 + 3x_2 - x_3 - x_4 + x_5 = 0 \\ -2x_1 - 7x_2 + 3x_3 - x_4 - 3x_5 = 0 \end{cases} \tag{Ⅱ}$$

求 $V_1 \cap V_2$ 的基与维数.

解：方程组(Ⅰ)与(Ⅱ)的交空间就是这两个方程组的所有公共解所构成的空间，即方程组

$$\begin{cases} x_1 + 3x_2 - x_3 + 2x_4 - x_5 = 0 \\ -x_1 - 2x_2 + x_3 + 2x_4 - 3x_5 = 0 \\ 2x_1 + 3x_2 - x_3 - x_4 + x_5 = 0 \\ -2x_1 - 7x_2 + 3x_3 - x_4 - 3x_5 = 0 \end{cases}$$

的解空间.

对系数矩阵 $\boldsymbol{A}$ 进行初等行变换：

$$A=\begin{bmatrix}+1 & +3 & -1 & +2 & -1\\ -1 & -2 & +1 & +2 & -3\\ +2 & +3 & -1 & -1 & +1\\ -2 & -7 & +3 & -1 & -3\end{bmatrix}\rightarrow\begin{bmatrix}1 & +3 & -1 & +2 & -1\\ 0 & +1 & 0 & +4 & -4\\ 0 & -3 & +1 & -5 & +3\\ 0 & -1 & +1 & +3 & -5\end{bmatrix}$$

$$\rightarrow\begin{bmatrix}1 & +3 & -1 & +2 & -1\\ 0 & +1 & 0 & +4 & -4\\ 0 & 0 & +1 & +7 & -9\\ 0 & 0 & +1 & +7 & -9\end{bmatrix}\rightarrow\begin{bmatrix}1 & +3 & -1 & +2 & -1\\ 0 & +1 & 0 & +4 & -4\\ 0 & 0 & +1 & +7 & -9\\ 0 & 0 & 0 & 0 & 0\end{bmatrix}$$

$$\rightarrow\begin{bmatrix}1 & 0 & -1 & -10 & +11\\ 0 & 1 & 0 & +4 & -4\\ 0 & 0 & 1 & +7 & -9\\ 0 & 0 & 0 & 0 & 0\end{bmatrix}\rightarrow\begin{bmatrix}1 & 0 & 0 & -3 & +2\\ 0 & 1 & 0 & +4 & -4\\ 0 & 0 & 1 & +7 & -9\\ 0 & 0 & 0 & 0 & 0\end{bmatrix}$$

由于系数矩阵的秩 $r=\mathrm{rank}(\boldsymbol{A})=3$，未知量的个数 $n=5$，故基础解系由 $n-r=2$ 个向量构成，取 x_4 和 x_5 为自由未知量，得同解方程组为

$$\begin{cases}x_1=3x_4-2x_5\\ x_2=-4x_4+4x_5\\ x_3=-7x_4+9x_5\end{cases}$$

令 $x_4=1,x_5=0$，得 $x_1=3,x_2=-4,x_3=-7$.

令 $x_4=0,x_5=1$，得 $x_1=-2,x_2=4,x_3=9$.

所以方程组的基础解系为

$$\boldsymbol{\xi}_1=(3,-4,-7,1,0)^{\mathrm{T}},\quad \boldsymbol{\xi}_2=(-2,4,9,0,1)^{\mathrm{T}}$$

这就是所求 $V_1\cap V_2$ 的基，$\dim(V_1\cap V_2)=2$.

定理 1.2.4（维数公式） 设 V_1 与 V_2 是线性空间 V 的两个子空间，则

$$\dim(V_1+V_2)=\dim V_1+\dim V_2-\dim(V_1\cap V_2).\tag{1.2.1}$$

证： 设 $\dim V_1=n_1,\dim V_2=n_2,\dim(V_1\cap V_2)=m$. 取 $V_1\cap V_2$ 的一组基

$$\boldsymbol{\alpha}_1,\boldsymbol{\alpha}_2,\cdots,\boldsymbol{\alpha}_m,$$

根据线性代数中基的扩充定理，它可以扩充成 V_1 的一组基

$$\boldsymbol{\alpha}_1,\boldsymbol{\alpha}_2,\cdots,\boldsymbol{\alpha}_m,\boldsymbol{\beta}_1,\boldsymbol{\beta}_2,\cdots,\boldsymbol{\beta}_{n_1-m},$$

也可以扩充成 V_2 的一组基

$$\boldsymbol{\alpha}_1,\boldsymbol{\alpha}_2,\cdots,\boldsymbol{\alpha}_m,\boldsymbol{\nu}_1,\boldsymbol{\nu}_2,\cdots,\boldsymbol{\nu}_{n_2-m},$$

此即

$$V_1=\mathrm{span}\{\boldsymbol{\alpha}_1,\boldsymbol{\alpha}_2,\cdots,\boldsymbol{\alpha}_m,\boldsymbol{\beta}_1,\boldsymbol{\beta}_2,\cdots,\boldsymbol{\beta}_{n_1-m}\},$$

$$V_2=\mathrm{span}\{\boldsymbol{\alpha}_1,\boldsymbol{\alpha}_2,\cdots,\boldsymbol{\alpha}_m,\boldsymbol{\nu}_1,\boldsymbol{\nu}_2,\cdots,\boldsymbol{\nu}_{n_2-m}\},$$

所以

$$V_1+V_2=\mathrm{span}\{\boldsymbol{\alpha}_1,\boldsymbol{\alpha}_2,\cdots,\boldsymbol{\alpha}_m,\boldsymbol{\beta}_1,\boldsymbol{\beta}_2,\cdots,\boldsymbol{\beta}_{n_1-m},\boldsymbol{\nu}_1,\boldsymbol{\nu}_2,\cdots,\boldsymbol{\nu}_{n_2-m}\}.$$

以下验证向量组 $\boldsymbol{\alpha}_1,\boldsymbol{\alpha}_2,\cdots,\boldsymbol{\alpha}_m,\boldsymbol{\beta}_1,\boldsymbol{\beta}_2,\cdots,\boldsymbol{\beta}_{n_1-m},\boldsymbol{\nu}_1,\boldsymbol{\nu}_2,\cdots,\boldsymbol{\nu}_{n_2-m}$ 的线性相关性,从而确定和空间 V_1+V_2 的维数.

设

$$k_1\boldsymbol{\alpha}_1+\cdots+k_m\boldsymbol{\alpha}_m+p_1\boldsymbol{\beta}_1+\cdots+p_{n_1-m}\boldsymbol{\beta}_{n_1-m}+$$
$$q_1\boldsymbol{\nu}_1+\cdots+q_{n_2-m}\boldsymbol{\nu}_{n_2-m}=\mathbf{0},$$

令

$$\begin{aligned}\boldsymbol{\xi}&=k_1\boldsymbol{\alpha}_1+\cdots+k_m\boldsymbol{\alpha}_m+p_1\boldsymbol{\beta}_1+\cdots+p_{n_1-m}\boldsymbol{\beta}_{n_1-m}\\&=-q_1\boldsymbol{\nu}_1-\cdots-q_{n_2-m}\boldsymbol{\nu}_{n_2-m},\end{aligned}$$

由第一个等式知 $\boldsymbol{\xi}\in V_1$,由第二个等式知 $\boldsymbol{\xi}\in V_2$,所以 $\xi\in V_1\cap V_2$,故可令

$$\boldsymbol{\xi}=l_1\boldsymbol{\alpha}_1+\cdots+l_m\boldsymbol{\alpha}_m,$$

因此

$$l_1\boldsymbol{\alpha}_1+\cdots+l_m\boldsymbol{\alpha}_m=-q_1\boldsymbol{\nu}_1-\cdots-q_{n_2-m}\boldsymbol{\nu}_{n_2-m},$$

即

$$l_1\boldsymbol{\alpha}_1+\cdots+l_m\boldsymbol{\alpha}_m+q_1\boldsymbol{\nu}_1+\cdots+q_{n_2-m}\boldsymbol{\nu}_{n_2-m}=\mathbf{0}.$$

由于 $\boldsymbol{\alpha}_1,\boldsymbol{\alpha}_2,\cdots,\boldsymbol{\alpha}_m,\boldsymbol{\nu}_1,\boldsymbol{\nu}_2,\cdots,\boldsymbol{\nu}_{n_2-m}$ 线性无关,所以

$$l_1=\cdots=l_m=q_1=\cdots=q_{n_2-m}=0,$$

因而 $\boldsymbol{\xi}=\mathbf{0}$,从而有

$$k_1\boldsymbol{\alpha}_1+\cdots+k_m\boldsymbol{\alpha}_m+p_1\boldsymbol{\beta}_1+\cdots+p_{n_1-m}\boldsymbol{\beta}_{n_1-m}=\mathbf{0}.$$

由于 $\boldsymbol{\alpha}_1,\boldsymbol{\alpha}_2,\cdots,\boldsymbol{\alpha}_m,\boldsymbol{\beta}_1,\boldsymbol{\beta}_2,\cdots,\boldsymbol{\beta}_{n_1-m}$ 线性无关,可得

$$k_1=\cdots=k_m=p_1=\cdots=p_{n_1-m}=0.$$

这就证明了 $\boldsymbol{\alpha}_1,\boldsymbol{\alpha}_2,\cdots,\boldsymbol{\alpha}_m,\boldsymbol{\beta}_1,\boldsymbol{\beta}_2,\cdots,\boldsymbol{\beta}_{n_1-m},\boldsymbol{\nu}_1,\boldsymbol{\nu}_2,\cdots,\boldsymbol{\nu}_{n_2-m}$ 线性无关,因而是 V_1+V_2 的一组基,V_1+V_2 的维数是 n_1+n_2-m. 故维数公式成立. ■

1.2.3 子空间的直和

定义 1.2.7 设 V_1 和 V_2 是线性空间 V 的两个子空间,若 V_1+V_2 中每个向

量 $\boldsymbol{\alpha}$ 表示为

$$\boldsymbol{\alpha}=\boldsymbol{\alpha}_1+\boldsymbol{\alpha}_2 \quad (\boldsymbol{\alpha}_1\in V_1,\boldsymbol{\alpha}_2\in V_2)$$

的方法是唯一的,则称 V_1 与 V_2 的和空间 V_1+V_2 是**直和**,并用记号 $V_1\oplus V_2$ 表示.

下述定理给出了判断子空间的和是否为直和的充要条件.

定理 1.2.5 设 V_1 和 V_2 是线性空间 V 的两个子空间,则下列命题等价:

(1) V_1+V_2 是直和.

(2) 零向量的分解式唯一,即由 $\mathbf{0}=\boldsymbol{\alpha}_1+\boldsymbol{\alpha}_2(\boldsymbol{\alpha}_1\in V_1,\boldsymbol{\alpha}_2\in V_2)$ 可推出 $\boldsymbol{\alpha}_1=\boldsymbol{\alpha}_2=\mathbf{0}$.

(3) $V_1\cap V_2=\{\mathbf{0}\}$.

(4) $\dim (V_1+V_2)=\dim V_1+\dim V_2$.

(5) 设 $\boldsymbol{\alpha}_1,\boldsymbol{\alpha}_2,\cdots,\boldsymbol{\alpha}_{n_1}$ 是 V_1 的一组基,$\boldsymbol{\beta}_1,\boldsymbol{\beta}_2,\cdots,\boldsymbol{\beta}_{n_2}$ 是 V_2 的一组基,则 $\boldsymbol{\alpha}_1$,$\boldsymbol{\alpha}_2,\cdots,\boldsymbol{\alpha}_{n_1},\boldsymbol{\beta}_1,\boldsymbol{\beta}_2,\cdots,\boldsymbol{\beta}_{n_2}$ 是 V_1+V_2 的一组基.

证:(1)⇒(2)显然.

(2) ⇒(1) 任取 $\boldsymbol{\alpha}\in V_1+V_2$,若 $\boldsymbol{\alpha}$ 可分解为

$$\boldsymbol{\alpha}=\boldsymbol{\alpha}_1+\boldsymbol{\alpha}_2=\boldsymbol{\beta}_1+\boldsymbol{\beta}_2 \quad (\boldsymbol{\alpha}_1,\boldsymbol{\beta}_1\in V_1,\boldsymbol{\alpha}_2,\boldsymbol{\beta}_2\in V_2)$$

则有 $\mathbf{0}=(\boldsymbol{\alpha}_1-\boldsymbol{\beta}_1)+(\boldsymbol{\alpha}_2-\boldsymbol{\beta}_2)\ (\boldsymbol{\alpha}_1-\boldsymbol{\beta}_1\in V_1,\boldsymbol{\alpha}_2-\boldsymbol{\beta}_2\in V_2)$,由(2)推出 $\boldsymbol{\alpha}_1-\boldsymbol{\beta}_1=\mathbf{0}$,$\boldsymbol{\alpha}_2-\boldsymbol{\beta}_2=\mathbf{0}$,即 $\boldsymbol{\alpha}_1=\boldsymbol{\beta}_1,\boldsymbol{\alpha}_2=\boldsymbol{\beta}_2$,故 $\boldsymbol{\alpha}$ 的分解式唯一,因此 V_1+V_2 是直和.

(2) ⇒(3) 任取 $\boldsymbol{\alpha}\in V_1\cap V_2$,则

$$\mathbf{0}=\boldsymbol{\alpha}+(-\boldsymbol{\alpha}) \quad (\boldsymbol{\alpha}\in V_1,-\boldsymbol{\alpha}\in V_2)$$

由(2)推出 $\boldsymbol{\alpha}=-\boldsymbol{\alpha}=\mathbf{0}$,这表明 $V_1\cap V_2=\{\mathbf{0}\}$.

(3) ⇒(2) 由 $\mathbf{0}=\boldsymbol{\alpha}_1+\boldsymbol{\alpha}_2(\boldsymbol{\alpha}_1\in V_1,\boldsymbol{\alpha}_2\in V_2)$ 可推出 $\boldsymbol{\alpha}_1=-\boldsymbol{\alpha}_2\in V_2$,于是 $\boldsymbol{\alpha}_1\in V_1\cap V_2=\{\mathbf{0}\}$,从而 $\boldsymbol{\alpha}_1=\mathbf{0}$,同理可推得 $\boldsymbol{\alpha}_2=\mathbf{0}$,故零向量的分解式唯一.

(3) ⇔(4) 由维数公式可得.

(4) ⇒(5) 设 $\dim (V_1+V_2)=\dim V_1+\dim V_2=n_1+n_2$,由定理 1.2.3 知

$$V_1+V_2=\operatorname{span}\{\boldsymbol{\alpha}_1,\boldsymbol{\alpha}_2,\cdots,\boldsymbol{\alpha}_{n_1},\boldsymbol{\beta}_1,\boldsymbol{\beta}_2,\cdots,\boldsymbol{\beta}_{n_2}\},$$

又由定理 1.2.1 知

$$\operatorname{rank}\{\boldsymbol{\alpha}_1,\boldsymbol{\alpha}_2,\cdots,\boldsymbol{\alpha}_{n_1},\boldsymbol{\beta}_1,\boldsymbol{\beta}_2,\cdots,\boldsymbol{\beta}_{n_2}\}=\dim (V_1+V_2)=n_1+n_2,$$

因此,$\boldsymbol{\alpha}_1,\boldsymbol{\alpha}_2,\cdots,\boldsymbol{\alpha}_{n_1},\boldsymbol{\beta}_1,\boldsymbol{\beta}_2,\cdots,\boldsymbol{\beta}_{n_2}$ 线性无关,它构成 V_1+V_2 的一组基.

(5) ⇒(4) 因为 $\boldsymbol{\alpha}_1,\boldsymbol{\alpha}_2,\cdots,\boldsymbol{\alpha}_{n_1},\boldsymbol{\beta}_1,\boldsymbol{\beta}_2,\cdots,\boldsymbol{\beta}_{n_2}$ 构成 V_1+V_2 的一组基,故

$$\operatorname{rank}(\boldsymbol{\alpha}_1,\boldsymbol{\alpha}_2,\cdots,\boldsymbol{\alpha}_{n_1},\boldsymbol{\beta}_1,\boldsymbol{\beta}_2,\cdots,\boldsymbol{\beta}_{n_2})=n_1+n_2,$$

于是

$$\begin{aligned}\dim(V_1+V_2)&=\dim\operatorname{span}\{\boldsymbol{\alpha}_1,\boldsymbol{\alpha}_2,\cdots,\boldsymbol{\alpha}_{n_1},\boldsymbol{\beta}_1,\boldsymbol{\beta}_2,\cdots,\boldsymbol{\beta}_{n_2}\}\\&=n_1+n_2=\dim V_1+\dim V_2.\end{aligned}$$

■

1.3 赋范线性空间

1.3.1 范数

范数是实数的大小或复数的模的概念的普遍化.

定义 1.3.1 设 V 是数域$\mathbb{F}$上的线性空间,若对每一个 $\boldsymbol{x}\in V$,都对应一个实数 $\|\boldsymbol{x}\|\in\mathbb{R}$,且满足

(1) $\|\boldsymbol{x}\|\geqslant 0$,当且仅当 $\boldsymbol{x}=\boldsymbol{0}$ 时,$\|\boldsymbol{x}\|=0$ (非负性);

(2) 对任意数 λ,有 $\|\lambda\boldsymbol{x}\|=|\lambda|\,\|\boldsymbol{x}\|$ (绝对齐次性);

(3) $\|\boldsymbol{x}+\boldsymbol{y}\|\leqslant\|\boldsymbol{x}\|+\|\boldsymbol{y}\|$,其中 $\boldsymbol{y}\in X$ (三角不等式).

则 $\|\boldsymbol{x}\|$ 称为 $\boldsymbol{x}$ 的**范数**.

由以上定义可知,范数 $\|\boldsymbol{x}\|$ 是按一定规律与 $\boldsymbol{x}$ 对应的实数,这个实数值的计算规则并没有给出,但只要满足定义中的 3 个条件,这个实数就是 $\boldsymbol{x}$ 的一种范数,因此也称定义中的 3 个条件为**范数公理**. 在第 6 章,将分别针对 $\boldsymbol{x}$ 是向量和矩阵的情况,介绍向量范数和矩阵范数.

1.3.2 赋范线性空间的定义

一个线性空间定义了基之后,只能确定向量的位置,但无法确定向量的长度,而定义了范数后可以确定向量的长度.

定义 1.3.2 设 X 是数域$\mathbb{F}$上的线性空间,若 $\forall\,\boldsymbol{x}\in X$,都存在 $\boldsymbol{x}$ 的范数 $\|\boldsymbol{x}\|$,则称 X 为数域$\mathbb{F}$上的**赋范线性空间**(normed linear space),记为$(X,\|\cdot\|)$.

当$\mathbb{F}=\mathbb{R}$时,称 X 为**实赋范线性空间**. 当$\mathbb{F}=\mathbb{C}$时,称 X 为**复赋范线性空间**. 赋范线性空间也可简称为赋范空间(normed space). 在范数不至于混淆的情况下,赋范线性空间$(X,\|\cdot\|)$也可简记为 X.

例 1.3.1 $\forall\,x\in\mathbb{R}$,定义

$$\| x \| = | x |,$$

则$(\mathbb{R}, \| \cdot \|)$是赋范线性空间.

例 1.3.2 $\forall \boldsymbol{x}=(x_1,x_2,\cdots,x_n)\in\mathbb{R}^n$,定义

$$\| \boldsymbol{x} \|_p = \left(\sum_{k=1}^{n} | x_k |^p \right)^{\frac{1}{p}}, \quad 1 \leqslant p < \infty,$$

则$(\mathbb{R}^n, \| \cdot \|_p)$,$1\leqslant p<\infty$是赋范线性空间.

例 1.3.3 $\forall \boldsymbol{x}=(x_1,x_2,\cdots,x_n)\in\mathbb{R}^n$,定义

$$\| \boldsymbol{x} \|_\infty = \max_{1\leqslant k\leqslant n} | x_k |,$$

则$(\mathbb{R}^n, \| \cdot \|_\infty)$是赋范线性空间.

1.4 度量空间

1.4.1 向量的距离

在实数轴上,任一点 x 的绝对值$|x|$表示该点至原点的距离,任意两点 x_1 和 x_2 差的绝对值$|x_1-x_2|$表示两点之间的距离. 在直角坐标系中,任意两点 $P_1(x_1,y_1)$和 $P_2(x_2,y_2)$的距离定义为$\sqrt{(x_1-x_2)^2+(y_1-y_2)^2}$. 以上距离的具体定义虽然不同,但可概括其本质属性,引出向量之间的距离(度量)的定义.

定义 1.4.1 设 X 是一个非空集合,d 是一个定义在 $X\times X$ 上的实值函数,若存在映射 $d: X\times X\to\mathbb{R}$,使得对于任意的 $\boldsymbol{x},\boldsymbol{y},\boldsymbol{z}\in X$,满足:

(1) $d(\boldsymbol{x},\boldsymbol{y})\geqslant 0$,$d(\boldsymbol{x},\boldsymbol{y})=0$ 当且仅当 $\boldsymbol{x}=\boldsymbol{y}$ (非负性);

(2) $d(\boldsymbol{x},\boldsymbol{y})=d(\boldsymbol{y},\boldsymbol{x})$ (对称性);

(3) $d(\boldsymbol{x},\boldsymbol{y})\leqslant d(\boldsymbol{x},\boldsymbol{z})+d(\boldsymbol{z},\boldsymbol{y})$ (三角不等式).

则称 d 是 X 上的**距离函数**或**度量**,$d(\boldsymbol{x},\boldsymbol{y})$是 $\boldsymbol{x}$ 与 $\boldsymbol{y}$ 的**距离**(**度量**).

由以上定义可知,距离 $d(\boldsymbol{x},\boldsymbol{y})$是按一定规律与 $\boldsymbol{x}$ 和 $\boldsymbol{y}$ 对应的实数,这个实数的计算规则并没有给出,但只要满足定义中的 3 个条件,这个实数就是 $\boldsymbol{x}$ 和 $\boldsymbol{y}$ 的一种距离(度量),因此也称定义中的 3 个条件为**度量公理**.

1.4.2 度量空间的定义

度量空间是更广泛的一类空间,这类空间只考虑非空集合的两元素间的距离,

而不要求相应的线性运算性质，因此赋范线性空间是度量空间的特例.

定义 1.4.2 设 X 是一个非空集合，d 是 X 上的度量，即对 X 中的任意两个元素 $\boldsymbol{x}$ 和 $\boldsymbol{y}$，都对应距离 $d(\boldsymbol{x},\boldsymbol{y})$，则称 X 是以 d 为距离的**度量空间**(metric space)，记作(X,d).

在度量不至于混淆的情况下，度量空间(X,d)也可简记为 X. 度量空间也称为**距离空间**.

对于度量空间，需要注意以下几点.

(1) 度量空间是 n 维欧氏空间$\mathbb{R}^n$ 的推广，它把欧氏空间中两点间的距离这一概念中的本质要求抽象出来，距离概念已经由现实世界中的意义引申到一般情况，从而在一般集合上建立起抽象的概念.

(2) 在同一个集合 X 上可以定义两个不同的距离函数 d_1,d_2，此时(X,d_1)和(X,d_2)是两个不同的度量空间.

(3) 度量空间 X 中所包含的元素可以不是任何几何意义上的点，可以是函数或其他一些抽象的对象，但由于赋予了距离这一几何概念，习惯上仍称 X 中的元素为 X 中的点.

(4) 赋范线性空间是度量空间，由范数导出的距离函数满足度量公理，但并不是所有的度量空间都是赋范线性空间.

由例 1.3.1～例 1.3.3 的范数可以导出例 1.4.1～例 1.4.3 中的三种度量.

例 1.4.1 $\forall x,y\in\mathbb{R}$，定义

$$d(x,y)=|x-y|,$$

则$(\mathbb{R},d)$是度量空间.

例 1.4.2 $\forall \boldsymbol{x}=(x_1,x_2,\cdots,x_n)\in\mathbb{R}^n$，$\forall \boldsymbol{y}=(y_1,y_2,\cdots,y_n)\in\mathbb{R}^n$，定义

$$d_p(\boldsymbol{x},\boldsymbol{y})=\left(\sum_{k=1}^{n}|x_k-y_k|^p\right)^{\frac{1}{p}},\quad 1\leqslant p<\infty,$$

则$(\mathbb{R}^n,d_p)$，$1\leqslant p<\infty$是度量空间. 其中，$(\mathbb{R}^n,d_2)$是 n 维欧氏空间.

例 1.4.3 $\forall \boldsymbol{x}=(x_1,x_2,\cdots,x_n)\in\mathbb{R}^n$，$\forall \boldsymbol{y}=(y_1,y_2,\cdots,y_n)\in\mathbb{R}^n$，定义

$$d_\infty(\boldsymbol{x},\boldsymbol{y})=\max_{1\leqslant k\leqslant n}|x_k-y_k|,$$

则$(\mathbb{R}^n,d_\infty)$是度量空间.

下面再举一个是度量空间但不是赋范线性空间的例子.

例 1.4.4 设 X 是一个非空集合，一个定义在 $X\times X$ 上的实值函数 d 为

$$d(\boldsymbol{x},\boldsymbol{y})=\begin{cases}0, & \boldsymbol{x}=\boldsymbol{y}\\ 1, & \boldsymbol{x}\neq\boldsymbol{y}\end{cases},$$

容易验证 d 是 X 上的度量，称 d 是 X 上的**离散度量**(discrete metric). (X,d)是度量空间，称为**离散度量空间**，但该度量空间不是赋范线性空间.

1.5 内积空间

1.5.1 欧氏空间

前面将几何空间中的长度、距离概念进行了推广，引出了范数、度量的概念，那么角度概念是否也能推广呢？为此首先引出向量的内积这一重要概念，基于内积可引入向量的夹角和正交等概念. 因此，有必要将内积运算引入线性空间，从而建立一个更有应用价值的空间——内积空间.

定义 1.5.1 设 V 是实数域$\mathbb{R}$上的 n 维线性空间，对 V 中的任意两个向量 $\boldsymbol{\alpha},\boldsymbol{\beta}$ 按某一确定法则对应一个实数，这个实数称为**内积**，记为$(\boldsymbol{\alpha},\boldsymbol{\beta})$. 并且要求内积$(\boldsymbol{\alpha},\boldsymbol{\beta})$运算满足下列四个条件：

(1) $(\boldsymbol{\alpha},\boldsymbol{\beta})=(\boldsymbol{\beta},\boldsymbol{\alpha})$；

(2) $(k\boldsymbol{\alpha},\boldsymbol{\beta})=k(\boldsymbol{\alpha},\boldsymbol{\beta})$，$k$ 为任意实数；

(3) $(\boldsymbol{\alpha}+\boldsymbol{\beta},\boldsymbol{\nu})=(\boldsymbol{\alpha},\boldsymbol{\nu})+(\boldsymbol{\beta},\boldsymbol{\nu})$；

(4) $(\boldsymbol{\alpha},\boldsymbol{\alpha})\geqslant 0$，当且仅当 $\boldsymbol{\alpha}=0$ 时，$(\boldsymbol{\alpha},\boldsymbol{\alpha})=0$.

这里 $\boldsymbol{\nu}$ 是 V 中的任意向量. 称定义这样内积的 n 维线性空间 V 为 n 维**欧几里得**(Euclid)**空间**，简称 n 维**欧氏空间**.

例 1.5.1 设$\mathbb{R}^n$ 是 n 维实向量空间，若

$$\boldsymbol{\alpha}=(a_1,a_2,\cdots,a_n)^{\mathrm{T}},\quad \boldsymbol{\beta}=(b_1,b_2,\cdots,b_n)^{\mathrm{T}},$$

令

$$(\boldsymbol{\alpha},\boldsymbol{\beta})=\boldsymbol{\alpha}^{\mathrm{T}}\boldsymbol{\beta}=\boldsymbol{\beta}^{\mathrm{T}}\boldsymbol{\alpha}=a_1b_1+a_2b_2+\cdots+a_nb_n,$$

容易验证：所规定的$(\boldsymbol{\alpha},\boldsymbol{\beta})$满足定义 1.5.1 中的四个条件. 因此在这样定义内积后$\mathbb{R}^n$ 成为 n 维欧氏空间.

例 1.5.1 中定义的内积可以表述为两向量对应分量乘积之和，这个内积定义在 n 维欧氏空间中得到广泛使用，是欧氏空间中的标准内积.

对于同一线性空间，也可以定义不同的内积，从而得到不同的欧氏空间，例 1.5.2～例 1.5.3 给出了不同内积定义下的欧氏空间的例子.

例 1.5.2 设在$\mathbb{R}^2$中对向量$\boldsymbol{\alpha}=(a_1,a_2)^{\mathrm{T}}$和$\boldsymbol{\beta}=(b_1,b_2)^{\mathrm{T}}$规定内积为

$$(\boldsymbol{\alpha},\boldsymbol{\beta})=a_1b_1+a_1b_2+a_2b_1+a_2b_2,$$

试证：$\mathbb{R}^2$是欧氏空间.

证：只需按内积运算的定义，验证$(\boldsymbol{\alpha},\boldsymbol{\beta})$满足内积的四个条件即可.

条件①：

$$\begin{aligned}(\boldsymbol{\beta},\boldsymbol{\alpha})&=b_1a_1+b_1a_2+b_2a_1+b_2a_2\\&=a_1b_1+a_1b_2+a_2b_1+a_2b_2=(\boldsymbol{\alpha},\boldsymbol{\beta}).\end{aligned}$$

条件②：

$$\begin{aligned}(k\boldsymbol{\alpha},\boldsymbol{\beta})&=ka_1b_1+ka_1b_2+ka_2b_1+ka_2b_2\\&=k(a_1b_1+a_1b_2+a_2b_1+a_2b_2)=k(\boldsymbol{\alpha},\boldsymbol{\beta}).\end{aligned}$$

条件③：

设$\boldsymbol{\nu}=(c_1,c_2)^{\mathrm{T}}$，则

$$\begin{aligned}(\boldsymbol{\alpha}+\boldsymbol{\beta},\boldsymbol{\nu})&=(a_1+b_1)c_1+(a_1+b_1)c_2+(a_2+b_2)c_1+(a_2+b_2)c_2\\&=a_1c_1+b_1c_1+a_1c_2+b_1c_2+a_2c_1+b_2c_1+a_2c_2+b_2c_2\\&=a_1c_1+a_1c_2+a_2c_1+a_2c_2+b_1c_1+b_1c_2+b_2c_1+b_2c_2\\&=(\boldsymbol{\alpha},\boldsymbol{\nu})+(\boldsymbol{\beta},\boldsymbol{\nu}).\end{aligned}$$

条件④：

$$\begin{aligned}(\boldsymbol{\alpha},\boldsymbol{\alpha})&=a_1^2+a_1a_2+a_2a_1+a_2^2\\&=(a_1+a_2)^2\geqslant 0,\end{aligned}$$

等式成立的充要条件是$a_1=a_2=0$，即$\boldsymbol{\alpha}=\mathbf{0}$.

综上，该内积定义满足内积的四个条件，因此该$\mathbb{R}^2$是欧氏空间. ■

例 1.5.3 用$C[a,b]$表示闭区间$[a,b]$上的所有实值连续函数构成的实线性空间，对任意$f(x),g(x)\in C[a,b]$，规定

$$(f,g)=\int_a^b f(x)g(x)\mathrm{d}x,$$

容易验证，这样规定的(f,g)是$C[a,b]$上的一个内积，从而$C[a,b]$成为一个欧氏空间.

由定义 1.5.1，可得欧氏空间中内积的性质：

(1) $(\boldsymbol{\alpha},k\boldsymbol{\beta})=k(\boldsymbol{\alpha},\boldsymbol{\beta})$;

(2) $(\boldsymbol{\alpha},\boldsymbol{\beta}+\boldsymbol{\gamma})=(\boldsymbol{\alpha},\boldsymbol{\beta})+(\boldsymbol{\alpha},\boldsymbol{\gamma})$;

(3) $(k\boldsymbol{\alpha},l\boldsymbol{\beta})=kl(\boldsymbol{\alpha},\boldsymbol{\beta})$;

(4) $\left(\sum_{i=1}^{m}k_i\boldsymbol{\alpha}_i,\boldsymbol{\beta}\right)=\sum_{i=1}^{m}k_i(\boldsymbol{\alpha}_i,\boldsymbol{\beta})$;

(5) $\left(\boldsymbol{\alpha},\sum_{j=1}^{n}l_j\boldsymbol{\beta}_j\right)=\sum_{j=1}^{n}l_j(\boldsymbol{\alpha},\boldsymbol{\beta}_j)$;

(6) $\left(\sum_{i=1}^{m}k_i\boldsymbol{\alpha}_i,\sum_{j=1}^{n}l_j\boldsymbol{\beta}_j\right)=\sum_{i=1}^{m}\sum_{j=1}^{n}k_il_j(\boldsymbol{\alpha}_i,\boldsymbol{\beta}_j)$;

(7) $(\boldsymbol{\alpha},\mathbf{0})=(\mathbf{0},\boldsymbol{\alpha})=0$.

1.5.2 酉空间

定义 1.5.2 设 V 是复数域$\mathbb{C}$上的 n 维线性空间,对 V 中的任意两个向量$\boldsymbol{\alpha},\boldsymbol{\beta}$按某一确定法则对应一个复数,这个复数称为**内积**,记为$(\boldsymbol{\alpha},\boldsymbol{\beta})$. 并且要求内积$(\boldsymbol{\alpha},\boldsymbol{\beta})$运算满足下列四个条件:

(1) $(\boldsymbol{\alpha},\boldsymbol{\beta})=\overline{(\boldsymbol{\beta},\boldsymbol{\alpha})}$,其中$\overline{(\boldsymbol{\beta},\boldsymbol{\alpha})}$是$(\boldsymbol{\beta},\boldsymbol{\alpha})$的共轭复数;

(2) $(k\boldsymbol{\alpha},\boldsymbol{\beta})=k(\boldsymbol{\alpha},\boldsymbol{\beta})$,$k$ 为任意复数;

(3) $(\boldsymbol{\alpha}+\boldsymbol{\beta},\boldsymbol{\nu})=(\boldsymbol{\alpha},\boldsymbol{\nu})+(\boldsymbol{\beta},\boldsymbol{\nu})$;

(4) $(\boldsymbol{\alpha},\boldsymbol{\alpha})$为非负实数,当且仅当$\boldsymbol{\alpha}=\mathbf{0}$时,$(\boldsymbol{\alpha},\boldsymbol{\alpha})=0$.

这里$\boldsymbol{\nu}$是 V 中的任意向量. 称定义这样内积的 n 维线性空间 V 为 n 维**复欧氏空间**,也称 n **维酉空间**(unitary space).

欧氏空间和酉空间统称为**内积空间**.

例 1.5.4 设$\mathbb{C}^n$ 是 n 维复向量空间,若

$$\boldsymbol{\alpha}=(a_1,a_2,\cdots,a_n)^{\mathrm{T}},\quad \boldsymbol{\beta}=(b_1,b_2,\cdots,b_n)^{\mathrm{T}},$$

令

$$(\boldsymbol{\alpha},\boldsymbol{\beta})=(\overline{\boldsymbol{\beta}})^{\mathrm{T}}\boldsymbol{\alpha}=a_1\overline{b}_1+a_2\overline{b}_2+\cdots+a_n\overline{b}_n,$$

容易验证:所规定的$(\boldsymbol{\alpha},\boldsymbol{\beta})$满足定义 1.5.2 中的四个条件. 因此在这样定义内积后$\mathbb{C}^n$ 成为 n 维酉空间,该内积定义是酉空间中的标准内积.

由定义 1.5.2,可得酉空间中内积的性质:

(1) $(\boldsymbol{\alpha},k\boldsymbol{\beta})=\overline{k}(\boldsymbol{\alpha},\boldsymbol{\beta})$;

(2) $(\boldsymbol{\alpha},\boldsymbol{\beta}+\boldsymbol{\gamma})=(\boldsymbol{\alpha},\boldsymbol{\beta})+(\boldsymbol{\alpha},\boldsymbol{\gamma})$;

(3) $(k\boldsymbol{\alpha},l\boldsymbol{\beta})=k\bar{l}(\boldsymbol{\alpha},\boldsymbol{\beta})$;

(4) $\left(\sum_{i=1}^{m}k_i\boldsymbol{\alpha}_i,\boldsymbol{\beta}\right)=\sum_{i=1}^{m}k_i(\boldsymbol{\alpha}_i,\boldsymbol{\beta})$;

(5) $\left(\boldsymbol{\alpha},\sum_{j=1}^{n}l_j\boldsymbol{\beta}_j\right)=\sum_{j=1}^{n}\bar{l}_j(\boldsymbol{\alpha},\boldsymbol{\beta}_j)$;

(6) $\left(\sum_{i=1}^{m}k_i\boldsymbol{\alpha}_i,\sum_{j=1}^{n}l_j\boldsymbol{\beta}_j\right)=\sum_{i=1}^{m}\sum_{j=1}^{n}k_i\bar{l}_j(\boldsymbol{\alpha}_i,\boldsymbol{\beta}_j)$;

(7) $(\boldsymbol{\alpha},\mathbf{0})=(\mathbf{0},\boldsymbol{\alpha})=0$.

1.5.3 向量的夹角

内积空间仅在线性空间基础上定义了内积，而未单独定义范数和度量等其他概念，这是因为这些概念均可由内积导出. 由于引入了内积运算，内积空间除了可以定义向量的长度和向量之间的距离，还可以定义向量之间的夹角.

定义 1.5.3 设 V 是内积空间，向量 $\boldsymbol{\alpha}\in V$ 的**长度**(**模**)定义为

$$\|\boldsymbol{\alpha}\|=\sqrt{(\boldsymbol{\alpha},\boldsymbol{\alpha})}.$$

例如，$\mathbb{C}^n$ 或 $\mathbb{R}^n$ 上向量 $\boldsymbol{\alpha}=(a_1,a_2,\cdots,a_n)^{\mathrm{T}}$ 的长度(模)可定义为

$$\|\boldsymbol{\alpha}\|=\sqrt{(\boldsymbol{\alpha},\boldsymbol{\alpha})}=\sqrt{\sum_{i=1}^{n}|a_i|^2}.$$

内积空间中向量长度的表示符号 $\|\cdot\|$ 与赋范线性空间中范数的表示符号相同，内积空间中向量的长度也可称为由内积导出的范数. 此外，由内积还可导出向量间的距离和夹角.

定义 1.5.4 内积空间中长度为 1 的向量称为**单位向量**.

对于任何一个非零向量 $\boldsymbol{\alpha}$，都有

$$\boldsymbol{\alpha}_0=\frac{\boldsymbol{\alpha}}{\|\boldsymbol{\alpha}\|}$$

是单位向量，这是因为若 $\boldsymbol{\alpha}\neq\mathbf{0}$，有

$$\left\|\frac{\boldsymbol{\alpha}}{\|\boldsymbol{\alpha}\|}\right\|=\frac{\|\alpha\|}{\|\alpha\|}=1.$$

将任一非零向量 $\boldsymbol{\alpha}$ 转化为单位向量 $\boldsymbol{\alpha}_0$ 的过程称为**单位化**或**标准化**.

定义 1.5.5 内积空间中两个向量 $\boldsymbol{\alpha}$ 和 $\boldsymbol{\beta}$ 的**距离**定义为

$$d(\boldsymbol{\alpha},\boldsymbol{\beta})=\|\boldsymbol{\alpha}-\boldsymbol{\beta}\|.$$

内积空间中向量的长度有如下性质：

(1) $\|\boldsymbol{\alpha}\|\geqslant 0$，当且仅当 $\boldsymbol{\alpha}=\mathbf{0}$ 时，$\|\boldsymbol{\alpha}\|=0$　　(非负性)；

(2) $\|k\boldsymbol{\alpha}\|=|k|\|\boldsymbol{\alpha}\|$，$k\in\mathbb{F}$（其中，$|k|$是数 k 的模）(齐次性)；

(3) $\|\boldsymbol{\alpha}+\boldsymbol{\beta}\|\leqslant\|\boldsymbol{\alpha}\|+\|\boldsymbol{\beta}\|$　　(三角不等式)；

(4) $|(\boldsymbol{\alpha},\boldsymbol{\beta})|\leqslant\|\boldsymbol{\alpha}\|\|\boldsymbol{\beta}\|$　　(Cauchy-Schwarz 不等式).

性质(1)和(2)容易证明，下面证明(3)和(4). 其中，(3)的证明使用了 Cauchy-Schwarz 不等式.

证：(3)
$$\begin{aligned}\|\boldsymbol{\alpha}+\boldsymbol{\beta}\|^2&=(\boldsymbol{\alpha}+\boldsymbol{\beta},\boldsymbol{\alpha}+\boldsymbol{\beta})\\&=(\boldsymbol{\alpha},\boldsymbol{\alpha})+(\boldsymbol{\alpha},\boldsymbol{\beta})+(\boldsymbol{\beta},\boldsymbol{\alpha})+(\boldsymbol{\beta},\boldsymbol{\beta})\\&=\|\boldsymbol{\alpha}\|^2+2\mathrm{Re}(\boldsymbol{\alpha},\boldsymbol{\beta})+\|\boldsymbol{\beta}\|^2\\&\leqslant\|\boldsymbol{\alpha}\|^2+2|(\boldsymbol{\alpha},\boldsymbol{\beta})|+\|\boldsymbol{\beta}\|^2\\&\leqslant\|\boldsymbol{\alpha}\|^2+2\|\boldsymbol{\alpha}\|\|\boldsymbol{\beta}\|+\|\boldsymbol{\beta}\|^2\\&=(\|\boldsymbol{\alpha}\|+\|\boldsymbol{\beta}\|)^2.\end{aligned}$$

再由内积空间中向量长度的非负性，可得

$$\|\boldsymbol{\alpha}+\boldsymbol{\beta}\|\leqslant\|\boldsymbol{\alpha}\|+\|\boldsymbol{\beta}\|.$$ ■

性质(4)的证明由定理 1.5.1 给出.

定理 1.5.1　设 V 是内积空间，对任意向量 $\boldsymbol{\alpha},\boldsymbol{\beta}\in V$，有

$$|(\boldsymbol{\alpha},\boldsymbol{\beta})|\leqslant\|\boldsymbol{\alpha}\|\|\boldsymbol{\beta}\|.\tag{1.5.1}$$

证：当 $\boldsymbol{\beta}=\mathbf{0}$ 时，不等式显然成立.

设 $\boldsymbol{\beta}\neq\mathbf{0}$，则有

$$\begin{aligned}0\leqslant\|\boldsymbol{\alpha}-k\boldsymbol{\beta}\|^2&=(\boldsymbol{\alpha}-k\boldsymbol{\beta},\boldsymbol{\alpha}-k\boldsymbol{\beta})\\&=(\boldsymbol{\alpha},\boldsymbol{\alpha})-\bar{k}(\boldsymbol{\alpha},\boldsymbol{\beta})-k(\boldsymbol{\beta},\boldsymbol{\alpha})+k\bar{k}(\boldsymbol{\beta},\boldsymbol{\beta}).\end{aligned}$$

令 $k=\dfrac{(\boldsymbol{\alpha},\boldsymbol{\beta})}{(\boldsymbol{\beta},\boldsymbol{\beta})}$，则

$$0\leqslant(\boldsymbol{\alpha},\boldsymbol{\alpha})-\frac{(\boldsymbol{\alpha},\boldsymbol{\beta})(\boldsymbol{\beta},\boldsymbol{\alpha})}{(\boldsymbol{\beta},\boldsymbol{\beta})}\|\boldsymbol{\alpha}\|^2-\frac{|(\boldsymbol{\alpha},\boldsymbol{\beta})|^2}{\|\boldsymbol{\beta}\|^2},$$

即

$$|(\boldsymbol{\alpha},\boldsymbol{\beta})|\leqslant\|\boldsymbol{\alpha}\|\|\boldsymbol{\beta}\|.$$ ■

注：由线性代数的结论，在定理 1.5.1 的证明中，$k\boldsymbol{\beta}$ 的几何意义是向量 $\boldsymbol{\alpha}$ 在向

量$\boldsymbol{\beta}$上的投影向量.

Cauchy-Schwarz 不等式有重要的应用,例如其在$\mathbb{R}^n$中的形式为

$$|a_1b_1+a_2b_2+\cdots+a_nb_n|\leqslant\sqrt{a_1^2+a_2^2+\cdots+a_n^2}\cdot\sqrt{b_1^2+b_2^2+\cdots+b_n^2}.$$

在欧氏空间中,内积总是实数,因此 Cauchy-Schwarz 不等式可以写为

$$-1\leqslant\frac{(\boldsymbol{\alpha},\boldsymbol{\beta})}{\|\boldsymbol{\alpha}\|\|\boldsymbol{\beta}\|}\leqslant 1,$$

因此,在欧氏空间中,向量$\boldsymbol{\alpha}$和$\boldsymbol{\beta}$的夹角θ可以定义为

$$\cos\theta=\frac{(\boldsymbol{\alpha},\boldsymbol{\beta})}{\|\boldsymbol{\alpha}\|\|\boldsymbol{\beta}\|},$$

即向量$\boldsymbol{\alpha}$和$\boldsymbol{\beta}$的夹角θ为

$$\theta=\arccos\frac{(\boldsymbol{\alpha},\boldsymbol{\beta})}{\|\boldsymbol{\alpha}\|\|\boldsymbol{\beta}\|}.\tag{1.5.2}$$

内积的几何意义是描述两个向量的相似程度,由内积的几何意义和向量夹角的定义,可得出如下关系:

(1) $(\boldsymbol{\alpha},\boldsymbol{\beta})$越小,则$\cos\theta$越小,$\boldsymbol{\alpha}$和$\boldsymbol{\beta}$的夹角$\theta$越大,$\boldsymbol{\alpha}$和$\boldsymbol{\beta}$的相似程度越小.

(2) $(\boldsymbol{\alpha},\boldsymbol{\beta})$越大,则$\cos\theta$越大,$\boldsymbol{\alpha}$和$\boldsymbol{\beta}$的夹角$\theta$越小,$\boldsymbol{\alpha}$和$\boldsymbol{\beta}$的相似程度越大.

(3) 当$(\boldsymbol{\alpha},\boldsymbol{\beta})=\|\boldsymbol{\alpha}\|\|\boldsymbol{\beta}\|$,则$\theta=0$,此时,$\boldsymbol{\alpha}$和$\boldsymbol{\beta}$完全相似.

(4) 当$(\boldsymbol{\alpha},\boldsymbol{\beta})=0$,则$\theta=\pi/2$,此时,$\boldsymbol{\alpha}$与$\boldsymbol{\beta}$完全不相似.

1.5.4 基的正交化

定义 1.5.6 若向量$\boldsymbol{\alpha}$与$\boldsymbol{\beta}$的内积$(\boldsymbol{\alpha},\boldsymbol{\beta})=0$,则称$\boldsymbol{\alpha}$与$\boldsymbol{\beta}$正交,记为$\boldsymbol{\alpha}\perp\boldsymbol{\beta}$.

若不含零向量的向量组内的向量两两正交,则称该向量组是**正交向量组**;若一个正交向量组内的任意一个向量都是单位向量,则称该向量组是**标准正交向量组**.

对于n维内积空间的向量组$\boldsymbol{\alpha}_1,\boldsymbol{\alpha}_2,\cdots,\boldsymbol{\alpha}_n$,根据定义不难证明:

(1) 向量组是正交向量组的充要条件是:

$$(\boldsymbol{\alpha}_i,\boldsymbol{\alpha}_j)=0,\quad i\neq j,i,j=1,2,\cdots,n.$$

(2) 向量组是标准正交向量组的充要条件是:

$$(\boldsymbol{\alpha}_i,\boldsymbol{\alpha}_j)=1,\quad \text{当 } i=j \text{ 时};\quad (\boldsymbol{\alpha}_i,\boldsymbol{\alpha}_j)=0,\text{当 } i\neq j \text{ 时}.\quad (i,j=1,2,\cdots,n)$$

(3) 零向量与每个向量都正交. 与内积空间中每个向量都正交的向量必是零向量.

定理 1.5.2 正交向量组(不含零向量)是线性无关向量组.

证明略.

定义 1.5.7 在 n 维内积空间中,由 n 个正交向量组成的基称为**正交基**. 由 n 个标准正交向量组成的基称为**标准正交基**.

例如,$e_1=(1,0,\cdots,0)^{\mathrm{T}}, e_2=(0,1,0,\cdots,0)^{\mathrm{T}},\cdots,e_n=(0,\cdots,0,1)^{\mathrm{T}}$ 是标准正交基.

对于内积空间,总可以由一组基出发构造出一组标准正交基. 施密特(Schmidt)方法就是这样的构造方法,下面介绍该方法.

设 $\boldsymbol{\alpha}_1,\boldsymbol{\alpha}_2,\cdots,\boldsymbol{\alpha}_r$ 是 n 维内积空间 V 的一组基,现求由这 r 个向量生成的 r 维线性子空间 $\mathrm{span}\{\boldsymbol{\alpha}_1,\boldsymbol{\alpha}_2,\cdots,\boldsymbol{\alpha}_r\}$ 的一个标准正交基.

取 $\boldsymbol{\beta}_1=\boldsymbol{\alpha}_1$. 设 $\boldsymbol{\beta}_2=\boldsymbol{\alpha}_2+k\boldsymbol{\alpha}_1=\boldsymbol{\alpha}_2+k\boldsymbol{\beta}_1$,$k$ 是待定常数,根据 $\boldsymbol{\beta}_2\perp\boldsymbol{\beta}_1$,有

$$(\boldsymbol{\beta}_2,\boldsymbol{\beta}_1)=(\boldsymbol{\alpha}_2+k\boldsymbol{\beta}_1,\boldsymbol{\beta}_1)=(\boldsymbol{\alpha}_2,\boldsymbol{\beta}_1)+k(\boldsymbol{\beta}_1,\boldsymbol{\beta}_1)=0.$$

由于 $\boldsymbol{\beta}_1=\boldsymbol{\alpha}_1\neq\mathbf{0}$,所以$(\boldsymbol{\beta}_1,\boldsymbol{\beta}_1)\neq0$,可以解出

$$k=-\frac{(\boldsymbol{\alpha}_2,\boldsymbol{\beta}_1)}{(\boldsymbol{\beta}_1,\boldsymbol{\beta}_1)},$$

所以

$$\boldsymbol{\beta}_2=\boldsymbol{\alpha}_2+k\boldsymbol{\beta}_1=\boldsymbol{\alpha}_2-\frac{(\boldsymbol{\alpha}_2,\boldsymbol{\beta}_1)}{(\boldsymbol{\beta}_1,\boldsymbol{\beta}_1)}\boldsymbol{\beta}_1.$$

显然,$\boldsymbol{\beta}_2\neq\mathbf{0}$,否则 $\boldsymbol{\alpha}_2$ 可由 $\boldsymbol{\alpha}_1$ 线性表示,这与 $\boldsymbol{\alpha}_1,\boldsymbol{\alpha}_2,\cdots,\boldsymbol{\alpha}_r$ 是线性无关向量组矛盾.

类似地,设 $\boldsymbol{\beta}_3=\boldsymbol{\alpha}_3+k_1\boldsymbol{\beta}_1+k_2\boldsymbol{\beta}_2$,其中 k_1,k_2 是待定常数,由于 $\boldsymbol{\beta}_1,\boldsymbol{\beta}_2,\boldsymbol{\beta}_3$ 两两正交,可得

$$(\boldsymbol{\beta}_3,\boldsymbol{\beta}_1)=(\boldsymbol{\alpha}_3+k_1\boldsymbol{\beta}_1+k_2\boldsymbol{\beta}_2,\boldsymbol{\beta}_1)=(\boldsymbol{\alpha}_3,\boldsymbol{\beta}_1)+k_1(\boldsymbol{\beta}_1,\boldsymbol{\beta}_1)=0,$$

$$(\boldsymbol{\beta}_3,\boldsymbol{\beta}_2)=(\boldsymbol{\alpha}_3+k_1\boldsymbol{\beta}_1+k_2\boldsymbol{\beta}_2,\boldsymbol{\beta}_2)=(\boldsymbol{\alpha}_3,\boldsymbol{\beta}_2)+k_2(\boldsymbol{\beta}_2,\boldsymbol{\beta}_2)=0,$$

由以上两式解出

$$k_1=-\frac{(\boldsymbol{\alpha}_3,\boldsymbol{\beta}_1)}{(\boldsymbol{\beta}_1,\boldsymbol{\beta}_1)},\quad k_2=-\frac{(\boldsymbol{\alpha}_3,\boldsymbol{\beta}_2)}{(\boldsymbol{\beta}_2,\boldsymbol{\beta}_2)},$$

所以

$$\boldsymbol{\beta}_3=\boldsymbol{\alpha}_3+k_1\boldsymbol{\beta}_1+k_2\boldsymbol{\beta}_2=\boldsymbol{\alpha}_3-\frac{(\boldsymbol{\alpha}_3,\boldsymbol{\beta}_1)}{(\boldsymbol{\beta}_1,\boldsymbol{\beta}_1)}\boldsymbol{\beta}_1-\frac{(\boldsymbol{\alpha}_3,\boldsymbol{\beta}_2)}{(\boldsymbol{\beta}_2,\boldsymbol{\beta}_2)}\boldsymbol{\beta}_2.$$

显然,$\boldsymbol{\beta}_1,\boldsymbol{\beta}_2,\boldsymbol{\beta}_3$ 可以由 $\boldsymbol{\alpha}_1,\boldsymbol{\alpha}_2,\boldsymbol{\alpha}_3$ 线性表示,且容易解出 $\boldsymbol{\alpha}_1,\boldsymbol{\alpha}_2,\boldsymbol{\alpha}_3$ 也可以由

$\boldsymbol{\beta}_1,\boldsymbol{\beta}_2,\boldsymbol{\beta}_3$ 线性表示，因此，向量组 $\boldsymbol{\beta}_1,\boldsymbol{\beta}_2,\boldsymbol{\beta}_3$ 与 $\boldsymbol{\alpha}_1,\boldsymbol{\alpha}_2,\boldsymbol{\alpha}_3$ 等价.

通过归纳，可得

$$\boldsymbol{\beta}_i=\boldsymbol{\alpha}_i-\frac{(\boldsymbol{\alpha}_i,\boldsymbol{\beta}_1)}{(\boldsymbol{\beta}_1,\boldsymbol{\beta}_1)}\boldsymbol{\beta}_1-\frac{(\boldsymbol{\alpha}_i,\boldsymbol{\beta}_2)}{(\boldsymbol{\beta}_2,\boldsymbol{\beta}_2)}\boldsymbol{\beta}_2-\cdots-\frac{(\boldsymbol{\alpha}_i,\boldsymbol{\beta}_{i-1})}{(\boldsymbol{\beta}_{i-1},\boldsymbol{\beta}_{i-1})}\boldsymbol{\beta}_{i-1},$$

且 $\boldsymbol{\beta}_i\neq\mathbf{0},i=1,2,\cdots,r$.

用上述方法，可得到一组两两正交的向量 $\boldsymbol{\beta}_1,\boldsymbol{\beta}_2,\cdots,\boldsymbol{\beta}_r$，且 $\boldsymbol{\beta}_1,\boldsymbol{\beta}_2,\cdots,\boldsymbol{\beta}_r$ 与 $\boldsymbol{\alpha}_1,\boldsymbol{\alpha}_2,\cdots,\boldsymbol{\alpha}_r$ 等价.

综上，Schmidt 方法可分两步进行：

(1) 正交化.

令

$$\begin{aligned}
\boldsymbol{\beta}_1&=\boldsymbol{\alpha}_1,\\
\boldsymbol{\beta}_2&=\boldsymbol{\alpha}_2-\frac{(\boldsymbol{\alpha}_2,\boldsymbol{\beta}_1)}{(\boldsymbol{\beta}_1,\boldsymbol{\beta}_1)}\boldsymbol{\beta}_1,\\
\boldsymbol{\beta}_3&=\boldsymbol{\alpha}_3-\frac{(\boldsymbol{\alpha}_3,\boldsymbol{\beta}_1)}{(\boldsymbol{\beta}_1,\boldsymbol{\beta}_1)}\boldsymbol{\beta}_1-\frac{(\boldsymbol{\alpha}_3,\boldsymbol{\beta}_2)}{(\boldsymbol{\beta}_2,\boldsymbol{\beta}_2)}\boldsymbol{\beta}_2,\\
&\vdots\\
\boldsymbol{\beta}_r&=\boldsymbol{\alpha}_r-\frac{(\boldsymbol{\alpha}_r,\boldsymbol{\beta}_1)}{(\boldsymbol{\beta}_1,\boldsymbol{\beta}_1)}\boldsymbol{\beta}_1-\frac{(\boldsymbol{\alpha}_r,\boldsymbol{\beta}_2)}{(\boldsymbol{\beta}_2,\boldsymbol{\beta}_2)}\boldsymbol{\beta}_2-\cdots-\frac{(\boldsymbol{\alpha}_r,\boldsymbol{\beta}_{r-1})}{(\boldsymbol{\beta}_{r-1},\boldsymbol{\beta}_{r-1})}\boldsymbol{\beta}_{r-1},
\end{aligned}$$

所得到的 $\boldsymbol{\beta}_1,\boldsymbol{\beta}_2,\cdots,\boldsymbol{\beta}_r$ 是正交向量组.

(2) 单位化.

令

$$\boldsymbol{\nu}_1=\frac{\boldsymbol{\beta}_1}{\|\boldsymbol{\beta}_1\|},\quad \boldsymbol{\nu}_2=\frac{\boldsymbol{\beta}_2}{\|\boldsymbol{\beta}_2\|},\quad \cdots,\quad \boldsymbol{\nu}_r=\frac{\boldsymbol{\beta}_r}{\|\boldsymbol{\beta}_r\|},$$

所得到的 $\boldsymbol{\nu}_1,\boldsymbol{\nu}_2,\cdots,\boldsymbol{\nu}_r$ 是标准正交向量组，它是子空间 $\operatorname{span}\{\boldsymbol{\alpha}_1,\boldsymbol{\alpha}_2,\cdots,\boldsymbol{\alpha}_r\}$ 的一个标准正交基.

定理 1.5.3　从 r 维内积空间的任意一组基 $\boldsymbol{\alpha}_1,\boldsymbol{\alpha}_2,\cdots,\boldsymbol{\alpha}_r$ 出发都可以通过 Schmidt 方法构造出一个标准正交基.

例 1.5.5　用 Schmidt 方法将向量组

$$\boldsymbol{\alpha}_1=(1,1,0,0)^{\mathrm{T}},\quad \boldsymbol{\alpha}_2=(1,0,1,0)^{\mathrm{T}},\quad \boldsymbol{\alpha}_3=(-1,0,0,1)^{\mathrm{T}}$$

化为标准正交向量组.

解：先正交化

$$\boldsymbol{\beta}_1=\boldsymbol{\alpha}_1=(1,1,0,0)^{\mathrm{T}}$$

$$\boldsymbol{\beta}_2=\boldsymbol{\alpha}_2-\frac{(\boldsymbol{\alpha}_2,\boldsymbol{\beta}_1)}{(\boldsymbol{\beta}_1,\boldsymbol{\beta}_1)}\boldsymbol{\beta}_1=\left(\frac{1}{2},-\frac{1}{2},1,0\right)^{\mathrm{T}}$$

$$\boldsymbol{\beta}_3=\boldsymbol{\alpha}_3-\frac{(\boldsymbol{\alpha}_3,\boldsymbol{\beta}_1)}{(\boldsymbol{\beta}_1,\boldsymbol{\beta}_1)}\boldsymbol{\beta}_1-\frac{(\boldsymbol{\alpha}_3,\boldsymbol{\beta}_2)}{(\boldsymbol{\beta}_2,\boldsymbol{\beta}_2)}\boldsymbol{\beta}_2=\left(-\frac{1}{3},\frac{1}{3},\frac{1}{3},1\right)^{\mathrm{T}}$$

再单位化

$$\boldsymbol{\gamma}_1=\frac{\boldsymbol{\beta}_1}{\|\boldsymbol{\beta}_1\|}=\left(\frac{1}{\sqrt{2}},\frac{1}{\sqrt{2}},0,0\right)^{\mathrm{T}}$$

$$\boldsymbol{\gamma}_2=\frac{\boldsymbol{\beta}_2}{\|\boldsymbol{\beta}_2\|}=\left(\frac{1}{\sqrt{6}},-\frac{1}{\sqrt{6}},\frac{2}{\sqrt{6}},0\right)^{\mathrm{T}}$$

$$\boldsymbol{\gamma}_3=\frac{\boldsymbol{\beta}_3}{\|\boldsymbol{\beta}_3\|}=\left(-\frac{1}{2\sqrt{3}},\frac{1}{2\sqrt{3}},\frac{1}{2\sqrt{3}},\frac{3}{2\sqrt{3}}\right)^{\mathrm{T}}$$

$\boldsymbol{\gamma}_1,\boldsymbol{\gamma}_2,\boldsymbol{\gamma}_3$ 即为所求的标准正交向量组.

1.6 应用实例

1.6.1 线性分组码的编码

纠错编码技术是提高通信系统可靠性的有效途径之一,线性分组码是纠错码中很重要的一类码.

图 1.6.1 是纠错编码系统示意图.

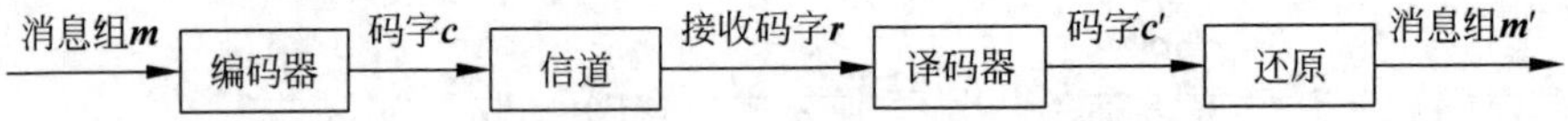

图 1.6.1 纠错编码系统示意图

相关概念如下:

(1) 信息位:含有信息的比特(bit).

(2) 消息组:信息位构成的向量,长度为 k,记为 $\boldsymbol{m}=(m_0,m_1,\cdots,m_{k-1})$.

(3) 校验位:由信息位按编码规则生成的冗余位,用于检错或纠错.

(4) 码字:信息位和校验位组合在一起构成的信息向量.

(5) 分组码:将信息序列每 k 个码元分为一组,编码和译码均按分组进行,编码器按一定规则依据每组信息位产生 r 个多余码元(校验位),构成长为 $n=k+r$

的码字. 每个分组内的校验位仅与本组信息位有关,组与组之间是无记忆的.

(6) 线性码：所有码元都是原始信息元的线性组合,编码器不带反馈电路.

(7) 线性分组码：既是线性码又是分组码的纠错码,(n,k)线性分组码 $\boldsymbol{c}=(c_0,c_1,\cdots,c_{n-1})$的码长为 n,信息位长度为 k.

在图 1.6.1 中,信源产生的消息组经编码器编码生成码字 $\boldsymbol{c}$,由于信道噪声和干扰等因素的恶化,译码器接收到的接收码字 $\boldsymbol{r}=(r_0,r_1,\cdots,r_{n-1})$一般不等于 $\boldsymbol{c}$,译码器输出用 $\boldsymbol{c}'$表示,当译码输出正确时,$\boldsymbol{c}'=\boldsymbol{c}$.

线性分组码空间 $\boldsymbol{C}$ 是由 k 个线性无关的基 $\boldsymbol{g}_0,\boldsymbol{g}_1,\cdots,\boldsymbol{g}_{k-1}$ 生成(张成)的 k 维 n 重子空间,码空间的所有元素(码字)都可以写成 k 个基的线性组合：

$$\boldsymbol{c}=m_0\boldsymbol{g}_0+m_1\boldsymbol{g}_1+\cdots+m_{k-1}\boldsymbol{g}_{k-1}.$$

用 $\boldsymbol{g}_i$ 表示第 i 个基,即

$$\boldsymbol{g}_i=[g_{i,0},g_{i,1},\cdots,g_{i,n-1}],\quad i=0,1,\cdots,k-1.$$

再将 k 个基排列成 k 行 n 列的矩阵：

$$\boldsymbol{G}=[\boldsymbol{g}_0,\boldsymbol{g}_1,\cdots,\boldsymbol{g}_{k-1}]^{\mathrm{T}}=\begin{bmatrix} g_{0,0} & g_{0,1} & \cdots & g_{0,n-1} \\ g_{1,0} & g_{1,1} & \cdots & g_{1,n-1} \\ \vdots & \vdots & \ddots & \vdots \\ g_{k-1,0} & g_{k-1,1} & \cdots & g_{k-1,n-1} \end{bmatrix},$$

矩阵 $\boldsymbol{G}$ 称为**生成矩阵**.

一个(n,k)线性分组码的码字 $\boldsymbol{c}$ 可以表示为

$$\boldsymbol{c}=\boldsymbol{mG}=[m_0,m_1,\cdots,m_{k-1}]\begin{bmatrix} g_{0,0} & g_{0,1} & \cdots & g_{0,n-1} \\ g_{1,0} & g_{1,1} & \cdots & g_{1,n-1} \\ \vdots & \vdots & \ddots & \vdots \\ g_{k-1,0} & g_{k-1,1} & \cdots & g_{k-1,n-1} \end{bmatrix},$$

其中,$\boldsymbol{m}$ 为任意的 k 维信息向量,$\boldsymbol{G}$ 是 k 行 n 列$(n\geqslant k)$的生成矩阵.

如果生成矩阵 $\boldsymbol{G}$ 具有如下形式：

$$\boldsymbol{G}=\boldsymbol{G}_s=[\boldsymbol{I}_k\quad \boldsymbol{Q}_k\times(n-k)],$$

其中,$\boldsymbol{I}_k$ 为 k 阶单位矩阵,则称该码为**系统码**,即消息比特在码字中的位置和取值不因消息的变化而变化,并且保证了矩阵的秩为 k.

在码字集合不变的情况下,任何一个线性分组码都可以一对一地去对应一个

系统码.

例 1.6.1 一个(4,3)线性分组码的生成矩阵为

$$\boldsymbol{G}=\begin{bmatrix}1&0&0&1\\0&1&0&1\\0&0&1&1\end{bmatrix}$$

当 $\boldsymbol{m}=(101)$时,试求其码字.

解:由题意,有

$$\boldsymbol{c}=\boldsymbol{mG}=\begin{bmatrix}1&0&1\end{bmatrix}\begin{bmatrix}1&0&0&1\\0&1&0&1\\0&0&1&1\end{bmatrix}=\begin{bmatrix}1&0&1&0\end{bmatrix},$$

因此,输出码字为 $\boldsymbol{c}=(1010)$.

注意,矩阵运算中的加法是模 2 加,编程实现时可以使用普通矩阵乘法计算 $\boldsymbol{c}=\boldsymbol{mG}$,再对计算结果进行模 2 处理.

1.6.2 线性分组码的译码

对于生成矩阵 $\boldsymbol{G}$,存在$(n-k)\times n$ 矩阵

$$\boldsymbol{H}=\begin{bmatrix}h_{0,0}&h_{0,1}&\cdots&h_{0,n-1}\\h_{1,0}&h_{1,1}&\cdots&h_{1,n-1}\\\vdots&\vdots&\ddots&\vdots\\h_{n-k-1,0}&h_{n-k-1,1}&\cdots&h_{n-k-1,n-1}\end{bmatrix}$$

使得 $\boldsymbol{GH}^{\mathrm{T}}=[\boldsymbol{0}]_{k\times(n-k)}$,矩阵 $\boldsymbol{H}$ 称为**一致校验矩阵**,可简称为**校验矩阵**,且有

$$\boldsymbol{cH}^{\mathrm{T}}=\boldsymbol{mGH}^{\mathrm{T}}=\boldsymbol{m}\,[\boldsymbol{0}]_{k\times(n-k)}=\boldsymbol{\theta},$$

其中,$\boldsymbol{\theta}$ 为$(n-k)$维零向量.

系统码的校验矩阵为

$$\boldsymbol{H}=\boldsymbol{H}_s=[\boldsymbol{Q}_{k\times(n-k)}^{\mathrm{T}}\quad \boldsymbol{I}_{(n-k)}].$$

线性分组码空间 $\boldsymbol{C}$ 是由 k 个线性无关的基 $\boldsymbol{g}_0,\boldsymbol{g}_1,\cdots,\boldsymbol{g}_{k-1}$ 张成的 k 维 n 重子空间,由 $n-k$ 个线性无关的基 $\boldsymbol{g}_0,\boldsymbol{g}_1,\cdots,\boldsymbol{g}_{n-k-1}$ 也可以张成 $n-k$ 维 n 重子空间 $\boldsymbol{D}$,称空间 $\boldsymbol{D}$ 为空间 $\boldsymbol{C}$ 的**对偶空间**.

码空间 $\boldsymbol{D}$ 和码空间 $\boldsymbol{C}$ 存在如下对偶关系:

(1) 空间 $\boldsymbol{C}$ 的 k 个基构成的生成矩阵 $\boldsymbol{G}$ 也是空间 $\boldsymbol{D}$ 的校验矩阵；

(2) 空间 $\boldsymbol{D}$ 的 $n-k$ 个基构成的生成矩阵 $\boldsymbol{H}$ 也是空间 $\boldsymbol{C}$ 的校验矩阵.

此外，由 k 个线性无关的基可以生成(n,k)线性分组码，由 $n-k$ 个线性无关的基也可以生成$(n,n-k)$线性分组码，称$(n,n-k)$线性分组码为(n,k)线性分组码的**对偶码**.

例 1.6.2　一个(5,3)线性分组码的生成矩阵为

$$\boldsymbol{G}=\begin{bmatrix}1&0&1&1&0\\0&1&0&1&1\\1&1&0&1&0\end{bmatrix},$$

求对应的 $\boldsymbol{G}_s$ 和 $\boldsymbol{H}_s$.

解：对 $\boldsymbol{G}$ 进行行初等变换可得

$$\boldsymbol{G}=\begin{bmatrix}1&0&1&1&0\\0&1&0&1&1\\1&1&0&1&0\end{bmatrix}\to\begin{bmatrix}1&0&1&1&0\\0&1&0&1&1\\0&1&-1&0&0\end{bmatrix}\to\begin{bmatrix}1&0&1&1&0\\0&1&0&1&1\\0&0&-1&-1&-1\end{bmatrix}$$

$$\to\begin{bmatrix}1&0&0&0&-1\\0&1&0&1&1\\0&0&-1&-1&-1\end{bmatrix}\to\begin{bmatrix}1&0&0&0&-1\\0&1&0&1&1\\0&0&1&1&1\end{bmatrix},$$

由于在 mod 2 运算下-1等于 1，可得 $\boldsymbol{G}_s$ 为

$$\boldsymbol{G}_s=\begin{bmatrix}1&0&0&0&1\\0&1&0&1&1\\0&0&1&1&1\end{bmatrix}$$

故

$$\boldsymbol{Q}=\begin{bmatrix}0&1\\1&1\\1&1\end{bmatrix}.$$

$$\boldsymbol{H}_s=[\boldsymbol{Q}^{\mathrm{T}}\quad \boldsymbol{I}_{(n-k)}]=\begin{bmatrix}0&1&1&1&0\\1&1&1&0&1\end{bmatrix}$$

码字通过信道传输到达接收端，接收端收到的接收向量 $\boldsymbol{r}$ 可能有错，如果信道是无记忆的，$\boldsymbol{r}$ 可以表示为码字和差错的线性叠加.

构造向量 $\boldsymbol{e}=(\boldsymbol{e}_0,\boldsymbol{e}_1,\cdots,\boldsymbol{e}_{n-1})$，将对应接收向量出错的位置标记为 1，则 $\boldsymbol{r}$ 可

表示为：

$$\boldsymbol{r}=\boldsymbol{c}\oplus\boldsymbol{e}=(c_0\oplus e_0,c_1\oplus e_1,\cdots,c_{n-1}\oplus e_{n-1}),$$

称 $\boldsymbol{e}$ 为错误图样.

接收向量是否有错可用伴随式向量 $\boldsymbol{s}$ 描述，简称**伴随式**或**校验子**，它是一个 $(n-k)$ 维向量：

$$\boldsymbol{s}=\boldsymbol{r}\boldsymbol{H}^{\mathrm{T}}=(s_0,s_1,\cdots,s_{n-k-1})=\boldsymbol{c}\boldsymbol{H}^{\mathrm{T}}\oplus\boldsymbol{e}\boldsymbol{H}^{\mathrm{T}}=\boldsymbol{e}\boldsymbol{H}^{\mathrm{T}}.$$

因此，若接收向量没有误码，则 $\boldsymbol{s}=\boldsymbol{0}$；若接收向量存在误码，则 $\boldsymbol{s}\neq\boldsymbol{0}$.

由上述推导可知，伴随式只与错误图样有关，而与传输的码字无关，不同的码字可能由于有相同的错误图样而有相同的伴随式.

采用伴随式进行纠错译码的通用译码方法是：

(1) 按可能出现的差错图案 $\boldsymbol{e}$ 计算相应的伴随式 $\boldsymbol{s}$，并构造伴随式—差错图案表 $[(s,e)]$；

(2) 对接收向量 $\boldsymbol{r}$ 计算伴随式 $\boldsymbol{s}$；

(3) 查 $[(s,e)]$ 表得 $\boldsymbol{e}$；

(4) 纠错计算得码字估值：$\boldsymbol{c}'=\boldsymbol{r}-\boldsymbol{e}(\bmod 2)=\boldsymbol{r}\oplus\boldsymbol{e}$.

例 1.6.3 已知一个(6,3)线性分组码的系统生成矩阵

$$\boldsymbol{G}_s=\begin{bmatrix}1&0&0&1&1&0\\0&1&0&0&1&1\\0&0&1&1&0&1\end{bmatrix},$$

接收向量 $\boldsymbol{r}=(111001)$，试对其译码.

解：(1) 求系统校验矩阵：

$$\boldsymbol{H}_s=\begin{bmatrix}1&0&1&1&0&0\\1&1&0&0&1&0\\0&1&1&0&0&1\end{bmatrix}.$$

(2) 由 $\boldsymbol{s}=\boldsymbol{e}\boldsymbol{H}_s^{\mathrm{T}}$ 构造 $[(s,e)]$ 表，由于误码位数越少，发生的概率越大，最可能出现的误码是 1 位误码，$[(s,e)]$ 表的部分结果如表 1.6.1 所示。

表 1.6.1 $[(s,e)]$表的部分结果

$\boldsymbol{e}$	000000	100000	010000	001000	000100	000010	000001
$\boldsymbol{s}$	000	110	011	101	100	010	001

(3) 由式 $\boldsymbol{s}=\boldsymbol{r}\boldsymbol{H}_s^{\mathrm{T}}$ 计算接收向量伴随式，得 $\boldsymbol{s}=(001)$.

(4) 查[(s,e)]表可知，与伴随式(001)对应的错误图案 $\boldsymbol{e}=(000001)$.

(5) 纠错计算得码字估值 $\boldsymbol{c}'=\boldsymbol{r}\oplus\boldsymbol{e}=111001\oplus000001=111000$.

本章小结

本章介绍了线性空间的概念和相关知识，以及线性子空间的概念和运算，然后分别通过定义范数、度量、内积，将几何空间中的长度、距离、角度的概念推广到一般线性空间，逐步阐述了赋范线性空间、度量空间、内积空间的概念及这些空间的性质.

本章所介绍的概念和相关知识是矩阵理论的基础，学习完本章内容后，应能达到如下基本要求：

(1) 理解从实际问题中抽象出来的线性空间的概念，掌握向量的线性表示、向量组的线性相关、线性无关的判断与性质；

(2) 掌握线性空间的基与维数、坐标与坐标变换等相关概念和求法；

(3) 掌握线性子空间的概念、子空间的交与和以及维数公式，能进行相关计算. 了解子空间的直和；

(4) 理解范数、度量、内积的概念，掌握赋范线性空间、度量空间、内积空间的概念及这些空间的性质；

(5) 掌握线性无关向量组的 Schmidt 正交化与单位化方法，能求解内积空间的标准正交基.

习题 1

1-1 判断下列集合对于给定的数域和运算，是否构成线性空间：

(1) 数域：$\mathbb{R}$；运算：数的加法和乘法；集合：全体整数.

(2) 数域：$\mathbb{R}$；运算：矩阵的加法和数乘；集合：全体 n 阶实矩阵.

(3) 数域：$\mathbb{F}$；运算：多项式的加法和数乘；集合：数域上的所有 3 次多项式.

(4) 数域：$\mathbb{F}$；运算：矩阵的加法和数乘；集合：数域上的所有 n 阶对称矩阵.

(5) 数域：$\mathbb{R}$；运算：函数的加法和数乘；集合：$[a,b]$上的全体连续函数.

1-2 在$\mathbb{R}^4$中,求向量 $\boldsymbol{\alpha}=(1,2,3,4)^{\mathrm{T}}$ 在基

$$\boldsymbol{\alpha}_1=(1,0,1,0)^{\mathrm{T}},\quad \boldsymbol{\alpha}_2=(0,1,0,1)^{\mathrm{T}},$$

$$\boldsymbol{\alpha}_3=(1,0,-1,0)^{\mathrm{T}},\quad \boldsymbol{\alpha}_4=(0,1,0,-1)^{\mathrm{T}}$$

下的坐标.

1-3 在$\mathbb{R}^{2\times2}$中求矩阵

$$\boldsymbol{A}=\begin{bmatrix}1 & 2\\ 0 & 3\end{bmatrix}$$

在基 $\boldsymbol{E}_1=\begin{bmatrix}1 & 1\\ 1 & 1\end{bmatrix}$, $\boldsymbol{E}_2=\begin{bmatrix}1 & 1\\ 1 & 0\end{bmatrix}$, $\boldsymbol{E}_3=\begin{bmatrix}1 & 1\\ 0 & 0\end{bmatrix}$, $\boldsymbol{E}_4=\begin{bmatrix}1 & 0\\ 0 & 0\end{bmatrix}$下的坐标.

1-4 试证:在$\mathbb{R}^{2\times2}$中矩阵

$$\boldsymbol{\alpha}_1=\begin{bmatrix}1 & 1\\ 1 & 1\end{bmatrix},\quad \boldsymbol{\alpha}_2=\begin{bmatrix}1 & 1\\ 0 & 1\end{bmatrix},\quad \boldsymbol{\alpha}_3=\begin{bmatrix}1 & 1\\ 1 & 0\end{bmatrix},\quad \boldsymbol{\alpha}_4=\begin{bmatrix}1 & 0\\ 1 & 1\end{bmatrix}$$

线性无关,并求 $\boldsymbol{\alpha}=\begin{bmatrix}a & b\\ c & d\end{bmatrix}$ 在基$\boldsymbol{\alpha}_1,\boldsymbol{\alpha}_2,\boldsymbol{\alpha}_3,\boldsymbol{\alpha}_4$ 下的坐标.

1-5 设$\mathbb{R}[x]_4$ 是所有次数小于 4 的实系数多项式组成的线性空间,求多项式 $p(x)=1+2x^3$ 在基 $1,x-1,(x-1)^2,(x-1)^3$ 下的坐标.

1-6 已知$\mathbb{R}^4$ 中的两组基

$$\boldsymbol{\alpha}_1=(1,-1,0,0)^{\mathrm{T}},\quad \boldsymbol{\alpha}_2=(0,1,-1,0)^{\mathrm{T}},$$

$$\boldsymbol{\alpha}_3=(0,0,1,-1)^{\mathrm{T}},\quad \boldsymbol{\alpha}_4=(1,0,0,1)^{\mathrm{T}}$$

与

$$\boldsymbol{\beta}_1=(2,1,-1,1)^{\mathrm{T}},\quad \boldsymbol{\beta}_2=(0,3,1,0)^{\mathrm{T}},$$

$$\boldsymbol{\beta}_3=(5,3,2,1)^{\mathrm{T}},\quad \boldsymbol{\beta}_4=(6,6,1,3)^{\mathrm{T}}.$$

求:

(1) 由基 $\boldsymbol{\alpha}_1,\boldsymbol{\alpha}_2,\boldsymbol{\alpha}_3,\boldsymbol{\alpha}_4$ 到基 $\boldsymbol{\beta}_1,\boldsymbol{\beta}_2,\boldsymbol{\beta}_3,\boldsymbol{\beta}_4$ 的过渡矩阵;

(2) 求向量 $\boldsymbol{\xi}=[x_1,x_2,x_3,x_4]^{\mathrm{T}}$ 在基 $\boldsymbol{\beta}_1,\boldsymbol{\beta}_2,\boldsymbol{\beta}_3,\boldsymbol{\beta}_4$ 下的坐标.

1-7 已知矩阵 $\boldsymbol{A}=\begin{bmatrix}1 & 1 & 6\\ 0 & 4 & 2\\ 1 & 2 & 6\end{bmatrix}$,求矩阵 $\boldsymbol{A}$ 的列空间 $R(\boldsymbol{A})$与核空间 $N(\boldsymbol{A})$.

1-8　已知矩阵 $\boldsymbol{A}=\begin{bmatrix}0 & 2 & -4\\ -1 & -4 & 5\\ 3 & 1 & 7\\ 6 & 5 & -10\end{bmatrix}$，求矩阵 $\boldsymbol{A}$ 的列空间 $R(\boldsymbol{A})$ 与核空间 $N(\boldsymbol{A})$.

1-9　设

$$\boldsymbol{\alpha}_1=(2,1,3,1)^{\mathrm{T}},\quad \boldsymbol{\alpha}_2=(-1,1,-3,1)^{\mathrm{T}},$$
$$\boldsymbol{\beta}_1=(4,5,3,-1)^{\mathrm{T}},\quad \boldsymbol{\beta}_2=(1,5,-3,1)^{\mathrm{T}},$$
$$V_1=\mathrm{span}\ \{\boldsymbol{\alpha}_1,\boldsymbol{\alpha}_2\},\quad V_2=\mathrm{span}\ \{\boldsymbol{\beta}_1,\boldsymbol{\beta}_2\}.$$

试求：(1)V_1+V_2 的基和维数；(2)$V_1\cap V_2$ 的基和维数.

1-10　已知 V_1 与 V_2 分别是方程组(Ⅰ)与方程组(Ⅱ)的解空间：

$$\begin{cases}x_1+x_2-3x_4-x_5=0\\ x_1-x_2+2x_3-x_4=0\end{cases}\qquad\text{(Ⅰ)}$$

$$\begin{cases}4x_1-2x_2+6x_3+3x_4-4x_5=0\\ 2x_1+4x_2-2x_3+4x_4-7x_5=0\end{cases}\qquad\text{(Ⅱ)}$$

求 $V_1\cap V_2$ 的基与维数.

1-11　已知 V_1 是齐次线性方程组

$$\text{(Ⅰ)}\quad\begin{cases}x_1-2x_2-x_3-x_4=0\\ 5x_1-10x_2-6x_3-4x_4=0\end{cases}$$

的解空间，V_2 是齐次线性方程组

$$\text{(Ⅱ)}\quad x_1-x_2+x_3+2x_4=0$$

的解空间，试求：

(1) V_1 与 V_2 的基与维数；

(2) $V_1\cap V_2$ 的基与维数；

(3) V_1+V_2 的基与维数.

1-12　在$\mathbb{R}^4$ 中，求由向量 $\boldsymbol{\alpha}_1,\boldsymbol{\alpha}_2,\boldsymbol{\alpha}_3,\boldsymbol{\alpha}_4$ 生成的子空间的基和维数，其中

$$\boldsymbol{\alpha}_1=(3,3,3,2)^{\mathrm{T}},\quad \boldsymbol{\alpha}_2=(0,3,-3,1)^{\mathrm{T}},$$
$$\boldsymbol{\alpha}_3=(0,2,-2,1)^{\mathrm{T}},\quad \boldsymbol{\alpha}_4=(3,2,4,2)^{\mathrm{T}}.$$

1-13　设

$$\boldsymbol{\alpha}_1=(1,0,2,0)^{\mathrm{T}},\quad \boldsymbol{\alpha}_2=(0,1,-1,1)^{\mathrm{T}},$$

$$\boldsymbol{\beta}_1=(1,2,0,0)^{\mathrm{T}},\quad \boldsymbol{\beta}_2=(0,3,-3,1)^{\mathrm{T}},$$

$$V_1=\mathrm{span}\{\boldsymbol{\alpha}_1,\boldsymbol{\alpha}_2\},\quad V_2=\mathrm{span}\{\boldsymbol{\beta}_1,\boldsymbol{\beta}_2\}.$$

试求：

(1) $V_1\cap V_2$的基与维数；

(2) V_1+V_2的基与维数.

1-14 已知

$$\boldsymbol{\alpha}_1=(1,2,1,0)^{\mathrm{T}},\quad \boldsymbol{\alpha}_2=(-1,1,0,1)^{\mathrm{T}},\quad \boldsymbol{\alpha}_3=(1,5,2,1)^{\mathrm{T}},$$

$$\boldsymbol{\beta}_1=(0,1,2,1)^{\mathrm{T}},\quad \boldsymbol{\beta}_2=(0,5,10,5)^{\mathrm{T}},$$

$$V_1=\mathrm{span}\{\boldsymbol{\alpha}_1,\boldsymbol{\alpha}_2,\boldsymbol{\alpha}_3\},\quad V_2=\mathrm{span}\{\boldsymbol{\beta}_1,\boldsymbol{\beta}_2\}.$$

试求：

(1) V_1 与 V_2 的基与维数；

(2) $V_1\cap V_2$ 的基与维数；

(3) V_1+V_2 的基与维数.

1-15 设 V 是数域$\mathbb{F}$上的线性空间，$\boldsymbol{\alpha}_1,\boldsymbol{\alpha}_2,\cdots,\boldsymbol{\alpha}_n$是 V 的一组基，证明：

(1) 对于数域$\mathbb{F}$中的任意非零数 k，向量组 $k\boldsymbol{\alpha}_1,k\boldsymbol{\alpha}_2,\cdots,k\boldsymbol{\alpha}_n$ 是 V 的一组基.

(2) 对于数域$\mathbb{F}$中的任意一组全不为零的数 $k_1,k_2,\cdots,k_n$，向量组 $k_1\boldsymbol{\alpha}_1,k_2\boldsymbol{\alpha}_2,\cdots,k_n\boldsymbol{\alpha}_n$ 是 V 的一组基.

1-16 设 $d(\boldsymbol{x},\boldsymbol{y})$是度量空间$(X,d)$上的距离，证明 $\bar{d}(\boldsymbol{x},\boldsymbol{y})=\dfrac{d(\boldsymbol{x},\boldsymbol{y})}{1+d(\boldsymbol{x},\boldsymbol{y})}$也是 X 上的距离.

1-17 设在 n^2 维空间$\mathbb{R}^{n\times n}$ 中对向量(n 阶矩阵)$\boldsymbol{A},\boldsymbol{B}$ 规定内积为

$$(\boldsymbol{A},\boldsymbol{B})=\mathrm{tr}(\boldsymbol{A}^{\mathrm{T}}\boldsymbol{B}),\quad \boldsymbol{A},\boldsymbol{B}\in\mathbb{R}^{n\times n},$$

其中，$\mathrm{tr}(\boldsymbol{A})$表示矩阵 $\boldsymbol{A}$ 的迹，即 $\boldsymbol{A}$ 的主对角元素之和.

试证：$\mathbb{R}^{n\times n}$ 是欧氏空间.

1-18 在内积空间$\mathbb{R}^4$ 中，设

$$\boldsymbol{\alpha}_1=(1,-1,1,-1)^{\mathrm{T}},\quad \boldsymbol{\alpha}_2=(5,1,1,1)^{\mathrm{T}},\quad \boldsymbol{\alpha}_3=(-3,-3,1,-3)^{\mathrm{T}},$$

求 $\mathrm{span}\{\boldsymbol{\alpha}_1,\boldsymbol{\alpha}_2,\boldsymbol{\alpha}_3\}$的一个标准正交基.

1-19 已知内积空间中的向量

$$\boldsymbol{\alpha}_1=(1,-1,\mathrm{i},\mathrm{i})^{\mathrm{T}},\quad \boldsymbol{\alpha}_2=(-1,1,\mathrm{i},\mathrm{i})^{\mathrm{T}},\quad \boldsymbol{\alpha}_3=(1,1,\mathrm{i},\mathrm{i})^{\mathrm{T}},$$

求 span$\{\boldsymbol{\alpha}_1,\boldsymbol{\alpha}_2,\boldsymbol{\alpha}_3\}$的一个标准正交基.

1-20 求齐次线性方程组

$$\begin{cases} x_1+x_2+x_3+x_4=0 \\ x_1+2x_2+3x_3+4x_4=0 \\ 2x_1+3x_2+4x_3+5x_4=0 \end{cases}$$

的解空间的一个标准正交基.

1-21 已知矩阵 $\boldsymbol{A}=\begin{bmatrix} 2 & 1 & -1 & 1 & -3 \\ 1 & 1 & -1 & 0 & 1 \end{bmatrix}$,求 $N(\boldsymbol{A})$的标准正交基.

1-22 试证明定理 1.5.2.

第2章

线性变换

本章的知识网络框图：

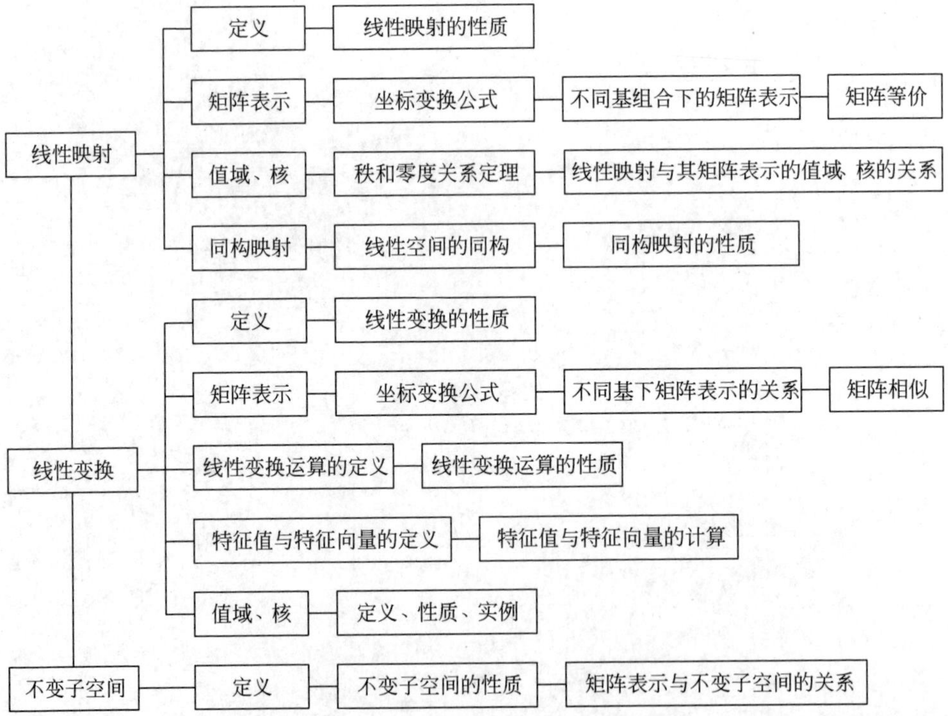

第1章给出了一个线性空间中元素之间的关系，本章继续研究不同线性空间中元素之间的关系，这种关系可以通过线性映射进行刻画．本章首先介绍线性映射概念，在此基础上，进一步介绍线性映射与其矩阵表示之间的关系．线性变换是

线性映射的特例,在线性映射理论的基础上,介绍线性变换的概念及其矩阵表示、线性变换的特征值与特征向量、线性变换的不变子空间等内容.

2.1 线性映射

2.1.1 线性映射的定义及性质

定义 2.1.1 设 V_1 和 V_2 是数域$\mathbb{F}$上的两个线性空间,σ 是从 V_1 到 V_2 的映射,如果对于任意两个向量 $\boldsymbol{\alpha}_1,\boldsymbol{\alpha}_2\in V_1$ 和任意数 $\lambda\in\mathbb{F}$,都有

$$\sigma(\boldsymbol{\alpha}_1+\boldsymbol{\alpha}_2)=\sigma(\boldsymbol{\alpha}_1)+\sigma(\boldsymbol{\alpha}_2),$$

$$\sigma(\lambda\boldsymbol{\alpha}_1)=\lambda\sigma(\boldsymbol{\alpha}_1),$$

则称映射 σ 是从 V_1 到 V_2 的**线性映射**. 称 V_1 为**定义域**,V_2 为**值域**或**像集**; 称 $\boldsymbol{\alpha}$ 为$\sigma(\boldsymbol{\alpha})$ 的**原像**,$\sigma(\boldsymbol{\alpha})$为 $\boldsymbol{\alpha}$ 的**像**.

例 2.1.1 设映射 σ: $V\to V$ 由

$$\sigma(\boldsymbol{\alpha})=\boldsymbol{\alpha},\quad \forall\ \boldsymbol{\alpha}\in V$$

确定,称之为**恒等映射**,试证: σ 是线性映射.

证: 由该映射定义,有

$$\sigma(\boldsymbol{\alpha}+\boldsymbol{\beta})=\boldsymbol{\alpha}+\boldsymbol{\beta}=\sigma(\boldsymbol{\alpha})+\sigma(\boldsymbol{\beta}),\quad \forall\ \boldsymbol{\alpha},\boldsymbol{\beta}\in V,$$

$$\sigma(\lambda\boldsymbol{\alpha})=\lambda\boldsymbol{\alpha}=\lambda\sigma(\boldsymbol{\alpha}),\quad \forall\ \boldsymbol{\alpha}\in V,\lambda\in\mathbb{F},$$

因此恒等映射是线性映射. ■

例 2.1.2 设映射 σ: $V_1\to V_2$ 由

$$\sigma(\boldsymbol{\alpha})=\boldsymbol{0},\quad \forall\ \boldsymbol{\alpha}\in V_1$$

确定,称之为**零映射**,试证: σ 是线性映射.

证: 由该映射定义,有

$$\sigma(\boldsymbol{\alpha}+\boldsymbol{\beta})=\boldsymbol{0}=\boldsymbol{0}+\boldsymbol{0}=\sigma(\boldsymbol{\alpha})+\sigma(\boldsymbol{\beta}),\quad \forall\ \boldsymbol{\alpha},\boldsymbol{\beta}\in V_1,$$

$$\sigma(k\boldsymbol{\alpha})=\boldsymbol{0}=k\boldsymbol{0}=k\sigma(\boldsymbol{\alpha}),\quad \forall\ \boldsymbol{\alpha}\in V_1,k\in\mathbb{F},$$

因此零映射是线性映射. ■

例 2.1.3 设 $\boldsymbol{B}=(b_{ij})$是 $m\times n$ 实矩阵,若映射 σ: $\mathbb{R}^n\to\mathbb{R}^m$ 由

$$\sigma(\boldsymbol{\alpha})=\boldsymbol{B}\boldsymbol{\alpha},\quad \forall\ \boldsymbol{\alpha}\in\mathbb{R}^n$$

确定,易证: σ 是线性映射.

例 2.1.3 中的向量 $\boldsymbol{\alpha}$ 是列向量. 与线性代数的惯例一样,如果不特别声明,向量指的是列向量.

线性映射具有如下性质:

(1) $\sigma(\mathbf{0})=\mathbf{0}$;

(2) $\sigma(-\boldsymbol{\alpha})=-\sigma(\boldsymbol{\alpha})$;

(3) $\sigma\left(\sum_{i=1}^{s}k_i\boldsymbol{\alpha}_i\right)=\sum_{i=1}^{s}k_i\sigma(\boldsymbol{\alpha}_i)$,其中 $\boldsymbol{\alpha}_i\in V,k_i\in\mathbb{F}$;

(4) 设 $\boldsymbol{\alpha}_1,\boldsymbol{\alpha}_2,\cdots,\boldsymbol{\alpha}_s\in V_1$ 且线性相关,则 $\sigma(\boldsymbol{\alpha}_1),\sigma(\boldsymbol{\alpha}_2),\cdots,\sigma(\boldsymbol{\alpha}_s)$ 也线性相关.

证:(1) $\sigma(\mathbf{0})=\sigma(\mathbf{0}+\mathbf{0})=\sigma(\mathbf{0})+\sigma(\mathbf{0})=2\sigma(\mathbf{0})\Rightarrow\sigma(\mathbf{0})=\mathbf{0}$.

(2) $\sigma(-\boldsymbol{\alpha})=\sigma((-1)\boldsymbol{\alpha})=(-1)\sigma(\boldsymbol{\alpha})=-\sigma(\boldsymbol{\alpha})$.

(3) $\sigma\left(\sum_{i=1}^{s}k_i\boldsymbol{\alpha}_i\right)=\sum_{i=1}^{s}\sigma(k_i\boldsymbol{\alpha}_i)=\sum_{i=1}^{s}k_i\sigma(\boldsymbol{\alpha}_i)$.

(4) 由于 $\boldsymbol{\alpha}_1,\boldsymbol{\alpha}_2,\cdots,\boldsymbol{\alpha}_s$ 线性相关,不失一般性,设

$$\boldsymbol{\alpha}_s=k_1\boldsymbol{\alpha}_1+k_2\boldsymbol{\alpha}_2+\cdots+k_{s-1}\boldsymbol{\alpha}_{s-1},$$

由(3)的结论,有

$$\sigma(\boldsymbol{\alpha}_s)=k_1\sigma(\boldsymbol{\alpha}_1)+k_2\sigma(\boldsymbol{\alpha}_2)+\cdots+k_{s-1}\sigma(\boldsymbol{\alpha}_{s-1}),$$

因此,$\sigma(\boldsymbol{\alpha}_1),\sigma(\boldsymbol{\alpha}_2),\cdots,\sigma(\boldsymbol{\alpha}_{s-1}),\sigma(\boldsymbol{\alpha}_s)$ 也线性相关. ■

但是,若 $\boldsymbol{\alpha}_1,\boldsymbol{\alpha}_2,\cdots,\boldsymbol{\alpha}_s\in V_1$ 线性无关,则 $\sigma(\boldsymbol{\alpha}_1),\sigma(\boldsymbol{\alpha}_2),\cdots,\sigma(\boldsymbol{\alpha}_s)$ 不一定线性无关,详见下述例题.

例 2.1.4 设线性映射 $P:\mathbb{R}^4\to\mathbb{R}^3$ 由下式确定:

$$\boldsymbol{\alpha}=(a_1,a_2,a_3,a_4)^{\mathrm{T}}\in\mathbb{R}^4\to P(\boldsymbol{\alpha})=(a_1,a_2,a_3)^{\mathrm{T}}\in\mathbb{R}^3,$$

容易验证:$\mathbb{R}^4$ 中的 4 个线性无关向量

$$\boldsymbol{\alpha}_1=(1,2,1,1)^{\mathrm{T}},\quad \boldsymbol{\alpha}_2=(0,1,3,2)^{\mathrm{T}},\quad \boldsymbol{\alpha}_3=(0,0,2,1)^{\mathrm{T}},\quad \boldsymbol{\alpha}_4=(0,0,0,1)^{\mathrm{T}}$$

的像

$$P(\boldsymbol{\alpha}_1)=(1,2,1)^{\mathrm{T}},P(\boldsymbol{\alpha}_2)=(0,1,3)^{\mathrm{T}},P(\boldsymbol{\alpha}_3)=(0,0,2)^{\mathrm{T}},P(\boldsymbol{\alpha}_4)=(0,0,0)^{\mathrm{T}}$$

是线性相关的.

2.1.2 线性映射的矩阵表示

线性映射的矩阵表示可以使两个不同线性空间的元素之间的映射关系具体化,此外,也可以利用矩阵的特性进一步刻画线性映射的特性.

设 $\boldsymbol{\alpha}_1,\boldsymbol{\alpha}_2,\cdots,\boldsymbol{\alpha}_n$ 是 V_1 的一组基，$\boldsymbol{\beta}_1,\boldsymbol{\beta}_2,\cdots,\boldsymbol{\beta}_m$ 是 V_2 的一组基，σ 是 $V_1\to V_2$ 的一个线性映射，则

$$\sigma(\boldsymbol{\alpha}_j)=\sum_{i=1}^{m}a_{ij}\boldsymbol{\beta}_i\quad(j=1,2,\cdots,n).$$

其中，a_{ij} 为 $\sigma(\boldsymbol{\alpha}_j)$ 在 V_2 中的坐标. 上式可写成

$$\begin{aligned}\sigma(\boldsymbol{\alpha}_1,\boldsymbol{\alpha}_2,\cdots,\boldsymbol{\alpha}_n)&=(\sigma(\boldsymbol{\alpha}_1),\sigma(\boldsymbol{\alpha}_2),\cdots,\sigma(\boldsymbol{\alpha}_n))\\&=\left(\sum_{i=1}^{m}a_{i1}\boldsymbol{\beta}_i,\sum_{i=1}^{m}a_{i2}\boldsymbol{\beta}_i,\cdots,\sum_{i=1}^{m}a_{in}\boldsymbol{\beta}_i\right)\\&=(\boldsymbol{\beta}_1,\boldsymbol{\beta}_2,\cdots,\boldsymbol{\beta}_m)\begin{bmatrix}a_{11}&a_{12}&\cdots&a_{1n}\\a_{21}&a_{22}&\cdots&a_{2n}\\\vdots&\vdots&\ddots&\vdots\\a_{m1}&a_{m2}&\cdots&a_{mn}\end{bmatrix}.\end{aligned}\tag{2.1.1}$$

令

$$\boldsymbol{A}=\begin{bmatrix}a_{11}&a_{12}&\cdots&a_{1n}\\a_{21}&a_{22}&\cdots&a_{2n}\\\vdots&\vdots&\ddots&\vdots\\a_{m1}&a_{m2}&\cdots&a_{mn}\end{bmatrix},$$

将其代入式(2.1.1)，得

$$\sigma(\boldsymbol{\alpha}_1,\boldsymbol{\alpha}_2,\cdots,\boldsymbol{\alpha}_n)=(\boldsymbol{\beta}_1,\boldsymbol{\beta}_2,\cdots,\boldsymbol{\beta}_m)\boldsymbol{A}.$$

定义 2.1.2 设 $\boldsymbol{\alpha}_1,\boldsymbol{\alpha}_2,\cdots,\boldsymbol{\alpha}_n$ 是 V_1 的一组基，$\boldsymbol{\beta}_1,\boldsymbol{\beta}_2,\cdots,\boldsymbol{\beta}_m$ 是 V_2 的一组基，σ 是 $V_1\to V_2$ 的线性映射，若

$$\sigma(\boldsymbol{\alpha}_1,\boldsymbol{\alpha}_2,\cdots,\boldsymbol{\alpha}_n)=(\boldsymbol{\beta}_1,\boldsymbol{\beta}_2,\cdots,\boldsymbol{\beta}_m)\boldsymbol{A},$$

则矩阵 $\boldsymbol{A}$ 称为线性映射 σ 在给定基偶 $\langle(\boldsymbol{\alpha}_1,\boldsymbol{\alpha}_2,\cdots,\boldsymbol{\alpha}_n),(\boldsymbol{\beta}_1,\boldsymbol{\beta}_2,\cdots,\boldsymbol{\beta}_m)\rangle$ 下的**矩阵表示**.

在不引起误会的前提下，线性映射的矩阵表示可简称为线性映射的矩阵.

由定义 2.1.2，线性映射的矩阵表示与基有关，在给定的一对基下的矩阵表示是唯一的. 有了线性映射 σ 在一对基下的矩阵表示 $\boldsymbol{A}$，可以求得 V_1 中向量 $\boldsymbol{\alpha}$ 的坐标与它在 V_2 中的像 $\sigma(\boldsymbol{\alpha})$ 的坐标之间的关系.

设 $\boldsymbol{\alpha}\in V_1$，令

$$\boldsymbol{\alpha}=(\boldsymbol{\alpha}_1,\boldsymbol{\alpha}_2,\cdots,\boldsymbol{\alpha}_n)\begin{bmatrix}x_1\\x_2\\\vdots\\x_n\end{bmatrix},$$

它的像 $\sigma(\boldsymbol{\alpha})\in V_2$ 可以写为

$$\sigma(\boldsymbol{\alpha})=\sum_{j=1}^{m}y_j\boldsymbol{\beta}_j=(\boldsymbol{\beta}_1,\boldsymbol{\beta}_2,\cdots,\boldsymbol{\beta}_m)\begin{bmatrix}y_1\\y_2\\\vdots\\y_m\end{bmatrix}.$$

又

$$\sigma(\boldsymbol{\alpha})=\sigma(\boldsymbol{\alpha}_1,\boldsymbol{\alpha}_2,\cdots,\boldsymbol{\alpha}_n)\begin{bmatrix}x_1\\x_2\\\vdots\\x_n\end{bmatrix}$$

$$=(\boldsymbol{\beta}_1,\boldsymbol{\beta}_2,\cdots,\boldsymbol{\beta}_m)\boldsymbol{A}\begin{bmatrix}x_1\\x_2\\\vdots\\x_n\end{bmatrix},$$

由 $\sigma(\boldsymbol{\alpha})$坐标的唯一性，可得

$$\begin{bmatrix}y_1\\y_2\\\vdots\\y_m\end{bmatrix}=\boldsymbol{A}\begin{bmatrix}x_1\\x_2\\\vdots\\x_n\end{bmatrix}=\begin{bmatrix}a_{11}&a_{12}&\cdots&a_{1n}\\a_{21}&a_{22}&\cdots&a_{2n}\\\vdots&\vdots&\ddots&\vdots\\a_{m1}&a_{m2}&\cdots&a_{mn}\end{bmatrix}\begin{bmatrix}x_1\\x_2\\\vdots\\x_n\end{bmatrix}. \tag{2.1.2}$$

式(2.1.2)称为线性映射 σ 在给定基$(\boldsymbol{\alpha}_1,\boldsymbol{\alpha}_2,\cdots,\boldsymbol{\alpha}_n)$与$(\boldsymbol{\beta}_1,\boldsymbol{\beta}_2,\cdots,\boldsymbol{\beta}_m)$下的向量坐标变换公式. 该公式给出了原像 $\boldsymbol{\alpha}$ 的坐标$(x_1,x_2,\cdots,x_n)^{\mathrm{T}}$ 与像 $\sigma(\boldsymbol{\alpha})$的坐标$(y_1,y_2,\cdots,y_m)^{\mathrm{T}}$ 之间的关系，也揭示了 $m\times n$ 矩阵 $\boldsymbol{A}$ 确立了$\mathbb{F}^n\to\mathbb{F}^m$ 的一个线性映射，它与从 n 维线性空间至 m 维线性空间的线性映射 $\sigma: V_n\to V_m$ 是对应的.

线性映射在给定的一对基下的矩阵表示是唯一的，反之，给定一对基和矩阵表

示，也有唯一的线性映射与之对应，即有如下定理.

定理 2.1.1　设 V_1 的基为 $\boldsymbol{\alpha}_1,\boldsymbol{\alpha}_2,\cdots,\boldsymbol{\alpha}_n$，$V_2$ 的基为 $\boldsymbol{\beta}_1,\boldsymbol{\beta}_2,\cdots,\boldsymbol{\beta}_m$，给定 $m\times n$ 矩阵 $\boldsymbol{A}=(a_{ij})_{m\times n}$，则存在唯一的线性映射 σ，它在这一对基下的矩阵表示为 $\boldsymbol{A}$.

证：令映射 σ：$V_1\to V_2$，它由下式确定：

$$\sigma(\boldsymbol{\alpha})=\boldsymbol{\beta}.$$

对任意 $\boldsymbol{\alpha}\in V_1$，有

$$\boldsymbol{\alpha}=(\boldsymbol{\alpha}_1,\boldsymbol{\alpha}_2,\cdots,\boldsymbol{\alpha}_n)\begin{bmatrix}x_1\\x_2\\\vdots\\x_n\end{bmatrix}.$$

对任意 $\boldsymbol{\beta}\in V_2$，取

$$\boldsymbol{\beta}=(\boldsymbol{\beta}_1,\boldsymbol{\beta}_2,\cdots,\boldsymbol{\beta}_m)\boldsymbol{A}\begin{bmatrix}x_1\\x_2\\\vdots\\x_n\end{bmatrix},$$

由于

$$\begin{aligned}\sigma(\boldsymbol{\alpha}+\boldsymbol{\alpha}')&=(\boldsymbol{\beta}_1,\boldsymbol{\beta}_2,\cdots,\boldsymbol{\beta}_m)\boldsymbol{A}\begin{bmatrix}x_1+x_1'\\x_2+x_2'\\\vdots\\x_n+x_n'\end{bmatrix}\\&=(\boldsymbol{\beta}_1,\boldsymbol{\beta}_2,\cdots,\boldsymbol{\beta}_m)\boldsymbol{A}\begin{bmatrix}x_1\\x_2\\\vdots\\x_n\end{bmatrix}+(\boldsymbol{\beta}_1,\boldsymbol{\beta}_2,\cdots,\boldsymbol{\beta}_m)\boldsymbol{A}\begin{bmatrix}x_1'\\x_2'\\\vdots\\x_n'\end{bmatrix}\\&=\sigma(\boldsymbol{\alpha})+\sigma(\boldsymbol{\alpha}'),\end{aligned}$$

$$\sigma(\lambda\boldsymbol{\alpha})=(\boldsymbol{\beta}_1,\boldsymbol{\beta}_2,\cdots,\boldsymbol{\beta}_m)\boldsymbol{A}\begin{bmatrix}\lambda x_1\\\lambda x_2\\\vdots\\\lambda x_n\end{bmatrix}$$

$$=\lambda(\boldsymbol{\beta}_1,\boldsymbol{\beta}_2,\cdots,\boldsymbol{\beta}_m)\boldsymbol{A}\begin{bmatrix}x_1\\x_2\\\vdots\\x_n\end{bmatrix}=\lambda\sigma(\boldsymbol{\alpha}),$$

所以 σ 是 $V_1\to V_2$ 的线性映射.

又因为

$$\boldsymbol{\alpha}_1=(\boldsymbol{\alpha}_1,\boldsymbol{\alpha}_2,\cdots,\boldsymbol{\alpha}_n)\begin{bmatrix}1\\0\\\vdots\\0\end{bmatrix},\quad \boldsymbol{\alpha}_2=(\boldsymbol{\alpha}_1,\boldsymbol{\alpha}_2,\cdots,\boldsymbol{\alpha}_n)\begin{bmatrix}0\\1\\0\\\vdots\\0\end{bmatrix},\cdots,$$

$$\boldsymbol{\alpha}_n=(\boldsymbol{\alpha}_1,\boldsymbol{\alpha}_2,\cdots,\boldsymbol{\alpha}_n)\begin{bmatrix}0\\\vdots\\0\\1\end{bmatrix},$$

于是

$$\sigma(\boldsymbol{\alpha}_1,\boldsymbol{\alpha}_2,\cdots,\boldsymbol{\alpha}_n)=(\sigma(\boldsymbol{\alpha}_1),\sigma(\boldsymbol{\alpha}_2),\cdots,\sigma(\boldsymbol{\alpha}_n))$$

$$=(\boldsymbol{\beta}_1,\boldsymbol{\beta}_2,\cdots,\boldsymbol{\beta}_m)\boldsymbol{A}\begin{bmatrix}1&0&\cdots&0\\0&1&\cdots&0\\\vdots&\vdots&\ddots&\vdots\\0&0&\cdots&1\end{bmatrix}=(\boldsymbol{\beta}_1,\boldsymbol{\beta}_2,\cdots,\boldsymbol{\beta}_m)\boldsymbol{A}.$$

因此,给定 $m\times n$ 矩阵 $\boldsymbol{A}$,则存在线性映射 σ,它的矩阵表示为 $\boldsymbol{A}$.

再证唯一性. 若还有另一线性映射 $\sigma_1: V_1\to V_2$,且

$$\sigma_1(\boldsymbol{\alpha}_1,\boldsymbol{\alpha}_2,\cdots,\boldsymbol{\alpha}_n)=(\boldsymbol{\beta}_1,\boldsymbol{\beta}_2,\cdots,\boldsymbol{\beta}_m)\boldsymbol{A},$$

于是

$$\sigma(\boldsymbol{\alpha}_1,\boldsymbol{\alpha}_2,\cdots,\boldsymbol{\alpha}_n)=\sigma_1(\boldsymbol{\alpha}_1,\boldsymbol{\alpha}_2,\cdots,\boldsymbol{\alpha}_n).$$

因为 $\forall\boldsymbol{\alpha}\in V_1$,有

$$\sigma(\boldsymbol{\alpha})=\sigma(\boldsymbol{\alpha}_1,\boldsymbol{\alpha}_2,\cdots,\boldsymbol{\alpha}_n)\begin{bmatrix}x_1\\x_2\\\vdots\\x_n\end{bmatrix}=\sigma_1(\boldsymbol{\alpha}_1,\boldsymbol{\alpha}_2,\cdots,\boldsymbol{\alpha}_n)\begin{bmatrix}x_1\\x_2\\\vdots\\x_n\end{bmatrix}=\sigma_1(\boldsymbol{\alpha}),$$

所以 $\sigma=\sigma_1$. ■

上述定理表明：在给定映射空间的一对基以后，线性映射 σ 与其矩阵表示 $\boldsymbol{A}$ 是一一对应的，线性映射 σ 可以用其矩阵表示 $\boldsymbol{A}$ 唯一地代表.

例 2.1.5　设 $\boldsymbol{T}=\begin{bmatrix}1&2\\3&4\\0&5\end{bmatrix}$，映射 $\sigma:\mathbb{R}^2\to\mathbb{R}^3$ 由下式确定：

$$\sigma(\boldsymbol{\alpha})=\boldsymbol{T\alpha},\quad \boldsymbol{\alpha}\in\mathbb{R}^2,$$

试求：σ 在基 $\boldsymbol{\alpha}_1=(1,0)^{\mathrm{T}},\boldsymbol{\alpha}_2=(0,1)^{\mathrm{T}}$ 与基 $\boldsymbol{\beta}_1=(1,0,0)^{\mathrm{T}},\boldsymbol{\beta}_2=(0,1,0)^{\mathrm{T}},\boldsymbol{\beta}_3=(0,0,1)^{\mathrm{T}}$ 下的矩阵表示 $\boldsymbol{A}$.

解：根据题意，有

$$\sigma(\boldsymbol{\alpha}_1)=\begin{bmatrix}1&2\\3&4\\0&5\end{bmatrix}\begin{bmatrix}1\\0\end{bmatrix}=\begin{bmatrix}1\\3\\0\end{bmatrix}=\boldsymbol{\beta}_1+3\boldsymbol{\beta}_2,$$

$$\sigma(\boldsymbol{\alpha}_2)=\begin{bmatrix}1&2\\3&4\\0&5\end{bmatrix}\begin{bmatrix}0\\1\end{bmatrix}=\begin{bmatrix}2\\4\\5\end{bmatrix}=2\boldsymbol{\beta}_1+4\boldsymbol{\beta}_2+5\boldsymbol{\beta}_3.$$

由矩阵表示定义，有

$$\sigma(\boldsymbol{\alpha}_1,\boldsymbol{\alpha}_2)=(\sigma(\boldsymbol{\alpha}_1),\sigma(\boldsymbol{\alpha}_2))=(\boldsymbol{\beta}_1,\boldsymbol{\beta}_2,\boldsymbol{\beta}_3)\boldsymbol{A},$$

故所求的矩阵表示为

$$\boldsymbol{A}=\begin{bmatrix}1&2\\3&4\\0&5\end{bmatrix}.$$

例 2.1.6　恒等映射的矩阵表示是单位矩阵，零映射的矩阵表示是零矩阵，其矩阵的阶数是线性空间的维数.

例 2.1.7　线性映射 $\sigma:\mathbb{R}[x]_{n+1}\to\mathbb{R}[x]_n$ 由下式确定：

$$\sigma(f(x))=\frac{\mathrm{d}}{\mathrm{d}x}f(x),\quad \forall f(x)\in\mathbb{R}[x]_{n+1},$$

求线性映射 σ 在基 $1,x,x^2,\cdots,x^n$ 与基 $1,x,x^2,\cdots,x^{n-1}$ 下的矩阵表示 $\boldsymbol{D}$.

解：由于

$$\sigma(1)=0,\quad \sigma(x)=1,\quad \sigma(x^2)=2x,\quad \cdots,\quad \sigma(x^n)=nx^{n-1},$$

由矩阵表示定义,有

$$\sigma(1,x,x^2,\cdots,x^n)=(0,1,2x,\cdots,nx^{n-1})=(1,x,x^2,\cdots,x^{n-1})\boldsymbol{D}$$

由矩阵乘法的行数、列数关系,$\boldsymbol{D}$ 为 n 行、$n+1$ 列矩阵,故所求的矩阵表示为

$$\boldsymbol{D}=\begin{bmatrix}0 & 1 & 0 & \cdots & 0\\ 0 & 0 & 2 & \cdots & 0\\ \vdots & \vdots & \vdots & \ddots & \vdots\\ 0 & 0 & 0 & \cdots & n\end{bmatrix}_{n\times(n+1)}.$$

2.1.3 两个线性空间不同基组合下的矩阵表示

线性映射在两个线性空间不同基偶下的矩阵表示是不同的,但相互之间存在关系,下述定理给出了存在的具体关系.

定理 2.1.2 设 σ 是 $V_1\to V_2$ 的一个线性映射,$\boldsymbol{\alpha}_1,\boldsymbol{\alpha}_2,\cdots,\boldsymbol{\alpha}_n$ 与 $\boldsymbol{\alpha}'_1,\boldsymbol{\alpha}'_2,\cdots,\boldsymbol{\alpha}'_n$ 是 V_1 的两组基,由 $\boldsymbol{\alpha}_i$ 到 $\boldsymbol{\alpha}'_i(i=1,2,\cdots,n)$的过渡矩阵为 $\boldsymbol{P}$. 设 $\boldsymbol{\beta}_1,\boldsymbol{\beta}_2,\cdots,\boldsymbol{\beta}_m$ 与 $\boldsymbol{\beta}'_1,\boldsymbol{\beta}'_2,\cdots,\boldsymbol{\beta}'_m$ 是 V_2 的两组基,由 $\boldsymbol{\beta}_j$ 到 $\boldsymbol{\beta}'_j(j=1,2,\cdots,m)$的过渡矩阵为 $\boldsymbol{Q}$. 线性映射 σ 在基 $\boldsymbol{\alpha}_1,\boldsymbol{\alpha}_2,\cdots,\boldsymbol{\alpha}_n$ 与 $\boldsymbol{\beta}_1,\boldsymbol{\beta}_2,\cdots,\boldsymbol{\beta}_m$ 下的矩阵表示为 $\boldsymbol{A}$,在基 $\boldsymbol{\alpha}'_1,\boldsymbol{\alpha}'_2,\cdots,\boldsymbol{\alpha}'_n$ 与 $\boldsymbol{\beta}'_1,\boldsymbol{\beta}'_2,\cdots,\boldsymbol{\beta}'_m$ 下的矩阵表示为 $\boldsymbol{B}$,则

$$\boldsymbol{B}=\boldsymbol{Q}^{-1}\boldsymbol{A}\boldsymbol{P}. \tag{2.1.3}$$

证:由已知条件,线性映射和过渡矩阵,矩阵表示的关系示意图为:

$$\begin{array}{llcl} V_1 & \{\boldsymbol{\alpha}_1,\boldsymbol{\alpha}_2,\cdots,\boldsymbol{\alpha}_n\} & \xrightarrow{\boldsymbol{P}} & \{\boldsymbol{\alpha}'_1,\boldsymbol{\alpha}'_2,\cdots,\boldsymbol{\alpha}'_n\}\\ \sigma\downarrow & \quad\boldsymbol{A}\downarrow & & \quad\downarrow\boldsymbol{B}\\ V_2 & \{\boldsymbol{\beta}_1,\boldsymbol{\beta}_2,\cdots,\boldsymbol{\beta}_m\} & \xrightarrow{\boldsymbol{Q}} & \{\boldsymbol{\beta}'_1,\boldsymbol{\beta}'_2,\cdots,\boldsymbol{\beta}'_m\} \end{array}$$

因此,有

$$\sigma(\boldsymbol{\alpha}_1,\boldsymbol{\alpha}_2,\cdots,\boldsymbol{\alpha}_n)=(\boldsymbol{\beta}_1,\boldsymbol{\beta}_2,\cdots,\boldsymbol{\beta}_m)\boldsymbol{A}, \tag{1}$$

$$\sigma(\boldsymbol{\alpha}'_1,\boldsymbol{\alpha}'_2,\cdots,\boldsymbol{\alpha}'_n)=(\boldsymbol{\beta}'_1,\boldsymbol{\beta}'_2,\cdots,\boldsymbol{\beta}'_m)\boldsymbol{B}, \tag{2}$$

$$(\boldsymbol{\alpha}'_1,\boldsymbol{\alpha}'_2,\cdots,\boldsymbol{\alpha}'_n)=(\boldsymbol{\alpha}_1,\boldsymbol{\alpha}_2,\cdots,\boldsymbol{\alpha}_n)\boldsymbol{P}, \tag{3}$$

$$(\boldsymbol{\beta}'_1,\boldsymbol{\beta}'_2,\cdots,\boldsymbol{\beta}'_m)=(\boldsymbol{\beta}_1,\boldsymbol{\beta}_2,\cdots,\boldsymbol{\beta}_m)\boldsymbol{Q}. \tag{4}$$

将式(3)与式(4)代入式(2),得

$$\sigma(\boldsymbol{\alpha}_1,\boldsymbol{\alpha}_2,\cdots,\boldsymbol{\alpha}_n)\boldsymbol{P}=(\boldsymbol{\beta}_1,\boldsymbol{\beta}_2,\cdots,\boldsymbol{\beta}_m)\boldsymbol{Q}\boldsymbol{B}. \tag{5}$$

将式(1)代入式(5),得

$$(\boldsymbol{\beta}_1,\boldsymbol{\beta}_2,\cdots,\boldsymbol{\beta}_m)\boldsymbol{AP}=(\boldsymbol{\beta}_1,\boldsymbol{\beta}_2,\cdots,\boldsymbol{\beta}_m)\boldsymbol{QB}.$$

故

$$(\boldsymbol{\beta}_1,\boldsymbol{\beta}_2,\cdots,\boldsymbol{\beta}_m)(\boldsymbol{AP}-\boldsymbol{QB})=\boldsymbol{0}.$$

又 $\boldsymbol{\beta}_1,\boldsymbol{\beta}_2,\cdots,\boldsymbol{\beta}_m$ 线性无关,故

$$\boldsymbol{AP}=\boldsymbol{QB},$$

由于 $\boldsymbol{Q}$ 可逆,所以

$$\boldsymbol{B}=\boldsymbol{Q}^{-1}\boldsymbol{AP}.$$ ■

注意：在本定理中,同一线性空间的两组基的过渡矩阵 $\boldsymbol{P}$ 和 $\boldsymbol{Q}$ 都是方阵,而线性映射在两个线性空间不同基组合下的矩阵表示 $\boldsymbol{A}$ 和 $\boldsymbol{B}$ 都是 $m\times n$ 矩阵.

定义 2.1.3 设矩阵 $\boldsymbol{A},\boldsymbol{B}\in\mathbb{F}^{m\times n}$,若存在可逆矩阵 $\boldsymbol{Q}\in\mathbb{F}^{m\times m}$ 和 $\boldsymbol{P}\in\mathbb{F}^{n\times n}$,满足

$$\boldsymbol{B}=\boldsymbol{QAP},$$

则称矩阵 $\boldsymbol{B}$ 与 $\boldsymbol{A}$ **等价**.

一个线性映射 σ: $V_n\to V_m$ 有一系列的 $m\times n$ 矩阵表示: $\boldsymbol{A},\boldsymbol{B},\cdots$. 由定理 2.1.2 和定义 2.1.3 可知,这些矩阵表示之间是互相等价的.

2.1.4 线性映射的值域、核

定义 2.1.4 设 σ 是线性空间 V_1 到 V_2 的线性映射,令

$$\sigma(V_1)=\{\boldsymbol{\beta}=\sigma(\boldsymbol{\alpha})\in V_2\mid\boldsymbol{\alpha}\in V_1\},$$

称 $\sigma(V_1)$是线性映射 σ 的**值域**,记为 $R(\sigma)$,其维数 $\dim R(\sigma)$称为 σ 的**秩**,记为 $\mathrm{rank}\sigma$.

定义 2.1.5 设 σ 是线性空间 V_1 到 V_2 的线性映射,令

$$N(\sigma)=\{\boldsymbol{\alpha}\mid\sigma(\boldsymbol{\alpha})=\boldsymbol{0},\boldsymbol{\alpha}\in V_1\},$$

称 $N(\sigma)$是线性映射 σ 的**核子空间**,简称为**核**,其维数 $\dim N(\sigma)$称为 σ 的**零度**.

关于线性映射的值域和秩,有下述定理.

定理 2.1.3 设 σ 是线性空间 V_1 到 V_2 的线性映射,$\boldsymbol{\alpha}_1,\boldsymbol{\alpha}_2,\cdots,\boldsymbol{\alpha}_n$ 是 V_1 的基,$\boldsymbol{\beta}_1,\boldsymbol{\beta}_2,\cdots,\boldsymbol{\beta}_m$ 是 V_2 的基,σ 在该对基下的矩阵表示为 $\boldsymbol{A}=(a_{ij})_{m\times n}$,则

(1) $R(\sigma)=\mathrm{span}\{\sigma(\boldsymbol{\alpha}_1),\sigma(\boldsymbol{\alpha}_2),\cdots,\sigma(\boldsymbol{\alpha}_n)\}$;

(2) $\mathrm{rank}\sigma=\mathrm{rank}\boldsymbol{A}$.

证：(1) $\forall \boldsymbol{\alpha} \in V_1$，$\exists \boldsymbol{\beta} \in R(\sigma)$，使

$$\begin{aligned}\boldsymbol{\beta} &= \sigma(\boldsymbol{\alpha}) = \sigma(x_1\boldsymbol{\alpha}_1 + x_2\boldsymbol{\alpha}_2 + \cdots + x_n\boldsymbol{\alpha}_n) \\ &= x_1\sigma(\boldsymbol{\alpha}_1) + x_2\sigma(\boldsymbol{\alpha}_2) + \cdots + x_n\sigma(\boldsymbol{\alpha}_n),\end{aligned}$$

所以

$$R(\sigma) = \operatorname{span}\{\sigma(\boldsymbol{\alpha}_1), \sigma(\boldsymbol{\alpha}_2), \cdots, \sigma(\boldsymbol{\alpha}_n)\}.$$

(2) 由于

$$\begin{aligned}(\sigma(\boldsymbol{\alpha}_1), \sigma(\boldsymbol{\alpha}_2), \cdots, \sigma(\boldsymbol{\alpha}_n)) &= \sigma(\boldsymbol{\alpha}_1, \boldsymbol{\alpha}_2, \cdots, \boldsymbol{\alpha}_n) \\ &= (\boldsymbol{\beta}_1, \boldsymbol{\beta}_2, \cdots, \boldsymbol{\beta}_m)\mathbf{A},\end{aligned}$$

于是

$$R(\sigma) = \operatorname{span}\left\{\sum_{j=1}^{m} a_{j1}\boldsymbol{\beta}_j, \sum_{j=1}^{m} a_{j2}\boldsymbol{\beta}_j, \cdots, \sum_{j=1}^{m} a_{jn}\boldsymbol{\beta}_j\right\},$$

而向量组 $\sum\limits_{j=1}^{m} a_{j1}\boldsymbol{\beta}_j, \sum\limits_{j=1}^{m} a_{j2}\boldsymbol{\beta}_j, \cdots, \sum\limits_{j=1}^{m} a_{jn}\boldsymbol{\beta}_j$ 的秩等于 $\mathbf{A}$ 的秩，因此

$$\operatorname{rank}\sigma = \dim R(\sigma) = \operatorname{rank}\boldsymbol{A}.$$ ■

关于线性映射的秩和零度，有下述定理.

定理 2.1.4 设 σ 是 n 维线性空间 V_1 到 m 维线性空间 V_2 的线性映射，则

$$\dim N(\sigma) + \dim R(\sigma) = n.$$

证：设 $\dim N(\sigma) = r$，$\boldsymbol{\alpha}_1, \boldsymbol{\alpha}_2, \cdots, \boldsymbol{\alpha}_r$ 是 $N(\sigma)$ 的基，把它扩充成 V_1 的基 $\boldsymbol{\alpha}_1, \boldsymbol{\alpha}_2, \cdots, \boldsymbol{\alpha}_r, \boldsymbol{\alpha}_{r+1}, \cdots, \boldsymbol{\alpha}_n$，则有

$$\begin{aligned}R(\sigma) &= \operatorname{span}\{\sigma(\boldsymbol{\alpha}_1), \sigma(\boldsymbol{\alpha}_2), \cdots, \sigma(\boldsymbol{\alpha}_r), \sigma(\boldsymbol{\alpha}_{r+1}), \cdots, \sigma(\boldsymbol{\alpha}_n)\} \\ &= \operatorname{span}\{\mathbf{0}, \mathbf{0}, \cdots, \mathbf{0}, \sigma(\boldsymbol{\alpha}_{r+1}), \cdots, \sigma(\boldsymbol{\alpha}_n)\} \\ &= \operatorname{span}\{\sigma(\boldsymbol{\alpha}_{r+1}), \cdots, \sigma(\boldsymbol{\alpha}_n)\}.\end{aligned}$$

现证 $\sigma(\boldsymbol{\alpha}_{r+1}), \cdots, \sigma(\boldsymbol{\alpha}_n)$ 线性无关.

设

$$\sum_{i=r+1}^{n} k_i\sigma(\boldsymbol{\alpha}_i) = \mathbf{0},$$

即

$$\sigma\left(\sum_{i=r+1}^{n} k_i\boldsymbol{\alpha}_i\right) = \mathbf{0},$$

故

$$\sum_{i=r+1}^{n} k_i \boldsymbol{\alpha}_i \in N(\sigma),$$

因此

$$\sum_{i=r+1}^{n} k_i \boldsymbol{\alpha}_i = \sum_{j=1}^{r} l_j \boldsymbol{\alpha}_j .$$

根据$\boldsymbol{\alpha}_1,\boldsymbol{\alpha}_2,\cdots,\boldsymbol{\alpha}_n$ 线性无关,可得

$$k_i = 0 \quad (i = r+1, r+2, \cdots, n),$$

$$l_j = 0 \quad (j = 1, 2, \cdots, r),$$

因此 $\sigma(\boldsymbol{\alpha}_{r+1}),\cdots,\sigma(\boldsymbol{\alpha}_n)$线性无关,于是

$$\dim R(\sigma) = n - r,$$

又因为 $\dim N(\sigma) = r$,所以

$$\dim N(\sigma) + \dim R(\sigma) = n. \qquad \blacksquare$$

2.1.5 线性映射与其矩阵表示的值域、核的关系

下面研究线性映射 σ 与其矩阵表示 $\boldsymbol{A}$ 的值域、核的关系.

1. 线性映射 $\boldsymbol{\sigma}$ 与其矩阵表示 $\boldsymbol{A}$ 的值域的关系

设 σ 是 n 维线性空间 V_1 到 m 维线性空间 V_2 的线性映射,$\boldsymbol{\alpha}_1,\boldsymbol{\alpha}_2,\cdots,\boldsymbol{\alpha}_n$ 是 V_1 的一组基,$\boldsymbol{\beta}_1,\boldsymbol{\beta}_2,\cdots,\boldsymbol{\beta}_m$ 是 V_2 的一组基,σ 在该基偶下的矩阵是 $\boldsymbol{A}_{m\times n}$,现按列将 $\boldsymbol{A}_{m\times n}$ 分块为 $\boldsymbol{A}=(\boldsymbol{A}_1,\boldsymbol{A}_2,\cdots,\boldsymbol{A}_n)$,其中 $\boldsymbol{A}_i=(a_{1i},a_{2i},\cdots,a_{mi})^{\mathrm{T}}\in\mathbb{F}^m$,$i=1,2,\cdots,n$.

于是

$$\sigma(\boldsymbol{\alpha}_1,\boldsymbol{\alpha}_2,\cdots,\boldsymbol{\alpha}_n)=(\boldsymbol{\beta}_1,\boldsymbol{\beta}_2,\cdots,\boldsymbol{\beta}_m)\boldsymbol{A},$$

故

$$\sigma(\boldsymbol{\alpha}_i)=(\boldsymbol{\beta}_1,\boldsymbol{\beta}_2,\cdots,\boldsymbol{\beta}_m)\boldsymbol{A}_i \quad (i=1,2,\cdots,n),$$

因此 σ 的值域

$$\begin{aligned} R(\sigma) &= \operatorname{span}\{\sigma(\boldsymbol{\alpha}_1),\sigma(\boldsymbol{\alpha}_2),\cdots,\sigma(\boldsymbol{\alpha}_n)\} \\ &= \operatorname{span}\{(\boldsymbol{\beta}_1,\boldsymbol{\beta}_2,\cdots,\boldsymbol{\beta}_m)\boldsymbol{A}_1,\cdots,(\boldsymbol{\beta}_1,\boldsymbol{\beta}_2,\cdots,\boldsymbol{\beta}_m)\boldsymbol{A}_n\}. \end{aligned}$$

又由于矩阵 $\boldsymbol{A}$ 的值域

$$R(\boldsymbol{A})=\{\boldsymbol{y}\mid \boldsymbol{y}=\boldsymbol{A}\boldsymbol{x},\boldsymbol{x}\in\mathbb{F}^n\},$$

若取 $\boldsymbol{x}_i=(0,\cdots,0,1,0,\cdots,0)^{\mathrm{T}}$(第 i 分量是 1),则有

$$\boldsymbol{A}\boldsymbol{x}_i=\boldsymbol{A}_i,\quad i=1,2,\cdots,n.$$

又 $\boldsymbol{x}=k_1\boldsymbol{x}_1+k_2\boldsymbol{x}_2+\cdots+k_n\boldsymbol{x}_n$，所以

$$\begin{aligned}\boldsymbol{y}=\boldsymbol{A}\boldsymbol{x}&=\boldsymbol{A}(k_1\boldsymbol{x}_1+k_2\boldsymbol{x}_2+\cdots+k_n\boldsymbol{x}_n)\\&=k_1\boldsymbol{A}\boldsymbol{x}_1+k_2\boldsymbol{A}\boldsymbol{x}_2+\cdots+k_n\boldsymbol{A}\boldsymbol{x}_n\\&=k_1\boldsymbol{A}_1+k_2\boldsymbol{A}_2+\cdots+k_n\boldsymbol{A}_n\\&=\mathrm{span}\{\boldsymbol{A}_1,\boldsymbol{A}_2,\cdots,\boldsymbol{A}_n\},\end{aligned}$$

也即

$$R(\boldsymbol{A})=\mathrm{span}\{\boldsymbol{A}_1,\boldsymbol{A}_2,\cdots,\boldsymbol{A}_n\}.$$

由上述 $R(\sigma)$ 与 $R(\boldsymbol{A})$ 的表达式可见：线性映射 σ 的值域 $R(\sigma)$ 与其矩阵表示 $\boldsymbol{A}$ 的值域 $R(\boldsymbol{A})$ 是一一对应的，只需将 $R(\boldsymbol{A})$ 的生成向量左乘以基 $\boldsymbol{\beta}_1,\boldsymbol{\beta}_2,\cdots,\boldsymbol{\beta}_m$，所生成的线性空间就是 $R(\sigma)$.

2. 线性映射 $\boldsymbol{\sigma}$ 与其矩阵表示 A 的核的关系

设 $\boldsymbol{x}\in V_1$，$\boldsymbol{x}=(\boldsymbol{\alpha}_1,\boldsymbol{\alpha}_2,\cdots,\boldsymbol{\alpha}_n)\begin{bmatrix}x_1\\x_2\\\vdots\\x_n\end{bmatrix}$，其中 $(x_1,x_2,\cdots,x_n)^{\mathrm{T}}$ 是 $\boldsymbol{x}$ 在基 $\boldsymbol{\alpha}_1$，$\boldsymbol{\alpha}_2,\cdots,\boldsymbol{\alpha}_n$ 下的坐标向量.

$N(\sigma)$ 中向量 $\boldsymbol{x}$ 必须满足

$$\sigma(\boldsymbol{\alpha}_1,\boldsymbol{\alpha}_2,\cdots,\boldsymbol{\alpha}_n)\begin{bmatrix}x_1\\x_2\\\vdots\\x_n\end{bmatrix}=\boldsymbol{0},$$

此即

$$(\boldsymbol{\beta}_1,\boldsymbol{\beta}_2,\cdots,\boldsymbol{\beta}_m)\boldsymbol{A}\begin{bmatrix}x_1\\x_2\\\vdots\\x_n\end{bmatrix}=\boldsymbol{0}.$$

由于 $\boldsymbol{\beta}_1,\boldsymbol{\beta}_2,\cdots,\boldsymbol{\beta}_m$ 线性无关，可得

$$\mathbf{A}\begin{bmatrix}x_1\\x_2\\\vdots\\x_n\end{bmatrix}=\mathbf{0},$$

根据矩阵 $\mathbf{A}$ 的核的定义，上式就是 $\mathbf{A}$ 的核 $(x_1,x_2,\cdots,x_n)^{\mathrm{T}}$ 所满足的方程式.

综上，σ 的核 $N(\sigma)$ 中向量 $\boldsymbol{x}$ 的坐标向量 $(x_1,x_2,\cdots,x_n)^{\mathrm{T}}$ 就是矩阵 $\mathbf{A}$ 的核向量. 因此，线性映射 σ 的核 $N(\sigma)$ 与其矩阵表示 $\mathbf{A}$ 的核 $N(\mathbf{A})$ 是一一对应的，只需将 $N(\mathbf{A})$ 中的坐标向量左乘以基 $\boldsymbol{\alpha}_1,\boldsymbol{\alpha}_2,\cdots,\boldsymbol{\alpha}_n$，就是 $N(\sigma)$ 中的向量.

2.1.6 同构映射

n 维线性空间 V 中任一向量 $\boldsymbol{\alpha}$ 在基 $\boldsymbol{\alpha}_1,\boldsymbol{\alpha}_2,\cdots,\boldsymbol{\alpha}_n$ 下可以表示为

$$\boldsymbol{\alpha}=(\boldsymbol{\alpha}_1,\boldsymbol{\alpha}_2,\cdots,\boldsymbol{\alpha}_n)\begin{bmatrix}x_1\\x_2\\\vdots\\x_n\end{bmatrix},$$

其中，$(x_1,x_2,\cdots,x_n)^{\mathrm{T}}$ 是坐标向量. $\boldsymbol{\alpha}$ 对应向量空间 $\mathbb{F}^n$ 中的向量 $(x_1,x_2,\cdots,x_n)^{\mathrm{T}}$，且由于 $\boldsymbol{\alpha}$ 的坐标唯一，因此存在一一映射 $\boldsymbol{\alpha}\longleftrightarrow(x_1,x_2,\cdots,x_n)^{\mathrm{T}}$.

设 $\boldsymbol{\alpha},\boldsymbol{\beta}\in V,\lambda\in\mathbb{F}$，且 $\boldsymbol{\alpha}$ 的坐标是 $(x_1,x_2,\cdots,x_n)^{\mathrm{T}}$，$\boldsymbol{\beta}$ 的坐标是 $(y_1,y_2,\cdots,y_n)^{\mathrm{T}}$，可知

$$\boldsymbol{\alpha}+\boldsymbol{\beta}=(x_1+y_1)\boldsymbol{\alpha}_1+(x_2+y_2)\boldsymbol{\alpha}_2+\cdots+(x_n+y_n)\boldsymbol{\alpha}_n,$$
$$\lambda\boldsymbol{\alpha}=(\lambda x_1)\boldsymbol{\alpha}_1+(\lambda x_2)\boldsymbol{\alpha}_2+\cdots+(\lambda x_n)\boldsymbol{\alpha}_n,$$

所以

$$\boldsymbol{\alpha}+\boldsymbol{\beta}\longleftrightarrow(x_1+y_1,x_2+y_2,\cdots,x_n+y_n)^{\mathrm{T}},$$
$$\lambda\boldsymbol{\alpha}\longleftrightarrow(\lambda x_1,\lambda x_2,\cdots,\lambda x_n)^{\mathrm{T}},$$

综上，V 中向量 $\boldsymbol{\alpha}$ 与 $\mathbb{F}^n$ 中向量 $(x_1,x_2,\cdots,x_n)^{\mathrm{T}}$ 之间存在一一映射，且 V 中向量的和与数乘对应 $\mathbb{F}^n$ 中向量的和与数乘，这就是同构映射的概念.

定义 2.1.6 若线性空间 V_1 和 V_2 之间存在 V_1 到 V_2 的一一映射 σ，且 σ 又是线性映射，即对任意向量 $\boldsymbol{\alpha},\boldsymbol{\beta}\in V_1$ 和数 $\lambda\in\mathbb{F}$ 都有

(1) $\sigma(\boldsymbol{\alpha}+\boldsymbol{\beta})=\sigma(\boldsymbol{\alpha})+\sigma(\boldsymbol{\beta})$;

(2) $\sigma(\lambda\boldsymbol{\alpha})=\lambda\sigma(\boldsymbol{\alpha})$.

则称 σ 为 V_1 到 V_2 的**同构映射**,称 V_1 与 V_2 是**同构**的.

例 2.1.8 在 n 维线性空间 V 中取定一组基 $\boldsymbol{\alpha}_1,\boldsymbol{\alpha}_2,\cdots,\boldsymbol{\alpha}_n$,则 V 中向量 $\boldsymbol{\alpha}$ 和它的坐标 $(x_1,x_2,\cdots,x_n)^{\mathrm{T}}$ 之间的一一映射是空间 V 到空间 $\mathbb{F}^n$ 的一个同构映射,于是数域 $\mathbb{F}$ 上的所有 n 维线性空间都与 n 维坐标向量空间 $\mathbb{F}^n$ 同构.

同构映射 σ 具有如下性质:

(1) $\sigma(\mathbf{0})=\mathbf{0}$;

(2) $\sigma(-\boldsymbol{\alpha})=-\sigma(\boldsymbol{\alpha})$;

(3) $\sigma\left(\sum_{i=1}^{s}k_i\boldsymbol{\alpha}_i\right)=\sum_{i=1}^{s}k_i\sigma(\boldsymbol{\alpha}_i)$,其中 $\boldsymbol{\alpha}_i\in V,k_i\in\mathbb{F}$;

(4) 设 $\boldsymbol{\alpha}_1,\boldsymbol{\alpha}_2,\cdots,\boldsymbol{\alpha}_s\in V_1$,且 $\boldsymbol{\alpha}_1,\boldsymbol{\alpha}_2,\cdots,\boldsymbol{\alpha}_s$ 线性相关(无关),则 $\sigma(\boldsymbol{\alpha}_1),\sigma(\boldsymbol{\alpha}_2),\cdots,\sigma(\boldsymbol{\alpha}_s)$ 也线性相关(无关),反之亦然.

由于同构映射也是线性映射,因此性质(1)~(3)显然满足,但性质(4)与线性映射的对应性质有所区别,其中,线性相关部分的证明与线性映射的证明相同,以下仅证明线性无关部分.

证:(4) **充分性** 设 $k_1,k_2,\cdots,k_s\in\mathbb{F}$,使

$$k_1\sigma(\boldsymbol{\alpha}_1)+k_2\sigma(\boldsymbol{\alpha}_2)+\cdots+k_s\sigma(\boldsymbol{\alpha}_s)=\mathbf{0},$$

由于 σ 是线性映射,可得

$$\sigma(k_1\boldsymbol{\alpha}_1+k_2\boldsymbol{\alpha}_2+\cdots+k_s\boldsymbol{\alpha}_s)=\mathbf{0},$$

由 $\sigma(\mathbf{0})=\mathbf{0}$ 且 σ 是一一映射,所以

$$k_1\boldsymbol{\alpha}_1+k_2\boldsymbol{\alpha}_2+\cdots+k_s\boldsymbol{\alpha}_s=\mathbf{0},$$

而 $\boldsymbol{\alpha}_1,\boldsymbol{\alpha}_2,\cdots,\boldsymbol{\alpha}_s$ 线性无关,所以

$$k_1=k_2=\cdots=k_s=0,$$

即 $\sigma(\boldsymbol{\alpha}_1),\sigma(\boldsymbol{\alpha}_2),\cdots,\sigma(\boldsymbol{\alpha}_s)$ 线性无关.

必要性 设 $k_1,k_2,\cdots,k_s\in\mathbb{F}$,使

$$k_1\boldsymbol{\alpha}_1+k_2\boldsymbol{\alpha}_2+\cdots+k_s\boldsymbol{\alpha}_s=\mathbf{0},$$

对上式两端同时作线性映射 σ,得

$$k_1\sigma(\boldsymbol{\alpha}_1)+k_2\sigma(\boldsymbol{\alpha}_2)+\cdots+k_s\sigma(\boldsymbol{\alpha}_s)=\mathbf{0},$$

而 $\sigma(\boldsymbol{\alpha}_1),\sigma(\boldsymbol{\alpha}_2),\cdots,\sigma(\boldsymbol{\alpha}_s)$ 线性无关,所以

$$k_1 = k_2 = \cdots = k_s = 0,$$

即 $\boldsymbol{\alpha}_1, \boldsymbol{\alpha}_2, \cdots, \boldsymbol{\alpha}_s$ 线性无关. ■

2.2 线性变换及其矩阵

如同线性空间是具体的非空集合的抽象一样,线性变换也是从几何空间的旋转变换、反射变换等具体变换中抽象出来、并通过提炼其本质属性而定义的重要概念,其理论和方法可应用于一些类似问题的处理和解决.

2.2.1 线性变换及其矩阵表示

线性变换是线性映射的特例,即线性空间 V_1 和 V_2 是同一空间的情况.

定义 2.2.1 设 V 是数域$\mathbb{F}$上的线性空间,σ 是 V 到 V 的线性映射,称 σ 为线性空间 V 的**线性变换**.

由于线性变换是线性空间 V 到它自身的映射,所以只需取 V 的一组基 $\boldsymbol{\alpha}_1, \boldsymbol{\alpha}_2, \cdots, \boldsymbol{\alpha}_n$ 即可.

设 σ 是线性空间 V 的线性变换,$\boldsymbol{\alpha}_1, \boldsymbol{\alpha}_2, \cdots, \boldsymbol{\alpha}_n$ 是 V 的一组基,若

$$\sigma(\boldsymbol{\alpha}_j) = \sum_{i=1}^{n} a_{ij}\boldsymbol{\alpha}_i \quad (j = 1, 2, \cdots, n),$$

则

$$\begin{aligned} \sigma(\boldsymbol{\alpha}_1, \boldsymbol{\alpha}_2, \cdots, \boldsymbol{\alpha}_n) &= (\boldsymbol{\alpha}_1, \boldsymbol{\alpha}_2, \cdots, \boldsymbol{\alpha}_n) \begin{bmatrix} a_{11} & a_{12} & \cdots & a_{1n} \\ a_{21} & a_{22} & \cdots & a_{2n} \\ \vdots & \vdots & \ddots & \vdots \\ a_{n1} & a_{n2} & \cdots & a_{nn} \end{bmatrix} \\ &= (\boldsymbol{\alpha}_1, \boldsymbol{\alpha}_2, \cdots, \boldsymbol{\alpha}_n)\boldsymbol{A}, \end{aligned} \tag{2.2.1}$$

即 σ 在 $\boldsymbol{\alpha}_1, \boldsymbol{\alpha}_2, \cdots, \boldsymbol{\alpha}_n$ 下的矩阵表示 $\boldsymbol{A}$ 是 n 阶方阵.

在不引起误会的前提下,线性变换的矩阵表示可简称为线性变换的矩阵.

设

$$\boldsymbol{\alpha} = (\boldsymbol{\alpha}_1, \boldsymbol{\alpha}_2, \cdots, \boldsymbol{\alpha}_n) \begin{bmatrix} x_1 \\ x_2 \\ \vdots \\ x_n \end{bmatrix} \in V,$$

若

$$\sigma(\boldsymbol{\alpha})=(\boldsymbol{\alpha}_1,\boldsymbol{\alpha}_2,\cdots,\boldsymbol{\alpha}_n)\begin{bmatrix}y_1\\y_2\\\vdots\\y_n\end{bmatrix},$$

则经简单推导可知原像 $\boldsymbol{\alpha}$ 与像 $\sigma(\boldsymbol{\alpha})$ 的坐标变换公式为

$$\begin{bmatrix}y_1\\y_2\\\vdots\\y_n\end{bmatrix}=\boldsymbol{A}\begin{bmatrix}x_1\\x_2\\\vdots\\x_n\end{bmatrix}. \tag{2.2.2}$$

注意,式(2.2.2)与式(2.1.2)是一致的.

例 2.2.1 已知线性变换 T 将线性空间 $\mathbb{R}^3$ 中的基

$$\boldsymbol{\alpha}_1=\begin{bmatrix}3\\3\\0\end{bmatrix},\quad \boldsymbol{\alpha}_2=\begin{bmatrix}0\\1\\0\end{bmatrix},\quad \boldsymbol{\alpha}_3=\begin{bmatrix}0\\0\\1\end{bmatrix}$$

变为基

$$\boldsymbol{\alpha}'_1=\begin{bmatrix}3\\2\\0\end{bmatrix},\quad \boldsymbol{\alpha}'_2=\begin{bmatrix}-3\\-2\\1\end{bmatrix},\quad \boldsymbol{\alpha}'_3=\begin{bmatrix}-3\\-1\\1\end{bmatrix},$$

(1) 求 T 在基 $\boldsymbol{\alpha}_1,\boldsymbol{\alpha}_2,\boldsymbol{\alpha}_3$ 下的矩阵表示 $\boldsymbol{A}$;

(2) 求 $\boldsymbol{\xi}=(30,26,-9)^{\mathrm{T}}$ 及 $T(\boldsymbol{\xi})$ 在基 $\boldsymbol{\alpha}_1,\boldsymbol{\alpha}_2,\boldsymbol{\alpha}_3$ 下的坐标;

(3) 求 $\boldsymbol{\xi}$ 及 $T(\boldsymbol{\xi})$ 在基 $\boldsymbol{\alpha}'_1,\boldsymbol{\alpha}'_2,\boldsymbol{\alpha}'_3$ 下的坐标.

解:(1) 可求得

$$f(\boldsymbol{\alpha}_1)=\boldsymbol{\alpha}'_1=\boldsymbol{\alpha}_1-\boldsymbol{\alpha}_2,$$
$$f(\boldsymbol{\alpha}_2)=\boldsymbol{\alpha}'_2=-\boldsymbol{\alpha}_1+\boldsymbol{\alpha}_2+\boldsymbol{\alpha}_3,$$
$$f(\boldsymbol{\alpha}_3)=\boldsymbol{\alpha}'_3=-\boldsymbol{\alpha}_1+2\boldsymbol{\alpha}_2+\boldsymbol{\alpha}_3,$$

因此,T 在 $\boldsymbol{\alpha}_1,\boldsymbol{\alpha}_2,\boldsymbol{\alpha}_3$ 下的矩阵表示为

$$\boldsymbol{A}=\begin{bmatrix}1&-1&-1\\-1&1&2\\0&1&1\end{bmatrix}.$$

(2) 设 $\boldsymbol{\xi}=(\boldsymbol{\alpha}_1,\boldsymbol{\alpha}_2,\boldsymbol{\alpha}_3)\begin{bmatrix}k_1\\k_2\\k_3\end{bmatrix}$,即

$$\begin{bmatrix}30\\26\\-9\end{bmatrix}=\begin{bmatrix}3&0&0\\3&1&0\\0&0&1\end{bmatrix}\begin{bmatrix}k_1\\k_2\\k_3\end{bmatrix},$$

解之得

$$k_1=10,\quad k_2=-4,\quad k_3=-9,$$

所以 $\boldsymbol{\xi}$ 在基 $\boldsymbol{\alpha}_1,\boldsymbol{\alpha}_2,\boldsymbol{\alpha}_3$ 下的坐标为 $(10,-4,-9)^{\mathrm{T}}$.

$T(\boldsymbol{\xi})$ 在基 $\boldsymbol{\alpha}_1,\boldsymbol{\alpha}_2,\boldsymbol{\alpha}_3$ 下坐标可由式(2.2.2)求得

$$\begin{bmatrix}y_1\\y_2\\y_3\end{bmatrix}=\begin{bmatrix}1&-1&-1\\-1&1&2\\0&1&1\end{bmatrix}\begin{bmatrix}10\\-4\\-9\end{bmatrix}=\begin{bmatrix}23\\-32\\-13\end{bmatrix}.$$

(3) $\boldsymbol{\xi}$ 在基 $\boldsymbol{\alpha}_1',\boldsymbol{\alpha}_2',\boldsymbol{\alpha}_3'$ 下的坐标为

$$\boldsymbol{A}^{-1}\begin{bmatrix}10\\-4\\-9\end{bmatrix}=\begin{bmatrix}1&0&1\\-1&-1&0\\1&1&0\end{bmatrix}\begin{bmatrix}10\\-4\\-9\end{bmatrix}=\begin{bmatrix}1\\-15\\6\end{bmatrix},$$

$T(\boldsymbol{\xi})$ 在基 $\boldsymbol{\alpha}_1',\boldsymbol{\alpha}_2',\boldsymbol{\alpha}_3'$ 下的坐标为

$$\boldsymbol{A}^{-1}\begin{bmatrix}23\\-32\\-13\end{bmatrix}=\begin{bmatrix}1&0&1\\-1&-1&0\\1&1&0\end{bmatrix}\begin{bmatrix}23\\-32\\-13\end{bmatrix}=\begin{bmatrix}10\\-4\\-9\end{bmatrix}.$$

请读者思考本例中(3)的解法如何得来？还有其他解法？

与定理 2.1.2 相对应，当 σ 是线性变换的情况下，有定理 2.2.1.

定理 2.2.1　设 σ 是线性空间 V 到 V 的线性变换，$\boldsymbol{\alpha}_1,\boldsymbol{\alpha}_2,\cdots,\boldsymbol{\alpha}_n$ 与 $\boldsymbol{\alpha}_1',\boldsymbol{\alpha}_2',\cdots,\boldsymbol{\alpha}_n'$ 是 V 的两组基. 由 $\boldsymbol{\alpha}_i$ 到 $\boldsymbol{\alpha}_i'(i=1,2,\cdots,n)$ 的过渡矩阵为 $\boldsymbol{P}$，线性变换 σ 在基 $\boldsymbol{\alpha}_1,\boldsymbol{\alpha}_2,\cdots,\boldsymbol{\alpha}_n$ 下的矩阵表示为 $\boldsymbol{A}$，在基 $\boldsymbol{\alpha}_1',\boldsymbol{\alpha}_2',\cdots,\boldsymbol{\alpha}_n'$ 下的矩阵表示为 $\boldsymbol{B}$，则有

$$\boldsymbol{B}=\boldsymbol{P}^{-1}\boldsymbol{A}\boldsymbol{P}.\tag{2.2.3}$$

该定理是定理 2.1.2 的特例，即线性空间 $V_1=V_2$ 且矩阵表示 $\boldsymbol{Q}=\boldsymbol{P}$ 的情况.

与矩阵等价的概念相对应，下面给出矩阵相似的概念.

定义 2.2.2 设矩阵 $\boldsymbol{A},\boldsymbol{B}\in\mathbb{F}^{n\times n}$，若存在可逆矩阵 $\boldsymbol{P}\in\mathbb{F}^{n\times n}$，满足

$$\boldsymbol{B}=\boldsymbol{P}^{-1}\boldsymbol{A}\boldsymbol{P},$$

则称矩阵 $\boldsymbol{B}$ 与矩阵 $\boldsymbol{A}$ 相似，记为 $\boldsymbol{B}\sim\boldsymbol{A}$.

矩阵的相似具有如下性质：

(1) 自反性：$\boldsymbol{A}\sim\boldsymbol{A}$；

(2) 对称性：若 $\boldsymbol{B}\sim\boldsymbol{A}$，则 $\boldsymbol{A}\sim\boldsymbol{B}$；

(3) 传递性：若 $\boldsymbol{A}\sim\boldsymbol{B},\boldsymbol{B}\sim\boldsymbol{C}$，则 $\boldsymbol{A}\sim\boldsymbol{C}$.

2.2.2 线性变换的运算

定义 2.2.3 设 σ,τ 是线性空间 V 的两个线性变换，对于任意 $\boldsymbol{\alpha}\in V$，有如下线性变换运算的定义：

(1) 线性变换的乘积：$\sigma\tau(\boldsymbol{\alpha})=\sigma(\tau(\boldsymbol{\alpha}))$.

(2) 线性变换的加法：$(\sigma+\tau)(\boldsymbol{\alpha})=\sigma(\boldsymbol{\alpha})+\tau(\boldsymbol{\alpha})$.

(3) 线性变换的数乘：$(k\sigma)(\boldsymbol{\alpha})=k\sigma(\boldsymbol{\alpha})$.

(4) V 的变换 σ 称为可逆的，如果有 V 的变换 τ 存在且满足 $\sigma\tau=\tau\sigma=E$，其中，E 是恒等变换，这时变换 τ 称为 σ 的逆变换，记为 σ^{-1}.

可以证明，$\sigma\tau$、$(\sigma+\tau)$、$k\sigma$、σ^{-1} 都是线性变换.

定理 2.2.2 设 $\boldsymbol{\alpha}_1,\boldsymbol{\alpha}_2,\cdots,\boldsymbol{\alpha}_n$ 是 n 维线性空间 V 的一组基，在这组基下，线性变换 σ 对应 n 阶矩阵 $\boldsymbol{A}$，线性变换 τ 对应 n 阶矩阵 $\boldsymbol{B}$，则有：

(1) $\sigma+\tau$ 对应 $\boldsymbol{A}+\boldsymbol{B}$.

(2) $k\sigma$ 对应 $k\boldsymbol{A}$.

(3) $\sigma\tau$ 对应 $\boldsymbol{A}\boldsymbol{B}$.

(4) 若 σ 可逆，则 $\boldsymbol{A}$ 可逆，且 σ^{-1} 对应 $\boldsymbol{A}^{-1}$.

证：(1)～(3)显然，仅证(4).

由已知条件，有

$$\sigma(\boldsymbol{\alpha}_1,\boldsymbol{\alpha}_2,\cdots,\boldsymbol{\alpha}_n)=(\boldsymbol{\alpha}_1,\boldsymbol{\alpha}_2,\cdots,\boldsymbol{\alpha}_n)\boldsymbol{A},$$

$$\tau(\boldsymbol{\alpha}_1,\boldsymbol{\alpha}_2,\cdots,\boldsymbol{\alpha}_n)=(\boldsymbol{\alpha}_1,\boldsymbol{\alpha}_2,\cdots,\boldsymbol{\alpha}_n)\boldsymbol{B}.$$

设

$$\sigma^{-1}(\boldsymbol{\alpha}_1,\boldsymbol{\alpha}_2,\cdots,\boldsymbol{\alpha}_n)=(\boldsymbol{\alpha}_1,\boldsymbol{\alpha}_2,\cdots,\boldsymbol{\alpha}_n)\boldsymbol{X},$$

$$\sigma\sigma^{-1}(\boldsymbol{\alpha}_1,\boldsymbol{\alpha}_2,\cdots,\boldsymbol{\alpha}_n)=\sigma(\boldsymbol{\alpha}_1,\boldsymbol{\alpha}_2,\cdots,\boldsymbol{\alpha}_n)\boldsymbol{X}=(\boldsymbol{\alpha}_1,\boldsymbol{\alpha}_2,\cdots,\boldsymbol{\alpha}_n)\boldsymbol{A}\boldsymbol{X},$$

又

$$\sigma\sigma^{-1}(\boldsymbol{\alpha}_1,\boldsymbol{\alpha}_2,\cdots,\boldsymbol{\alpha}_n)=E(\boldsymbol{\alpha}_1,\boldsymbol{\alpha}_2,\cdots,\boldsymbol{\alpha}_n)=(\boldsymbol{\alpha}_1,\boldsymbol{\alpha}_2,\cdots,\boldsymbol{\alpha}_n),$$

所以

$$\boldsymbol{AX}=\boldsymbol{E},\quad \boldsymbol{X}=\boldsymbol{A}^{-1}.$$ ■

定理 2.2.2 表明：在 n 维线性空间中取定一组基后，其上的线性变换就与 n 阶矩阵一一对应，且这个对应在线性变换的运算上仍然保持.

2.2.3 线性变换的特征值与特征向量

定义 2.2.4 设 σ 是数域$\mathbb{F}$上的 n 维线性空间 V 的线性变换，如果在 V 中存在非零向量 $\boldsymbol{\alpha}$ 使得

$$\sigma(\boldsymbol{\alpha})=\lambda_0\boldsymbol{\alpha},\quad \lambda_0\in\mathbb{F},\tag{2.2.4}$$

则称 λ_0 是线性变换 σ 的一个**特征值**，称 $\boldsymbol{\alpha}$ 是 σ 的属于(对应于)特征值 λ_0 的**特征向量**.

特征值也称为**本征值**，特征向量也称为**本征向量**.

定义 2.2.5 矩阵 $\boldsymbol{A}$ 的所有特征值的全体称为 $\boldsymbol{A}$ 的谱，记为 $\lambda(\boldsymbol{A})$.

从几何角度看，若特征值 $\lambda_0\in\mathbb{R}$，由前面定义可知，变换后的向量只是在原向量前乘以一个伸缩系数 λ_0，所以变换前后向量共线；对于 $\lambda_0\in\mathbb{F}$ 的一般情况，线性变换后的新向量在长度和方向上一般均与原向量不同.

关于特征值与特征向量，有如下事实：

(1) 若 $\boldsymbol{\alpha}$ 是线性变换 σ 的属于特征值 λ_0 的特征向量，则 $\boldsymbol{\alpha}$ 的任一非零常数倍 $k\boldsymbol{\alpha}$ 也是属于特征值 λ_0 的特征向量，即一个特征值对应无穷多特征向量.

证：对任意 $k\in\mathbb{F}$，$k\neq 0$，有

$$\sigma(k\boldsymbol{\alpha})=k\sigma(\boldsymbol{\alpha})=k\lambda_0\boldsymbol{\alpha}=\lambda_0(k\boldsymbol{\alpha}),\quad \lambda_0\in\mathbb{F}.$$ ■

(2) 一个特征向量只能属于某个特征值.

证：若特征向量 $\boldsymbol{\alpha}$ 既属于特征值 λ_0 又属于特征值 $\lambda_1(\lambda_0\neq\lambda_1)$，则 $\sigma(\boldsymbol{\alpha})=\lambda_0\boldsymbol{\alpha}=\lambda_1\boldsymbol{\alpha}$，从而 $(\lambda_0-\lambda_1)\boldsymbol{\alpha}=\boldsymbol{0}$，于是 $\boldsymbol{\alpha}=\boldsymbol{0}$，这与 $\boldsymbol{\alpha}$ 是非零向量矛盾. ■

在线性代数中，已经介绍了 n 阶矩阵 $\boldsymbol{A}$ 的特征值、特征向量的计算，给定线性空间 V 的一组基后，线性变换 σ 就与其矩阵表示 $\boldsymbol{A}$ 一一对应，那么，如何计算线性变换 σ 的特征值和特征向量？

设 $\boldsymbol{\alpha}_1,\boldsymbol{\alpha}_2,\cdots,\boldsymbol{\alpha}_n$ 是 n 维线性空间 V 的一组基，线性变换 σ 在这组基下的矩阵

表示是$\boldsymbol{A}$，设λ_0是σ的一个特征值，它的一个特征向量$\boldsymbol{\alpha}$在基$\boldsymbol{\alpha}_1,\boldsymbol{\alpha}_2,\cdots,\boldsymbol{\alpha}_n$下的坐标是$(x_1,x_2,\cdots,x_n)^{\mathrm{T}}$，即

$$\boldsymbol{\alpha}=(\boldsymbol{\alpha}_1,\boldsymbol{\alpha}_2,\cdots,\boldsymbol{\alpha}_n)\begin{bmatrix}x_1\\x_2\\\vdots\\x_n\end{bmatrix}. \tag{2.2.5}$$

将式(2.2.5)代入式(2.2.4)，得

$$\sigma(\boldsymbol{\alpha}_1,\boldsymbol{\alpha}_2,\cdots,\boldsymbol{\alpha}_n)\begin{bmatrix}x_1\\x_2\\\vdots\\x_n\end{bmatrix}=\lambda_0(\boldsymbol{\alpha}_1,\boldsymbol{\alpha}_2,\cdots,\boldsymbol{\alpha}_n)\begin{bmatrix}x_1\\x_2\\\vdots\\x_n\end{bmatrix},$$

此即

$$(\boldsymbol{\alpha}_1,\boldsymbol{\alpha}_2,\cdots,\boldsymbol{\alpha}_n)\boldsymbol{A}\begin{bmatrix}x_1\\x_2\\\vdots\\x_n\end{bmatrix}=\lambda_0(\boldsymbol{\alpha}_1,\boldsymbol{\alpha}_2,\cdots,\boldsymbol{\alpha}_n)\begin{bmatrix}x_1\\x_2\\\vdots\\x_n\end{bmatrix}.$$

由于$\boldsymbol{\alpha}_1,\boldsymbol{\alpha}_2,\cdots,\boldsymbol{\alpha}_n$线性无关，整理上式可得

$$\boldsymbol{A}\begin{bmatrix}x_1\\x_2\\\vdots\\x_n\end{bmatrix}=\lambda_0\begin{bmatrix}x_1\\x_2\\\vdots\\x_n\end{bmatrix}. \tag{2.2.6}$$

式(2.2.6)是$\boldsymbol{\alpha}$在基$\boldsymbol{\alpha}_1,\boldsymbol{\alpha}_2,\cdots,\boldsymbol{\alpha}_n$下的坐标$(x_1,x_2,\cdots,x_n)^{\mathrm{T}}$满足的关系式，坐标$(x_1,x_2,\cdots,x_n)^{\mathrm{T}}$是齐次线性方程组

$$(\lambda_0\boldsymbol{E}-\boldsymbol{A})\boldsymbol{X}=\boldsymbol{0} \tag{2.2.7}$$

的非零解$(\boldsymbol{X}=(x_1,x_2,\cdots,x_n)^{\mathrm{T}})$，它有非零解的充要条件是行列式

$$|\lambda_0\boldsymbol{E}-\boldsymbol{A}|=0. \tag{2.2.8}$$

定义 2.2.6 设$\boldsymbol{A}$是n阶方阵，$\lambda\in\mathbb{F}$，矩阵$\lambda\boldsymbol{E}-\boldsymbol{A}$称为$\boldsymbol{A}$的**特征矩阵**，行列式

$$|\lambda \boldsymbol{E}-\boldsymbol{A}|=\begin{vmatrix}\lambda-a_{11} & -a_{12} & -a_{13} & \cdots & -a_{1n}\\ -a_{21} & \lambda-a_{22} & -a_{23} & \cdots & -a_{2n}\\ \vdots & \vdots & \vdots & \ddots & \vdots\\ -a_{n1} & -a_{n2} & -a_{n3} & \cdots & \lambda-a_{nn}\end{vmatrix} \tag{2.2.9}$$

称为 $\boldsymbol{A}$ 的**特征多项式**. n 次代数方程 $|\lambda \boldsymbol{E}-\boldsymbol{A}|=0$ 称为 $\boldsymbol{A}$ 的**特征方程**,它的根称为 $\boldsymbol{A}$ 的**特征根**或**特征值**. 以 $\boldsymbol{A}$ 的特征值 λ_0 代入方程组(2.2.7)所解得的非零解 $\boldsymbol{X}$ 称为 $\boldsymbol{A}$ 的属于(对应于)特征值 λ_0 的**特征向量**.

矩阵 $\boldsymbol{A}$ 的特征方程在复数域内有 n 个根,因此一个 n 阶方阵有 n 个特征值(重根应算重数).

由式(2.2.5)至(2.2.6)的推导可知:若线性变换 σ 的矩阵表示是 $\boldsymbol{A}$,λ_0 是特征值,则有

(1) σ 与 $\boldsymbol{A}$ 的特征值相同.

(2) 若 $\boldsymbol{\alpha}$ 是 σ 的属于 λ_0 的特征向量,则 $\boldsymbol{\alpha}$ 的坐标向量是 $\boldsymbol{A}$ 的属于 λ_0 的特征向量,反之亦然.

因此,求 σ 的特征值与特征向量可转化为求其在某一组基下的矩阵表示 $\boldsymbol{A}$ 的特征值与特征向量(由 $\boldsymbol{A}$ 求得的特征向量是 σ 的特征向量在该组基下的坐标向量).

但是,σ 在不同基下的矩阵表示是不同的,采用某一组基下的矩阵表示 $\boldsymbol{A}$、$\boldsymbol{B}$… 计算 σ 的特征值和特征向量的计算结果是否具有唯一性?

首先,讨论特征值计算结果的唯一性.

定理 2.2.3 相似矩阵具有相同的特征值.

由定理 2.2.1 和定义 2.2.2,线性变换在不同基下的矩阵表示是相似矩阵,再由定理 2.2.3,线性变换 σ 的特征值可以通过 σ 的任意一个矩阵表示来计算,其计算结果都是相同的.

其次,讨论特征向量计算结果的唯一性.

若 σ 在基 $\boldsymbol{\alpha}_1,\boldsymbol{\alpha}_2,\cdots,\boldsymbol{\alpha}_n$ 下的矩阵表示为 $\boldsymbol{A}$,在基 $\boldsymbol{\beta}_1,\boldsymbol{\beta}_2,\cdots,\boldsymbol{\beta}_n$ 下的矩阵表示为 $\boldsymbol{B}$,且两组基之间的过渡矩阵为 $\boldsymbol{P}$,即 $(\boldsymbol{\beta}_1,\boldsymbol{\beta}_2,\cdots,\boldsymbol{\beta}_n)=(\boldsymbol{\alpha}_1,\boldsymbol{\alpha}_2,\cdots,\boldsymbol{\alpha}_n)\boldsymbol{P}$,由定理 2.2.1 可知 $\boldsymbol{B}=\boldsymbol{P}^{-1}\boldsymbol{AP}$.

定理 2.2.4 若 $\boldsymbol{\xi}=(x_1,x_2,\cdots,x_n)^{\mathrm{T}}$ 是 n 阶方阵 $\boldsymbol{A}$ 的属于特征值 λ 的特征向量,且 $\boldsymbol{B}=\boldsymbol{P}^{-1}\boldsymbol{AP}$,则 $\boldsymbol{P}^{-1}\boldsymbol{\xi}$ 是 $\boldsymbol{B}$ 的属于特征值 λ 的特征向量.

$\boldsymbol{A}$ 的特征向量$(x_1,x_2,\cdots,x_n)^{\mathrm{T}}$ 是 σ 的特征向量 $\boldsymbol{\alpha}$ 的坐标向量，即

$$\boldsymbol{\alpha}=(\boldsymbol{\alpha}_1,\boldsymbol{\alpha}_2,\cdots,\boldsymbol{\alpha}_n)\begin{bmatrix}x_1\\x_2\\\vdots\\x_n\end{bmatrix}.$$

由定理 2.2.4 可知，$\boldsymbol{B}$ 的特征向量 $\boldsymbol{P}^{-1}(x_1,x_2,\cdots,x_n)^{\mathrm{T}}$ 是 σ 的特征向量 $\boldsymbol{\beta}$ 的坐标向量，且有

$$\boldsymbol{\beta}=(\boldsymbol{\beta}_1,\boldsymbol{\beta}_2,\cdots,\boldsymbol{\beta}_n)\boldsymbol{P}^{-1}\begin{bmatrix}x_1\\x_2\\\vdots\\x_n\end{bmatrix}=(\boldsymbol{\alpha}_1,\boldsymbol{\alpha}_2,\cdots,\boldsymbol{\alpha}_n)\boldsymbol{P}\boldsymbol{P}^{-1}\begin{bmatrix}x_1\\x_2\\\vdots\\x_n\end{bmatrix}$$

$$=(\boldsymbol{\alpha}_1,\boldsymbol{\alpha}_2,\cdots,\boldsymbol{\alpha}_n)\begin{bmatrix}x_1\\x_2\\\vdots\\x_n\end{bmatrix}=\boldsymbol{\alpha},$$

因此，线性变换 σ 的特征向量可通过 σ 的任意一个矩阵表示的特征向量求得.

例 2.2.2 已知线性空间 $\mathbb{R}^3$ 的一组基是 $\boldsymbol{\alpha}_1=(0,1,1)^{\mathrm{T}}$，$\boldsymbol{\alpha}_2=(1,2,0)^{\mathrm{T}}$，$\boldsymbol{\alpha}_3=(0,0,1)^{\mathrm{T}}$，$\mathbb{R}^3$ 中线性变换 σ 的矩阵表示

$$\boldsymbol{A}=\begin{bmatrix}1&-1&1\\2&4&-2\\-3&-3&5\end{bmatrix},$$

试求 σ 的特征值和特征向量.

解：$\boldsymbol{A}$ 的特征多项式：

$$|\lambda\boldsymbol{E}-\boldsymbol{A}|=(\lambda-2)^2(\lambda-6).$$

$\boldsymbol{A}$ 的特征值：

$$\lambda_1=\lambda_2=2,\quad \lambda_3=6.$$

$\boldsymbol{A}$ 的属于特征值 2 的特征向量有两个，是线性无关的特征向量：

$$\boldsymbol{\xi}_1=(-1,1,0)^{\mathrm{T}},\quad \boldsymbol{\xi}_2=(1,0,1)^{\mathrm{T}}.$$

$\boldsymbol{A}$ 的属于特征值 6 的特征向量是：

$$\boldsymbol{\xi}_3=(1,-2,3)^{\mathrm{T}}.$$

所以,σ 的特征值是 $\lambda_1=\lambda_2=2,\lambda_3=6$.

σ 的属于特征值 2 的两个线性无关的特征向量是:

$$\boldsymbol{\eta}_1=(\boldsymbol{\alpha}_1,\boldsymbol{\alpha}_2,\boldsymbol{\alpha}_3)\begin{bmatrix}-1\\1\\0\end{bmatrix}=-\boldsymbol{\alpha}_1+\boldsymbol{\alpha}_2=(1,1,-1)^{\mathrm{T}},$$

$$\boldsymbol{\eta}_2=(\boldsymbol{\alpha}_1,\boldsymbol{\alpha}_2,\boldsymbol{\alpha}_3)\begin{bmatrix}1\\0\\1\end{bmatrix}=\boldsymbol{\alpha}_1+\boldsymbol{\alpha}_3=(0,1,2)^{\mathrm{T}}.$$

所以 σ 的属于特征值 2 的全部特征向量为 $k_1\boldsymbol{\eta}_1+k_2\boldsymbol{\eta}_2$,其中,$k_1,k_2$ 是不同时为零的数.

σ 的属于特征值 6 的特征向量为

$$\boldsymbol{\eta}_3=(\boldsymbol{\alpha}_1,\boldsymbol{\alpha}_2,\boldsymbol{\alpha}_3)\begin{bmatrix}1\\-2\\3\end{bmatrix}=\boldsymbol{\alpha}_1-2\boldsymbol{\alpha}_2+3\boldsymbol{\alpha}_3=(-2,-3,4)^{\mathrm{T}}.$$

所以,σ 的属于特征值 6 的全部特征向量为 $k_3\boldsymbol{\eta}_3$,其中 k_3 为非零数.

2.2.4 线性变换的值域、核

线性变换的值域、核的概念可以从线性映射的值域、核的概念直接导出.

定义 2.2.7 设 σ 是线性空间 V 的线性变换,令

$$\sigma(V)=\{\boldsymbol{\beta}=\sigma(\boldsymbol{\alpha})\in V\mid\boldsymbol{\alpha}\in V\},$$

可以证明:$\sigma(V)$是 V 的线性子空间,称 $\sigma(V)$是线性变换 σ 的**值域**,记为 $R(\sigma)$. 称 $\dim R(\sigma)$为 σ 的**秩**,记为 $\operatorname{rank}\sigma$.

定义 2.2.8 设 σ 是线性空间 V 的线性变换,令

$$N(\sigma)=\{\boldsymbol{\alpha}\mid\sigma(\boldsymbol{\alpha})=0,\boldsymbol{\alpha}\in V\},$$

可以证明:$N(\sigma)$是 V 的线性子空间,称 $N(\sigma)$是线性变换 σ 的**核子空间**,简称为**核**,其维数 $\dim N(\sigma)$称为 σ 的**零度**.

线性变换的值域和核的其他性质和结论均可从线性映射的一般性结论导出.

例 2.2.3 求线性空间$\mathbb{R}^3$ 上的投影变换

$$T(x,y,z)^{\mathrm{T}}=(x,y,0)^{\mathrm{T}},\quad\forall(x,y,z)^{\mathrm{T}}\in\mathbb{R}^3$$

的值域与核.

解：由定义可得

$$R(T)=\{(x,y,0)^{\mathrm{T}} \mid x,y\in\mathbb{R}\},$$
$$N(T)=\{(0,0,z)^{\mathrm{T}} \mid z\in\mathbb{R}\}.$$

从几何上看，$\mathbb{R}^3$ 上的投影变换的值域 $R(T)$ 就是 xOy 平面，核 $N(T)$ 就是 z 轴.

2.3 线性变换的不变子空间

2.3.1 不变子空间的定义

下面介绍线性变换的不变子空间的**概念**，并给出若干实例.

定义 2.3.1 设 σ 是数域 $\mathbb{F}$ 上的线性空间 V 的线性变换，W 是 V 的子空间，如果对于任意向量 $\boldsymbol{\alpha}\in W$ 都有 $\sigma(\boldsymbol{\alpha})\in W$，则称 W 是线性变换 σ 的**不变子空间**.

例 2.3.1 线性空间 V 的任一子空间都是数乘变换的不变子空间，这是因为子空间对数乘运算是封闭的.

例 2.3.2 整个线性空间 V 和零子空间 $\{\mathbf{0}\}$ 都是 V 的任一线性变换 σ 的不变子空间. 称 V 和 $\{\mathbf{0}\}$ 为 σ 的**平凡不变子空间**.

线性空间 V 上的线性变换 σ 的值域 $R(\sigma)$ 和核 $N(\sigma)$ 都是 σ 的不变子空间. 这是因为：σ 的值域 $R(\sigma)$ 和核 $N(\sigma)$ 都是 V 的子空间，且任取 $\boldsymbol{\alpha}\in R(\sigma)$，有 $\sigma(\boldsymbol{\alpha})\in\sigma(R(\sigma))\in\sigma(V)=R(\sigma)$，故 $R(\sigma)$ 是 σ 的不变子空间. 同理，任取 $\boldsymbol{\alpha}\in N(\sigma)$，因为 $\sigma(\boldsymbol{\alpha})=\mathbf{0}\in N(\sigma)$，所以 $N(\sigma)$ 是 σ 的不变子空间.

2.3.2 不变子空间的性质

下面以定理的形式给出不变子空间的性质.

定理 2.3.1 线性空间 V 上的线性变换 σ 的不变子空间的和与交仍是 σ 的不变子空间.

证：设 $W_1,W_2,\cdots,W_s$ 是线性空间 V 上的线性变换 σ 的不变子空间，首先，和空间 $\sum\limits_{i=1}^{s}W_i$ 和交空间 $\bigcap\limits_{i=1}^{s}W_i$ 都是 V 的子空间.

① 在 $\sum_{i=1}^{s} W_i$ 中任取向量 $\sum_{i=1}^{s} \boldsymbol{\alpha}_i$，其中，$\boldsymbol{\alpha}_i \in W_i, i=1,2,\cdots,s$. 则

$$\sigma\left(\sum_{i=1}^{s} \boldsymbol{\alpha}_i\right) = \sum_{i=1}^{s} \sigma(\boldsymbol{\alpha}_i),$$

由于 $\forall i$，有 $\sigma(\boldsymbol{\alpha}_i) \in W_i$，故

$$\sigma\left(\sum_{i=1}^{s} \boldsymbol{\alpha}_i\right) = \sum_{i=1}^{s} \sigma(\boldsymbol{\alpha}_i) \in \sum_{i=1}^{s} W_i,$$

因此，和空间 $\sum_{i=1}^{s} W_i$ 是 σ 的不变子空间.

② 任取向量 $\boldsymbol{\alpha} \in \bigcap_{i=1}^{s} W_i$，则 $\boldsymbol{\alpha} \in W_i, i=1,2,\cdots,s$. 由于 $\forall i$，有 $\sigma(\boldsymbol{\alpha}) \in W_i$，故

$$\sigma(\boldsymbol{\alpha}) \in \bigcap_{i=1}^{s} W_i, \quad i=1,2,\cdots,s.$$

因此，交空间 $\bigcap_{i=1}^{s} W_i$ 是 σ 的不变子空间. ■

下述定理给出了线性空间 V 的有限维子空间 W 是 σ 的不变子空间的判定法则.

定理 2.3.2 设线性空间 V 的子空间 $W=\mathrm{span}\{\boldsymbol{\alpha}_1, \boldsymbol{\alpha}_2, \cdots, \boldsymbol{\alpha}_m\}$，则 W 是 σ 的不变子空间的充要条件是 $\sigma(\boldsymbol{\alpha}_i) \in W, 1 \leqslant i \leqslant m$.

证：① 必要性 由线性变换的不变子空间的定义，必要性显然.

② 充分性

对任意 $\boldsymbol{\xi} \in W$，都有

$$\boldsymbol{\xi} = k_1\boldsymbol{\alpha}_1 + k_2\boldsymbol{\alpha}_2 + \cdots + k_m\boldsymbol{\alpha}_m, \quad k_1, k_2, \cdots, k_m \in \mathbb{F},$$

于是

$$\sigma(\boldsymbol{\xi}) = k_1\sigma(\boldsymbol{\alpha}_1) + k_2\sigma(\boldsymbol{\alpha}_2) + \cdots + k_m\sigma(\boldsymbol{\alpha}_m).$$

由于 $\sigma(\boldsymbol{\alpha}_i) \in W (i=1,2,\cdots,m)$，且由于线性空间对线性组合的封闭性，有

$$\sigma(\boldsymbol{\xi}) = k_1\sigma(\boldsymbol{\alpha}_1) + k_2\sigma(\boldsymbol{\alpha}_2) + \cdots + k_m\sigma(\boldsymbol{\alpha}_m) \in W,$$

因此，W 是 σ 的不变子空间. ■

2.4 应用实例

2.4.1 同构映射的应用

线性空间 U 和 V 同构的含义是这两个空间的元素存在一一映射关系，且这种

映射关系保持加法与数乘的不变性，即还是线性映射. 同构映射可以帮助我们解决线性空间中比较复杂的问题.

例 2.4.1 设$\mathbb{R}^+$是所有正实数的集合，试证明映射 T: $\mathbb{R}^+\to\mathbb{R}$:

$$T(x)=\ln x \quad (\forall x\in\mathbb{R}^+)$$

是$\mathbb{R}^+$到$\mathbb{R}$的同构映射，即$\mathbb{R}^+$与$\mathbb{R}$同构.

证：$\mathbb{R}$是一个实线性空间，$\mathbb{R}^+$对于如下定义的加法与数乘运算：

$$x\oplus y=xy,\quad k\circ x=x^k \quad (x,y\in\mathbb{R}^+,k\in\mathbb{R})$$

构成$\mathbb{R}$上的线性空间，其证明如下.

对$\forall x,y\in\mathbb{R}^+$，有 $x\oplus y=xy\in\mathbb{R}^+$，又$\forall x\in\mathbb{R}^+$，$k\in\mathbb{R}$，有 $k\circ x=x^k\in\mathbb{R}^+$，即所定义的加法和数乘运算封闭于$\mathbb{R}^+$. $\forall x,y,z\in\mathbb{R}^+$，$k,l\in\mathbb{R}$，有

(1) $x\oplus y=xy=yx=y\oplus x$;

(2) $(x\oplus y)\oplus z=(xy)\oplus z=xyz=x(yz)=x\oplus(y\oplus z)$;

(3) $x\oplus 1=x\cdot 1=x$，所以 1 是零元；

(4) $x\oplus x^{-1}=x\cdot x^{-1}=1$，所以 x^{-1} 是 x 的负元；

(5) $1\circ x=x^1=x$;

(6) $(kl)\circ x=x^{kl}=(x^k)^l=l\circ(x^k)=l\circ(k\circ x)$;

(7) $k\circ(x\oplus y)=k\circ(xy)=(xy)^k=x^ky^k=x^k\oplus y^k=(k\circ x)\oplus(k\circ y)$;

(8) $(k+l)\circ x=x^{k+l}=x^kx^l=x^k\oplus x^l=(k\circ x)\oplus(l\circ x)$.

所以，$\mathbb{R}^+$对这样定义的加法和数乘运算构成$\mathbb{R}$上的线性空间.

显然，$T(x)=\ln x$ 是$\mathbb{R}^+$到$\mathbb{R}$的一一映射，下面再证明 T 是线性映射.

由这样定义的加法和数乘运算，知$\forall x,y\in\mathbb{R}^+$，$\forall k,l\in\mathbb{R}$，有

$$\begin{aligned}T(k\circ x\oplus l\circ y)&=T(x^ky^l)=\ln(x^ky^l)=\ln x^k+\ln y^l\\&=k\ln x+l\ln y=kT(x)+lT(y),\end{aligned}$$

所以 T 是$\mathbb{R}^+$到$\mathbb{R}$的线性映射.

综上，T 是$\mathbb{R}^+$到$\mathbb{R}$的同构映射，即$\mathbb{R}^+$与$\mathbb{R}$同构.

例 2.4.2 已知 $\boldsymbol{\alpha}_1=\begin{bmatrix}1&0\\1&1\end{bmatrix}$，$\boldsymbol{\alpha}_2=\begin{bmatrix}0&1\\1&1\end{bmatrix}$，$\boldsymbol{\alpha}_3=\begin{bmatrix}1&1\\0&2\end{bmatrix}$，$\boldsymbol{\alpha}_4=\begin{bmatrix}1&3\\1&0\end{bmatrix}$是线性空间$\mathbb{R}^{2\times 2}$中的一组基，$\mathbb{R}^{2\times 2}$中的线性变换 σ 满足

$$\sigma(\boldsymbol{\alpha}_1)=\begin{bmatrix}1&1\\0&0\end{bmatrix},\quad \sigma(\boldsymbol{\alpha}_2)=\begin{bmatrix}0&0\\0&0\end{bmatrix},\quad \sigma(\boldsymbol{\alpha}_3)=\begin{bmatrix}0&0\\1&1\end{bmatrix},\quad \sigma(\boldsymbol{\alpha}_4)=\begin{bmatrix}0&1\\0&1\end{bmatrix},$$

求 σ 在 $\boldsymbol{\alpha}_1,\boldsymbol{\alpha}_2,\boldsymbol{\alpha}_3,\boldsymbol{\alpha}_4$ 下的矩阵表示.

分析：利用同构的概念，可将$\mathbb{R}^{2\times 2}$ 中的矩阵看作$\mathbb{R}^4$ 中的向量.

解：将$\mathbb{R}^{2\times 2}$ 中的矩阵看作$\mathbb{R}^4$ 中的向量，即

$\boldsymbol{\alpha}_1=(1,0,1,1)^{\mathrm{T}}$， $\boldsymbol{\alpha}_2=(0,1,1,1)^{\mathrm{T}}$， $\boldsymbol{\alpha}_3=(1,1,0,2)^{\mathrm{T}}$， $\boldsymbol{\alpha}_4=(1,3,1,0)^{\mathrm{T}}$，

$\sigma(\boldsymbol{\alpha}_1)=(1,1,0,0)^{\mathrm{T}}$， $\sigma(\boldsymbol{\alpha}_2)=(0,0,0,0)^{\mathrm{T}}$， $\sigma(\boldsymbol{\alpha}_3)=(0,0,1,1)^{\mathrm{T}}$，

$\sigma(\boldsymbol{\alpha}_4)=(0,1,0,1)^{\mathrm{T}}$.

由题意，有

$$\sigma(\boldsymbol{\alpha}_1,\boldsymbol{\alpha}_2,\boldsymbol{\alpha}_3,\boldsymbol{\alpha}_4)=(\sigma(\boldsymbol{\alpha}_1),\sigma(\boldsymbol{\alpha}_2),\sigma(\boldsymbol{\alpha}_3),\sigma(\boldsymbol{\alpha}_4))=\begin{bmatrix}1&0&0&0\\1&0&0&1\\0&0&1&0\\0&0&1&1\end{bmatrix}$$

$$=(\boldsymbol{\alpha}_1,\boldsymbol{\alpha}_2,\boldsymbol{\alpha}_3,\boldsymbol{\alpha}_4)\boldsymbol{A}=\begin{bmatrix}1&0&1&1\\0&1&1&3\\1&1&0&1\\1&1&2&0\end{bmatrix}\boldsymbol{A}.$$

于是

$$\boldsymbol{A}=\begin{bmatrix}1&0&1&1\\0&1&1&3\\1&1&0&1\\1&1&2&0\end{bmatrix}^{-1}\begin{bmatrix}1&0&0&0\\1&0&0&1\\0&0&1&0\\0&0&1&1\end{bmatrix}=\begin{bmatrix}1/4&0&3/8&-1\\-3/4&0&7/8&1\\1/4&0&-1/8&1\\1/2&0&-1/4&0\end{bmatrix}.$$

2.4.2 乘积矩阵的秩

关于乘积矩阵的秩，在“线性代数”课程中已有结论：两矩阵相乘得到的乘积矩阵的秩不大于其每个因子矩阵的秩，即 $\operatorname{rank}(\boldsymbol{AB})\leqslant\operatorname{rank}(\boldsymbol{A})$，$\operatorname{rank}(\boldsymbol{AB})\leqslant\operatorname{rank}(\boldsymbol{B})$. 但上述关系不够精确，应用线性映射理论，可将上述关系精确化.

定理 2.4.1 设 $\boldsymbol{A}\in\mathbb{R}^{m\times n}$，$\boldsymbol{B}\in\mathbb{R}^{n\times l}$，则

(1) $\operatorname{rank}(\boldsymbol{AB})=\operatorname{rank}(\boldsymbol{B})-\dim[N(\boldsymbol{A})\cap R(\boldsymbol{B})]$；

(2) $\operatorname{rank}(\boldsymbol{AB})=\operatorname{rank}(\boldsymbol{A})-\dim[N(\boldsymbol{B}^{\mathrm{T}})\cap R(\boldsymbol{A}^{\mathrm{T}})]$.

证：定义一个线性映射 σ：$R(\boldsymbol{B})\rightarrow R(\boldsymbol{A})$，$\forall\,\boldsymbol{x}\in R(\boldsymbol{B})\subset\mathbb{R}^n$，$\exists\,\boldsymbol{y}=\boldsymbol{Ax}\in R(\boldsymbol{A})\subset\mathbb{R}^m$.

首先证明 $N(\sigma)=N(\boldsymbol{A})\cap R(\boldsymbol{B}),R(\sigma)=R(\boldsymbol{AB})$.

① $\forall \boldsymbol{x}\in N(\sigma)$,有 $\boldsymbol{x}\in R(\boldsymbol{B})$且 $\boldsymbol{Ax}=\boldsymbol{0}$,则 $\boldsymbol{x}\in N(\boldsymbol{A})\cap R(\boldsymbol{B})$; 又 $\forall \boldsymbol{x}\in N(\boldsymbol{A})\cap R(\boldsymbol{B})$,有 $\boldsymbol{x}\in R(\boldsymbol{B})$且 $\boldsymbol{Ax}=\boldsymbol{0}$,则 $\boldsymbol{x}\in N(\sigma)$. 因此,$N(\sigma)=N(\boldsymbol{A})\cap R(\boldsymbol{B})$成立.

② $R(\sigma)=\boldsymbol{A}(R(\boldsymbol{B}))=\boldsymbol{A}(\boldsymbol{B}(\mathbb{R}^l))=\boldsymbol{AB}(\mathbb{R}^l)=R(\boldsymbol{AB})$.

(1) 对映射 σ 应用定理 2.1.4,有

$$\dim R(\boldsymbol{B})=\dim N(\sigma)+\dim R(\sigma),$$

代入①和②,得

$$\dim R(\boldsymbol{B})=\dim[N(\boldsymbol{A})\cap R(\boldsymbol{B})]+\dim R(\boldsymbol{AB}),$$

即

$$\dim R(\boldsymbol{AB})=\dim R(\boldsymbol{B})-\dim[N(\boldsymbol{A})\cap R(\boldsymbol{B})],$$

于是有

$$\operatorname{rank}(\boldsymbol{AB})=\operatorname{rank}(\boldsymbol{B})-\dim[N(\boldsymbol{A})\cap R(\boldsymbol{B})].$$

(2) 由结论(1)及 $\operatorname{rank}(\boldsymbol{A}^{\mathrm{T}})=\operatorname{rank}(\boldsymbol{A}),\operatorname{rank}(\boldsymbol{B}^{\mathrm{T}}\boldsymbol{A}^{\mathrm{T}})=\operatorname{rank}(\boldsymbol{AB})$,可得

$$\begin{aligned}\operatorname{rank}(\boldsymbol{AB})=\operatorname{rank}(\boldsymbol{B}^{\mathrm{T}}\boldsymbol{A}^{\mathrm{T}})&=\operatorname{rank}(\boldsymbol{A}^{\mathrm{T}})-\dim[N(\boldsymbol{B}^{\mathrm{T}})\cap R(\boldsymbol{A}^{\mathrm{T}})]\\&=\operatorname{rank}(\boldsymbol{A})-\dim[N(\boldsymbol{B}^{\mathrm{T}})\cap R(\boldsymbol{A}^{\mathrm{T}})].\end{aligned}$$

■

2.4.3 数字信号处理中的线性变换

在数字信号处理中,如果一个离散时间系统满足叠加原理,则称该系统为**线性系统**. 叠加原理有可加性和齐次性两个性质.

在数字信号处理系统中,离散时间信号称为序列,用 $x(n)$表示第 n 个离散时间点的序列值. 设某系统的输入序列是 $x_1(n)$和 $x_2(n)$,对应的输出序列分别是 $y_1(n)$和 $y_2(n)$,用 $T[\cdot]$描述系统的输入序列和输出序列的关系以刻画系统特征,则有 $y_1(n)=T[x_1(n)],y_2(n)=T[x_2(n)]$. 设 a 和 b 为比例常数,若 $T[\cdot]$满足

$$\begin{aligned}T[ax_1(n)+bx_2(n)]&=T[ax_1(n)]+T[bx_2(n)] &&(\text{可加性})\\&=aT[x_1(n)]+bT[x_2(n)] &&(\text{齐次性})\\&=ay_1(n)+by_2(n).\end{aligned}$$

则称系统 $T[\cdot]$是线性的. 上式是判定一个系统是否是线性系统的唯一判据,虽然推导中仅使用了两个输入信号,但对于多输入信号情况的数学表达,只需增加求和项和对应的比例常数项即可. 不满足可加性和齐次性的系统称为**非线性系统**.

从数学的角度看，$T[\cdot]$是一个线性变换.

例 2.4.3 判断下列系统是否为线性系统.

(1) $y(n)=nx(n)$;

(2) $y(n)=3x(n)+5$.

分析：判断一个系统是否为线性系统应检测其可加性和齐次性.

解：(1)
$$\begin{aligned}T[ax_1(n)+bx_2(n)]&=n[ax_1(n)+bx_2(n)]=anx_1(n)+bnx_2(n)\\&=aT[x_1(n)]+bT[x_2(n)],\end{aligned}$$

所以，该系统是线性系统.

(2) 由于

$$T[x_1(n)]=3x_1(n)+5,\quad T[x_2(n)]=3x_2(n)+5,$$
$$T[ax_1(n)+bx_2(n)]=3[ax_1(n)+bx_2(n)]+5,$$

而

$$\begin{aligned}aT[x_1(n)]+bT[x_2(n)]&=3ax_1(n)+5a+3bx_2(n)+5b\\&=3[ax_1(n)+bx_2(n)]+5(a+b),\end{aligned}$$

由于 $T[ax_1(n)+bx_2(n)]\neq aT[x_1(n)]+bT[x_2(n)]$，所以该系统是非线性系统.

例 2.4.4 数字信号处理中序列 $x(n)$的 z 变换定义为

$$X(z)=Z[x(n)]=\sum_{n=-\infty}^{+\infty}x(n)z^{-n},$$

可以证明 z 变换满足

$$Z[kx_1(n)+lx_2(n)]=kX_1(z)+lX_2(z),$$

因此，从数学角度看，z 变换也是一个线性变换.

本章小结

本章介绍了线性映射和线性变换的概念及相关知识，将线性映射(线性变换)与矩阵联系起来，阐述了线性映射(线性变换)的矩阵表示、线性映射(线性变换)的值域和核等概念及相关性质，此外介绍了线性变换的特征值与特征向量、线性变换的不变子空间等内容.

本章所介绍的概念和相关知识是矩阵理论的基础，学习完本章内容后，应能达到如下基本要求：

(1) 掌握线性映射的概念、线性映射的矩阵表示，理解两个线性空间不同基组合下的矩阵表示之间的关系，能求线性映射的值域、核，理解线性映射与其矩阵表示的值域、核的关系；

(2) 掌握线性变换的概念、线性变换的矩阵表示、线性变换的运算性质、线性变换的特征值与特征向量的概念及性质；

(3) 能求解线性变换的特征值与特征向量，能求解线性变换的值域、核；

(4) 理解线性变换的不变子空间的概念与性质.

习题 2

2-1 线性映射 $\sigma: \mathbb{R}[x]_n \to \mathbb{R}[x]_{n+1}$ 由下式确定：

$$\sigma(f(x))=\int_0^x f(t)dt, \quad \forall f(t) \in \mathbb{R}[x]_n,$$

求线性映射 σ 在基 $1,x,x^2,\cdots,x^{n-1}$ 与基 $1,x,x^2,\cdots,x^{n-1},x^n$ 下的矩阵表示 $\boldsymbol{D}$.

2-2 已知线性映射 $\sigma: \mathbb{R}^3 \to \mathbb{R}^2$ 在基 $\boldsymbol{\alpha}_1=(-1,1,1)^{\mathrm{T}},\boldsymbol{\alpha}_2=(1,0,-1)^{\mathrm{T}},\boldsymbol{\alpha}_3=(0,1,1)^{\mathrm{T}}$ 与基 $\boldsymbol{\beta}_1=(1,1)^{\mathrm{T}},\boldsymbol{\beta}_2=(0,2)^{\mathrm{T}}$ 下的矩阵表示为

$$\boldsymbol{A}=\begin{bmatrix}1 & 1 & -1\\ 0 & 1 & 2\end{bmatrix}.$$

试求：

(1) $N(\sigma)$的基与维数；

(2) $R(\sigma)$的基与维数.

2-3 试证明线性变换的坐标变换公式(2.2.2).

2-4 若 σ 是 n 维线性空间 $\mathbb{R}^n$ 上的线性变换且存在逆变换 σ^{-1}，对任意向量 $\boldsymbol{\alpha},\boldsymbol{\beta} \in \mathbb{R}^n,\lambda \in \mathbb{R}$，试证明：

(1) $\sigma^{-1}(\boldsymbol{\alpha}+\boldsymbol{\beta})=\sigma^{-1}(\boldsymbol{\alpha})+\sigma^{-1}(\boldsymbol{\beta})$；

(2) $\sigma^{-1}(\lambda\boldsymbol{\alpha})=\lambda\sigma^{-1}(\boldsymbol{\alpha})$.

2-5 设 $\boldsymbol{\beta}_1,\boldsymbol{\beta}_2,\cdots,\boldsymbol{\beta}_m$ 线性无关，且

$$\boldsymbol{\xi}_i = a_{1i}\boldsymbol{\beta}_1 + a_{2i}\boldsymbol{\beta}_2 + \cdots + a_{mi}\boldsymbol{\beta}_m = (\boldsymbol{\beta}_1,\boldsymbol{\beta}_2,\cdots,\boldsymbol{\beta}_m)\begin{bmatrix} a_{1i} \\ a_{2i} \\ \vdots \\ a_{mi} \end{bmatrix},\quad i=1,2,\cdots,s.$$

试证：向量组 $\boldsymbol{\xi}_1,\boldsymbol{\xi}_2,\cdots,\boldsymbol{\xi}_s$ 的秩＝矩阵 $(a_{ij})_{m\times s}$ 的秩.

2-6　已知线性空间 $\mathbb{R}^3$ 的一组基是 $\boldsymbol{\alpha}_1=(0,1,1)^{\mathrm{T}},\boldsymbol{\alpha}_2=(1,2,0)^{\mathrm{T}},\boldsymbol{\alpha}_3=(0,0,1)^{\mathrm{T}}$，$\mathbb{R}^3$ 中线性变换 σ 满足 $\sigma(\boldsymbol{\alpha}_1)=(2,5,-2)^{\mathrm{T}},\sigma(\boldsymbol{\alpha}_2)=(4,7,-4)^{\mathrm{T}},\sigma(\boldsymbol{\alpha}_3)=(-2,-3,6)^{\mathrm{T}}$，试求 σ 的矩阵表示.

2-7　设 σ 是线性空间 $\mathbb{R}^3$ 的线性变换，它在 $\mathbb{R}^3$ 中基 $\boldsymbol{\alpha}_1,\boldsymbol{\alpha}_2,\boldsymbol{\alpha}_3$ 下的矩阵表示为

$$\boldsymbol{A}=\begin{bmatrix} 1 & 2 & 3 \\ -1 & 0 & 3 \\ 2 & 1 & 5 \end{bmatrix},$$

(1) 求 σ 在基 $\boldsymbol{\beta}_1=\boldsymbol{\alpha}_1,\boldsymbol{\beta}_2=\boldsymbol{\alpha}_1+\boldsymbol{\alpha}_2,\boldsymbol{\beta}_3=\boldsymbol{\alpha}_1+\boldsymbol{\alpha}_2+\boldsymbol{\alpha}_3$ 下的矩阵表示.

(2) 求 σ 在基 $\boldsymbol{\alpha}_1,\boldsymbol{\alpha}_2,\boldsymbol{\alpha}_3$ 下的核与值域.

2-8　设线性变换 σ 在基 $\boldsymbol{\alpha}_1=(-1,1,1)^{\mathrm{T}},\boldsymbol{\alpha}_2=(1,0,-1)^{\mathrm{T}},\boldsymbol{\alpha}_3=(0,1,1)^{\mathrm{T}}$ 下的矩阵表示是

$$\boldsymbol{A}=\begin{bmatrix} 1 & 0 & -1 \\ 1 & 1 & 0 \\ -1 & 2 & 3 \end{bmatrix},$$

(1) 求 σ 的核与值域.

(2) 求 σ 在基 $\boldsymbol{\varepsilon}_1=(1,0,0)^{\mathrm{T}},\boldsymbol{\varepsilon}_2=(0,1,0)^{\mathrm{T}},\boldsymbol{\varepsilon}_3=(0,0,1)^{\mathrm{T}}$ 下的矩阵表示.

2-9　已知可逆矩阵 $\boldsymbol{A}$ 的特征值和特征向量，试求 $\boldsymbol{A}^{-1}$ 的特征值和特征向量.

2-10　设 $\boldsymbol{A}^2=\boldsymbol{E}$，试证：$\boldsymbol{A}$ 的特征值只能是 $+1$ 或 -1.

2-11　设 $\boldsymbol{A}^2=\boldsymbol{A}$，试证：$\boldsymbol{A}$ 的特征值只能是 0 或 1.

2-12　求矩阵 $\boldsymbol{A}=\begin{bmatrix} 0 & 1 & 1 \\ 1 & 0 & 1 \\ 1 & 1 & 0 \end{bmatrix}$ 的特征值与特征向量.

2-13　求矩阵 $\boldsymbol{A}=\begin{bmatrix} 0 & 1 & 0 \\ -4 & 4 & 0 \\ -2 & 1 & 2 \end{bmatrix}$ 的特征值与特征向量.

2-14 求矩阵 $\mathbf{A}=\begin{bmatrix}0&0&1\\0&1&0\\1&0&0\end{bmatrix}$ 的特征值与特征向量.

2-15 设线性空间 V 的子空间 V_1 和 V_2 都是线性变换 σ 的不变子空间,试证明:V_1+V_2 及 $V_1\cap V_2$ 也是线性变换 σ 的不变子空间.

2-16 设 $\boldsymbol{\alpha}_1,\boldsymbol{\alpha}_2,\boldsymbol{\alpha}_3$ 是线性空间 V 的一组基,σ 是线性空间 V 的线性变换,$\sigma(\boldsymbol{\alpha}_1)=\boldsymbol{\alpha}_3,\sigma(\boldsymbol{\alpha}_2)=\boldsymbol{\alpha}_2,\sigma(\boldsymbol{\alpha}_3)=\boldsymbol{\alpha}_1$,求线性变换 σ 的所有特征根及特征向量.

2-17 试判断以下变换中哪些是线性变换,哪些不是线性变换.为什么?

(1) 在$\mathbb{R}^3$ 上,定义 σ:

$$\boldsymbol{\alpha}=\begin{bmatrix}a_1\\a_2\\a_3\end{bmatrix}\in\mathbb{R}^3,\quad \sigma(\boldsymbol{\alpha})=\begin{bmatrix}a_1\\a_2\\0\end{bmatrix}.$$

(2) 在$\mathbb{F}^3$ 上,定义 σ:

$$\boldsymbol{\alpha}=\begin{bmatrix}a_1\\a_2\\a_3\end{bmatrix}\in\mathbb{F}^3,\quad \sigma(\boldsymbol{\alpha})=\begin{bmatrix}a_1^2\\a_2+a_3\\a_3\end{bmatrix}.$$

(3) 对线性空间 V,$\forall\boldsymbol{\alpha}\in V$,定义 σ:$\sigma(\boldsymbol{\alpha})=\boldsymbol{\alpha}_0$,其中 $\boldsymbol{\alpha}_0$ 为 V 中的一个固定向量.

第3章

典型矩阵与变换

本章的知识网络框图：

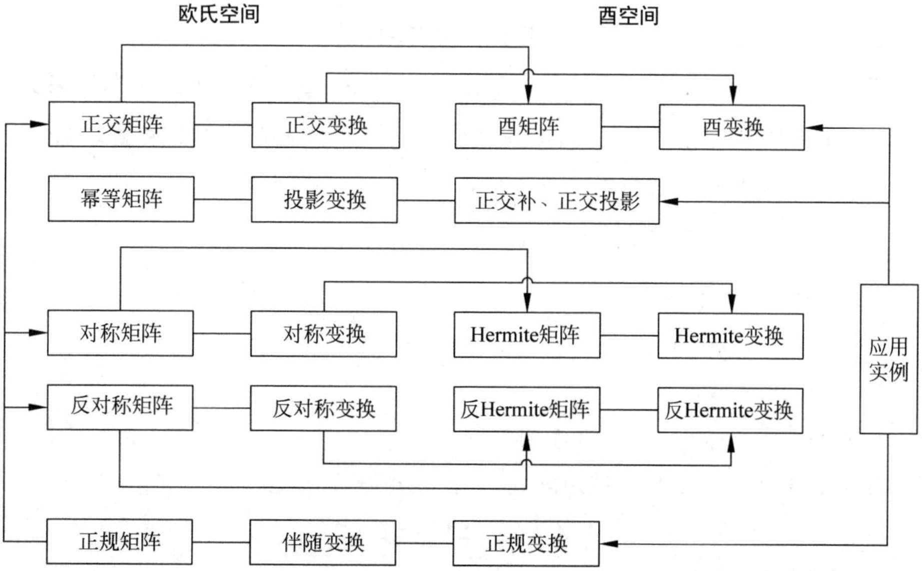

在数学形式上，对向量进行线性变换就是用矩阵与之相乘. 本章研究几类典型线性变换及其矩阵的性质，包括正交矩阵与正交变换、酉矩阵与酉变换、幂等矩阵与投影变换、对称矩阵与对称变换、Hermite 矩阵与 Hermite 变换、正规矩阵与正规变换等，在此基础上给出应用实例.

3.1 正交矩阵与正交变换、酉矩阵与酉变换

3.1.1 正交矩阵和酉矩阵

定义 3.1.1 设 $\boldsymbol{E}$ 是单位阵，若 n 阶实矩阵 $\boldsymbol{A}$ 满足

$$\boldsymbol{A}^{\mathrm{T}}\boldsymbol{A}=\boldsymbol{A}\boldsymbol{A}^{\mathrm{T}}=\boldsymbol{E},$$

则称 $\boldsymbol{A}$ 是**正交矩阵**，记为 $\boldsymbol{A}\in E^{n\times n}$.

若 $\boldsymbol{A},\boldsymbol{B}\in E^{n\times n}$，则有如下性质：

(1) $\boldsymbol{A}^{-1}=\boldsymbol{A}^{\mathrm{T}}\in E^{n\times n}$.

(2) $\det\boldsymbol{A}=\pm1$，即正交矩阵的行列式是 $+1$ 或 -1.

(3) $\boldsymbol{AB},\boldsymbol{BA}\in E^{n\times n}$，即正交矩阵的乘积仍为正交矩阵.

(4) 正交矩阵的特征值是 ±1，特征向量互相正交.

定义 3.1.2 设复矩阵 $\boldsymbol{A}=(a_{ij})_{m\times n}\in\mathbb{C}^{m\times n}$，$\bar{\boldsymbol{A}}$ 是以 $\boldsymbol{A}$ 的元素的共轭复数为元素的矩阵，即 $\bar{\boldsymbol{A}}=(\overline{a_{ij}})_{m\times n}$，令 $\boldsymbol{A}^{\mathrm{H}}=(\bar{\boldsymbol{A}})^{\mathrm{T}}$，称 $\boldsymbol{A}^{\mathrm{H}}$ 为 $\boldsymbol{A}$ 的**复共轭转置矩阵**.

不难证明复共轭转置具有如下性质：

(1) $(\boldsymbol{A}+\boldsymbol{B})^{\mathrm{H}}=\boldsymbol{A}^{\mathrm{H}}+\boldsymbol{B}^{\mathrm{H}}$；

(2) $(k\boldsymbol{A})^{\mathrm{H}}=\bar{k}\boldsymbol{A}^{\mathrm{H}}$；

(3) $(\boldsymbol{AB})^{\mathrm{H}}=\boldsymbol{B}^{\mathrm{H}}\boldsymbol{A}^{\mathrm{H}}$；

(4) $(\boldsymbol{A}^{\mathrm{H}})^{\mathrm{H}}=\boldsymbol{A}$；

(5) $(\boldsymbol{A}^{\mathrm{H}})^{-1}=(\boldsymbol{A}^{-1})^{\mathrm{H}}$，当 $\boldsymbol{A}$ 可逆时.

定义 3.1.3 设 $\boldsymbol{E}$ 是单位矩阵，若 n 阶复矩阵 $\boldsymbol{A}$ 满足

$$\boldsymbol{A}^{\mathrm{H}}\boldsymbol{A}=\boldsymbol{A}\boldsymbol{A}^{\mathrm{H}}=\boldsymbol{E},$$

则称 $\boldsymbol{A}$ 是**酉矩阵**，记为 $\boldsymbol{A}\in U^{n\times n}$.

酉是英文 Unitary 的音译，酉矩阵也称为**幺正矩阵**.

若 $\boldsymbol{A},\boldsymbol{B}\in U^{n\times n}$，则有如下性质：

(1) $\boldsymbol{A}^{-1}=\boldsymbol{A}^{\mathrm{H}}\in U^{n\times n}$，即酉矩阵的逆为其复共轭转置矩阵；

(2) $|\det\boldsymbol{A}|=1$，即酉矩阵的行列式的模为 1；

(3) $\boldsymbol{A}^{\mathrm{T}}\in U^{n\times n}$；

(4) $\boldsymbol{AB},\boldsymbol{BA}\in U^{n\times n}$，即酉矩阵的乘积仍为酉矩阵；

(5) 酉矩阵的特征值的模为1,特征向量互相正交.

例 3.1.1 设 $\boldsymbol{\alpha}\in\mathbb{C}^n$,且 $\boldsymbol{\alpha}^{\mathrm{H}}\boldsymbol{\alpha}=1$,豪斯霍尔德变换的矩阵为

$$\boldsymbol{H}=\boldsymbol{E}-2\boldsymbol{\alpha}\boldsymbol{\alpha}^{\mathrm{H}}\in\mathbb{C}^{n\times n},$$

试证明 $\boldsymbol{H}$ 是酉矩阵.

证:由复共轭转置的性质,有

$$\begin{aligned}\boldsymbol{H}^{\mathrm{H}}\boldsymbol{H}&=(\boldsymbol{E}-2\boldsymbol{\alpha}\boldsymbol{\alpha}^{\mathrm{H}})^{\mathrm{H}}(\boldsymbol{E}-2\boldsymbol{\alpha}\boldsymbol{\alpha}^{\mathrm{H}})=(\boldsymbol{E}-2\boldsymbol{\alpha}\boldsymbol{\alpha}^{\mathrm{H}})(\boldsymbol{E}-2\boldsymbol{\alpha}\boldsymbol{\alpha}^{\mathrm{H}})\\&=\boldsymbol{E}-4\boldsymbol{\alpha}\boldsymbol{\alpha}^{\mathrm{H}}+4\boldsymbol{\alpha}\boldsymbol{\alpha}^{\mathrm{H}}\boldsymbol{\alpha}\boldsymbol{\alpha}^{\mathrm{H}}=\boldsymbol{E},\end{aligned}$$

故 $\boldsymbol{H}$ 是酉矩阵. ■

前面介绍了酉矩阵的性质,下述定理给出了如何构造酉矩阵.

定理 3.1.1 设 $\boldsymbol{A}\in\mathbb{C}^{n\times n}$,则 $\boldsymbol{A}$ 是酉矩阵(正交矩阵)的充要条件是 $\boldsymbol{A}$ 的 n 个列(行)向量是标准正交向量组.

证:(1) 必要性 将 $\boldsymbol{A}\in\mathbb{C}^{n\times n}$ 按列分块,设 $\boldsymbol{A}=[\boldsymbol{\alpha}_1,\boldsymbol{\alpha}_2,\cdots,\boldsymbol{\alpha}_n]$,则

$$\boldsymbol{A}^{\mathrm{H}}=\begin{bmatrix}\boldsymbol{\alpha}_1^{\mathrm{H}}\\\boldsymbol{\alpha}_2^{\mathrm{H}}\\\vdots\\\boldsymbol{\alpha}_n^{\mathrm{H}}\end{bmatrix},$$

若 $\boldsymbol{A}\in U^{n\times n}$,则有 $\boldsymbol{A}^{\mathrm{H}}\boldsymbol{A}=\boldsymbol{E}$,于是

$$\begin{bmatrix}\boldsymbol{\alpha}_1^{\mathrm{H}}\\\boldsymbol{\alpha}_2^{\mathrm{H}}\\\vdots\\\boldsymbol{\alpha}_n^{\mathrm{H}}\end{bmatrix}[\boldsymbol{\alpha}_1,\boldsymbol{\alpha}_2,\cdots,\boldsymbol{\alpha}_n]=\boldsymbol{E},$$

展开可得

$$\begin{bmatrix}\boldsymbol{\alpha}_1^{\mathrm{H}}\boldsymbol{\alpha}_1&\boldsymbol{\alpha}_1^{\mathrm{H}}\boldsymbol{\alpha}_2&\cdots&\boldsymbol{\alpha}_1^{\mathrm{H}}\boldsymbol{\alpha}_n\\\boldsymbol{\alpha}_2^{\mathrm{H}}\boldsymbol{\alpha}_1&\boldsymbol{\alpha}_2^{\mathrm{H}}\boldsymbol{\alpha}_2&\cdots&\boldsymbol{\alpha}_2^{\mathrm{H}}\boldsymbol{\alpha}_n\\\vdots&\vdots&\ddots&\vdots\\\boldsymbol{\alpha}_n^{\mathrm{H}}\boldsymbol{\alpha}_1&\boldsymbol{\alpha}_n^{\mathrm{H}}\boldsymbol{\alpha}_2&\cdots&\boldsymbol{\alpha}_n^{\mathrm{H}}\boldsymbol{\alpha}_n\end{bmatrix}=\begin{bmatrix}1&&&\\&1&&\\&&\ddots&\\&&&1\end{bmatrix},$$

比较矩阵对应元素可得

$$\boldsymbol{\alpha}_i^{\mathrm{H}}\boldsymbol{\alpha}_j=\delta_{ij}\quad(i,j=1,2,\cdots,n),$$

故列向量组 $\boldsymbol{\alpha}_1,\boldsymbol{\alpha}_2,\cdots,\boldsymbol{\alpha}_n$ 是标准正交向量组.类似可证 $\boldsymbol{A}$ 的行向量组也是标准正交向量组.

(2) 充分性 若 $\boldsymbol{\alpha}_1,\boldsymbol{\alpha}_2,\cdots,\boldsymbol{\alpha}_n$ 是标准正交向量组,则有

$$\boldsymbol{\alpha}_i^{\mathrm{H}}\boldsymbol{\alpha}_j=\delta_{ij}\quad(i,j=1,2,\cdots,n),$$

于是

$$\begin{bmatrix}\boldsymbol{\alpha}_1^{\mathrm{H}}\\ \boldsymbol{\alpha}_2^{\mathrm{H}}\\ \vdots\\ \boldsymbol{\alpha}_n^{\mathrm{H}}\end{bmatrix}[\boldsymbol{\alpha}_1,\boldsymbol{\alpha}_2,\cdots,\boldsymbol{\alpha}_n]=\boldsymbol{E},$$

即

$$\boldsymbol{A}^{\mathrm{H}}\boldsymbol{A}=\boldsymbol{E},$$

类似可证 $\boldsymbol{A}\boldsymbol{A}^{\mathrm{H}}=\boldsymbol{E}$.因此,$\boldsymbol{A}$ 是酉矩阵. ■

定义 3.1.4 若 $\boldsymbol{\alpha}_1,\boldsymbol{\alpha}_2,\cdots,\boldsymbol{\alpha}_r$ 为 n 维标准正交列向量组($r<n$),则称 $n\times r$ 矩阵 $\boldsymbol{U}_1=(\boldsymbol{\alpha}_1,\boldsymbol{\alpha}_2,\cdots,\boldsymbol{\alpha}_r)$为**次酉矩阵**,记为 $\boldsymbol{U}_1\in U_r^{n\times r}$.

定理 3.1.2 次酉矩阵 $\boldsymbol{U}_1\in U_r^{n\times r}$ 的充要条件为 $\boldsymbol{U}_1^{\mathrm{H}}\boldsymbol{U}_1=\boldsymbol{E}_r$.

3.1.2 正交变换和酉变换

定义 3.1.5 设 V 是 n 维欧氏空间,σ 是 V 的线性变换,若 $\forall\boldsymbol{\alpha},\boldsymbol{\beta}\in V$,都有

$$(\sigma(\boldsymbol{\alpha}),\sigma(\boldsymbol{\beta}))=(\boldsymbol{\alpha},\boldsymbol{\beta}),$$

则称 σ 是 V 的**正交变换**.

定义 3.1.6 设 V 是 n 维酉空间,σ 是 V 的线性变换,若 $\forall\boldsymbol{\alpha},\boldsymbol{\beta}\in V$,都有

$$(\sigma(\boldsymbol{\alpha}),\sigma(\boldsymbol{\beta}))=(\boldsymbol{\alpha},\boldsymbol{\beta}),$$

则称 σ 是 V 的**酉变换**.

定理 3.1.3 设 σ 是欧氏空间(酉空间)V 的线性变换,则下列命题等价:

(1) σ 是正交变换(酉变换);

(2) $\|\sigma(\boldsymbol{\alpha})\|=\|\boldsymbol{\alpha}\|$, $\forall\boldsymbol{\alpha}\in V$;

(3) 变换前后两向量夹角保持不变;

(4) σ 将 V 的标准正交基变换到标准正交基;

(5) σ 在标准正交基下的矩阵是正交矩阵(酉矩阵).

证 (1)⇒(2) $\|\sigma(\boldsymbol{\alpha})\|=\sqrt{(\sigma(\boldsymbol{\alpha}),\sigma(\boldsymbol{\alpha}))}=\sqrt{(\boldsymbol{\alpha},\boldsymbol{\alpha})}=\|\boldsymbol{\alpha}\|,\forall\boldsymbol{\alpha}\in V$.

(2)⇒(1) 由(2),有

$$(\sigma(\boldsymbol{\alpha}+\boldsymbol{\beta}),\sigma(\boldsymbol{\alpha}+\boldsymbol{\beta}))=(\boldsymbol{\alpha}+\boldsymbol{\beta},\boldsymbol{\alpha}+\boldsymbol{\beta}),$$
$$(\sigma(\boldsymbol{\alpha}+\mathrm{i}\boldsymbol{\beta}),\sigma(\boldsymbol{\alpha}+\mathrm{i}\boldsymbol{\beta}))=(\boldsymbol{\alpha}+\mathrm{i}\boldsymbol{\beta},\boldsymbol{\alpha}+\mathrm{i}\boldsymbol{\beta}),$$

由于 σ 是线性变换,因此根据内积性质展开第一个式子,得

$$\text{左端}=(\sigma(\boldsymbol{\alpha}),\sigma(\boldsymbol{\alpha}))+(\sigma(\boldsymbol{\alpha}),\sigma(\boldsymbol{\beta}))+(\sigma(\boldsymbol{\beta}),\sigma(\boldsymbol{\alpha}))+(\sigma(\boldsymbol{\beta}),\sigma(\boldsymbol{\beta}))$$
$$\text{右端}=(\boldsymbol{\alpha},\boldsymbol{\alpha})+(\boldsymbol{\alpha},\boldsymbol{\beta})+(\boldsymbol{\beta},\boldsymbol{\alpha})+(\boldsymbol{\beta},\boldsymbol{\beta})$$

而由(2),有$(\sigma(\boldsymbol{\alpha}),\sigma(\boldsymbol{\alpha}))=(\boldsymbol{\alpha},\boldsymbol{\alpha}),(\sigma(\boldsymbol{\beta}),\sigma(\boldsymbol{\beta}))=(\boldsymbol{\beta},\boldsymbol{\beta})$,因此有

$$(\sigma(\boldsymbol{\alpha}),\sigma(\boldsymbol{\beta}))+(\sigma(\boldsymbol{\beta}),\sigma(\boldsymbol{\alpha}))=(\boldsymbol{\alpha},\boldsymbol{\beta})+(\boldsymbol{\beta},\boldsymbol{\alpha}),$$

同理可得

$$(\sigma(\boldsymbol{\alpha}),\sigma(\boldsymbol{\beta}))-(\sigma(\boldsymbol{\beta}),\sigma(\boldsymbol{\alpha}))=(\boldsymbol{\alpha},\boldsymbol{\beta})-(\boldsymbol{\beta},\boldsymbol{\alpha}),$$

将以上两式相加,得

$$(\sigma(\boldsymbol{\alpha}),\sigma(\boldsymbol{\beta}))=(\boldsymbol{\alpha},\boldsymbol{\beta}),$$

即 σ 是正交变换(酉变换).

(1)(2)⇒(3) 两非零向量 $\boldsymbol{\alpha}$ 和 $\boldsymbol{\beta}$ 变换前的夹角为

$$\theta_1=\arccos\frac{(\boldsymbol{\alpha},\boldsymbol{\beta})}{\|\boldsymbol{\alpha}\|\,\|\boldsymbol{\beta}\|}$$

变换后的 $\sigma(\boldsymbol{\alpha})$和 $\sigma(\boldsymbol{\beta})$的夹角为

$$\theta_2=\arccos\frac{(\sigma(\boldsymbol{\alpha}),\sigma(\boldsymbol{\beta}))}{\|\sigma(\boldsymbol{\alpha})\|\,\|\sigma(\boldsymbol{\beta})\|}$$

由(1),这两个夹角的分子相同,由(2),这两个夹角的分母相同,故 $\theta_1=\theta_2$.

(1)⇒(4) 设 $\boldsymbol{\alpha}_1,\boldsymbol{\alpha}_2,\cdots,\boldsymbol{\alpha}_n$ 是 V 的标准正交基,故

$$(\boldsymbol{\alpha}_i,\boldsymbol{\alpha}_j)=\delta_{ij}\quad(i,j=1,2,\cdots,n),$$

若 σ 是酉变换,则有

$$(\sigma(\boldsymbol{\alpha}_i),\sigma(\boldsymbol{\alpha}_j))=(\boldsymbol{\alpha}_i,\boldsymbol{\alpha}_j)=\delta_{ij},$$

故 $\sigma(\boldsymbol{\alpha}_1),\sigma(\boldsymbol{\alpha}_2),\cdots,\sigma(\boldsymbol{\alpha}_n)$仍是 V 的标准正交基.

(4)⇒(1) 设 $\boldsymbol{\alpha}_1,\boldsymbol{\alpha}_2,\cdots,\boldsymbol{\alpha}_n$ 与 $\sigma(\boldsymbol{\alpha}_1),\sigma(\boldsymbol{\alpha}_2),\cdots,\sigma(\boldsymbol{\alpha}_n)$都是 V 的标准正交基,$\forall\boldsymbol{\alpha},\boldsymbol{\beta}\in V$ 且

$$\boldsymbol{\alpha}=x_1\boldsymbol{\alpha}_1+x_2\boldsymbol{\alpha}_2+\cdots+x_n\boldsymbol{\alpha}_n,$$
$$\boldsymbol{\beta}=y_1\boldsymbol{\alpha}_1+y_2\boldsymbol{\alpha}_2+\cdots+y_n\boldsymbol{\alpha}_n,$$

则

$$\sigma(\boldsymbol{\alpha})=x_1\sigma(\boldsymbol{\alpha}_1)+x_2\sigma(\boldsymbol{\alpha}_2)+\cdots+x_n\sigma(\boldsymbol{\alpha}_n),$$

$$\sigma(\boldsymbol{\beta})=y_1\sigma(\boldsymbol{\alpha}_1)+y_2\sigma(\boldsymbol{\alpha}_2)+\cdots+y_n\sigma(\boldsymbol{\alpha}_n),$$

由内积运算性质,有

$$(\sigma(\boldsymbol{\alpha}),\sigma(\boldsymbol{\beta}))=x_1\bar{y}_1+x_2\bar{y}_2+\cdots+x_n\bar{y}_n=(\boldsymbol{\alpha},\boldsymbol{\beta}),$$

即σ是正交变换(酉变换).

(4)⇒(5) 设$\boldsymbol{\alpha}_1,\boldsymbol{\alpha}_2,\cdots,\boldsymbol{\alpha}_n$与$\sigma(\boldsymbol{\alpha}_1),\sigma(\boldsymbol{\alpha}_2),\cdots,\sigma(\boldsymbol{\alpha}_n)$都是$V$的标准正交基,$\boldsymbol{A}=(a_{ij})_{n\times n}$是$\sigma$在基$\boldsymbol{\alpha}_1,\boldsymbol{\alpha}_2,\cdots,\boldsymbol{\alpha}_n$下的矩阵,现证$\boldsymbol{A}$为正交矩阵(酉矩阵).

由

$$(\sigma(\boldsymbol{\alpha}_1),\sigma(\boldsymbol{\alpha}_2),\cdots,\sigma(\boldsymbol{\alpha}_n))=(\boldsymbol{\alpha}_1,\boldsymbol{\alpha}_2,\cdots,\boldsymbol{\alpha}_n)\boldsymbol{A},$$

且$\forall i,j(i,j=1,2,\cdots,n)$

$$\sigma(\boldsymbol{\alpha}_i)=a_{1i}\boldsymbol{\alpha}_1+a_{2i}\boldsymbol{\alpha}_2+\cdots+a_{ni}\boldsymbol{\alpha}_n,$$

$$\sigma(\boldsymbol{\alpha}_j)=a_{1j}\boldsymbol{\alpha}_1+a_{2j}\boldsymbol{\alpha}_2+\cdots+a_{nj}\boldsymbol{\alpha}_n,$$

于是

$$\begin{aligned}\delta_{ij}&=(\sigma(\boldsymbol{\alpha}_i),\sigma(\boldsymbol{\alpha}_j))=\left(\sum_{k=1}^n a_{ki}\boldsymbol{\alpha}_k,\sum_{h=1}^n a_{hj}\boldsymbol{\alpha}_h\right)\\&=\sum_{k=1}^n\sum_{h=1}^n a_{ki}\bar{a}_{hj}(\boldsymbol{\alpha}_k,\boldsymbol{\alpha}_h)\\&=\sum_{k=1}^n\sum_{h=1}^n a_{ki}\bar{a}_{hj}\delta_{kh}\\&=\sum_{k=1}^n a_{ki}\bar{a}_{kj}.\end{aligned}$$

即$\boldsymbol{A}$的第i列和第j列的内积为δ_{ij},因此$\boldsymbol{A}$的列向量是标准正交向量组,$\boldsymbol{A}$为正交矩阵(酉矩阵).

(5)⇒(4) 设σ在标准正交基$\boldsymbol{\alpha}_1,\boldsymbol{\alpha}_2,\cdots,\boldsymbol{\alpha}_n$下的矩阵$\boldsymbol{A}=(a_{ij})_{n\times n}$是正交矩阵(酉矩阵),即有

$$\sum_{k=1}^n a_{ki}\bar{a}_{kj}=\delta_{ij}\quad(i,j=1,2,\cdots,n)$$

因

$$(\sigma(\boldsymbol{\alpha}_1),\sigma(\boldsymbol{\alpha}_2),\cdots,\sigma(\boldsymbol{\alpha}_n))=(\boldsymbol{\alpha}_1,\boldsymbol{\alpha}_2,\cdots,\boldsymbol{\alpha}_n)\boldsymbol{A},$$

从而 $\forall i,j(i,j=1,2,\cdots,n)$，有

$$(\sigma(\boldsymbol{\alpha}_i),\sigma(\boldsymbol{\alpha}_j))=\left(\sum_{k=1}^{n}a_{ki}\boldsymbol{\alpha}_k,\sum_{h=1}^{n}a_{hj}\boldsymbol{\alpha}_h\right)=\sum_{k=1}^{n}a_{ki}\bar{a}_{kj}=\delta_{ij}$$

即 $\sigma(\boldsymbol{\alpha}_1),\sigma(\boldsymbol{\alpha}_2),\cdots,\sigma(\boldsymbol{\alpha}_n)$也是标准正交基. ■

根据命题(2)，酉变换也可称为**等距变换**. 这是因为

$$\begin{aligned}d(\boldsymbol{\alpha},\boldsymbol{\beta})&=\|\boldsymbol{\alpha}-\boldsymbol{\beta}\|=\|\sigma(\boldsymbol{\alpha}-\boldsymbol{\beta})\|\\&=\|\sigma(\boldsymbol{\alpha})-\sigma(\boldsymbol{\beta})\|\\&=d(\sigma(\boldsymbol{\alpha}),\sigma(\boldsymbol{\beta})).\end{aligned}$$

即向量 $\boldsymbol{\alpha},\boldsymbol{\beta}$ 之间的距离在线性变换 σ 下保持不变.

3.1.3 正交变换、酉变换实例

1. 正交矩阵(酉矩阵)乘以向量是正交变换(酉变换)

在酉空间$\mathbb{C}^n$ 中，对任意 $\boldsymbol{X}\in\mathbb{C}^n$，作变换 T：

$$T(\boldsymbol{X})=\boldsymbol{AX},$$

其中，n 阶方阵 $\boldsymbol{A}$ 为酉矩阵，则

$$(T(\boldsymbol{X}_1),T(\boldsymbol{X}_2))=(\boldsymbol{AX}_1,\boldsymbol{AX}_2)=\boldsymbol{X}_2^{\mathrm{H}}\boldsymbol{A}^{\mathrm{H}}\boldsymbol{AX}_1=\boldsymbol{X}_2^{\mathrm{H}}\boldsymbol{X}_1=(\boldsymbol{X}_1,\boldsymbol{X}_2),$$

所以变换 T 是一个酉变换.

显然，若欧氏空间$\mathbb{R}^n$ 中的方阵 $\boldsymbol{A}$ 为正交矩阵，令 $T(\boldsymbol{X})=\boldsymbol{AX}$，则 T 是一个正交变换.

2. 旋转变换

以$\mathbb{R}^2$ 空间的旋转变换为例. 如图 3.1.1 所示，设向量 $\overrightarrow{OP}$ 的长度为 r，辐角为 φ. 将向量 $\overrightarrow{OP}$ 逆时针旋转 θ 角，变为向量 $\overrightarrow{OP'}$.

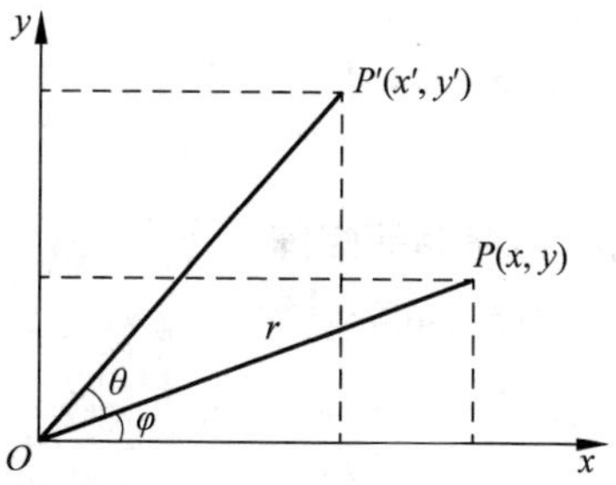

图 3.1.1 向量的旋转

若点 P 的坐标是(x,y)，点 P'的坐标是(x',y')，则有

$$\begin{cases}x=r\cos\varphi\\y=r\sin\varphi\end{cases},$$

$$\begin{cases}x'=r\cos(\varphi+\theta)=r\cos\varphi\cos\theta-r\sin\varphi\sin\theta=x\cos\theta-y\sin\theta\\y'=r\sin(\varphi+\theta)=r\cos\varphi\sin\theta+r\sin\varphi\cos\theta=x\sin\theta+y\cos\theta\end{cases},$$

可用矩阵乘法表示为

$$\begin{bmatrix} x' \\ y' \end{bmatrix} = \begin{bmatrix} \cos\theta & -\sin\theta \\ \sin\theta & \cos\theta \end{bmatrix} \begin{bmatrix} x \\ y \end{bmatrix},$$

因此该旋转变换的矩阵为 2 阶矩阵

$$\boldsymbol{R}(\theta) = \begin{bmatrix} \cos\theta & -\sin\theta \\ \sin\theta & \cos\theta \end{bmatrix}.$$

容易验证这是一个正交矩阵. 对应的线性变换为将 xOy 平面上的向量 $\overrightarrow{OP}$ 绕坐标原点旋转 θ 角变为向量 $\overrightarrow{OP'}$,因此该变换称为**旋转变换**.

例 3.1.2 3 阶矩阵

$$\boldsymbol{R}_x(\theta) = \begin{bmatrix} 1 & 0 & 0 \\ 0 & \cos\theta & -\sin\theta \\ 0 & \sin\theta & \cos\theta \end{bmatrix}$$

是正交矩阵,它表示三维空间中的向量绕 x 轴的旋转变换.

3.2 幂等矩阵与投影变换

3.2.1 幂等矩阵

定义 3.2.1 设 $\boldsymbol{A} \in \mathbb{C}^{n\times n}$,若

$$\boldsymbol{A}^2 = \boldsymbol{A},$$

则称 $\boldsymbol{A}$ 是**幂等矩阵**.

例如,单位矩阵 $\boldsymbol{E}$ 是幂等矩阵. 此外,容易验证下面几种 n 阶方阵都是幂等矩阵.

(1) $\boldsymbol{A} = \begin{bmatrix} \boldsymbol{E}_r & \boldsymbol{A}_1 \\ \boldsymbol{0} & \boldsymbol{0} \end{bmatrix} \in \mathbb{C}^{n\times n}, \quad \boldsymbol{A}_1 \in \mathbb{C}^{r\times(n-r)}$;

(2) $\boldsymbol{A} = \begin{bmatrix} \boldsymbol{E}_r & \boldsymbol{0} \\ \boldsymbol{A}_2 & \boldsymbol{0} \end{bmatrix} \in \mathbb{C}^{n\times n}, \quad \boldsymbol{A}_2 \in \mathbb{C}^{(n-r)\times r}$;

(3) $\boldsymbol{A} = \begin{bmatrix} \boldsymbol{E}_r & \boldsymbol{0} \\ \boldsymbol{0} & \boldsymbol{0} \end{bmatrix} \in \mathbb{C}^{n\times n}$.

用符号 $\mathbb{F}_r^{m\times n}$、$\mathbb{R}_r^{m\times n}$、$\mathbb{C}_r^{m\times n}$ 分别表示元素在数域 $\mathbb{F}$、实数域 $\mathbb{R}$、复数域 $\mathbb{C}$ 中的秩

为 r 的 $m\times n$ 矩阵集合.

定理 3.2.1 设 $\boldsymbol{A}\in\mathbb{C}^{n\times n}$ 且 $\boldsymbol{A}^2=\boldsymbol{A}$，则

(1) $\boldsymbol{A}^{\mathrm{T}},\boldsymbol{A}^{\mathrm{H}},\boldsymbol{E}-\boldsymbol{A},\boldsymbol{E}-\boldsymbol{A}^{\mathrm{T}},\boldsymbol{E}-\boldsymbol{A}^{\mathrm{H}}$ 都是幂等矩阵；

(2) $\boldsymbol{A}(\boldsymbol{E}-\boldsymbol{A})=(\boldsymbol{E}-\boldsymbol{A})\boldsymbol{A}=\boldsymbol{0}$.

证 (1) $(\boldsymbol{A}^{\mathrm{H}})^2=\boldsymbol{A}^{\mathrm{H}}\boldsymbol{A}^{\mathrm{H}}=(\boldsymbol{A}\boldsymbol{A})^{\mathrm{H}}=(\boldsymbol{A}^2)^{\mathrm{H}}=\boldsymbol{A}^{\mathrm{H}}$.
故 $\boldsymbol{A}^{\mathrm{H}}$ 是幂等矩阵，同理可证 $\boldsymbol{A}^{\mathrm{T}}$ 是幂等矩阵.

$$(\boldsymbol{E}-\boldsymbol{A})^2=\boldsymbol{E}-2\boldsymbol{A}+\boldsymbol{A}^2=\boldsymbol{E}-2\boldsymbol{A}+\boldsymbol{A}=\boldsymbol{E}-\boldsymbol{A}.$$

故 $\boldsymbol{E}-\boldsymbol{A}$ 是幂等矩阵.

$$\begin{aligned}(\boldsymbol{E}-\boldsymbol{A}^{\mathrm{H}})^2&=\boldsymbol{E}-2\boldsymbol{A}^{\mathrm{H}}+(\boldsymbol{A}^{\mathrm{H}})^2=\boldsymbol{E}-2\boldsymbol{A}^{\mathrm{H}}+\boldsymbol{A}^{\mathrm{H}}\boldsymbol{A}^{\mathrm{H}}=\boldsymbol{E}-2\boldsymbol{A}^{\mathrm{H}}+(\boldsymbol{A}^2)^{\mathrm{H}}\\&=\boldsymbol{E}-2\boldsymbol{A}^{\mathrm{H}}+\boldsymbol{A}^{\mathrm{H}}=\boldsymbol{E}-\boldsymbol{A}^{\mathrm{H}}.\end{aligned}$$

故 $\boldsymbol{E}-\boldsymbol{A}^{\mathrm{H}}$ 是幂等矩阵，同理可证 $\boldsymbol{E}-\boldsymbol{A}^{\mathrm{T}}$ 是幂等矩阵.

(2) $\boldsymbol{A}(\boldsymbol{E}-\boldsymbol{A})=\boldsymbol{A}-\boldsymbol{A}^2=\boldsymbol{A}-\boldsymbol{A}=\boldsymbol{0}$.

$(\boldsymbol{E}-\boldsymbol{A})\boldsymbol{A}=\boldsymbol{A}-\boldsymbol{A}^2=\boldsymbol{A}-\boldsymbol{A}=\boldsymbol{0}$.

3.2.2 正交补与正交投影变换

与几何学中的正交(垂直)概念相似，酉空间(欧氏空间)也存在子空间正交的概念.

定义 3.2.2 设 V_1 和 V_2 是 n 维酉空间 V 的子空间，若对于任意 $\boldsymbol{x}\in V_1,\boldsymbol{y}\in V_2$，都有 $(\boldsymbol{x},\boldsymbol{y})=0$，则称子空间 V_1 与 V_2 是**正交**的，记为 $V_1\perp V_2$.

例 3.2.1 如图 3.2.1 所示，设 V 是三维几何空间，线性子空间 V_1 是 z 轴，线性子空间 V_2 是 xOy 平面，则可以证明 $V_1\perp V_2$.

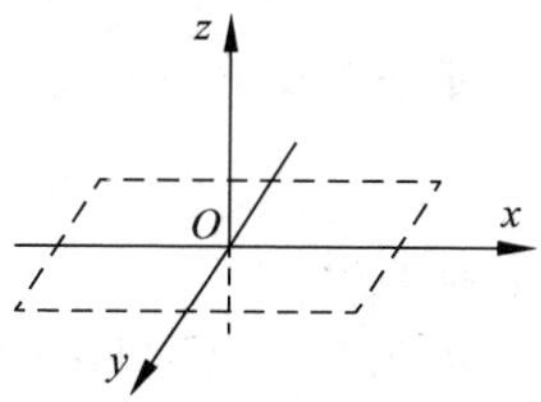

图 3.2.1 例 3.2.1 图示

例 3.2.2 设 $\boldsymbol{\alpha}_1,\boldsymbol{\alpha}_2,\boldsymbol{\alpha}_3,\boldsymbol{\alpha}_4,\boldsymbol{\alpha}_5$ 是线性空间 V 的一组标准正交基，若 $V_1=\mathrm{span}\{\boldsymbol{\alpha}_1,\boldsymbol{\alpha}_2\}$，$V_2=\mathrm{span}\{\boldsymbol{\alpha}_3,\boldsymbol{\alpha}_4,\boldsymbol{\alpha}_5\}$，则可以证明 $V_1\perp V_2$.

定理 3.2.2 设 V_1 和 V_2 是 n 维酉空间 V 的两个正交子空间，则

(1) $V_1\cap V_2=\{\boldsymbol{0}\}$；

(2) $\dim(V_1+V_2)=\dim V_1+\dim V_2$.

证：(1) 设 $\boldsymbol{x}\in V_1\cap V_2$，由 $\boldsymbol{x}\in V_1$，由子空间正交的定义可知，对任意 $\boldsymbol{y}\in V_2$，都有 $(\boldsymbol{x},\boldsymbol{y})=0$，又因 $\boldsymbol{x}\in V_2$，因此取 $\boldsymbol{y}=\boldsymbol{x}$，则 $(\boldsymbol{x},\boldsymbol{x})=0$，于是 $\boldsymbol{x}=\boldsymbol{0}$. 根据 $\boldsymbol{x}$ 的任意

性可得 $V_1 \cap V_2 = \{\mathbf{0}\}$.

(2) 由维数公式和(1)可得.

定义 3.2.3 若子空间 V_1 和 V_2 正交,则 $V_1 + V_2$ 称为 V_1 与 V_2 的**正交和**,记为 $V_1 \oplus V_2$.

下述定理给出了矩阵的核(值域)与其复共轭转置的值域(核)之间的关系.

定理 3.2.3 设 $\boldsymbol{A} \in \mathbb{C}^{m \times n}$,则

(1) $N(\boldsymbol{A}) \oplus R(\boldsymbol{A}^{\mathrm{H}}) = \mathbb{C}^n$;

(2) $R(\boldsymbol{A}) \oplus N(\boldsymbol{A}^{\mathrm{H}}) = \mathbb{C}^m$.

证:(1) 设 $\boldsymbol{x} \in N(\boldsymbol{A})$,$\boldsymbol{y} \in R(\boldsymbol{A}^{\mathrm{H}})$,则 $\boldsymbol{A}\boldsymbol{x} = \mathbf{0}$,$\boldsymbol{y} = \boldsymbol{A}^{\mathrm{H}}\boldsymbol{z}$,其中 $\boldsymbol{z} \in \mathbb{C}^m$,则

$$(\boldsymbol{x}, \boldsymbol{y}) = \boldsymbol{y}^{\mathrm{H}}\boldsymbol{x} = \boldsymbol{z}^{\mathrm{H}}\boldsymbol{A}\boldsymbol{x} = \mathbf{0},$$

故 $N(\boldsymbol{A}) \perp R(\boldsymbol{A}^{\mathrm{H}})$.

又

$$\dim N(\boldsymbol{A}) + \dim R(\boldsymbol{A}^{\mathrm{H}}) = (n - \operatorname{rank}\boldsymbol{A}) + \operatorname{rank}\boldsymbol{A} = n,$$

因此

$$N(\boldsymbol{A}) \oplus R(\boldsymbol{A}^{\mathrm{H}}) = \mathbb{C}^n.$$

类似可得(2). ■

定义 3.2.4 设 n 维酉空间 V 的子空间 V_1 和 V_2 满足 $V_1 \oplus V_2 = V$,则称 V_1 为 V_2 的**正交补**,记为 $(V_2)_\perp$,或

$$V_1 = (V_2)_\perp = \{\boldsymbol{\alpha} \mid (\boldsymbol{\alpha}, \boldsymbol{\beta}) = 0, \forall\, \boldsymbol{\beta} \in V_2\}.$$

显然,若 V_1 是 V_2 的正交补,则 V_2 也是 V_1 的正交补.

定理 3.2.4 设 V_1 是 n 维酉空间 V 的子空间,则存在唯一的子空间 V_2,使得

$$V_1 \oplus V_2 = V.$$

证明略.

例 3.2.3 已知 $\boldsymbol{\alpha}_1 = (1,0,1,1)^{\mathrm{T}}$,$\boldsymbol{\alpha}_2 = (0,1,1,2)^{\mathrm{T}}$,$W = \operatorname{span}\{\boldsymbol{\alpha}_1, \boldsymbol{\alpha}_2\}$,求 W 的正交补.

分析 取 $\boldsymbol{A} = (\boldsymbol{\alpha}_1, \boldsymbol{\alpha}_2)$,本题实际是求 $R(\boldsymbol{A})$ 的正交补,由定理 3.2.3(2)的结论,$R(\boldsymbol{A})$ 的正交补是 $N(\boldsymbol{A}^{\mathrm{H}})$.

解:取 $\boldsymbol{A} = (\boldsymbol{\alpha}_1, \boldsymbol{\alpha}_2)$,则

$$\boldsymbol{A}^{\mathrm{H}} = \begin{bmatrix} \boldsymbol{\alpha}_1^{\mathrm{H}} \\ \boldsymbol{\alpha}_2^{\mathrm{H}} \end{bmatrix} = \begin{bmatrix} 1 & 0 & 1 & 1 \\ 0 & 1 & 1 & 2 \end{bmatrix},$$

可求得线性方程组 $\boldsymbol{A}^{\mathrm{H}}\boldsymbol{x}=\boldsymbol{0}$ 的基础解系为

$$\boldsymbol{\xi}_1=(-1,-1,1,0)^{\mathrm{T}},\quad \boldsymbol{\xi}_2=(-1,-2,0,1)^{\mathrm{T}},$$

则 $\mathrm{span}\{\boldsymbol{\xi}_1,\boldsymbol{\xi}_2\}$ 就是 W 的正交补.

定义 3.2.5 设 $S \oplus T=V$,若对 V 中任何向量 $\boldsymbol{\alpha}=\boldsymbol{x}+\boldsymbol{y}$,其中 $\boldsymbol{x}\in S,\boldsymbol{y}\in T$,线性变换 $\sigma: V\to V$ 由下式确定:

$$\sigma(\boldsymbol{\alpha})=\boldsymbol{x},$$

则称 σ 是由 V 到 S 的**正交投影**.

定理 3.2.5 设 τ 是 n 维酉空间(欧氏空间)V 到 r 维子空间 S 的正交投影,则 τ 在 V 的标准正交基下的矩阵 $\boldsymbol{P}_S$ 满足

$$\boldsymbol{P}_S=\boldsymbol{U}_1\boldsymbol{U}_1^{\mathrm{H}},$$

其中,次酉矩阵 $\boldsymbol{U}_1\in U_r^{n\times r}$.

证 分两步证明.

(1) 设 $\boldsymbol{\alpha}_1,\boldsymbol{\alpha}_2,\cdots,\boldsymbol{\alpha}_r$ 是 S 的一个标准正交基,且 $\boldsymbol{\alpha}_1,\boldsymbol{\alpha}_2,\cdots,\boldsymbol{\alpha}_r,\cdots,\boldsymbol{\alpha}_n$ 是 V 的一个标准正交基,则 τ 在 $\boldsymbol{\alpha}_1,\boldsymbol{\alpha}_2,\cdots,\boldsymbol{\alpha}_r,\cdots,\boldsymbol{\alpha}_n$ 下的矩阵表示为

$$\boldsymbol{P}_1=\begin{bmatrix}1 & & & 0 & 0 & \cdots & 0\\ & 1 & & 0 & 0 & \cdots & 0\\ & & \ddots & \vdots & & \ddots & \vdots\\ 0 & 0 & \cdots & 1 & 0 & \cdots & 0\\ 0 & 0 & \cdots & 0 & 0 & \cdots & 0\\ \vdots & \vdots & \ddots & \vdots & \vdots & \ddots & \vdots\\ 0 & 0 & \cdots & 0 & 0 & \cdots & 0\end{bmatrix}=\begin{bmatrix}1 & \cdots & 0\\ \vdots & \ddots & \vdots\\ 0 & \cdots & 1\\ 0 & \cdots & 0\\ \vdots & \ddots & \vdots\\ 0 & \cdots & 0\end{bmatrix}\begin{bmatrix}1 & \cdots & 0\\ \vdots & \ddots & \vdots\\ 0 & \cdots & 1\\ 0 & \cdots & 0\\ \vdots & \ddots & \vdots\\ 0 & \cdots & 0\end{bmatrix}^{\mathrm{H}}$$

$$=\begin{bmatrix}\boldsymbol{E}_r\\ \boldsymbol{0}\end{bmatrix}\begin{bmatrix}\boldsymbol{E}_r\\ \boldsymbol{0}\end{bmatrix}^{\mathrm{H}}.$$

其中,$\boldsymbol{E}_r$ 是 r 阶单位阵.

(2) 设 $\boldsymbol{\gamma}_1,\boldsymbol{\gamma}_2,\cdots,\boldsymbol{\gamma}_n$ 是 V 的任意一个标准正交基,且由 $\boldsymbol{\gamma}_1,\boldsymbol{\gamma}_2,\cdots,\boldsymbol{\gamma}_n$ 到基 $\boldsymbol{\alpha}_1,\boldsymbol{\alpha}_2,\cdots,\boldsymbol{\alpha}_n$ 的过渡矩阵为 $\boldsymbol{P}$,即

$$(\boldsymbol{\gamma}_1,\boldsymbol{\gamma}_2,\cdots,\boldsymbol{\gamma}_n)\boldsymbol{P}=\boldsymbol{\alpha}_1,\boldsymbol{\alpha}_2,\cdots,\boldsymbol{\alpha}_n,$$

则 τ 在 $\boldsymbol{\gamma}_1,\boldsymbol{\gamma}_2,\cdots,\boldsymbol{\gamma}_n$ 下的矩阵表示 $\boldsymbol{P}_S$ 满足 $\boldsymbol{P}^{-1}\boldsymbol{P}_S\boldsymbol{P}=\boldsymbol{P}_1$,即

$$\boldsymbol{P}_S=\boldsymbol{P}\boldsymbol{P}_1\boldsymbol{P}^{-1}.$$

由定理 3.1.2 可知 $\boldsymbol{P}$ 是酉矩阵，有 $\boldsymbol{P}^{-1}=\boldsymbol{P}^{\mathrm{H}}$，故

$$\boldsymbol{P}_S=\boldsymbol{P}\boldsymbol{P}_1\boldsymbol{P}^{\mathrm{H}}=\boldsymbol{P}\begin{bmatrix}\boldsymbol{E}_r\\0\end{bmatrix}\begin{bmatrix}\boldsymbol{E}_r\\0\end{bmatrix}^{\mathrm{H}}\boldsymbol{P}^{\mathrm{H}}=\left(\boldsymbol{P}\begin{bmatrix}\boldsymbol{E}_r\\0\end{bmatrix}\right)\left(\boldsymbol{P}\begin{bmatrix}\boldsymbol{E}_r\\0\end{bmatrix}\right)^{\mathrm{H}}.$$

由于

$$\begin{aligned}\boldsymbol{\alpha}_1,\boldsymbol{\alpha}_2,\cdots,\boldsymbol{\alpha}_n&=(\boldsymbol{\gamma}_1,\boldsymbol{\gamma}_2,\cdots,\boldsymbol{\gamma}_n)\boldsymbol{P}\\&=(\boldsymbol{\gamma}_1,\boldsymbol{\gamma}_2,\cdots,\boldsymbol{\gamma}_n)\begin{bmatrix}p_{11}&p_{12}&\cdots&p_{1r}&\cdots&p_{1n}\\p_{21}&p_{22}&\cdots&p_{2r}&\cdots&p_{2n}\\\vdots&\vdots&\ddots&\vdots&\ddots&\vdots\\p_{n1}&p_{n2}&\cdots&p_{nr}&\cdots&p_{nn}\end{bmatrix},\end{aligned}$$

则有

$$\boldsymbol{P}\begin{bmatrix}\boldsymbol{E}_r\\0\end{bmatrix}=\begin{bmatrix}p_{11}&p_{12}&\cdots&p_{1r}\\p_{21}&p_{22}&\cdots&p_{2r}\\\vdots&\vdots&\ddots&\vdots\\p_{n1}&p_{n2}&\cdots&p_{nr}\end{bmatrix}=\boldsymbol{U}_1,$$

而 $\boldsymbol{U}_1\in U_r^{n\times r}$ 的 r 个列向量是子空间 S 的标准正交基 $\boldsymbol{\alpha}_1,\boldsymbol{\alpha}_2,\cdots,\boldsymbol{\alpha}_r$ 在 V 的标准正交基 $\boldsymbol{\gamma}_1,\boldsymbol{\gamma}_2,\cdots,\boldsymbol{\gamma}_n$ 下的坐标向量. 所以，$\boldsymbol{P}_S=\boldsymbol{U}_1\boldsymbol{U}_1^{\mathrm{H}}$，$\boldsymbol{U}_1\in U_r^{n\times r}$. ■

推论 $\boldsymbol{P}_S^{\mathrm{H}}=\boldsymbol{P}_S=\boldsymbol{P}_S^2$.

3.3 对称变换、Hermite 变换及其矩阵

3.3.1 对称变换与对称矩阵

定义 3.3.1 设 σ 是欧氏空间 V 的一个线性变换，如果对任意的 $\boldsymbol{\alpha},\boldsymbol{\beta}\in V$ 都有 $(\sigma(\boldsymbol{\alpha}),\boldsymbol{\beta})=(\boldsymbol{\alpha},\sigma(\boldsymbol{\beta}))$，则称 σ 为 V 的一个**对称变换**.

定义 3.3.2 设 σ 是欧氏空间 V 的一个线性变换，如果对任意的 $\boldsymbol{\alpha},\boldsymbol{\beta}\in V$ 都有 $(\sigma(\boldsymbol{\alpha}),\boldsymbol{\beta})=-(\boldsymbol{\alpha},\sigma(\boldsymbol{\beta}))$，则称 σ 为 V 的一个**反对称变换**.

例 3.3.1 设 W 是欧氏空间 V 的一个子空间，试证明 V 在 W 上的正交投影变换 P 是一个对称变换.

证：任取 $\boldsymbol{\alpha},\boldsymbol{\beta}\in V$，设

$$\boldsymbol{\alpha}=\boldsymbol{\alpha}_1+\boldsymbol{\alpha}_2,\quad \boldsymbol{\alpha}_1\in W,\quad \boldsymbol{\alpha}_2\in W_\perp,$$

$$\boldsymbol{\beta}=\boldsymbol{\beta}_1+\boldsymbol{\beta}_2,\quad \boldsymbol{\beta}_1\in W,\quad \boldsymbol{\beta}_2\in W_{\perp},$$

由正交投影的定义可知 $P(\boldsymbol{\alpha})=\boldsymbol{\alpha}_1$，$P(\boldsymbol{\beta})=\boldsymbol{\beta}_1$，那么

$$(P(\boldsymbol{\alpha}),\boldsymbol{\beta})=(\boldsymbol{\alpha}_1,\boldsymbol{\beta}_1+\boldsymbol{\beta}_2)=(\boldsymbol{\alpha}_1,\boldsymbol{\beta}_1)+(\boldsymbol{\alpha}_1,\boldsymbol{\beta}_2)=(\boldsymbol{\alpha}_1,\boldsymbol{\beta}_1),$$

$$(\boldsymbol{\alpha},P(\boldsymbol{\beta}))=(\boldsymbol{\alpha}_1+\boldsymbol{\alpha}_2,\boldsymbol{\beta}_1)=(\boldsymbol{\alpha}_1,\boldsymbol{\beta}_1)+(\boldsymbol{\alpha}_2,\boldsymbol{\beta}_1)=(\boldsymbol{\alpha}_1,\boldsymbol{\beta}_1),$$

于是 $(P(\boldsymbol{\alpha}),\boldsymbol{\beta})=(\boldsymbol{\alpha},P(\boldsymbol{\beta}))$，故 P 是一个对称变换. ■

定理 3.3.1 设 σ 是欧氏空间 V 的一个对称变换，如果 W 是 σ 的不变子空间，那么 $W_{\perp}$ 也是 σ 的不变子空间.

证：任取 $\boldsymbol{\alpha}\in W_{\perp}$，需证明 $\sigma(\boldsymbol{\alpha})\in W_{\perp}$. 对任意的 $\boldsymbol{\beta}\in W$ 有 $\sigma(\boldsymbol{\beta})\in W$，那么 $(\sigma(\boldsymbol{\beta}),\boldsymbol{\alpha})=0$，又 σ 是 V 的一个对称变换，故

$$(\sigma(\boldsymbol{\beta}),\boldsymbol{\alpha})=(\boldsymbol{\beta},\sigma(\boldsymbol{\alpha}))=0.$$

这表明 $\sigma(\boldsymbol{\alpha})\in W_{\perp}$. ■

同理可得定理 3.3.2.

定理 3.3.2 设 σ 是欧氏空间 V 的一个反对称变换，如果 W 是 σ 的不变子空间，那么 $W_{\perp}$ 也是 σ 的不变子空间.

定理 3.3.3 欧氏空间 V 的线性变换 σ 是对称变换的充要条件是 σ 在 V 的任意一个标准正交基下的矩阵是对称矩阵.

证：① 必要性　任取 V 的一个标准正交基 $\boldsymbol{\alpha}_1,\boldsymbol{\alpha}_2,\cdots,\boldsymbol{\alpha}_n$，$\sigma$ 在该标准正交基下对应的矩阵为 $\boldsymbol{A}=(a_{ij})_{n\times n}$，则由

$$(\sigma(\boldsymbol{\alpha}_1),\sigma(\boldsymbol{\alpha}_2),\cdots,\sigma(\boldsymbol{\alpha}_n))=(\boldsymbol{\alpha}_1,\boldsymbol{\alpha}_2,\cdots,\boldsymbol{\alpha}_n)\boldsymbol{A},$$

有

$$\sigma(\boldsymbol{\alpha}_i)=a_{1i}\boldsymbol{\alpha}_1+a_{2i}\boldsymbol{\alpha}_2+\cdots+a_{ni}\boldsymbol{\alpha}_n,\quad (\sigma(\boldsymbol{\alpha}_i),\boldsymbol{\alpha}_j)=a_{ji},$$

$$\sigma(\boldsymbol{\alpha}_j)=a_{1j}\boldsymbol{\alpha}_1+a_{2j}\boldsymbol{\alpha}_2+\cdots+a_{nj}\boldsymbol{\alpha}_n,\quad (\sigma(\boldsymbol{\alpha}_j),\boldsymbol{\alpha}_i)=a_{ij}.$$

由于 σ 是对称变换，所以

$$a_{ji}=(\sigma(\boldsymbol{\alpha}_i),\boldsymbol{\alpha}_j)=(\boldsymbol{\alpha}_i,\sigma(\boldsymbol{\alpha}_j)),$$

$$a_{ij}=(\sigma(\boldsymbol{\alpha}_j),\boldsymbol{\alpha}_i)=(\boldsymbol{\alpha}_i,\sigma(\boldsymbol{\alpha}_j)),$$

故 $a_{ij}=a_{ji}$，这表明 $\boldsymbol{A}$ 是对称矩阵.

② 充分性　设线性变换 σ 在 V 的一个标准正交基 $\boldsymbol{\alpha}_1,\boldsymbol{\alpha}_2,\cdots,\boldsymbol{\alpha}_n$ 下的矩阵 $\boldsymbol{A}$ 是对称矩阵，任取 $\boldsymbol{\alpha},\boldsymbol{\beta}\in V$，且在 $\boldsymbol{\alpha}_1,\boldsymbol{\alpha}_2,\cdots,\boldsymbol{\alpha}_n$ 下的坐标分别为 $\boldsymbol{X}$ 和 $\boldsymbol{Y}$，即

$$\boldsymbol{\alpha}=(\boldsymbol{\alpha}_1,\boldsymbol{\alpha}_2,\cdots,\boldsymbol{\alpha}_n)\boldsymbol{X},$$

$$\boldsymbol{\beta}=(\boldsymbol{\alpha}_1,\boldsymbol{\alpha}_2,\cdots,\boldsymbol{\alpha}_n)\boldsymbol{Y}.$$

于是有

$$\sigma(\boldsymbol{\alpha})=\sigma(\boldsymbol{\alpha}_1,\boldsymbol{\alpha}_2,\cdots,\boldsymbol{\alpha}_n)\boldsymbol{X}=(\boldsymbol{\alpha}_1,\boldsymbol{\alpha}_2,\cdots,\boldsymbol{\alpha}_n)\boldsymbol{AX},$$

$$\sigma(\boldsymbol{\beta})=\sigma(\boldsymbol{\alpha}_1,\boldsymbol{\alpha}_2,\cdots,\boldsymbol{\alpha}_n)\boldsymbol{Y}=(\boldsymbol{\alpha}_1,\boldsymbol{\alpha}_2,\cdots,\boldsymbol{\alpha}_n)\boldsymbol{AY},$$

$$(\boldsymbol{\alpha},\boldsymbol{\beta})=((\boldsymbol{\alpha}_1,\boldsymbol{\alpha}_2,\cdots,\boldsymbol{\alpha}_n)\boldsymbol{X},(\boldsymbol{\alpha}_1,\boldsymbol{\alpha}_2,\cdots,\boldsymbol{\alpha}_n)\boldsymbol{Y})=\boldsymbol{X}^{\mathrm{T}}\boldsymbol{Y},$$

所以

$$(\sigma(\boldsymbol{\alpha}),\boldsymbol{\beta})=((\boldsymbol{\alpha}_1,\boldsymbol{\alpha}_2,\cdots,\boldsymbol{\alpha}_n)\boldsymbol{AX},(\boldsymbol{\alpha}_1,\boldsymbol{\alpha}_2,\cdots,\boldsymbol{\alpha}_n)\boldsymbol{Y})$$

$$(\boldsymbol{AX})^{\mathrm{T}}\boldsymbol{Y}=\boldsymbol{X}^{\mathrm{T}}\boldsymbol{A}^{\mathrm{T}}\boldsymbol{Y}=\boldsymbol{X}^{\mathrm{T}}\boldsymbol{AY}=(\boldsymbol{\alpha},\sigma(\boldsymbol{\beta})),$$

这表明 σ 是 V 的对称变换. ■

同理可得定理 3.3.4.

定理 3.3.4 欧氏空间 V 的线性变换 σ 是反对称变换的充要条件是 σ 在 V 的任意一个标准正交基下的矩阵是反对称矩阵.

在线性代数课程中已经证明：对 n 阶实对称矩阵 $\boldsymbol{A}$，一定有 n 阶正交矩阵 $\boldsymbol{Q}$，使 $\boldsymbol{Q}^{-1}\boldsymbol{AQ}$ 为对角阵，即实对称矩阵一定可以用正交矩阵相似对角化，因此欧氏空间的对称变换是可对角化的线性变换.

例 3.3.2 在 $\mathbb{R}^3$ 中，设 $\boldsymbol{u}$ 为过直角坐标系原点的平面 π 的单位法向量，变换 T 定义为

$$T(\boldsymbol{\alpha})=\boldsymbol{\alpha}-2(\boldsymbol{u},\boldsymbol{\alpha})\boldsymbol{u},\quad \boldsymbol{\alpha}\in\mathbb{R}^3,$$

容易验证：对任意 $\boldsymbol{\alpha},\boldsymbol{\beta}\in\mathbb{R}^3$，任意 $k,l\in\mathbb{R}$，都有

$$T(k\boldsymbol{\alpha}+l\boldsymbol{\beta})=kT(\boldsymbol{\alpha})+lT(\boldsymbol{\beta}),$$

$$(T(\boldsymbol{\alpha}),T(\boldsymbol{\beta}))=(\boldsymbol{\alpha},\boldsymbol{\beta}),$$

$$(T(\boldsymbol{\alpha}),\boldsymbol{\beta})=(\boldsymbol{\alpha},T(\boldsymbol{\beta})).$$

因此，T 既是正交变换又是对称变换，称其为**镜面反射**.

3.3.2 Hermite 矩阵与 Hermite 变换

定义 3.3.3 设 $\boldsymbol{A}\in\mathbb{C}^{n\times n}$，若 $\boldsymbol{A}^{\mathrm{H}}=\boldsymbol{A}$，则称 $\boldsymbol{A}$ 为 **Hermite 矩阵**，若 $\boldsymbol{A}^{\mathrm{H}}=-\boldsymbol{A}$，则称 $\boldsymbol{A}$ 为**反 Hermite 矩阵**.

对 n 阶矩阵 $\boldsymbol{A}$，有

(1) $\boldsymbol{A}^{\mathrm{H}}=\boldsymbol{A}\Leftrightarrow a_{ij}=\overline{a_{ji}}\Leftrightarrow \mathrm{Re}(a_{ij})=\mathrm{Re}(a_{ji}),\mathrm{Im}(a_{ij})=-\mathrm{Im}(a_{ji})$;

(2) $\boldsymbol{A}^{\mathrm{H}}=-\boldsymbol{A}\Leftrightarrow a_{ij}=-\overline{a_{ji}}\Leftrightarrow \mathrm{Re}(a_{ij})=-\mathrm{Re}(a_{ji}),\mathrm{Im}(a_{ij})=\mathrm{Im}(a_{ji})$.

以上两式中，$i,j=1,2,\cdots,n$.

由定义，一个 Hermite 矩阵的复共轭转置就是它自己，因此 Hermite 矩阵也称为**自共轭矩阵**. Hermite 音译为“厄米特”或“埃尔米特”.

例如，矩阵

$$\boldsymbol{A}=\begin{bmatrix}1 & 2+3\mathrm{i}\\ 2-3\mathrm{i} & 4\end{bmatrix},\quad \boldsymbol{B}=\begin{bmatrix}4 & 1-\mathrm{i} & 2+3\mathrm{i}\\ 1+\mathrm{i} & 6 & 5+\mathrm{i}\\ 2-3\mathrm{i} & 5-\mathrm{i} & 8\end{bmatrix}$$

是 Hermite 矩阵.

矩阵

$$\boldsymbol{A}=\begin{bmatrix}5\mathrm{i} & -1-\mathrm{i} & 4+3\mathrm{i}\\ 1-\mathrm{i} & 6\mathrm{i} & -2\\ -4+3\mathrm{i} & 2 & 7\mathrm{i}\end{bmatrix},\quad \boldsymbol{B}=\begin{bmatrix}-3\mathrm{i} & -1+\mathrm{i} & 2-3\mathrm{i}\\ 1+\mathrm{i} & 2\mathrm{i} & -1-\mathrm{i}\\ -2-3\mathrm{i} & 1-\mathrm{i} & 0\end{bmatrix}$$

是反 Hermite 矩阵.

由定义可知，Hermite 矩阵的主对角元素一定是实数，反 Hermite 矩阵的主对角元素一定是 0 或纯虚数.

若 Hermite 矩阵 $\boldsymbol{A}$ 的元素都是实数，则 $\boldsymbol{A}$ 就是实对称矩阵，因此 Hermite 矩阵是实对称矩阵的推广. 通常 Hermite 矩阵不对称，除非所有元素均为实数.

容易证明 Hermite 矩阵具有如下性质：

(1) 若 $\boldsymbol{A}$ 和 $\boldsymbol{B}$ 是 Hermite 矩阵，则 $\boldsymbol{A}+\boldsymbol{B}$ 也是 Hermite 矩阵.

(2) 若 $\boldsymbol{A}$ 和 $\boldsymbol{B}$ 是 Hermite 矩阵且 $\boldsymbol{AB}=\boldsymbol{BA}$，则 $\boldsymbol{AB}$ 也是 Hermite 矩阵.

(3) 若 $\boldsymbol{A}$ 是 Hermite 矩阵且可逆，则其逆矩阵 $\boldsymbol{A}^{-1}$ 也是 Hermite 矩阵.

(4) 若 $\boldsymbol{A}$ 是 Hermite 矩阵，对 $n\in\mathbb{Z}^{+}$，则 $\boldsymbol{A}^{n}$ 也是 Hermite 矩阵.

(5) 方阵 $\boldsymbol{A}$ 与其共轭转置的和是 Hermite 矩阵.

(6) Hermite 矩阵的特征值一定是实数.

齐次式是指合并同类项后每一项关于未知量的次数都相等的多项式. 例如，$3x+2y$、$x-2y$ 的各项都是 1 次的，称为一次齐次式，$3x^2-2xy+y^2$、x^2+xy 的各项都是 2 次的，称为二次齐次式. 线性代数中的二次型就是二次齐次式.

定义 3.3.4 设 $\boldsymbol{A}$ 是 n 阶 Hermite 矩阵，$\boldsymbol{x}=(x_1,x_2,\cdots,x_n)^{\mathrm{T}}$ 是任意一个 n 维复向量，称

$$f(\boldsymbol{x})=\boldsymbol{x}^{\mathrm{H}}\boldsymbol{A}\boldsymbol{x}$$

为 **Hermite 二次齐式**,也称为 **Hermite 二次型**.

由定义可知 $f(\boldsymbol{x})$是 1×1 维矩阵,即其值是一个数. 对任意 n 维复向量 $\boldsymbol{x}$,Hermite 二次型 $f(\boldsymbol{x})$的值总是实数,这是因为

$$\overline{f(\boldsymbol{x})}=\overline{\boldsymbol{x}^{\mathrm{H}}\boldsymbol{A}\boldsymbol{x}}=\boldsymbol{x}^{\mathrm{T}}\overline{\boldsymbol{A}\boldsymbol{x}}=(\boldsymbol{x}^{\mathrm{T}}\overline{\boldsymbol{A}\boldsymbol{x}})^{\mathrm{T}}=\boldsymbol{x}^{\mathrm{H}}\boldsymbol{A}^{\mathrm{H}}\boldsymbol{x}=\boldsymbol{x}^{\mathrm{H}}\boldsymbol{A}\boldsymbol{x}=f(\boldsymbol{x}).$$

定义 3.3.5 给定 Hermite 二次型

$$f(\boldsymbol{x})=\boldsymbol{x}^{\mathrm{H}}\boldsymbol{A}\boldsymbol{x},$$

其中,$\boldsymbol{x}=(x_1,x_2,\cdots,x_n)^{\mathrm{T}}$,如果对任意一组不全为 0 的复数 $x_1,x_2,\cdots,x_n$,都有 $f(\boldsymbol{x})>0(\geqslant 0)$,则称该 Hermite 二次型是**正定的**(**半正定的**),并称对应的 Hermite 矩阵 $\boldsymbol{A}$ 是**正定的**(**半正定的**). 如果对任意一组不全为 0 的复数 x_1,$x_2,\cdots,x_n$,都有 $f(\boldsymbol{x})<0(\leqslant 0)$,则称该 Hermite 二次型是**负定的**(**半负定的**),并称对应的 Hermite 矩阵 $\boldsymbol{A}$ 是**负定的**(**半负定的**).

显然,若 Hermite 二次型 $f(\boldsymbol{x})$是正定的(负定的),则 $-f(\boldsymbol{x})$是负定的(正定的).

定理 3.3.5 对于 Hermite 二次型 $f(\boldsymbol{x})=\boldsymbol{x}^{\mathrm{H}}\boldsymbol{A}\boldsymbol{x},\boldsymbol{x}\in\mathbb{C}^n$,下列命题等价:

(1) $f(\boldsymbol{x})$是正定的,$\boldsymbol{A}$ 是正定的.

(2) 对于任意 n 阶可逆矩阵 $\boldsymbol{P}$,都有 $\boldsymbol{P}^{\mathrm{H}}\boldsymbol{A}\boldsymbol{P}$ 为正定矩阵.

(3) $\boldsymbol{A}$ 的 n 个特征值全大于零.

定理 3.3.6 对于 Hermite 二次型 $f(\boldsymbol{x})=\boldsymbol{x}^{\mathrm{H}}\boldsymbol{A}\boldsymbol{x},\boldsymbol{x}\in\mathbb{C}^n$,下列命题等价:

(1) $f(\boldsymbol{x})$是半正定的,$\boldsymbol{A}$ 是半正定的.

(2) 对于任意 n 阶可逆矩阵 $\boldsymbol{P}$,都有 $\boldsymbol{P}^{\mathrm{H}}\boldsymbol{A}\boldsymbol{P}$ 为半正定矩阵.

(3) $\boldsymbol{A}$ 的 n 个特征值全是非负实数.

从欧氏空间的对称变换往复数域推广,可以定义酉空间的 Hermite 变换.

定义 3.3.6 设 V 是一个酉空间,σ 是 V 的一个线性变换,若 $\forall\boldsymbol{\alpha},\boldsymbol{\beta}\in V$,都有

$$(\sigma(\boldsymbol{\alpha}),\boldsymbol{\beta})=(\boldsymbol{\alpha},\sigma(\boldsymbol{\beta})),$$

则称 σ 是 V 的一个 **Hermite 变换**.

定义 3.3.7 设 V 是一个酉空间,σ 是 V 的一个线性变换,若 $\forall\boldsymbol{\alpha},\boldsymbol{\beta}\in V$,都有

$$(\sigma(\boldsymbol{\alpha}),\boldsymbol{\beta})=-(\boldsymbol{\alpha},\sigma(\boldsymbol{\beta})),$$

则称 σ 是 V 的一个**反 Hermite 变换**.

由定义可见,酉空间中的反 Hermite 变换与欧氏空间中的反对称变换形式相同.

定理 3.3.7 酉空间 V 的线性变换 σ 是 Hermite 变换的充要条件是 σ 在 V 的任意一个标准正交基下的矩阵是 Hermite 矩阵.

证：① 必要性 任取 V 的一个标准正交基 $\boldsymbol{\alpha}_1,\boldsymbol{\alpha}_2,\cdots,\boldsymbol{\alpha}_n$，$\sigma$ 在该标准正交基下对应的矩阵为 $\boldsymbol{A}=(a_{ij})_{n\times n}$，则由

$$(\sigma(\boldsymbol{\alpha}_1),\sigma(\boldsymbol{\alpha}_2),\cdots,\sigma(\boldsymbol{\alpha}_n))=(\boldsymbol{\alpha}_1,\boldsymbol{\alpha}_2,\cdots,\boldsymbol{\alpha}_n)\boldsymbol{A}$$

有

$$\sigma(\boldsymbol{\alpha}_i)=a_{1i}\boldsymbol{\alpha}_1+a_{2i}\boldsymbol{\alpha}_2+\cdots+a_{ni}\boldsymbol{\alpha}_n,\quad (\sigma(\boldsymbol{\alpha}_i),\boldsymbol{\alpha}_j)=a_{ji},$$

$$\sigma(\boldsymbol{\alpha}_j)=a_{1j}\boldsymbol{\alpha}_1+a_{2j}\boldsymbol{\alpha}_2+\cdots+a_{nj}\boldsymbol{\alpha}_n,\quad (\sigma(\boldsymbol{\alpha}_j),\boldsymbol{\alpha}_i)=a_{ij}.$$

由于 σ 是 Hermite 变换，所以

$$a_{ji}=(\sigma(\boldsymbol{\alpha}_i),\boldsymbol{\alpha}_j)=(\boldsymbol{\alpha}_i,\sigma(\boldsymbol{\alpha}_j)),$$

$$\overline{a_{ij}}=\overline{(\sigma(\boldsymbol{\alpha}_j),\boldsymbol{\alpha}_i)}=(\boldsymbol{\alpha}_i,\sigma(\boldsymbol{\alpha}_j)),$$

故 $a_{ji}=\overline{a_{ij}}$，这表明 $\boldsymbol{A}=\boldsymbol{A}^{\mathrm{H}}$，即 $\boldsymbol{A}$ 是 Hermite 矩阵.

② 充分性 设线性变换 σ 在 V 的一个标准正交基 $\boldsymbol{\alpha}_1,\boldsymbol{\alpha}_2,\cdots,\boldsymbol{\alpha}_n$ 下的矩阵 $\boldsymbol{A}$ 是 Hermite 矩阵，即 $\boldsymbol{A}=\boldsymbol{A}^{\mathrm{H}}$，任取 $\boldsymbol{\alpha},\boldsymbol{\beta}\in V$，且在 $\boldsymbol{\alpha}_1,\boldsymbol{\alpha}_2,\cdots,\boldsymbol{\alpha}_n$ 下的坐标分别为 $\boldsymbol{X}$ 和 $\boldsymbol{Y}$，即

$$\boldsymbol{\alpha}=(\boldsymbol{\alpha}_1,\boldsymbol{\alpha}_2,\cdots,\boldsymbol{\alpha}_n)\boldsymbol{X},$$

$$\boldsymbol{\beta}=(\boldsymbol{\alpha}_1,\boldsymbol{\alpha}_2,\cdots,\boldsymbol{\alpha}_n)\boldsymbol{Y}.$$

于是有

$$\sigma(\boldsymbol{\alpha})=\sigma(\boldsymbol{\alpha}_1,\boldsymbol{\alpha}_2,\cdots,\boldsymbol{\alpha}_n)\boldsymbol{X}=(\boldsymbol{\alpha}_1,\boldsymbol{\alpha}_2,\cdots,\boldsymbol{\alpha}_n)\boldsymbol{AX},$$

$$\sigma(\boldsymbol{\beta})=\sigma(\boldsymbol{\alpha}_1,\boldsymbol{\alpha}_2,\cdots,\boldsymbol{\alpha}_n)\boldsymbol{Y}=(\boldsymbol{\alpha}_1,\boldsymbol{\alpha}_2,\cdots,\boldsymbol{\alpha}_n)\boldsymbol{AY},$$

$$(\boldsymbol{\alpha},\boldsymbol{\beta})=((\boldsymbol{\alpha}_1,\boldsymbol{\alpha}_2,\cdots,\boldsymbol{\alpha}_n)\boldsymbol{X},(\boldsymbol{\alpha}_1,\boldsymbol{\alpha}_2,\cdots,\boldsymbol{\alpha}_n)\boldsymbol{Y})=\boldsymbol{Y}^{\mathrm{H}}\boldsymbol{X},$$

所以

$$\begin{aligned}(\sigma(\boldsymbol{\alpha}),\boldsymbol{\beta})&=((\boldsymbol{\alpha}_1,\boldsymbol{\alpha}_2,\cdots,\boldsymbol{\alpha}_n)\boldsymbol{AX},(\boldsymbol{\alpha}_1,\boldsymbol{\alpha}_2,\cdots,\boldsymbol{\alpha}_n)\boldsymbol{Y})\\&=\boldsymbol{Y}^{\mathrm{H}}\boldsymbol{AX}=\boldsymbol{Y}^{\mathrm{H}}\boldsymbol{A}^{\mathrm{H}}\boldsymbol{X}=(\boldsymbol{AY})^{\mathrm{H}}\boldsymbol{X}=(\boldsymbol{\alpha},\sigma(\boldsymbol{\beta})),\end{aligned}$$

这表明 σ 是 V 的 Hermite 变换. ■

定理 3.3.8 酉空间 V 的线性变换 σ 是反 Hermite 变换的充要条件是 σ 在 V 的任意一个标准正交基下的矩阵是反 Hermite 矩阵.

3.4 正规矩阵与正规变换

3.4.1 正规矩阵

定义 3.4.1 设 $A\in\mathbb{C}^{n\times n}$，若 $AA^{\mathrm{H}}=A^{\mathrm{H}}A$，则称 A 为**正规矩阵**.

定义 3.4.2 设 $A\in\mathbb{R}^{n\times n}$，若 $AA^{\mathrm{T}}=A^{\mathrm{T}}A$，则称 A 为**实正规矩阵**.

显然，对角阵、Hermite 矩阵、反 Hermite 矩阵、酉矩阵是正规矩阵，实对称矩阵、实反对称矩阵、正交矩阵是实正规矩阵.

定义 3.4.3 设 $A,B\in\mathbb{C}^{n\times n}$，若存在 $U\in U^{n\times n}$，使

$$U^{\mathrm{H}}AU=U^{-1}AU=B,$$

则称 A 酉相似于 B.

定义 3.4.4 设 $A,B\in\mathbb{R}^{n\times n}$，若存在 $U\in E^{n\times n}$，使

$$U^{\mathrm{T}}AU=U^{-1}AU=B,$$

则称 A 正交相似于 B.

酉相似和正交相似符合矩阵相似的定义，且相似因子 U 是酉矩阵或正交矩阵.

引理 3.4.1(Schur 引理) 任何一个 n 阶方阵 $A\in\mathbb{C}^{n\times n}$ 都酉相似于一个 n 阶上三角阵.

引理 3.4.2 设 A 是正规矩阵，则与 A 酉相似的矩阵都是正规矩阵.

请读者按定义证明.

引理 3.4.3 设 A 是正规矩阵，且 A 是三角矩阵，则 A 是对角阵.

证：设

$$A=\begin{bmatrix} a_{11} & a_{12} & \cdots & a_{1n} \\ & a_{22} & \cdots & a_{2n} \\ & & \ddots & \vdots \\ & & & a_{nn} \end{bmatrix},\quad A^{\mathrm{H}}=\begin{bmatrix} \bar a_{11} & & & \\ \bar a_{12} & \bar a_{22} & & \\ \vdots & & \ddots & \\ \bar a_{1n} & \bar a_{2n} & \cdots & \bar a_{nn} \end{bmatrix},$$

代入 $AA^{\mathrm{H}}=A^{\mathrm{H}}A$，比较等式两端矩阵主对角线上的元素，可得 n 个等式：

$$a_{11}\bar a_{11}+a_{12}\bar a_{12}+\cdots+a_{1n}\bar a_{1n}=\bar a_{11}a_{11},$$

$$a_{22}\bar a_{22}+\cdots+a_{2n}\bar a_{2n}=\bar a_{12}a_{12}+\bar a_{22}a_{22},$$

$$\vdots$$

$$a_{nn}\bar{a}_{nn}=\bar{a}_{1n}a_{1n}+\bar{a}_{2n}a_{2n}+\cdots+\bar{a}_{nn}a_{nn}.$$

由第一个等式，有 $a_{12}\bar{a}_{12}+a_{13}\bar{a}_{13}+\cdots+a_{1n}\bar{a}_{1n}=0$，又 $a_{ij}\bar{a}_{ij}=|a_{ij}|^2\geqslant 0$，可得 $a_{12}\bar{a}_{12}=a_{13}\bar{a}_{13}=\cdots=a_{1n}\bar{a}_{1n}=0$，将此结果再代入第二个等式，以此类推直至第 n 个等式，可得：当 $i\neq j$ 时，$a_{ij}=0$，即 $\boldsymbol{A}$ 是对角阵. ■

定理 3.4.1（正规矩阵的结构定理） 设 $\boldsymbol{A}\in\mathbb{C}^{n\times n}$，则 $\boldsymbol{A}$ 是正规矩阵的充要条件是存在 $\boldsymbol{U}\in U^{n\times n}$，使

$$\boldsymbol{U}^{\mathrm{H}}\boldsymbol{A}\boldsymbol{U}=\mathrm{diag}(\lambda_1,\lambda_2,\cdots,\lambda_n),$$

其中 $\lambda_1,\lambda_2,\cdots,\lambda_n$ 是 $\boldsymbol{A}$ 的特征值.

证：① 必要性　根据 Schur 引理知，存在 $\boldsymbol{U}\in U^{n\times n}$，使得

$$\boldsymbol{U}^{\mathrm{H}}\boldsymbol{A}\boldsymbol{U}=\boldsymbol{B}（上三角阵），$$

根据引理 3.4.2 知，$\boldsymbol{B}$ 是正规矩阵，又根据引理 3.4.3 知，$\boldsymbol{B}$ 是对角阵.

② 充分性　因为对角阵 $\mathrm{diag}(\lambda_1,\lambda_2,\cdots,\lambda_n)$ 是正规矩阵，由引理 3.4.2，$\boldsymbol{A}$ 是正规矩阵. ■

由定理 3.4.1 可知：正规矩阵的本质是可以对角化.

推论 3.4.1　设 $\boldsymbol{A}$ 是正规矩阵，λ_i 是 $\boldsymbol{A}$ 的特征值，对应的特征向量是 $\boldsymbol{x}$，则 $\overline{\lambda_i}$ 是 $\boldsymbol{A}^{\mathrm{H}}$ 的特征值，其对应的特征向量是 $\boldsymbol{x}$.

将定理 3.4.1 中的等式两端取复共轭转置，可得该推论.

推论 3.4.2　n 阶正规矩阵 $\boldsymbol{A}$ 有 n 个线性无关的特征向量.

证：设 $\boldsymbol{A}$ 是 n 阶正规矩阵，$\lambda_i\ (i=1,2,\cdots,n)$ 是 $\boldsymbol{A}$ 的特征值，则存在 $\boldsymbol{U}\in U^{n\times n}$，使

$$\boldsymbol{U}^{\mathrm{H}}\boldsymbol{A}\boldsymbol{U}=\begin{bmatrix}\lambda_1 & & & \\ & \lambda_2 & & \\ & & \ddots & \\ & & & \lambda_n\end{bmatrix},$$

设 $\boldsymbol{U}$ 的列向量组为 $\boldsymbol{\alpha}_1,\boldsymbol{\alpha}_2,\cdots,\boldsymbol{\alpha}_n$，则有

$$\boldsymbol{A}(\boldsymbol{\alpha}_1,\boldsymbol{\alpha}_2,\cdots,\boldsymbol{\alpha}_n)=(\boldsymbol{\alpha}_1,\boldsymbol{\alpha}_2,\cdots,\boldsymbol{\alpha}_n)\begin{bmatrix}\lambda_1 & & & \\ & \lambda_2 & & \\ & & \ddots & \\ & & & \lambda_n\end{bmatrix}.$$

即$(A\boldsymbol{\alpha}_1,A\boldsymbol{\alpha}_2,\cdots,A\boldsymbol{\alpha}_n)=(\lambda_1\boldsymbol{\alpha}_1,\lambda_2\boldsymbol{\alpha}_2,\cdots,\lambda_n\boldsymbol{\alpha}_n)$，可得

$$A\boldsymbol{\alpha}_i=\lambda_i\boldsymbol{\alpha}_i \quad (i=1,2,\cdots,n).$$

又由于$\boldsymbol{\alpha}_1,\boldsymbol{\alpha}_2,\cdots,\boldsymbol{\alpha}_n$是酉矩阵$\boldsymbol{U}$的列向量组，所以$\boldsymbol{\alpha}_1,\boldsymbol{\alpha}_2,\cdots,\boldsymbol{\alpha}_n$一定是线性无关向量组，且$\boldsymbol{\alpha}_i(i=1,2,\cdots,n)$都是非零的，由上式可知$\boldsymbol{\alpha}_i$是$\boldsymbol{A}$的属于特征值$\lambda_i$的特征向量$(i=1,2,\cdots,n)$，即$n$阶正规矩阵$\boldsymbol{A}$有$n$个线性无关的特征向量. ■

定义 3.4.5 属于某特征值的特征向量和零向量生成的子空间称为属于该特征值的**特征子空间**.

推论 3.4.3 正规矩阵的属于不同特征值的特征子空间是相互正交的.

在线性代数中已经证明：n阶实对称矩阵$\boldsymbol{A}$一定可以用正交矩阵相似对角化，且该对角阵的主对角线元素恰是$\boldsymbol{A}$的全部特征值. 类似地，现在讨论当$\boldsymbol{A}$是n阶正规矩阵时，如何求相似因子$\boldsymbol{U}$，使$\boldsymbol{U}^{\mathrm{H}}\boldsymbol{A}\boldsymbol{U}$为对角阵.

由定理 3.4.1 和推论 3.4.2 的推导过程可得出相似因子$\boldsymbol{U}$的求解方法：

(1) 求$\boldsymbol{A}$的特征值，即求$|\lambda\boldsymbol{E}-\boldsymbol{A}|=0$的根$\lambda_1,\lambda_2,\cdots,\lambda_n$；

(2) 对每一个相异特征值λ_i，$i=1,2,\cdots,s$，求λ_i的特征向量，即求$(\lambda_i\boldsymbol{E}-\boldsymbol{A})\boldsymbol{X}=\boldsymbol{0}$的非零解；

(3) 用 Schmidt 方法求$\lambda_i(i=1,2,\cdots,s)$的特征向量生成的空间的标准正交基$\boldsymbol{\alpha}_{i1},\boldsymbol{\alpha}_{i2},\cdots,\boldsymbol{\alpha}_{in_i}$；

(4) 令$\boldsymbol{U}=(\boldsymbol{\alpha}_{11},\boldsymbol{\alpha}_{12},\cdots,\boldsymbol{\alpha}_{1n_1},\boldsymbol{\alpha}_{21},\boldsymbol{\alpha}_{22},\cdots,\boldsymbol{\alpha}_{2n_2},\cdots,\boldsymbol{\alpha}_{s1},\boldsymbol{\alpha}_{s2},\cdots,\boldsymbol{\alpha}_{sn_s})$，则得到的酉矩阵$\boldsymbol{U}$满足$\boldsymbol{U}^{\mathrm{H}}\boldsymbol{A}\boldsymbol{U}=\mathrm{diag}(\lambda_1,\lambda_2,\cdots,\lambda_n)$.

例 3.4.1 已知$\boldsymbol{A}=\begin{bmatrix}-1 & \mathrm{i} & 0\\ -\mathrm{i} & 0 & -\mathrm{i}\\ 0 & \mathrm{i} & -1\end{bmatrix}$，验证$\boldsymbol{A}$是正规矩阵，并求酉矩阵$\boldsymbol{U}$，使$\boldsymbol{U}^{\mathrm{H}}\boldsymbol{A}\boldsymbol{U}$为对角阵.

解：由于$\boldsymbol{A}^{\mathrm{H}}=\boldsymbol{A}$，即$\boldsymbol{A}$是 Hermite 矩阵，从而$\boldsymbol{A}$是正规矩阵.

$\boldsymbol{A}$的特征多项式

$$|\lambda\boldsymbol{E}-\boldsymbol{A}|=(\lambda-1)(\lambda+1)(\lambda+2),$$

故$\boldsymbol{A}$的特征值是$\lambda_1=1,\lambda_2=-1,\lambda_3=-2$.

求得对应的特征向量分别为

$$\boldsymbol{\alpha}_1=(1,-2\mathrm{i},1)^{\mathrm{T}},$$

$$\boldsymbol{\alpha}_2=(-1,0,1)^{\mathrm{T}},$$

$$\boldsymbol{\alpha}_3=(1,\mathrm{i},1)^{\mathrm{T}}.$$

这些特征向量应是两两正交的,单位化得

$$\boldsymbol{u}_1=\frac{\boldsymbol{\alpha}_1}{\|\boldsymbol{\alpha}_1\|}=\left(\frac{1}{\sqrt{6}},-\frac{2\mathrm{i}}{\sqrt{6}},\frac{1}{\sqrt{6}}\right)^{\mathrm{T}},$$

$$\boldsymbol{u}_2=\frac{\boldsymbol{\alpha}_2}{\|\boldsymbol{\alpha}_2\|}=\left(-\frac{1}{\sqrt{2}},0,\frac{1}{\sqrt{2}}\right)^{\mathrm{T}},$$

$$\boldsymbol{u}_3=\frac{\boldsymbol{\alpha}_3}{\|\boldsymbol{\alpha}_3\|}=\left(\frac{1}{\sqrt{3}},\frac{\mathrm{i}}{\sqrt{3}},\frac{1}{\sqrt{3}}\right)^{\mathrm{T}},$$

于是酉矩阵

$$\boldsymbol{U}=(\boldsymbol{u}_1,\boldsymbol{u}_2,\boldsymbol{u}_3)=\begin{bmatrix}\frac{1}{\sqrt{6}} & -\frac{1}{\sqrt{2}} & \frac{1}{\sqrt{3}}\\ -\frac{2\mathrm{i}}{\sqrt{6}} & 0 & \frac{\mathrm{i}}{\sqrt{3}}\\ \frac{1}{\sqrt{6}} & \frac{1}{\sqrt{2}} & \frac{1}{\sqrt{3}}\end{bmatrix}$$

满足

$$\boldsymbol{U}^{\mathrm{H}}\boldsymbol{A}\boldsymbol{U}=\begin{bmatrix}1 & & \\ & -1 & \\ & & -2\end{bmatrix}.$$

3.4.2 伴随变换和正规变换

定义 3.4.6 设 V 是一个酉空间(欧氏空间),σ 是 V 的一个线性变换,如果存在 V 的一个线性变换 σ^{H},使得

$$(\sigma(\boldsymbol{\alpha}),\boldsymbol{\beta})=(\boldsymbol{\alpha},\sigma^{\mathrm{H}}(\boldsymbol{\beta}))\quad(\forall\ \boldsymbol{\alpha},\boldsymbol{\beta}\in V),$$

则称 σ 有一个**伴随变换** σ^{H}.

例 3.4.2 设 σ 是欧氏空间 V 的一个对称变换,则根据对称变换的定义

$$(\sigma(\boldsymbol{\alpha}),\boldsymbol{\beta})=(\boldsymbol{\alpha},\sigma(\boldsymbol{\beta}))\quad(\forall\ \boldsymbol{\alpha},\boldsymbol{\beta}\in V),$$

则有 $\sigma^{\mathrm{H}}=\sigma$.

例 3.4.3 设 σ 是酉空间 V 的一个 Hermite 变换,则根据 Hermite 变换的定义

$$(\sigma(\boldsymbol{\alpha}),\boldsymbol{\beta})=(\boldsymbol{\alpha},\sigma(\boldsymbol{\beta}))\quad(\forall\ \boldsymbol{\alpha},\boldsymbol{\beta}\in V),$$

则有 $\sigma^{\mathrm{H}}=\sigma$. 因此，Hermite 变换也被称为**自伴随变换**.

例 3.4.4 设 σ 是欧氏空间 V 的一个正交变换，则根据正交变换的定义

$$(\sigma(\boldsymbol{\alpha}),\sigma(\boldsymbol{\beta}))=(\boldsymbol{\alpha},\boldsymbol{\beta})\quad(\forall\ \boldsymbol{\alpha},\boldsymbol{\beta}\in V),$$

则有 $\sigma^{\mathrm{H}}=\sigma^{-1}$. 这是因为

$$(\sigma(\boldsymbol{\alpha}),\boldsymbol{\beta})=(\sigma(\boldsymbol{\alpha}),\sigma(\sigma^{-1}(\boldsymbol{\beta})))=(\boldsymbol{\alpha},\sigma^{-1}(\boldsymbol{\beta}))\quad(\forall\ \boldsymbol{\alpha},\boldsymbol{\beta}\in V).$$

例 3.4.5 设 σ 是酉空间 V 的一个酉变换，则有 $\sigma^{\mathrm{H}}=\sigma^{-1}$.

定义 3.4.7 设 V 是酉空间(欧氏空间)，σ 是 V 的一个线性变换，如果 σ 满足

$$\sigma^{\mathrm{H}}\sigma=\sigma\sigma^{\mathrm{H}},$$

则称 σ 是**正规变换**.

欧氏空间的正交变换、对称变换、反对称变换，酉空间的酉变换、Hermite 变换、反 Hermite 变换都是正规变换.

定理 3.4.2 设 V 是一个 n 维酉空间(欧氏空间)，σ 是 V 的一个线性变换，$\boldsymbol{\alpha}_1,\boldsymbol{\alpha}_2,\cdots,\boldsymbol{\alpha}_n$ 是 V 的一个标准正交基，且 σ 在基 $\boldsymbol{\alpha}_1,\boldsymbol{\alpha}_2,\cdots,\boldsymbol{\alpha}_n$ 下对应的矩阵为 $\boldsymbol{A}=(a_{ij})_{n\times n}$，则 σ 的伴随变换 σ^{H} 在基 $\boldsymbol{\alpha}_1,\boldsymbol{\alpha}_2,\cdots,\boldsymbol{\alpha}_n$ 下的矩阵 $\boldsymbol{B}$ 为 $\boldsymbol{B}=\boldsymbol{A}^{\mathrm{H}}$.

证：由伴随变换定义可知

$$(\sigma(\boldsymbol{\alpha}_i),\boldsymbol{\alpha}_j)=(\boldsymbol{\alpha}_i,\sigma^{\mathrm{H}}(\boldsymbol{\alpha}_j))\quad(i,j=1,2,\cdots,n),$$

由

$$(\sigma(\boldsymbol{\alpha}_1),\sigma(\boldsymbol{\alpha}_2),\cdots,\sigma(\boldsymbol{\alpha}_n))=(\boldsymbol{\alpha}_1,\boldsymbol{\alpha}_2,\cdots,\boldsymbol{\alpha}_n)\boldsymbol{A}$$

有

$$\sigma(\boldsymbol{\alpha}_i)=a_{1i}\boldsymbol{\alpha}_1+a_{2i}\boldsymbol{\alpha}_2+\cdots+a_{ni}\boldsymbol{\alpha}_n,\quad(\sigma(\boldsymbol{\alpha}_i),\boldsymbol{\alpha}_j)=a_{ji},$$

设 σ 的伴随变换 σ^{H} 的矩阵 $\boldsymbol{B}=(b_{ij})_{n\times n}$，则有

$$(\sigma(\boldsymbol{\alpha}_i),\boldsymbol{\alpha}_j)=(\boldsymbol{\alpha}_i,\sigma^{\mathrm{H}}(\boldsymbol{\alpha}_j))=\overline{(\sigma^{\mathrm{H}}(\boldsymbol{\alpha}_j),\boldsymbol{\alpha}_i)}=\overline{b_{ij}},$$

从而有 $a_{ji}=\overline{b_{ij}}$，$b_{ij}=\overline{a_{ji}}$，即 $\boldsymbol{B}=\boldsymbol{A}^{\mathrm{H}}$. ■

定理 3.4.3 设 V 是一个 n 维酉空间(欧氏空间)，σ 是 V 的一个线性变换，σ 是正规变换当且仅当 σ 在 V 的任意一个标准正交基下的矩阵是正规矩阵.

证：任取 V 的一个标准正交基 $\boldsymbol{\alpha}_1,\boldsymbol{\alpha}_2,\cdots,\boldsymbol{\alpha}_n$，设 σ 在该基下的矩阵为 $\boldsymbol{A}$，那么其伴随变换 σ^{H} 在该基下的矩阵为 $\boldsymbol{A}^{\mathrm{H}}$，又因变换与矩阵的一一对应关系，有

$$\sigma\sigma^{\mathrm{H}}=\sigma^{\mathrm{H}}\sigma\Leftrightarrow\boldsymbol{A}\boldsymbol{A}^{\mathrm{H}}=\boldsymbol{A}^{\mathrm{H}}\boldsymbol{A},$$

所以，σ 是 V 的正规变换当且仅当 $\boldsymbol{A}$ 为正规矩阵. ■

由于正规变换的矩阵是正规矩阵，且正规矩阵一定酉相似于一个对角阵，因此可得下述定理.

定理 3.4.4 设 σ 是酉空间 V 的一个正规变换，则存在 V 的一个标准正交基，使得 σ 在这个基下对应的矩阵为对角阵.

由定理 3.4.4 可知酉空间的正规变换是可对角化的线性变换.

3.5 应用实例

3.5.1 Householder 镜像变换

定义 3.5.1 设 $\boldsymbol{\alpha} \in \mathbb{C}^n$，且$\boldsymbol{\alpha}^{\mathrm{H}}\boldsymbol{\alpha}=1$，则酉矩阵

$$\boldsymbol{H}=\boldsymbol{E}-2\boldsymbol{\alpha}\boldsymbol{\alpha}^{\mathrm{H}} \in \mathbb{C}^{n\times n}$$

与某一组基下的线性变换对应，该线性变换是酉变换，称为 **Householder**(豪斯霍尔德)**镜像变换**.

现以$\mathbb{R}^2$ 空间对 Householder 变换进行分析. 如图 3.5.1 所示，$\mathbb{R}^2$ 空间中有两个同样长度的向量 $\boldsymbol{\xi}$ 和 $\boldsymbol{\eta}$，而 $\boldsymbol{\alpha}$ 是与 $\boldsymbol{\xi}-\boldsymbol{\eta}$ 同方向的单位向量(向量 $\boldsymbol{\alpha}$ 的长度是 $\sqrt{(\boldsymbol{\alpha},\boldsymbol{\alpha})}=\sqrt{\boldsymbol{\alpha}^{\mathrm{H}}\boldsymbol{\alpha}}=1$)，$l$ 轴(无方向)与向量 $\boldsymbol{\alpha}$ 垂直.

向量 $\boldsymbol{\xi}$ 在 $\boldsymbol{\alpha}$ 上的投影长度是

$$(\boldsymbol{\xi},\boldsymbol{\alpha})=\boldsymbol{\alpha}^{\mathrm{H}}\boldsymbol{\xi},$$

因此

$$\boldsymbol{\xi}-\boldsymbol{\eta}=2\boldsymbol{\alpha}\,(\boldsymbol{\alpha}^{\mathrm{H}}\boldsymbol{\xi}),$$

所以

$$\boldsymbol{\eta}=\boldsymbol{\xi}-2\boldsymbol{\alpha}\,(\boldsymbol{\alpha}^{\mathrm{H}}\boldsymbol{\xi})=(\boldsymbol{E}-2\boldsymbol{\alpha}\boldsymbol{\alpha}^{\mathrm{H}})\,\boldsymbol{\xi}=\boldsymbol{H}\boldsymbol{\xi}.$$

又因 l 轴与向量 $\boldsymbol{\alpha}$ 正交，由几何关系可知向量 $\boldsymbol{\xi}$ 和 $\boldsymbol{\eta}$ 关于 l 轴呈镜像对称关系.

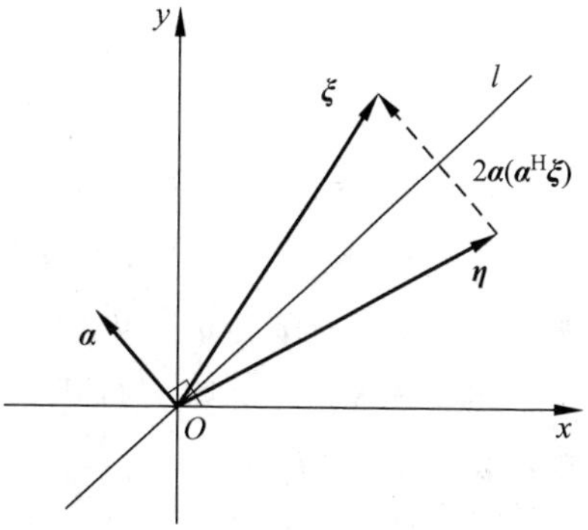

图 3.5.1 Householder 变换示意图

综上，矩阵 $\boldsymbol{H}=\boldsymbol{E}-2\boldsymbol{\alpha}\boldsymbol{\alpha}^{\mathrm{H}}$ 作用在原始向量 $\boldsymbol{\xi}$ 上，代表对 $\boldsymbol{\xi}$ 进行镜面反射，反射平面(对应图 3.5.1 中的 l 轴)正是与向量 $\boldsymbol{\alpha}$ 垂直的平面(向量、平面都要过坐标原点)，$\boldsymbol{\eta}=\boldsymbol{H}\boldsymbol{\xi}$ 即为变换所得向量，因此，Householder 变换又称为**镜像变换**，酉矩阵 $\boldsymbol{H}$ 也称为 Householder 矩阵，镜面的法向量 $\boldsymbol{\alpha}$ 也称为 Householder 向量.

Householder 变换能将向量变换成范数相等的另一向量，若需变换回原向量，只需对变换后的向量再进行一次 Householder 变换. 特别地，Householder 变换能将一般向量变换成范数相等且若干个分量为 0 的稀疏向量，这在参数估计、信息处理等方面有实际应用价值. 此外，Householder 变换还可用于矩阵分解等方面.

3.5.2 最小二乘法的数学原理

最小二乘法又称最小平方法，是一种数学优化方法，它通过最小化误差的平方之和寻找数据的最佳函数匹配. 本节基于正交补和正交投影介绍最小二乘法的数学原理.

定理 3.5.1 设 W 是欧氏空间 V 的一个线性子空间，对于任意向量 $\boldsymbol{\alpha}\in V$，$\boldsymbol{\alpha}_1\in W$ 是 $\boldsymbol{\alpha}$ 在 W 上的正交投影的充要条件是

$$|\boldsymbol{\alpha}-\boldsymbol{\alpha}_1|\leqslant|\boldsymbol{\alpha}-\boldsymbol{\beta}|\quad(\forall\ \boldsymbol{\beta}\in W).$$

证：① 必要性　设 $\boldsymbol{\alpha}_1\in W$ 是 $\boldsymbol{\alpha}$ 在 W 上的正交投影，则对 $\forall\boldsymbol{\beta}\in W$，有

$$(\boldsymbol{\alpha}-\boldsymbol{\alpha}_1)\perp(\boldsymbol{\alpha}_1-\boldsymbol{\beta}),$$

$$|\boldsymbol{\alpha}-\boldsymbol{\beta}|^2=|(\boldsymbol{\alpha}-\boldsymbol{\alpha}_1)+(\boldsymbol{\alpha}_1-\boldsymbol{\beta})|^2=|\boldsymbol{\alpha}-\boldsymbol{\alpha}_1|^2+|\boldsymbol{\alpha}_1-\boldsymbol{\beta}|^2\geqslant|\boldsymbol{\alpha}-\boldsymbol{\alpha}_1|^2,$$

即 $|\boldsymbol{\alpha}-\boldsymbol{\alpha}_1|\leqslant|\boldsymbol{\alpha}-\boldsymbol{\beta}|$.

② 充分性　设 $\boldsymbol{\delta}$ 是 $\boldsymbol{\alpha}$ 在 W 上的正交投影，则对于 $\boldsymbol{\alpha}_1\in W$，有

$$(\boldsymbol{\alpha}-\boldsymbol{\delta})\perp(\boldsymbol{\delta}-\boldsymbol{\alpha}_1),$$

$$|\boldsymbol{\alpha}-\boldsymbol{\alpha}_1|^2=|(\boldsymbol{\alpha}-\boldsymbol{\delta})+(\boldsymbol{\delta}-\boldsymbol{\alpha}_1)|^2=|\boldsymbol{\alpha}-\boldsymbol{\delta}|^2+|\boldsymbol{\delta}-\boldsymbol{\alpha}_1|^2\geqslant|\boldsymbol{\alpha}-\boldsymbol{\delta}|^2,$$

即 $|\boldsymbol{\alpha}-\boldsymbol{\alpha}_1|\geqslant|\boldsymbol{\alpha}-\boldsymbol{\delta}|$. 又由于 $|\boldsymbol{\alpha}-\boldsymbol{\alpha}_1|\leqslant|\boldsymbol{\alpha}-\boldsymbol{\beta}|$，$\forall\boldsymbol{\beta}\in W$，有 $|\boldsymbol{\alpha}-\boldsymbol{\alpha}_1|\leqslant|\boldsymbol{\alpha}-\boldsymbol{\delta}|$，所以 $|\boldsymbol{\alpha}-\boldsymbol{\alpha}_1|=|\boldsymbol{\alpha}-\boldsymbol{\delta}|$，$\forall\boldsymbol{\alpha}\in V$，所以 $\boldsymbol{\alpha}_1=\boldsymbol{\delta}$. ■

定义 3.5.2 设 W 是欧氏空间 V 的一个线性子空间，对于任意向量 $\boldsymbol{\alpha}\in V$，若存在 $\boldsymbol{\alpha}_1\in W$，使得

$$|\boldsymbol{\alpha}-\boldsymbol{\alpha}_1|\leqslant|\boldsymbol{\alpha}-\boldsymbol{\beta}|\quad(\forall\ \boldsymbol{\beta}\in W),$$

则称 $\boldsymbol{\alpha}_1$ 是 $\boldsymbol{\alpha}$ 在 W 上的**最佳逼近元**.

$\boldsymbol{\alpha}$ 在 W 上的最佳逼近元也就是 $\boldsymbol{\alpha}$ 在 W 上的正交投影.

在科学实验和统计分析中，经常需要分析观测数据的变化规律并用函数近似表示，从图形上看，就是求一条能反映数据变化趋势的近似曲线，当近似曲线为直线时称为直线拟合或线性回归，为曲线时称为曲线拟合.

(1) 直线拟合.

当观测数据 y 随某变量 x 的变化关系满足线性关系时，拟合函数为 $\varphi(x)=a_0+a_1x$，为确定参数 a_0 和 a_1 的值，可通过实验测得观测数据，设总共进行了 n 次观测，数据为 $(x_1,y_1),(x_2,y_2),\cdots,(x_n,y_n)$，由这组观测数据的散点图可看出，数据点一般并不在一条直线上，但却在一条直线附近，即 $y_i\approx a_0+a_1x_i,i=1,2,\cdots,n$. 由于不存在 a_0 和 a_1 使得 $y_i=a_0+a_1x_i$，因此方程组

$$\begin{bmatrix}1 & x_1\\1 & x_2\\\vdots & \vdots\\1 & x_n\end{bmatrix}\begin{bmatrix}a_0\\a_1\end{bmatrix}=\begin{bmatrix}y_1\\y_2\\\vdots\\y_n\end{bmatrix}$$

在 $n>2$ 时是矛盾方程组，没有通常意义下的解.

上述方程组的矩阵形式为

$$\boldsymbol{Aa}=\boldsymbol{Y},$$

其中，

$$\boldsymbol{A}=\begin{bmatrix}1 & x_1\\1 & x_2\\\vdots & \vdots\\1 & x_n\end{bmatrix},\quad \boldsymbol{a}=\begin{bmatrix}a_0\\a_1\end{bmatrix},\quad \boldsymbol{Y}=\begin{bmatrix}y_1\\y_2\\\vdots\\y_n\end{bmatrix}.$$

该问题是求参数向量 $\boldsymbol{a}$ 使 $\boldsymbol{Y}-\boldsymbol{Aa}$ 长度最小，若将 $\boldsymbol{Y}$ 看成$\mathbb{R}^n$ 空间中的一个向量，则问题转化为求 $\boldsymbol{a}$ 使 $\boldsymbol{Aa}$ 是向量 $\boldsymbol{Y}$ 在系数矩阵 $\boldsymbol{A}$ 的列向量 $(1,1,\cdots,1)^{\mathrm{T}}$ 和 $(x_1,x_2,\cdots,x_n)^{\mathrm{T}}$ 生成的子空间 W 上的投影.

确定待定参数 a_0 和 a_1 的原则应是使观测数据的误差 $e_i=y_i-(a_0+a_1x_i)$ $(i=1,2,\cdots,n)$尽可能小，这是一个多目标优化问题. 将此多目标优化问题转化为单目标优化问题有几种选择：

① 使最大误差最小，即 $\min\limits_{a_0,a_1}\max\limits_{1\leqslant i\leqslant n}|e_i|$；

② 使误差的绝对值之和最小，即 $\min\limits_{a_0,a_1}\sum\limits_{i=1}^{n}|e_i|$；

③ 使误差的平方之和最小，即 $\min\limits_{a_0,a_1}\sum\limits_{i=1}^{n}e_i^2$.

采用第③种目标函数，即以误差的平方之和最小为目标的方法就是**最小二乘法**.

(2) 多变量拟合.

当观测数据 y 与 n 个变量 $x_1,x_2,\cdots,x_n$ 呈线性关系时，拟合函数可表示为

$$\varphi(\boldsymbol{x})=a_0+a_1x_1+a_2x_2+\cdots+a_nx_n.$$

设总共进行了 m 次观测，为确定待定参数 $a_0,a_1,\cdots,a_n$，则有方程组

$$\begin{cases} a_0+a_1x_{11}+a_2x_{21}+\cdots+a_nx_{n1}=y_1 \\ a_0+a_1x_{12}+a_2x_{22}+\cdots+a_nx_{n2}=y_2 \\ \qquad\vdots \\ a_0+a_1x_{1m}+a_2x_{2m}+\cdots+a_nx_{nm}=y_m \end{cases},$$

其矩阵形式为

$$\boldsymbol{A}\boldsymbol{a}=\boldsymbol{Y},$$

其中

$$\boldsymbol{A}=\begin{bmatrix} 1 & x_{11} & x_{21} & \cdots & x_{n1} \\ 1 & x_{12} & x_{22} & \cdots & x_{n2} \\ \vdots & \vdots & \vdots & \ddots & \vdots \\ 1 & x_{1m} & x_{2m} & \cdots & x_{nm} \end{bmatrix},\quad \boldsymbol{a}=\begin{bmatrix} a_0 \\ a_1 \\ \vdots \\ a_n \end{bmatrix},\quad \boldsymbol{Y}=\begin{bmatrix} y_1 \\ y_2 \\ \vdots \\ y_m \end{bmatrix}.$$

当 $m>n$ 时该方程组是矛盾方程组，没有通常意义下的解. 确定待定参数 a_0，$a_1,\cdots,a_n$ 的原则应是使误差 $e_i=y_i-\varphi(\boldsymbol{x}_i)(i=1,2,\cdots,m)$ 尽可能小，这是一个多目标优化问题，将此多目标优化问题转化为单目标优化问题同样有几种目标函数可供选择，需确定最优目标函数.

(3) 曲线拟合.

当观测数据 y 随某变量 x 的变化规律为曲线时，需求一条近似曲线来反映数据的变化趋势，通常用多项式表示近似曲线，拟合函数可表示为

$$\varphi(x)=a_0+a_1x+a_2x^2+\cdots+a_nx^n,$$

其中，$a_0,a_1,\cdots,a_n$ 为待定参数. 设总共进行了 m 次观测，确定待定参数 a_0，$a_1,\cdots,a_n$ 的原则应是使误差 $e_i=y_i-\varphi(x_i)(i=1,2,\cdots,m)$ 尽可能小，这是一个多目标优化问题，将其转化为单目标优化问题同样需确定最优目标函数.

进行变换

$$\begin{cases} z_1 = x \\ z_2 = x^2 \\ \vdots \\ z_n = x^n \end{cases},$$

则拟合函数可写为

$$\varphi(z) = a_0 + a_1 z_1 + a_2 z_2 + \cdots + a_n z_n,$$

从而转化为多变量拟合问题进行处理.

对于最小二乘法,有

$$\sum_{i=1}^{n} e_i^2 = (\boldsymbol{Y} - \boldsymbol{A}\boldsymbol{a})^{\mathrm{T}}(\boldsymbol{Y} - \boldsymbol{A}\boldsymbol{a}) = |\ \boldsymbol{Y} - \boldsymbol{A}\boldsymbol{a}\ |^2.$$

令 $\boldsymbol{\delta} = \boldsymbol{Y} - \boldsymbol{A}\boldsymbol{a}$,定义损失函数

$$\begin{aligned} J = \sum_{i=1}^{n} e_i^2 &= (\boldsymbol{Y} - \boldsymbol{A}\boldsymbol{a})^{\mathrm{T}}(\boldsymbol{Y} - \boldsymbol{A}\boldsymbol{a}) = \boldsymbol{\delta}^{\mathrm{T}}\boldsymbol{\delta} \\ &= \boldsymbol{Y}^{\mathrm{T}}\boldsymbol{Y} - \boldsymbol{a}^{\mathrm{T}}\boldsymbol{A}^{\mathrm{T}}\boldsymbol{Y} - \boldsymbol{Y}^{\mathrm{T}}\boldsymbol{A}\boldsymbol{a} + \boldsymbol{a}^{\mathrm{T}}\boldsymbol{A}^{\mathrm{T}}\boldsymbol{A}\boldsymbol{a}, \end{aligned}$$

为确定 $\boldsymbol{a}$,求 J 对 $\boldsymbol{a}$ 的偏导并令结果等于零,有

$$\frac{\partial J}{\partial \boldsymbol{a}} = -\boldsymbol{A}^{\mathrm{T}}\boldsymbol{Y} - \boldsymbol{A}^{\mathrm{T}}\boldsymbol{Y} + (\boldsymbol{A}^{\mathrm{T}}\boldsymbol{A} + \boldsymbol{A}^{\mathrm{T}}\boldsymbol{A})\boldsymbol{a} = \boldsymbol{0},$$

$$\boldsymbol{A}^{\mathrm{T}}\boldsymbol{A}\boldsymbol{a} = \boldsymbol{A}^{\mathrm{T}}\boldsymbol{Y},$$

当 $m \times n$ 矩阵 $\boldsymbol{A}$ 列满秩时,$\boldsymbol{A}^{\mathrm{T}}\boldsymbol{A}$ 非奇异,可得

$$\boldsymbol{a} = (\boldsymbol{A}^{\mathrm{T}}\boldsymbol{A})^{-1}\boldsymbol{A}^{\mathrm{T}}\boldsymbol{Y}.$$

此即最小二乘法的参数估计结果.

现在讨论最小二乘法的最优性.

当给定观测值向量 $\boldsymbol{Y}$ 时,按最小二乘法可得相应的预报值(拟合值)向量 $\hat{\boldsymbol{Y}}$,即

$$\hat{\boldsymbol{Y}} = \boldsymbol{A}\boldsymbol{a} = \boldsymbol{A}(\boldsymbol{A}^{\mathrm{T}}\boldsymbol{A})^{-1}\boldsymbol{A}^{\mathrm{T}}\boldsymbol{Y} = \boldsymbol{A}\boldsymbol{L}^{-1}\boldsymbol{A}^{\mathrm{T}}\boldsymbol{Y} \quad (\boldsymbol{L} = \boldsymbol{A}^{\mathrm{T}}\boldsymbol{A}),$$

称拟合误差 $\boldsymbol{e} = \boldsymbol{Y} - \hat{\boldsymbol{Y}}$ 为残差向量,并记 $\boldsymbol{P} = \boldsymbol{A}\boldsymbol{L}^{-1}\boldsymbol{A}^{\mathrm{T}}$,则有

$$\boldsymbol{P}^{\mathrm{T}} = \boldsymbol{P}, \quad \boldsymbol{P}^2 = \boldsymbol{P},$$

$$(\boldsymbol{E} - \boldsymbol{P})^{\mathrm{T}} = \boldsymbol{E} - \boldsymbol{P}, \quad (\boldsymbol{E} - \boldsymbol{P})^2 = \boldsymbol{E} - 2\boldsymbol{P} + \boldsymbol{P}^2 = \boldsymbol{E} - \boldsymbol{P},$$

即 $\boldsymbol{P}$ 和 $\boldsymbol{E}-\boldsymbol{P}$ 都是幂等矩阵.

$$\hat{\boldsymbol{Y}}=\boldsymbol{A}\boldsymbol{a}=\boldsymbol{A}\boldsymbol{L}^{-1}\boldsymbol{A}^{\mathrm{T}}\boldsymbol{Y}=\boldsymbol{P}\boldsymbol{Y}, \tag{3.5.1}$$

$$\boldsymbol{e}=\boldsymbol{Y}-\hat{\boldsymbol{Y}}=\boldsymbol{Y}-\boldsymbol{P}\boldsymbol{Y}=(\boldsymbol{E}-\boldsymbol{P})\boldsymbol{Y}, \tag{3.5.2}$$

$$\boldsymbol{P}\boldsymbol{A}=\boldsymbol{A}\boldsymbol{L}^{-1}\boldsymbol{A}^{\mathrm{T}}\boldsymbol{A}=\boldsymbol{A},\quad (\boldsymbol{E}-\boldsymbol{P})\boldsymbol{A}=\boldsymbol{0},$$

$$(\hat{\boldsymbol{Y}},\boldsymbol{e})=(\boldsymbol{P}\boldsymbol{Y})^{\mathrm{T}}(\boldsymbol{E}-\boldsymbol{P})\boldsymbol{Y}=\boldsymbol{Y}^{\mathrm{T}}\boldsymbol{P}(\boldsymbol{E}-\boldsymbol{P})\boldsymbol{Y}=\boldsymbol{0}, \tag{3.5.3}$$

即 $\hat{\boldsymbol{Y}}\perp\boldsymbol{e}$，由式(3.5.1)～式(3.5.3)，向量之间的关系如图 3.5.2 所示.

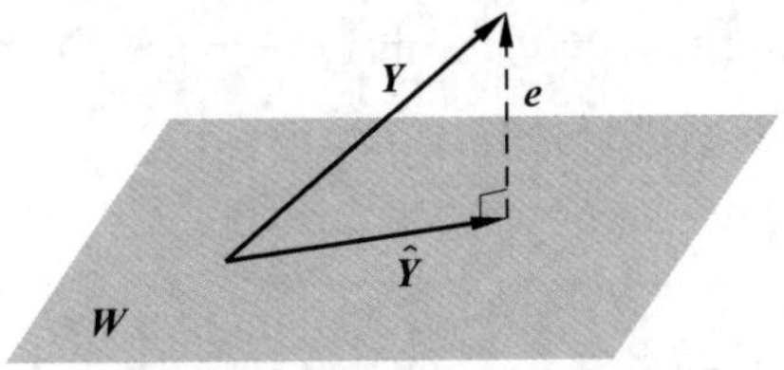

图 3.5.2　向量关系示意图

由图 3.5.2 可见，预报值 $\hat{\boldsymbol{Y}}$ 为观测值 $\boldsymbol{Y}$ 在子空间 W 上的投影，子空间 W 为系数矩阵 $\boldsymbol{A}$ 的列向量生成的子空间，残差向量 $\boldsymbol{e}=\boldsymbol{Y}-\hat{\boldsymbol{Y}}$ 为观测值和预报值之间的误差，从几何图形上看，当 $\hat{\boldsymbol{Y}}\perp\boldsymbol{e}$ 时，残差向量 $\boldsymbol{e}$ 最小，而由最小二乘法求得的系数 $\boldsymbol{a}$ 恰好使 $\hat{\boldsymbol{Y}}\perp\boldsymbol{e}$ 这一条件成立.

综上，由最小二乘法求得的估计值 $\hat{\boldsymbol{Y}}$ 是 $\boldsymbol{Y}$ 在子空间 W 上的最佳逼近元，因此目标函数③的方法即最小二乘法是最优的.

本章小结

本章介绍了典型矩阵与变换，包括酉矩阵与酉变换、正交矩阵与正交变换、幂等矩阵与投影变换、次酉矩阵与正交投影、对称矩阵与对称变换、Hermite 矩阵与 Hermite 变换、伴随变换、正规矩阵与正规变换等，此外给出了应用实例.

学习完本章内容后，应能达到如下基本要求：

(1) 掌握各类矩阵和变换的定义与性质、矩阵与变换之间的关系；

(2) 能进行矩阵、变换的相关计算和证明.

表 3.1 总结了本章内容.

<table>
<caption>表 3.1 典型矩阵与变换总结</caption>
<tr><th></th><th>矩阵</th><th>变换</th><th>特征值</th><th>特征向量</th><th>对角化</th></tr>
<tr><td rowspan="6">正规矩阵</td><td>酉矩阵
$\boldsymbol{A}^{H}\boldsymbol{A}=\boldsymbol{A}\boldsymbol{A}^{H}=\boldsymbol{E}$</td><td>酉变换
$(\sigma(\boldsymbol{\alpha}),\sigma(\boldsymbol{\beta}))=(\boldsymbol{\alpha},\boldsymbol{\beta})$</td><td>模等于 1</td><td rowspan="4">不同特征值对应的特征向量互相正交</td><td rowspan="9">可以</td></tr>
<tr><td>正交矩阵
$\boldsymbol{A}^{T}\boldsymbol{A}=\boldsymbol{A}\boldsymbol{A}^{T}=\boldsymbol{E}$</td><td>正交变换
$(\sigma(\boldsymbol{\alpha}),\sigma(\boldsymbol{\beta}))=(\boldsymbol{\alpha},\boldsymbol{\beta})$</td><td>$\pm 1$</td></tr>
<tr><td>Hermite 矩阵
$\boldsymbol{A}^{H}=\boldsymbol{A}$</td><td>Hermite 变换
$(\sigma(\boldsymbol{\alpha}),\boldsymbol{\beta})=(\boldsymbol{\alpha},\sigma(\boldsymbol{\beta}))$</td><td>实数</td></tr>
<tr><td>对称矩阵
$\boldsymbol{A}^{T}=\boldsymbol{A}$</td><td>对称变换
$(\sigma(\boldsymbol{\alpha}),\boldsymbol{\beta})=(\boldsymbol{\alpha},\sigma(\boldsymbol{\beta}))$</td><td>实数</td></tr>
<tr><td>反 Hermite 矩阵
$\boldsymbol{A}^{H}=-\boldsymbol{A}$</td><td>反 Hermite 变换
$(\sigma(\boldsymbol{\alpha}),\boldsymbol{\beta})=-(\boldsymbol{\alpha},\sigma(\boldsymbol{\beta}))$</td><td>0 或虚数</td><td rowspan="2">特征值之和不为零的两个特征向量互相正交</td></tr>
<tr><td>反对称矩阵
$\boldsymbol{A}^{T}=-\boldsymbol{A}$</td><td>反对称变换
$(\sigma(\boldsymbol{\alpha}),\boldsymbol{\beta})=-(\boldsymbol{\alpha},\sigma(\boldsymbol{\beta}))$</td><td>0 或虚数</td></tr>
<tr><td rowspan="3">幂等矩阵</td><td>正规矩阵
$\boldsymbol{A}^{H}\boldsymbol{A}=\boldsymbol{A}\boldsymbol{A}^{H}$</td><td>正规变换
$\sigma^{H}\sigma=\sigma\sigma^{H}$</td><td>$\boldsymbol{A}^{H}$ 和 $\boldsymbol{A}$ 的特征值互为共轭</td><td>n 阶矩阵 $\boldsymbol{A}$ 有 n 个线性无关的特征向量</td></tr>
<tr><td>幂等矩阵 $\boldsymbol{A}^{2}=\boldsymbol{A}$</td><td>投影变换 $\sigma(\boldsymbol{x}+\boldsymbol{y})=\boldsymbol{x}$</td><td>0 或 1</td><td>无明显规律</td></tr>
<tr><td>$\boldsymbol{A}^{2}=\boldsymbol{A}=\boldsymbol{A}^{H}$</td><td>正交投影变换 $\sigma(\boldsymbol{x}+\boldsymbol{y})=\boldsymbol{x}$,其中 $\boldsymbol{x}\perp\boldsymbol{y}$</td><td>0 或 1</td><td>不同特征值对应的特征向量互相正交</td></tr>
</table>

注：本表的部分内容超出了本书范围,有兴趣的读者可自行查阅相关资料.

习题 3

3-1 若 $\boldsymbol{A}\in \boldsymbol{U}^{n\times n}$,试证明:

(1) $|\det\boldsymbol{A}|=1$;

(2) $\boldsymbol{A}^{T}\in U^{n\times n}$;

(3) $\boldsymbol{A}^{2}\in U^{n\times n}$.

3-2 试写出：

(1) $\mathbb{R}^2$ 空间中将向量 $\boldsymbol{\alpha}$ 顺时针旋转 $\frac{\pi}{2}$ 的旋转变换的矩阵；

(2) $\mathbb{R}^2$ 空间中将向量 $\boldsymbol{\alpha}$ 逆时针旋转 $\frac{\pi}{2}$ 的旋转变换的矩阵.

3-3 试写出：

(1) 三维空间中的向量绕 y 轴旋转 θ 角的旋转变换的矩阵 $\boldsymbol{R}_y(\theta)$；

(2) 三维空间中的向量绕 z 轴旋转 θ 角的旋转变换的矩阵 $\boldsymbol{R}_z(\theta)$.

3-4 试写出：

(1) $\mathbb{R}^2$ 空间中将向量 $\overrightarrow{OP}$ 正交投影到 Ox 轴上的投影变换的矩阵，其中 P 点的坐标是 (x,y)，投影点 P' 的坐标是 (x',y')；

(2) $\mathbb{R}^2$ 空间中将向量 $\overrightarrow{OP}$ 正交投影到 Oy 轴上的投影变换的矩阵，其中 P 点的坐标是 (x,y)，投影点 P' 的坐标是 (x',y')；

(3) $\mathbb{R}^3$ 空间中将向量 $\overrightarrow{OP}$ 正交投影到 Oz 轴上的投影变换的矩阵，其中 P 点的坐标是 (x,y,z)，投影点 P' 的坐标是 (x',y',z').

3-5 求下列线性变换的矩阵：

(1) $\mathbb{R}^2$ 空间中将向量 $\boldsymbol{\alpha}$ 关于 y 轴对称；

(2) $\mathbb{R}^2$ 空间中将向量 $\boldsymbol{\alpha}$ 关于直线 $y=x$ 对称；

(3) $\mathbb{R}^2$ 空间中将向量 $\boldsymbol{\alpha}$ 关于直线 $y=-x$ 对称.

3-6 求正交矩阵 $\boldsymbol{Q}$，使 $\boldsymbol{Q}^{\mathrm{T}}\boldsymbol{A}\boldsymbol{Q}$ 为对角阵，已知

(1) $\boldsymbol{A}=\begin{bmatrix} 2 & -2 & 0 \\ -2 & 1 & -2 \\ 0 & -2 & 0 \end{bmatrix}$；

(2) $\boldsymbol{A}=\begin{bmatrix} 1 & 1 & 0 & -1 \\ 1 & 1 & -1 & 0 \\ 0 & -1 & 1 & 2 \\ -1 & 0 & 1 & 1 \end{bmatrix}$.

3-7 已知实对称矩阵 $\boldsymbol{A}=\begin{bmatrix} 3 & -2 & -4 \\ -2 & 6 & -2 \\ -4 & -2 & 3 \end{bmatrix}$，求正交矩阵 $\boldsymbol{Q}$，使 $\boldsymbol{Q}^{\mathrm{T}}\boldsymbol{A}\boldsymbol{Q}$ 为对角阵.

3-8　填空：

(1) 设 σ 是欧氏空间 V 的一个反对称变换，则其伴随变换 $\sigma^{\mathrm{H}}=$ ________.

(2) 设 σ 是酉空间 V 的一个反 Hermite 变换，则其伴随变换 $\sigma^{\mathrm{H}}=$ ________.

3-9　已知 $\boldsymbol{A}=\begin{bmatrix}2 & 2 & -2\\ 2 & 5 & -4\\ -2 & -4 & 5\end{bmatrix}$，求矩阵 $\boldsymbol{Q}$，使 $\boldsymbol{Q}^{\mathrm{T}}\boldsymbol{A}\boldsymbol{Q}$ 为对角阵.

3-10　验证 $\boldsymbol{A}=\begin{bmatrix}0 & -1 & \mathrm{i}\\ 1 & 0 & 0\\ \mathrm{i} & 0 & 0\end{bmatrix}$ 是否是正规矩阵，并求酉矩阵 $\boldsymbol{U}$，使 $\boldsymbol{U}^{\mathrm{H}}\boldsymbol{A}\boldsymbol{U}$ 为对角阵.

3-11　验证 $\boldsymbol{A}=\begin{bmatrix}1 & -1\\ 1 & 1\end{bmatrix}$ 是否是正规矩阵，并求酉矩阵 $\boldsymbol{U}$，使 $\boldsymbol{U}^{\mathrm{H}}\boldsymbol{A}\boldsymbol{U}$ 为对角阵.

3-12　设 $\boldsymbol{A}$、$\boldsymbol{B}$ 均是 Hermite 矩阵，试证：$\boldsymbol{A}$ 与 $\boldsymbol{B}$ 酉相似的充要条件是 $\boldsymbol{A}$ 与 $\boldsymbol{B}$ 的特征值相同.

3-13　设 $\boldsymbol{A}$、$\boldsymbol{B}$ 均是 Hermite 矩阵，试证：$\boldsymbol{AB}$ 也是 Hermite 矩阵的充要条件是 $\boldsymbol{AB}=\boldsymbol{BA}$.

3-14　设 $\boldsymbol{A}$、$\boldsymbol{B}$ 均是正规矩阵，试证：$\boldsymbol{A}$ 与 $\boldsymbol{B}$ 酉相似的充要条件是 $\boldsymbol{A}$ 与 $\boldsymbol{B}$ 的特征值相同.

3-15　设 $\boldsymbol{A}$、$\boldsymbol{B}$ 均是正规矩阵，且 $\boldsymbol{AB}=\boldsymbol{BA}$，试证：$\boldsymbol{AB}$ 与 $\boldsymbol{BA}$ 均是正规矩阵.

3-16　试证：任一 n 阶矩阵都可以表示为一个 Hermite 矩阵与一个反 Hermite 矩阵之和的形式.

第4章

矩阵的相似标准形

本章的知识网络框图：

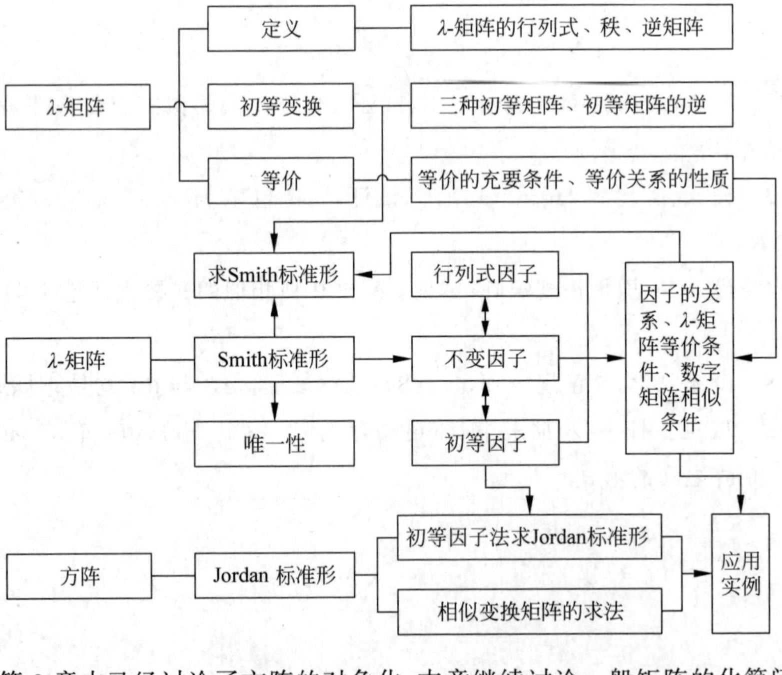

在第 3 章中已经讨论了方阵的对角化，本章继续讨论一般矩阵的化简问题.

数字矩阵的化简通常需要利用多项式矩阵（λ-矩阵）的相关理论知识. λ-矩阵是数字矩阵的推广，同时也是研究数字矩阵的重要工具. 本章证明了非零 $m\times n$ 阶 λ-矩阵都等价于一个准对角形矩阵，即其 Smith 标准形. 基于 Smith 标准形给出了不变因子、行列式因子、初等因子的概念，并介绍 λ-矩阵等价的充要条件和数字矩阵相似的充要条件. 接下来介绍方阵的 Jordan 标准形,并讨论了方阵转化为 Jordan 标准形的方法,最后给出了应用实例.

4.1 λ-矩阵及其初等变换

4.1.1 λ-矩阵的定义

定义 4.1.1 设 $a_{ij}(\lambda)(i=1,2,\cdots,m;\ j=1,2,\cdots,n)$ 为数域 $\mathbb{F}$ 上的多项式,称以 $a_{ij}(\lambda)$ 为元素的 $m\times n$ 矩阵

$$\boldsymbol{A}(\lambda)=\begin{bmatrix} a_{11}(\lambda) & a_{12}(\lambda) & \cdots & a_{1n}(\lambda) \\ a_{21}(\lambda) & a_{22}(\lambda) & \cdots & a_{2n}(\lambda) \\ \vdots & \vdots & \ddots & \vdots \\ a_{m1}(\lambda) & a_{m2}(\lambda) & \cdots & a_{mn}(\lambda) \end{bmatrix}$$

为**多项式矩阵**或**λ-矩阵**. 称多项式 $a_{ij}(\lambda)(i=1,2,\cdots,m;\ j=1,2,\cdots,n)$ 中最高的次数为 $\boldsymbol{A}(\lambda)$ 的**次数**.

数字矩阵可看作次数为 0 的 λ-矩阵,特征矩阵 $\lambda\boldsymbol{E}-\boldsymbol{A}$ 可看作次数为 1 的 λ-矩阵,二者都是 λ-矩阵的特例. 显然,λ-矩阵的加法、数乘、乘法运算、矩阵的转置均与数字矩阵相同,且有相同的运算规律.

n 阶 λ-矩阵 $\boldsymbol{A}(\lambda)$ 的行列式为

$$\det\boldsymbol{A}(\lambda)=\sum_{j_1j_2\cdots j_n\text{全排列}}(-1)^{\tau(j_1j_2\cdots j_n)}a_{1j_1}(\lambda)a_{2j_2}(\lambda)\cdots a_{nj_n}(\lambda),$$

其中,$\tau(j_1j_2\cdots j_n)$ 是排列 $j_1j_2\cdots j_n$ 的逆序数,$\det\boldsymbol{A}(\lambda)$ 也记为 $|\boldsymbol{A}(\lambda)|$.

一般 $|\boldsymbol{A}(\lambda)|$ 是 λ 的多项式,λ-矩阵的行列式的性质与数字矩阵相同.

在 n 阶矩阵中任取 r 行 r 列 $(r\leqslant n)$,则这 r^2 个元素按原顺序构成 r 阶行列式,即为 r 阶子行列式,简称 r 阶子式.

定义 4.1.2 如果 λ-矩阵 $\boldsymbol{A}(\lambda)$ 中有一个 $r(r\geqslant 1)$ 阶子式不为零,而所有 $r+1$ 阶子式(如果有的话)全为零,则称 $\boldsymbol{A}(\lambda)$ 的**秩**为 r,记为 $\operatorname{rank}\boldsymbol{A}(\lambda)=r$.

规定零矩阵的秩为 0.

定义 4.1.3 对于一个 n 阶 λ-矩阵 $\boldsymbol{A}(\lambda)$,如果有一个 n 阶 λ-矩阵 $\boldsymbol{B}(\lambda)$ 满足

$$\boldsymbol{A}(\lambda)\boldsymbol{B}(\lambda)=\boldsymbol{B}(\lambda)\boldsymbol{A}(\lambda)=\boldsymbol{E},\tag{4.1.1}$$

则称 λ-矩阵 $\boldsymbol{A}(\lambda)$ 是**可逆的**,这里 $\boldsymbol{E}$ 是 n 阶单位矩阵. $\boldsymbol{B}(\lambda)$ 称为 $\boldsymbol{A}(\lambda)$ 的**逆矩阵**,记

为 $\boldsymbol{A}^{-1}(\lambda)$.

定理 4.1.1 n 阶λ-矩阵 $\boldsymbol{A}(\lambda)$可逆的充要条件是 $\det\boldsymbol{A}(\lambda)$是一个非零常数.

证：① 必要性 设 $\boldsymbol{A}(\lambda)$可逆，在式(4.1.1)的两边求行列式得

$$|\boldsymbol{A}(\lambda)||\boldsymbol{B}(\lambda)|=1, \tag{4.1.2}$$

因为$|\boldsymbol{A}(\lambda)|$与$|\boldsymbol{B}(\lambda)|$都是$\lambda$ 的多项式，所以根据式(4.1.2)知，$|\boldsymbol{A}(\lambda)|$与$|\boldsymbol{B}(\lambda)|$都是零次多项式且不等于零，即$|\boldsymbol{A}(\lambda)|$是非零常数.

② 充分性 设$|\boldsymbol{A}(\lambda)|$是一个非零常数，$\boldsymbol{A}^*(\lambda)$是$\boldsymbol{A}(\lambda)$的伴随矩阵(将方阵的各元素替换为其代数余子式并转置即得到方阵的伴随矩阵. 若方阵可逆，则其逆矩阵与其伴随矩阵只差一个系数；若方阵不可逆，其伴随矩阵仍然存在)，则矩阵 $\frac{1}{|\boldsymbol{A}(\lambda)|}\boldsymbol{A}^*(\lambda)$是一个 n 阶λ-矩阵，并且

$$\boldsymbol{A}(\lambda)\frac{1}{|\boldsymbol{A}(\lambda)|}\boldsymbol{A}^*(\lambda)=\frac{1}{|\boldsymbol{A}(\lambda)|}\boldsymbol{A}^*(\lambda)\boldsymbol{A}(\lambda)=\boldsymbol{E},$$

因此 $\boldsymbol{A}(\lambda)$可逆，且它的逆矩阵 $\boldsymbol{A}^{-1}(\lambda)=\frac{1}{|\boldsymbol{A}(\lambda)|}\boldsymbol{A}^*(\lambda)$. ■

根据定理 4.1.1，n 阶λ-矩阵 $\boldsymbol{A}(\lambda)$满秩并不等价于 $\boldsymbol{A}(\lambda)$可逆，这是λ-矩阵与数字矩阵的不同之处. 例如 $\boldsymbol{A}(\lambda)=\begin{bmatrix}\lambda & 1\\ 1 & \lambda\end{bmatrix}$的秩为 2，但是它不可逆，因为其行列式$|\boldsymbol{A}(\lambda)|=\lambda^2-1$，不是非零常数，即对于 n 阶λ-矩阵，可逆是比满秩更强的条件.

例 4.1.1 已知 $\boldsymbol{A}(\lambda)=\begin{bmatrix}\lambda-1 & \lambda^2\\ 1 & \lambda+1\end{bmatrix}$，求 $\boldsymbol{A}^{-1}(\lambda)$.

解：因为

$$|\boldsymbol{A}(\lambda)|=-1\neq 0,$$

$$\boldsymbol{A}^*(\lambda)=\begin{bmatrix}\lambda+1 & -\lambda^2\\ -1 & \lambda-1\end{bmatrix},$$

故

$$\boldsymbol{A}^{-1}(\lambda)=\frac{1}{|\boldsymbol{A}(\lambda)|}\boldsymbol{A}^*(\lambda)=\begin{bmatrix}-\lambda-1 & \lambda^2\\ 1 & -\lambda+1\end{bmatrix}.$$

4.1.2 λ-矩阵的初等变换及等价

定义 4.1.4 下列几种类型的变换称为λ-矩阵的**初等变换**：

(1) 矩阵的任意两行(列)互换位置；

(2) 非零常数 c 乘以矩阵的某一行(列)；

(3) 矩阵的某一行(列)的 $\varphi(\lambda)$倍加至另一行(列)，其中 $\varphi(\lambda)$是 λ 的多项式.

对单位矩阵施行一次上述三种类型的初等变换，便得到相应的三种 λ-矩阵的初等矩阵 $P(i,j)$，$P(i(c))$，$P(i,j(\varphi))$，即

$$\boldsymbol{P}(i,j)=\begin{bmatrix}1&&&&&\\&\ddots&&&&\\&&0&&1&&\\&&&\ddots&&&\\&&1&&0&&\\&&&&&\ddots&\\&&&&&&1\end{bmatrix}\begin{matrix}\\ \\ —i\text{ 行}\\ \\ —j\text{ 行}\\ \\ \\ \end{matrix}$$

可见，变换第 i,j 行也是变换第 i,j 列.

$$\boldsymbol{P}(i(c))=\begin{bmatrix}1&&&&\\&\ddots&&&\\&&c&&\\&&&\ddots&\\&&&&1\end{bmatrix}\begin{matrix}\\ \\ —i\text{ 行}\\ \\ \\ \end{matrix}$$

可见，第 i 行乘以非零常数 c 也是第 i 列乘以非零常数 c.

$$\boldsymbol{P}(i,j(\varphi))=\begin{bmatrix}1&&&&&\\&\ddots&&&&\\&&1&&&&\\&&\vdots&\ddots&&&\\&&\varphi(\lambda)&\cdots&1&&\\&&&&&\ddots&\\&&&&&&1\end{bmatrix}\begin{matrix}\\ \\ —i\text{ 行}\\ \\ —j\text{ 行}\\ \\ \\ \end{matrix}$$

$$\begin{matrix}\qquad|\qquad&\qquad|\qquad\\ i\text{ 列}&j\text{ 列}\end{matrix}$$

可见，第 i 行乘以 $\varphi(\lambda)$ 加至第 j 行也是第 j 列乘以 $\varphi(\lambda)$加至第 i 列.

容易验证，初等矩阵都是可逆的，且有

$$\boldsymbol{P}(i,j)^{-1}=\boldsymbol{P}(i,j),$$

$$P(i(c))^{-1}=P(i(c^{-1})),$$

$$P(i,j(\varphi))^{-1}=P(i,j(-\varphi)).$$

定理 4.1.2 对 $m\times n$ 阶 λ-矩阵 $\boldsymbol{A}(\lambda)$ 作初等行变换相当于用相应的 m 阶初等矩阵左乘 $\boldsymbol{A}(\lambda)$，对 $\boldsymbol{A}(\lambda)$ 作初等列变换相当于用相应的 n 阶初等矩阵右乘 $\boldsymbol{A}(\lambda)$.

定义 4.1.5 如果 $\boldsymbol{A}(\lambda)$ 经过有限次初等变换后变成 $\boldsymbol{B}(\lambda)$，则称 $\boldsymbol{A}(\lambda)$ 与 $\boldsymbol{B}(\lambda)$ 等价，记为 $\boldsymbol{A}(\lambda)\simeq\boldsymbol{B}(\lambda)$.

在第 2 章已经给出矩阵等价的概念，由定理 4.1.2 和定义 4.1.5 可知，λ-矩阵的等价与第 2 章的数字矩阵的等价是一致的，λ-矩阵的等价是数字矩阵等价概念的普遍化.

定理 4.1.3 λ-矩阵 $\boldsymbol{A}(\lambda)$ 与 $\boldsymbol{B}(\lambda)$ 等价的充要条件是存在两个可逆矩阵 $\boldsymbol{P}(\lambda)$ 与 $\boldsymbol{Q}(\lambda)$，使得 $\boldsymbol{B}(\lambda)=\boldsymbol{Q}(\lambda)\boldsymbol{A}(\lambda)\boldsymbol{P}(\lambda)$.

λ-矩阵的等价关系满足：

(1) 自反性：$\boldsymbol{A}(\lambda)\simeq\boldsymbol{A}(\lambda)$.

(2) 对称性：若 $\boldsymbol{A}(\lambda)\simeq\boldsymbol{B}(\lambda)$，则 $\boldsymbol{B}(\lambda)\simeq\boldsymbol{A}(\lambda)$.

(3) 传递性：若 $\boldsymbol{A}(\lambda)\simeq\boldsymbol{B}(\lambda)$，$\boldsymbol{B}(\lambda)\simeq\boldsymbol{C}(\lambda)$，则 $\boldsymbol{A}(\lambda)\simeq\boldsymbol{C}(\lambda)$.

4.2 λ-矩阵的 Smith 标准形

4.2.1 λ-矩阵的 Smith 标准形、不变因子

引理 4.2.1 设 λ-矩阵 $\boldsymbol{A}(\lambda)$ 的左上角元素 $a_{11}(\lambda)\neq 0$，且 $\boldsymbol{A}(\lambda)$ 中至少有一个元素不能被它整除，则一定存在一个与 $\boldsymbol{A}(\lambda)$ 等价的矩阵 $\boldsymbol{B}(\lambda)$，它的左上角元素也不为零，且次数比 $a_{11}(\lambda)$ 的次数低.

证：根据 $\boldsymbol{A}(\lambda)$ 中不能被 $a_{11}(\lambda)$ 整除的元素所在的位置，分 3 种情况讨论.

① 若在 $\boldsymbol{A}(\lambda)$ 的第一列中有一个元素 $a_{i1}(\lambda)$ 不能被 $a_{11}(\lambda)$ 整除，即有

$$a_{i1}(\lambda)=a_{11}(\lambda)g(\lambda)+r(\lambda),$$

其中，余式 $r(\lambda)\neq 0$，且次数比 $a_{11}(\lambda)$ 的次数低.

对 $\boldsymbol{A}(\lambda)$ 作两次初等行变换，首先第一行乘以 $-g(\lambda)$ 加到第 i 行，第 i 行第一列的元素成为 $r(\lambda)$，然后把第一行和第 i 行互换得到新的 λ-矩阵 $\boldsymbol{B}(\lambda)$，$\boldsymbol{B}(\lambda)$ 左上角元素为 $r(\lambda)$，且满足引理要求.

② 在 $\boldsymbol{A}(\lambda)$ 的第一行中有一个元素 $a_{1i}(\lambda)$ 不能被 $a_{11}(\lambda)$ 整除，证明与情况①类似.

③ $\boldsymbol{A}(\lambda)$ 的第一行与第一列中的元素都可以被 $a_{11}(\lambda)$ 整除，但 $\boldsymbol{A}(\lambda)$ 中有一个元素 $a_{ij}(\lambda)(i>1,j>1)$ 不能被 $a_{11}(\lambda)$ 整除. 设 $a_{i1}(\lambda)=a_{11}(\lambda)\varphi(\lambda)$，对 $\boldsymbol{A}(\lambda)$ 作两次初等行变换：首先第一行乘以 $-\varphi(\lambda)$ 加至第 i 行，第 i 行第一列的元素变为 0，第 i 行第 j 列的元素变为 $a_{ij}(\lambda)-a_{1j}(\lambda)\varphi(\lambda)$；其次把第 i 行的元素乘以 1 加至第一行，第一行第一列的元素仍为 $a_{11}(\lambda)$，第一行第 j 列的元素变为 $a_{ij}(\lambda)+[1-\varphi(\lambda)]a_{1j}(\lambda)$.

$$\begin{bmatrix} a_{11}(\lambda) & \cdots & a_{ij}(\lambda)+[1-\varphi(\lambda)]a_{1j}(\lambda) \\ \vdots & & \vdots \\ 0 & \cdots & a_{ij}(\lambda)-a_{1j}(\lambda)\varphi(\lambda) \end{bmatrix}$$

它不能被 $a_{11}(\lambda)$ 所整除，这就转化为情况②. ■

定理 4.2.1 任一非零的 $m\times n$ 阶 λ-矩阵 $\boldsymbol{A}(\lambda)$ 都等价于一个准对角形矩阵，即

$$\boldsymbol{A}(\lambda)\simeq\begin{bmatrix} d_1(\lambda) & & & & & & \\ & d_2(\lambda) & & & & & \\ & & \ddots & & & & \\ & & & d_r(\lambda) & & & \\ & & & & 0 & & \\ & & & & & \ddots & \\ & & & & & & 0 \end{bmatrix}_{m\times n}. \tag{4.2.1}$$

其中 $r\geqslant 1$，$d_i(\lambda)$ 是首项系数为 1 的多项式，且

$$d_i(\lambda)\mid d_{i+1}(\lambda)\quad(i=1,2,\cdots,r-1).$$

竖线记号表示整除，$d_i(\lambda)\mid d_{i+1}(\lambda)$ 表示 $d_{i+1}(\lambda)$ 可以被 $d_i(\lambda)$ 整除.

定义 4.2.1 式(4.2.1)右端的矩阵称为 $\boldsymbol{A}(\lambda)$ 的 **Smith 标准形**，$d_1(\lambda)$，$d_2(\lambda)$，…，$d_r(\lambda)$ 称为 $\boldsymbol{A}(\lambda)$ 的**不变因子**.

下面对定理 4.2.1 进行证明.

证：设 $a_{11}(\lambda)\neq 0$，否则总可以通过行列调整使 $\boldsymbol{A}(\lambda)$ 的左上角元素不为零.

若 $a_{11}(\lambda)$ 不能整除 $\boldsymbol{A}(\lambda)$ 的所有元素，由引理 4.2.1，可以找到与 $\boldsymbol{A}(\lambda)$ 等价的 $\boldsymbol{B}_1(\lambda)$，它的左上角元素 $b_1(\lambda)\neq 0$，且次数比 $a_{11}(\lambda)$ 低. 如果 $b_1(\lambda)$ 还不能整除

$\boldsymbol{B}_1(\lambda)$的所有元素，则由引理 4.2.1 又可以找到与 $\boldsymbol{B}_1(\lambda)$等价的 $\boldsymbol{B}_2(\lambda)$，它的左上角元素 $b_2(\lambda)\neq 0$，且次数比 $b_1(\lambda)$低，继续上述步骤，可得到一系列彼此等价的 λ-矩阵 $\boldsymbol{A}(\lambda),\boldsymbol{B}_1(\lambda),\boldsymbol{B}_2(\lambda)\cdots$，它们的左上角元素都不为零，且次数越来越低. 但是多项式的次数是非负整数，不可能无限降低，因此在有限步后，就会得到一个 λ-矩阵 $\boldsymbol{B}_s(\lambda)$，它的左上角元素 $b_s(\lambda)\neq 0$，且可以整除 $\boldsymbol{B}_s(\lambda)$的全部元素 $b_{ij}(\lambda)$，即 $b_{ij}(\lambda)=b_s(\lambda)q_{ij}(\lambda)$.

$$\boldsymbol{B}_s(\lambda)\simeq\begin{bmatrix} b_s(\lambda) & b_s(\lambda)q_{12}(\lambda) & \cdots & b_s(\lambda)q_{1n}(\lambda) \\ b_s(\lambda)q_{21}(\lambda) & & & \vdots \\ \vdots & & & \\ b_s(\lambda)q_{m1}(\lambda) & & \cdots & b_s(\lambda)q_{mn}(\lambda) \end{bmatrix}$$

显然，可对 $\boldsymbol{B}_s(\lambda)$分别进行一系列初等行变换和初等列变换，使第一行和第一列除左上角元素 $b_s(\lambda)$外全为零，即

$$\boldsymbol{B}_s(\lambda)\simeq\begin{bmatrix} b_s(\lambda) & 0 & \cdots & 0 \\ 0 & & & \\ \vdots & & \boldsymbol{A}_1(\lambda) & \\ 0 & & & \end{bmatrix}.$$

因为 $\boldsymbol{A}_1(\lambda)$的元素是 $\boldsymbol{B}_s(\lambda)$元素的线性组合，而 $\boldsymbol{B}_s(\lambda)$的 $b_s(\lambda)$可以整除 $\boldsymbol{B}_s(\lambda)$的所有元素，所以 $b_s(\lambda)$也可以整除 $\boldsymbol{A}_1(\lambda)$的所有元素. 如果 $\boldsymbol{A}_1(\lambda)$是非零矩阵，则对 $\boldsymbol{A}_1(\lambda)$重复上述过程，进而把矩阵转换为

$$\begin{bmatrix} d_1(\lambda) & 0 & 0 & \cdots & 0 \\ 0 & d_2(\lambda) & 0 & \cdots & 0 \\ 0 & 0 & & & \\ \vdots & \vdots & & \boldsymbol{A}_2(\lambda) & \\ 0 & 0 & & & \end{bmatrix},$$

式中，$d_1(\lambda)$与 $d_2(\lambda)$都是首项系数为 1 的多项式，且 $d_1(\lambda)$与 $b_s(\lambda)$只相差常数倍.

此外，$d_1(\lambda)$可以整除 $\boldsymbol{A}_1(\lambda)$的所有元素(含 $d_2(\lambda)$)，$d_2(\lambda)$可以整除 $\boldsymbol{A}_2(\lambda)$的所有元素(含 $d_3(\lambda)$)，以此类推可得 $d_i(\lambda)\mid d_{i+1}(\lambda)(i=1,2,\cdots,r-1)$. 按上述步骤继续变换则可将 $\boldsymbol{A}(\lambda)$化为所要求的形式. ■

由于次数降低的极限是 0 次，不变因子 $d_1(\lambda),d_2(\lambda),\cdots,d_r(\lambda)$中前几个也可能是 1，例如当 $\boldsymbol{A}(\lambda)$的所有元素没有公因子时，则有 $d_1(\lambda)\equiv 1$.

4.2.2　用初等变换求 λ-矩阵的 Smith 标准形

本节介绍如何用初等变换求 λ-矩阵的 Smith 标准形. 为清楚表示所用的初等行变换，用 r_i 表示矩阵的第 i 行，用 $r_i\leftrightarrow r_j$ 表示互换矩阵的第 i 行与第 j 行，用 cr_i 表示矩阵的第 i 行乘以常数 c，用 $\varphi(\lambda)r_i+r_j$ 表示矩阵的第 i 行乘以 $\varphi(\lambda)$加至第 j 行. 用 c_i 表示矩阵的第 i 列，类似可得初等列变换的表示法.

对 $\boldsymbol{A}(\lambda)$用初等变换化为 Smith 标准形时，根据 $\boldsymbol{A}(\lambda)$的特点，共有 2 种情况：

(1) $\boldsymbol{A}(\lambda)$的元素有公因子；

(2) $\boldsymbol{A}(\lambda)$的元素无公因子.

对第(1)种情况，可以用初等变换将左上角元素变换成公因子，以便进一步化简；对第(2)种情况，若 $\boldsymbol{A}(\lambda)$的元素至少有一个非零常数，可利用非零常数进行化简；若无非零常数，可用初等变换先将某个元素化为非零常数，再利用非零常数化简.

例 4.2.1　用初等变换把 λ-矩阵

$$\boldsymbol{A}(\lambda)=\begin{bmatrix}\lambda^3-\lambda & 2\lambda^2\\ \lambda^2+5\lambda & 3\lambda\end{bmatrix}$$

化为 Smith 标准形.

分析　本例题属于第 1 种情况，$\boldsymbol{A}(\lambda)$的元素中有公因子 λ，可以用初等变换将左上角元素变成 λ，以便于进一步消元化简.

解：$$\boldsymbol{A}(\lambda)=\begin{bmatrix}\lambda^3-\lambda & 2\lambda^2\\ \lambda^2+5\lambda & 3\lambda\end{bmatrix}\overset{c_1\leftrightarrow c_2}{\simeq}\begin{bmatrix}2\lambda^2 & \lambda^3-\lambda\\ 3\lambda & \lambda^2+5\lambda\end{bmatrix}$$

$$\overset{r_1\leftrightarrow r_2}{\simeq}\begin{bmatrix}3\lambda & \lambda^2+5\lambda\\ 2\lambda^2 & \lambda^3-\lambda\end{bmatrix}\overset{\frac{1}{3}c_1}{\simeq}\begin{bmatrix}\lambda & \lambda^2+5\lambda\\ \dfrac{2\lambda^2}{3} & \lambda^3-\lambda\end{bmatrix}.$$

再用初等变换把公因子 λ 所在的行、列的其余元素均化为零.

$$\boldsymbol{A}(\lambda)\simeq\begin{bmatrix}\lambda & \lambda^2+5\lambda\\ \dfrac{2\lambda^2}{3} & \lambda^3-\lambda\end{bmatrix}\overset{-\frac{2\lambda}{3}r_1+r_2}{\simeq}\begin{bmatrix}\lambda & \lambda^2+5\lambda\\ 0 & \dfrac{\lambda}{3}(\lambda^2-10\lambda-3)\end{bmatrix}$$

$$\overset{-(\lambda+5)c_1+c_2}{\simeq}\begin{bmatrix}\lambda & 0\\ 0 & \lambda(\lambda^2-10\lambda-3)\end{bmatrix}.$$

例 4.2.2 用初等变换求 $\boldsymbol{A}(\lambda)=\begin{bmatrix}1-\lambda & \lambda^2 & \lambda\\ \lambda & \lambda & -\lambda\\ 1+\lambda^2 & \lambda^2 & \lambda\end{bmatrix}$ 的 Smith 标准形.

分析 本例题 $\boldsymbol{A}(\lambda)$ 的所有元素既无公因子又无非零常数,可用初等变换先将矩阵的某个元素化为非零常数,再利用非零常数元素进行消元化简.

解: $\begin{bmatrix}1-\lambda & \lambda^2 & \lambda\\ \lambda & \lambda & -\lambda\\ 1+\lambda^2 & \lambda^2 & \lambda\end{bmatrix}\to\begin{bmatrix}1 & \lambda^2+\lambda & 0\\ \lambda & \lambda & -\lambda\\ 1+\lambda^2 & \lambda^2 & \lambda\end{bmatrix}$

$$\to\begin{bmatrix}1 & \lambda^2+\lambda & 0\\ 0 & -\lambda^3-\lambda^2+\lambda & -\lambda\\ 0 & -\lambda^4-\lambda^3-\lambda & \lambda\end{bmatrix}\to\begin{bmatrix}1 & 0 & 0\\ 0 & -\lambda^3-\lambda^2+\lambda & -\lambda\\ 0 & -\lambda^4-\lambda^3-\lambda & \lambda\end{bmatrix}.$$

剩下的右下角的二阶矩阵有公因子 λ,因此有

$$\begin{bmatrix}1 & 0 & 0\\ 0 & -\lambda^3-\lambda^2+\lambda & -\lambda\\ 0 & -\lambda^4-\lambda^3-\lambda & \lambda\end{bmatrix}\to\begin{bmatrix}1 & 0 & 0\\ 0 & -\lambda & -\lambda^3-\lambda^2+\lambda\\ 0 & \lambda & -\lambda^4-\lambda^3-\lambda\end{bmatrix}$$

$$\to\begin{bmatrix}1 & 0 & 0\\ 0 & -\lambda & -\lambda^3-\lambda^2+\lambda\\ 0 & 0 & -\lambda^4-2\lambda^3-\lambda^2\end{bmatrix}\to\begin{bmatrix}1 & 0 & 0\\ 0 & -\lambda & 0\\ 0 & 0 & -\lambda^4-2\lambda^3-\lambda^2\end{bmatrix}$$

$$\to\begin{bmatrix}1 & 0 & 0\\ 0 & \lambda & 0\\ 0 & 0 & \lambda^4+2\lambda^3+\lambda^2\end{bmatrix}\to\begin{bmatrix}1 & 0 & 0\\ 0 & \lambda & 0\\ 0 & 0 & \lambda^2(\lambda+1)^2\end{bmatrix}.$$

4.2.3 行列式因子、λ-矩阵等价的充要条件

定义 4.2.2 设 λ-矩阵 $\boldsymbol{A}(\lambda)$ 的秩为 r,对于 $k\in\mathbb{Z}^+$,$1\leqslant k\leqslant r$,$\boldsymbol{A}(\lambda)$ 必有非零的 k 阶子式,$\boldsymbol{A}(\lambda)$ 的全部 k 阶子式的首项系数为 1 的最大公因式 $D_k(\lambda)$ 称为 $\boldsymbol{A}(\lambda)$ 的 k **阶行列式因子**.

由定义 4.2.2 可知,对于秩为 r 的 λ-矩阵 $\boldsymbol{A}(\lambda)$,行列式因子共有 r 个.

例如，对 $\boldsymbol{A}(\lambda)=\begin{bmatrix}\lambda-1 & 2 & \\ & \lambda-1 & 3 \\ & & \lambda-1\end{bmatrix}$，$\boldsymbol{A}(\lambda)$的行列式因子为 $D_1(\lambda)=D_2(\lambda)=1$，$D_3(\lambda)=(\lambda-1)^3$.

定理 4.2.2 等价矩阵有相同的各阶行列式因子，从而有相同的秩.

设 λ-矩阵 $\boldsymbol{A}(\lambda)$的 Smith 标准形为

$$\boldsymbol{A}(\lambda)\simeq\begin{bmatrix}d_1(\lambda) & & & & & & \\ & d_2(\lambda) & & & & & \\ & & \ddots & & & & \\ & & & d_r(\lambda) & & & \\ & & & & 0 & & \\ & & & & & \ddots & \\ & & & & & & 0\end{bmatrix}_{m\times n},$$

其中，$d_1(\lambda),d_2(\lambda),\cdots,d_r(\lambda)$是首项系数为 1 的多项式，且 $d_i(\lambda)\mid d_{i+1}(\lambda)$，$i=1,2,\cdots,r-1$.

容易知道，k 阶行列式因子

$$D_k(\lambda)=d_1(\lambda)d_2(\lambda)\cdots d_k(\lambda)\quad(1\leqslant k\leqslant r).\tag{4.2.2}$$

定理 4.2.3 λ-矩阵 $\boldsymbol{A}(\lambda)$的 Smith 标准形是唯一的.

证：根据式(4.2.2)，$\boldsymbol{A}(\lambda)$的不变因子为

$$d_1(\lambda)=D_1(\lambda),$$

$$d_2(\lambda)=\frac{D_2(\lambda)}{D_1(\lambda)},$$

$$\vdots$$

$$d_r(\lambda)=\frac{D_r(\lambda)}{D_{r-1}(\lambda)}.$$

这说明 $\boldsymbol{A}(\lambda)$的不变因子由 $\boldsymbol{A}(\lambda)$的行列式因子唯一确定，又等价矩阵有相同的各阶行列式因子，因此 $\boldsymbol{A}(\lambda)$的 Smith 标准形是唯一的. ■

定理 4.2.4 λ-矩阵 $\boldsymbol{A}(\lambda)$与 $\boldsymbol{B}(\lambda)$等价的充要条件是对于任何 $k\in\mathbb{Z}^+$，它们的 k 阶行列式因子相同.

定理 4.2.5 λ-矩阵 $\boldsymbol{A}(\lambda)$与 $\boldsymbol{B}(\lambda)$等价的充要条件是 $\boldsymbol{A}(\lambda)$和 $\boldsymbol{B}(\lambda)$的不变因

子相同.

4.2.4 初等因子

行列式因子 $D_k(\lambda)$ 和不变因子 $d_k(\lambda)$ 都是 λ 的多项式,它们都是由 $\boldsymbol{A}(\lambda)$ 的元素 $a_{ij}(\lambda)$ 经过加、减、乘而得到的. 在复数域ℂ内,不变因子 $d_k(\lambda)$ 总可以分解为互不相同的一次因式方幂的乘积,令

$$
\begin{aligned}
d_1(\lambda) &= (\lambda-\lambda_1)^{k_{11}}(\lambda-\lambda_2)^{k_{12}}\cdots(\lambda-\lambda_t)^{k_{1t}},\\
d_2(\lambda) &= (\lambda-\lambda_1)^{k_{21}}(\lambda-\lambda_2)^{k_{22}}\cdots(\lambda-\lambda_t)^{k_{2t}},\\
&\vdots\\
d_r(\lambda) &= (\lambda-\lambda_1)^{k_{r1}}(\lambda-\lambda_2)^{k_{r2}}\cdots(\lambda-\lambda_t)^{k_{rt}}.
\end{aligned}
$$

因为 $d_{k-1}(\lambda)\mid d_k(\lambda)$, $k=2,3,\cdots,r$,所以

$$k_{1j}\leqslant k_{2j}\leqslant\cdots\leqslant k_{rj}\quad(j=1,2,\cdots,t).$$

这里的 $\lambda_1,\lambda_2,\cdots,\lambda_t$ 是 $d_r(\lambda)$ 的全部相异零点,所以 $k_{r1},k_{r2},\cdots,k_{rt}$ 无一为零. 但 $k_{1j},k_{2j},\cdots,k_{r-1,j}$ 中可能出现零($j=1,2,\cdots,t$).

若 $k_{ij}=0(i=1,2,\cdots,r-1;\ j=1,2,\cdots,t)$,则必有

$$k_{1j}=k_{2j}=\cdots=k_{i-1,j}=0.$$

定义 4.2.3 将不变因子 $d_k(\lambda)$ 因式分解得到的互不相同的一次因式方幂

$$
\begin{cases}
(\lambda-\lambda_1)^{k_{11}},(\lambda-\lambda_2)^{k_{12}},\cdots,(\lambda-\lambda_t)^{k_{1t}}\\
(\lambda-\lambda_1)^{k_{21}},(\lambda-\lambda_2)^{k_{22}},\cdots,(\lambda-\lambda_t)^{k_{2t}}\\
\quad\vdots\qquad\qquad\quad\vdots\qquad\quad\ddots\qquad\vdots\\
(\lambda-\lambda_1)^{k_{r1}},(\lambda-\lambda_2)^{k_{r2}},\cdots,(\lambda-\lambda_t)^{k_{rt}}
\end{cases}
\tag{4.2.3}
$$

中不是常数的因子全体叫作 $\boldsymbol{A}(\lambda)$ 的**初等因子**.

例如,若 λ-矩阵 $\boldsymbol{A}(\lambda)$ 的不变因子为

$$1,1,1,(\lambda-5)^2(\lambda-6)^3,(\lambda-5)^5(\lambda-6)^4(\lambda+1),$$

则它的初等因子为

$$(\lambda-5)^2,(\lambda-6)^3,(\lambda-5)^5,(\lambda-6)^4,(\lambda+1).$$

若两个 λ-矩阵 $\boldsymbol{A}(\lambda)$ 与 $\boldsymbol{B}(\lambda)$ 等价,则根据定理 4.2.5,它们有相同的不变因子,因此它们的初等因子也相同.

但是，两个λ-矩阵的初等因子相同时，它们可能并不等价.

例如

$$A(\lambda)=\begin{bmatrix}1&0&0&0\\0&\lambda+2&0&0\\0&0&(\lambda+2)^2&0\end{bmatrix},\quad B(\lambda)=\begin{bmatrix}\lambda+2&0&0&0\\0&(\lambda+2)^2&0&0\\0&0&0&0\end{bmatrix}.$$

这两个λ-矩阵的初等因子都是$\lambda+2,(\lambda+2)^2$，但它们的秩不相等，因此$\boldsymbol{A}(\lambda)$与$\boldsymbol{B}(\lambda)$并不等价.

定理 4.2.6 n阶λ-矩阵$\boldsymbol{A}(\lambda)$与$\boldsymbol{B}(\lambda)$等价的充要条件是它们的秩相等且有相同的初等因子.

证：① 必要性 若n阶λ-矩阵$\boldsymbol{A}(\lambda)$与$\boldsymbol{B}(\lambda)$等价，则它们的不变因子相同，故秩相等，且初等因子相同.

② 充分性 根据前述初等因子的定义，在给定秩的情况下，可以由初等因子反推不变因子.

设$\boldsymbol{A}(\lambda)$与$\boldsymbol{B}(\lambda)$的秩都为r，并都有形如式(4.3.1)的初等因子，其中$k_{1j}\leqslant k_{2j}\leqslant\cdots\leqslant k_{rj}(j=1,2,\cdots,t)$. 由初等因子定义知，$\boldsymbol{A}(\lambda)$与$\boldsymbol{B}(\lambda)$的$r$阶不变因子$d_r(\lambda)$与$d_r^*(\lambda)$相等，即

$$d_r(\lambda)=(\lambda-\lambda_1)^{k_{r1}}(\lambda-\lambda_2)^{k_{r2}}\cdots(\lambda-\lambda_t)^{k_{rt}}=d_r^*(\lambda).$$

同理，再考虑$k=r-1,r-2,\cdots,2,1$阶不变因子，仍然有

$$d_k(\lambda)=d_k^*(\lambda).$$

因此，由定理4.2.5，可得$\boldsymbol{A}(\lambda)\simeq\boldsymbol{B}(\lambda)$. ■

例 4.2.3 已知5×6 λ-矩阵$\boldsymbol{A}(\lambda)$的秩为4，其初等因子为

$$\lambda,\lambda,\lambda^2,\lambda+3,(\lambda+3)^2,(\lambda+3)^3,(\lambda+8\mathrm{i})^5,$$

试求$\boldsymbol{A}(\lambda)$的Smith标准形.

分析：因为矩阵$\boldsymbol{A}(\lambda)$的秩为4，所以待求的不变因子是$d_1(\lambda)$至$d_4(\lambda)$，求$d_4(\lambda)$应包含所有最高次幂初等因子，求$d_3(\lambda)$应能整除$d_4(\lambda)$，且能被$d_2(\lambda)$整除，以此类推.

解：由题意，$\boldsymbol{A}(\lambda)$的不变因子为

$$d_4(\lambda)=\lambda^2(\lambda+3)^3(\lambda+8\mathrm{i})^5,$$

$$d_3(\lambda)=\lambda(\lambda+3)^2,$$

$$d_2(\lambda)=\lambda(\lambda+3),$$

$$d_1(\lambda)=1.$$

故 $\boldsymbol{A}(\lambda)$ 的 Smith 标准形为

$$\boldsymbol{A}(\lambda)\simeq\begin{bmatrix}1&0&0&0&0&0\\0&\lambda(\lambda+3)&0&0&0&0\\0&0&\lambda(\lambda+3)^2&0&0&0\\0&0&0&\lambda^2(\lambda+3)^3(\lambda+8\mathrm{i})^5&0&0\\0&0&0&0&0&0\end{bmatrix}.$$

例 4.2.4 求 n 阶 λ-矩阵

$$\boldsymbol{A}(\lambda)=\begin{bmatrix}\lambda-a&c&&&\\&\lambda-a&c&&\\&&\ddots&\ddots&\\&&&\ddots&c\\&&&&\lambda-a\end{bmatrix}$$

的行列式因子、不变因子和初等因子，其中，c 是不等于 0 的常数.

解：$\boldsymbol{A}(\lambda)$ 的行列式因子为

$$D_1(\lambda)=D_2(\lambda)=\cdots=D_{n-1}(\lambda)=1,\quad D_n(\lambda)=(\lambda-a)^n,$$

于是 $\boldsymbol{A}(\lambda)$ 的不变因子为

$$d_1(\lambda)=d_2(\lambda)=\cdots=d_{n-1}(\lambda)=1,\quad d_n(\lambda)=(\lambda-a)^n.$$

初等因子只有一个：$(\lambda-a)^n$.

定理 4.2.7 设 λ-矩阵

$$\boldsymbol{A}(\lambda)=\begin{bmatrix}\boldsymbol{B}(\lambda)&\\&\boldsymbol{C}(\lambda)\end{bmatrix}$$

为分块对角矩阵，则 $\boldsymbol{B}(\lambda)$ 和 $\boldsymbol{C}(\lambda)$ 的初等因子的全体是 $\boldsymbol{A}(\lambda)$ 的全部初等因子.

定理 4.2.7 体现了初等因子的价值，对于分块对角矩阵

$$\boldsymbol{A}(\lambda)=\begin{bmatrix}\boldsymbol{B}(\lambda)&\\&\boldsymbol{C}(\lambda)\end{bmatrix},$$

不能从 $\boldsymbol{B}(\lambda)$ 与 $\boldsymbol{C}(\lambda)$ 的不变因子求得 $\boldsymbol{A}(\lambda)$ 的不变因子，但可以从 $\boldsymbol{B}(\lambda)$ 与 $\boldsymbol{C}(\lambda)$ 的初等因子得到 $\boldsymbol{A}(\lambda)$ 的初等因子.

定理 4.2.7 可推广为如下定理.

定理 4.2.8 若λ-矩阵

$$\boldsymbol{A}(\lambda)=\begin{bmatrix}\boldsymbol{A}_1(\lambda) & & & \\ & \boldsymbol{A}_2(\lambda) & & \\ & & \ddots & \\ & & & \boldsymbol{A}_t(\lambda)\end{bmatrix},$$

则$\boldsymbol{A}_1(\lambda),\boldsymbol{A}_2(\lambda),\cdots,\boldsymbol{A}_t(\lambda)$的初等因子的全体是$\boldsymbol{A}(\lambda)$的全部初等因子.

例 4.2.5 求λ-矩阵

$$\boldsymbol{A}(\lambda)=\begin{bmatrix}\lambda^2+\lambda & & & \\ & \lambda & & \\ & & (\lambda+1)^2 & \lambda+1 \\ & & -2 & \lambda-2\end{bmatrix},$$

的初等因子、不变因子和 Smith 标准形.

解：记$\boldsymbol{A}_1(\lambda)=\lambda^2+\lambda,\boldsymbol{A}_2(\lambda)=\lambda,\boldsymbol{A}_3(\lambda)=\begin{bmatrix}(\lambda+1)^2 & \lambda+1 \\ -2 & \lambda-2\end{bmatrix}$,则

$$\boldsymbol{A}(\lambda)=\begin{bmatrix}\boldsymbol{A}_1(\lambda) & & \\ & \boldsymbol{A}_2(\lambda) & \\ & & \boldsymbol{A}_3(\lambda)\end{bmatrix}.$$

对于$\boldsymbol{A}_3(\lambda)$,其初等因子为$\lambda,\lambda-1,\lambda+1$,由定理 4.2.8 可得$\boldsymbol{A}(\lambda)$的初等因子为$\lambda,\lambda,\lambda,\lambda-1,\lambda+1,\lambda+1$.

因$\boldsymbol{A}(\lambda)$的秩为 4,可得$\boldsymbol{A}(\lambda)$的不变因子为

$$d_4(\lambda)=\lambda(\lambda-1)(\lambda+1),\quad d_3(\lambda)=\lambda(\lambda+1),\quad d_2(\lambda)=\lambda,\quad d_1(\lambda)=1.$$

故$\boldsymbol{A}(\lambda)$的 Smith 标准形为

$$\begin{bmatrix}1 & & & \\ & \lambda & & \\ & & \lambda(\lambda+1) & \\ & & & \lambda(\lambda-1)(\lambda+1)\end{bmatrix}.$$

为了简化描述,约定对于一个数字矩阵$\boldsymbol{A}$,简称$(\lambda\boldsymbol{E}-\boldsymbol{A})$的不变因子为$\boldsymbol{A}$的不变因子,简称$(\lambda\boldsymbol{E}-\boldsymbol{A})$的初等因子为$\boldsymbol{A}$的初等因子.

例 4.2.6 已知$\boldsymbol{A}$的初等因子为$\lambda,\lambda,\lambda^2,(\lambda-6)^2,\lambda+2$,求$\boldsymbol{A}$的阶数、$\boldsymbol{A}$的不

变因子及 Smith 标准形.

分析：若 $\boldsymbol{A}$ 为 n 阶矩阵，则 $|\lambda\boldsymbol{E}-\boldsymbol{A}|$ 是首项系数为 1 的 n 次多项式. 由于 $\lambda\boldsymbol{E}-\boldsymbol{A}$ 等价于其 Smith 标准形，它们的各阶行列式因子相等，其中第 n 阶行列式因子(也即第 n 阶行列式)也相等，由 Smith 标准形计算第 n 阶行列式，可得 $|\lambda\boldsymbol{E}-\boldsymbol{A}|$ 等于不变因子之积，也等于初等因子之积.

解：因为 $\boldsymbol{A}$ 的初等因子乘积 $\lambda\cdot\lambda\cdot\lambda^2\cdot(\lambda-6)^2\cdot(\lambda+2)$ 是 7 次多项式，故 $\boldsymbol{A}$ 是 7 阶的.

$\boldsymbol{A}$ 的不变因子为

$$\underbrace{1,1,1,1}_{4个},\lambda,\lambda,\lambda^2(\lambda-6)^2(\lambda+2),$$

因此，$\boldsymbol{A}$ 的 Smith 标准形是

$$\begin{bmatrix} \boldsymbol{E}_4 & & & \\ & \lambda & & \\ & & \lambda & \\ & & & \lambda^2(\lambda-6)^2(\lambda+2) \end{bmatrix},$$

其中，$\boldsymbol{E}_4$ 是 4 阶单位矩阵.

例 4.2.7 数字矩阵 $\boldsymbol{A}$ 的特征多项式 $|\lambda\boldsymbol{E}-\boldsymbol{A}|=(\lambda+1)^2(\lambda-2)^3$，求 $\boldsymbol{A}$ 的阶数、$\boldsymbol{A}$ 的初等因子和不变因子.

解：$\boldsymbol{A}$ 是 5 阶矩阵，有如下几种情况：

(1) $\boldsymbol{A}$ 的初等因子是 $\lambda+1,\lambda+1,\lambda-2,\lambda-2,\lambda-2$.

$\boldsymbol{A}$ 的不变因子是 $1,1,\lambda-2,(\lambda+1)(\lambda-2),(\lambda+1)(\lambda-2)$.

(2) $\boldsymbol{A}$ 的初等因子是 $\lambda+1,\lambda+1,\lambda-2,(\lambda-2)^2$.

$\boldsymbol{A}$ 的不变因子是 $1,1,1,(\lambda+1)(\lambda-2),(\lambda+1)(\lambda-2)^2$.

(3) $\boldsymbol{A}$ 的初等因子是 $\lambda+1,\lambda+1,(\lambda-2)^3$.

$\boldsymbol{A}$ 的不变因子是 $1,1,1,\lambda+1,(\lambda+1)(\lambda-2)^3$.

(4) $\boldsymbol{A}$ 的初等因子是 $(\lambda+1)^2,\lambda-2,\lambda-2,\lambda-2$.

$\boldsymbol{A}$ 的不变因子是 $1,1,\lambda-2,\lambda-2,(\lambda-2)(\lambda+1)^2$.

(5) $\boldsymbol{A}$ 的初等因子是 $(\lambda+1)^2,\lambda-2,(\lambda-2)^2$.

$\boldsymbol{A}$ 的不变因子是 $1,1,1,\lambda-2,(\lambda-2)^2(\lambda+1)^2$.

(6) $\boldsymbol{A}$ 的初等因子是 $(\lambda+1)^2,(\lambda-2)^3$.

$\boldsymbol{A}$ 的不变因子是 $1,1,1,1,(\lambda+1)^2(\lambda-2)^3$.

4.3 数字矩阵相似的充要条件

数字矩阵 $\boldsymbol{A}$ 的特征矩阵 $\lambda\boldsymbol{E}-\boldsymbol{A}$ 是研究数字矩阵 $\boldsymbol{A}$ 的重要工具,通过特征矩阵可以判断数字矩阵是否相似.

引理 4.3.1 设 $\boldsymbol{A}$ 和 $\boldsymbol{B}$ 是两个 n 阶数字矩阵,则 $\boldsymbol{A}\sim\boldsymbol{B}$ 的充要条件是 $(\lambda\boldsymbol{E}-\boldsymbol{A})\sim(\lambda\boldsymbol{E}-\boldsymbol{B})$.

证: ① 必要性　设 $\boldsymbol{A}\sim\boldsymbol{B}$,则存在 $\boldsymbol{P}\in\mathbb{C}_n^{n\times n}$,满足

$$\boldsymbol{P}^{-1}\boldsymbol{A}\boldsymbol{P}=\boldsymbol{B},$$

故

$$\lambda\boldsymbol{E}-\boldsymbol{B}=\lambda\boldsymbol{E}-\boldsymbol{P}^{-1}\boldsymbol{A}\boldsymbol{P}=\boldsymbol{P}^{-1}(\lambda\boldsymbol{E}-\boldsymbol{A})\boldsymbol{P},$$

即

$$(\lambda\boldsymbol{E}-\boldsymbol{A})\sim(\lambda\boldsymbol{E}-\boldsymbol{B}).$$

② 充分性　设

$$\boldsymbol{P}^{-1}(\lambda\boldsymbol{E}-\boldsymbol{A})\boldsymbol{P}=\lambda\boldsymbol{E}-\boldsymbol{B},$$

故

$$\lambda\boldsymbol{E}-\boldsymbol{P}^{-1}\boldsymbol{A}\boldsymbol{P}=\lambda\boldsymbol{E}-\boldsymbol{B},$$

因此

$$\boldsymbol{B}=\boldsymbol{P}^{-1}\boldsymbol{A}\boldsymbol{P},$$

即 $\boldsymbol{A}\sim\boldsymbol{B}$. ■

定理 4.3.1 $\boldsymbol{A}\sim\boldsymbol{B}$ 的充要条件是 $(\lambda\boldsymbol{E}-\boldsymbol{A})\simeq(\lambda\boldsymbol{E}-\boldsymbol{B})$.

注意,等价比相似条件弱.

定理 4.3.1 表明:数字矩阵相似可以归结为它们的特征矩阵等价.

对于一个 n 阶数字矩阵 $\boldsymbol{A}$,有 $\operatorname{rank}(\lambda\boldsymbol{E}-\boldsymbol{A})=n$,即 n 阶特征矩阵的秩等于 n,于是由定理 4.3.1 与定理 4.2.6 可得定理 4.3.2.

定理 4.3.2 n 阶矩阵 $\boldsymbol{A}\sim\boldsymbol{B}$ 的充要条件是 $\boldsymbol{A}$、$\boldsymbol{B}$ 有相同的初等因子.

由定理 4.3.1 与定理 4.2.5 可得定理 4.3.3.

定理 4.3.3 n 阶矩阵 $\boldsymbol{A}\sim\boldsymbol{B}$ 的充要条件是 $\boldsymbol{A}$、$\boldsymbol{B}$ 有相同的不变因子.

使用线性代数的方法判断数字矩阵是否相似较烦琐,定理 4.3.2 和定理 4.3.3

将λ-矩阵作为研究数字矩阵的工具,给出了判断数字矩阵是否相似的更简便的方法.

4.4 矩阵的 Jordan 标准形

前面介绍了将方阵化简为对角阵的方法,但仍存在大量无法化简为对角阵的方阵,在此,介绍将这类方阵进行化简的方法,其中一种典型的形式就是化简为 Jordan 标准形.

4.4.1 Jordan 标准形的定义及求解

定义 4.4.1 称 n_i 阶矩阵

$$\boldsymbol{J}_i=\begin{bmatrix}\lambda_i & 1 & & & \\ & \lambda_i & 1 & & \\ & & \ddots & \ddots & \\ & & & \ddots & 1 \\ & & & & \lambda_i\end{bmatrix}_{n_i\times n_i}$$

为 **Jordan 块**.

定义 4.4.2 设 $\boldsymbol{J}_1,\boldsymbol{J}_2,\cdots,\boldsymbol{J}_s$ 为 Jordan 块,称准对角矩阵

$$\boldsymbol{J}=\begin{bmatrix}\boldsymbol{J}_1 & & & \\ & \boldsymbol{J}_2 & & \\ & & \ddots & \\ & & & \boldsymbol{J}_s\end{bmatrix}$$

为 **Jordan 标准形**.

在例 4.2.4 中已得到 Jordan 块 $\boldsymbol{J}_i$ 的初等因子为$(\lambda-\lambda_i)^{n_i}$. 注意,此处使用了简称,实际上是$(\lambda\boldsymbol{E}-\boldsymbol{J}_i)$的初等因子.

根据定理 4.2.8,Jordan 标准形的初等因子为$(\lambda-\lambda_1)^{n_1},(\lambda-\lambda_2)^{n_2},\cdots,(\lambda-\lambda_s)^{n_s}$. 因此,结合定理 4.3.2 可以得到下述定理.

定理 4.4.1 设 $\boldsymbol{A}\in\mathbb{C}^{n\times n}$,$\boldsymbol{A}$ 的初等因子为

$$(\lambda-\lambda_1)^{n_1},(\lambda-\lambda_2)^{n_2},\cdots,(\lambda-\lambda_s)^{n_s},$$

各初等因子对应的 Jordan 块为

$$\boldsymbol{J}_i=\begin{bmatrix}\lambda_i & 1 & & & \\ & \lambda_i & 1 & & \\ & & \ddots & \ddots & \\ & & & \ddots & 1 \\ & & & & \lambda_i\end{bmatrix}_{n_i\times n_i}\quad(i=1,2,\cdots,s),$$

记

$$\boldsymbol{J}=\begin{bmatrix}\boldsymbol{J}_1 & & & \\ & \boldsymbol{J}_2 & & \\ & & \ddots & \\ & & & \boldsymbol{J}_s\end{bmatrix},$$

则 $\boldsymbol{A}\sim\boldsymbol{J}$，称 $\boldsymbol{J}$ 是矩阵 $\boldsymbol{A}$ 的 **Jordan 标准形**.

若 $n_i=1$，则 $\boldsymbol{J}_i$ 是一阶 Jordan 块，当矩阵 $\boldsymbol{A}$ 的 Jordan 标准形中的 Jordan 块全是一阶时，$\boldsymbol{J}$ 便是对角矩阵，因此可得如下定理.

定理 4.4.2 矩阵 $\boldsymbol{A}\in\mathbb{C}^{n\times n}$ 可对角化的充要条件是 $\boldsymbol{A}$ 的初等因子都是一次因式.

例 4.4.1 求矩阵 $\boldsymbol{A}=\begin{bmatrix}-1 & 1 & 0\\ -4 & 3 & 0\\ 1 & 0 & 2\end{bmatrix}$ 的 Jordan 标准形.

分析：求 Jordan 标准形应先确定 Jordan 块，即要求出各个 Jordan 块的 λ_i 和 n_i，这可以从求初等因子开始，这种方法称为基于初等因子的方法.

解：先求初等因子. 对 $\boldsymbol{A}$ 的特征矩阵$(\lambda\boldsymbol{E}-\boldsymbol{A})$运用初等变换可得

$$\lambda\boldsymbol{E}-\boldsymbol{A}=\begin{bmatrix}\lambda+1 & -1 & 0\\ 4 & \lambda-3 & 0\\ -1 & 0 & \lambda-2\end{bmatrix}\simeq\begin{bmatrix}1 & & \\ & 1 & \\ & & (\lambda-1)^2(\lambda-2)\end{bmatrix},$$

故 $\boldsymbol{A}$ 的初等因子为$(\lambda-1)^2$，$(\lambda-2)$，得到 $\boldsymbol{A}$ 的两个 Jordan 块：

$$\begin{bmatrix}1 & 1\\ 0 & 1\end{bmatrix},\quad [2],$$

故 $\boldsymbol{A}$ 的 Jordan 标准形是

$$J=\begin{bmatrix}1&1&0\\0&1&0\\0&0&2\end{bmatrix} \quad \text{或} \quad J=\begin{bmatrix}2&0&0\\0&1&1\\0&0&1\end{bmatrix}.$$

注意，Jordan 标准形中的 Jordan 块的排列次序并不唯一，本例中的 Jordan 块可以互换位置，因此所求得的 Jordan 标准形并不唯一.

4.4.2 相似变换矩阵的求法

由定理 4.4.1 可知，任何一个方阵 A 都相似于其 Jordan 标准形 J，上一小节介绍了方阵 A 的 Jordan 标准形 J 的求法，但如何由方阵 A 相似变换至 J，即求 $P\in \mathbb{C}_n^{n\times n}$，使其满足 $P^{-1}AP=J$？下面通过例题介绍求相似变换矩阵 P 的方法，相似变换矩阵可简称为变换矩阵.

例 4.4.2 求矩阵 $A=\begin{bmatrix}1&2&0\\0&2&0\\-2&-2&1\end{bmatrix}$ 的 Jordan 标准形及其变换矩阵 P.

解：$\lambda E-A=\begin{bmatrix}\lambda-1&-2&0\\0&\lambda-2&0\\2&2&\lambda-1\end{bmatrix}\rightarrow\begin{bmatrix}1&&\\&1&\\&&(\lambda-2)(\lambda-1)^2\end{bmatrix}$，

故 A 的 Jordan 标准形为

$$J=\begin{bmatrix}2&0&0\\0&1&1\\0&0&1\end{bmatrix},$$

故存在 $P\in \mathbb{C}_3^{3\times 3}$，满足 $AP=PJ$.

令 $P=[X_1,X_2,X_3]$，则有

$$[AX_1,AX_2,AX_3]=[X_1,X_2,X_3]\begin{bmatrix}2&0&0\\0&1&1\\0&0&1\end{bmatrix},$$

比较上式两端，得

$$AX_1=2X_1,\quad AX_2=X_2,\quad AX_3=X_2+X_3,$$

即

$$(2E-A)X_1=\mathbf{0},\quad (E-A)X_2=\mathbf{0},\quad (E-A)X_3=-X_2.$$

由齐次线性方程组$(2\boldsymbol{E}-\boldsymbol{A})\boldsymbol{X}_1=\boldsymbol{0}$可求得$\boldsymbol{X}_1=[2,\ 1,\ -6]^{\mathrm{T}}$；由齐次线性方程组$(\boldsymbol{E}-\boldsymbol{A})\boldsymbol{X}_2=\boldsymbol{0}$可求得$\boldsymbol{X}_2=[0,\ 0,\ 1]^{\mathrm{T}}$.

将$\boldsymbol{X}_2=[0,0,1]^{\mathrm{T}}$代入$(\boldsymbol{E}-\boldsymbol{A})\boldsymbol{X}_3=-\boldsymbol{X}_2$可求得$\boldsymbol{X}_3=[-0.5,0,0]^{\mathrm{T}}$.
因此

$$\boldsymbol{P}=[\boldsymbol{X}_1,\boldsymbol{X}_2,\boldsymbol{X}_3]=\begin{bmatrix}2 & 0 & -0.5\\ 1 & 0 & 0\\ -6 & 1 & 0\end{bmatrix}.$$

综上，Jordan 标准形的相似变换矩阵$\boldsymbol{P}$的求解步骤如下：

① 若$\boldsymbol{A}\in\mathbb{C}^{r\times r}$，由$\boldsymbol{P}^{-1}\boldsymbol{A}\boldsymbol{P}=\boldsymbol{J}$，得$\boldsymbol{A}\boldsymbol{P}=\boldsymbol{P}\boldsymbol{J}$.

② 令$\boldsymbol{P}=(\boldsymbol{X}_1,\boldsymbol{X}_2,\cdots,\boldsymbol{X}_r)$，得$(\boldsymbol{A}\boldsymbol{X}_1,\boldsymbol{A}\boldsymbol{X}_2,\cdots,\boldsymbol{A}\boldsymbol{X}_r)=(\boldsymbol{X}_1,\boldsymbol{X}_2,\cdots,\boldsymbol{X}_r)\boldsymbol{J}$，展开等式两端得一组方程组.

③ 在上述每个方程组中，只要依次各取一个解分别作为列向量$\boldsymbol{X}_1,\boldsymbol{X}_2,\cdots,\boldsymbol{X}_r$，构成矩阵$\boldsymbol{P}=(\boldsymbol{X}_1,\boldsymbol{X}_2,\cdots,\boldsymbol{X}_r)$即可.

4.5 应用实例

矩阵的相似标准形可应用于矩阵化简、矩阵计算、线性代数方程组数值解法、线性微分方程组求解等方面，在物理学、力学、工程技术等领域都有重要应用. 本节介绍 Jordan 标准形在微分方程组求解、矩阵计算方面的应用.

4.5.1 常系数线性微分方程组的求解

已知常系数线性微分方程组

$$\begin{cases}\dfrac{\mathrm{d}x_1}{\mathrm{d}t}=a_{11}x_1+a_{12}x_2+\cdots+a_{1n}x_n\\ \dfrac{\mathrm{d}x_2}{\mathrm{d}t}=a_{21}x_1+a_{22}x_2+\cdots+a_{2n}x_n\\ \vdots\\ \dfrac{\mathrm{d}x_n}{\mathrm{d}t}=a_{n1}x_1+a_{n2}x_2+\cdots+a_{nn}x_n\end{cases},\tag{4.5.1}$$

其中，$a_{ij}(i,j=1,2,\cdots,n)$为常数.

将此方程组写成矩阵形式

$$\frac{\mathrm{d}\boldsymbol{X}}{\mathrm{d}t}=\boldsymbol{AX}, \tag{4.5.2}$$

这里

$$\boldsymbol{A}=(a_{ij})\in\mathbb{C}^{n\times n},\quad \boldsymbol{X}=(x_1(t),x_2(t),\cdots,x_n(t))^{\mathrm{T}},$$

$$\frac{\mathrm{d}\boldsymbol{X}}{\mathrm{d}t}=\left(\frac{\mathrm{d}x_1}{\mathrm{d}t},\frac{\mathrm{d}x_2}{\mathrm{d}t},\cdots,\frac{\mathrm{d}x_n}{\mathrm{d}t}\right)^{\mathrm{T}}.$$

设 $\boldsymbol{J}$ 是 $\boldsymbol{A}$ 的 Jordan 标准形，则有

$$\boldsymbol{P}^{-1}\boldsymbol{AP}=\boldsymbol{J}. \tag{4.5.3}$$

令

$$\boldsymbol{X}=\boldsymbol{PY},\quad \boldsymbol{Y}=(y_1(t),y_2(t),\cdots,y_n(t))^{\mathrm{T}}, \tag{4.5.4}$$

将式(4.5.4)代入式(4.5.2)，得

$$\boldsymbol{P}\frac{\mathrm{d}\boldsymbol{Y}}{\mathrm{d}t}=\boldsymbol{APY}. \tag{4.5.5}$$

上式两端左乘 $\boldsymbol{P}^{-1}$，得

$$\frac{\mathrm{d}\boldsymbol{Y}}{\mathrm{d}t}=\boldsymbol{P}^{-1}\boldsymbol{APY}=\boldsymbol{JY}. \tag{4.5.6}$$

为求原常系数线性微分方程组的解，可先通过式(4.5.6)求得 $\boldsymbol{Y}$，再通过式(4.5.4)求得原方程组的解 $\boldsymbol{X}$.

例 4.5.1 求微分方程组

$$\begin{cases}\dfrac{\mathrm{d}x_1}{\mathrm{d}t}=-x_1-2x_2+6x_3\\[2mm]\dfrac{\mathrm{d}x_2}{\mathrm{d}t}=-x_1+3x_3\\[2mm]\dfrac{\mathrm{d}x_3}{\mathrm{d}t}=-x_1-x_2+4x_3\end{cases}$$

的解.

解：令 $\boldsymbol{X}=(x_1,x_2,x_3)^{\mathrm{T}}$，则方程组可写为

$$\frac{\mathrm{d}\boldsymbol{X}}{\mathrm{d}t}=\begin{bmatrix}-1&-2&6\\-1&0&3\\-1&-1&4\end{bmatrix}\boldsymbol{X}=\boldsymbol{AX},$$

可算得

$$P^{-1}AP=J=\begin{bmatrix}1&0&0\\0&1&1\\0&0&1\end{bmatrix},$$

其中

$$P=\begin{bmatrix}-1&2&2\\1&1&0\\0&1&1\end{bmatrix},\quad P^{-1}=\begin{bmatrix}-1&0&2\\1&1&-2\\-1&-1&3\end{bmatrix}.$$

令 $X=PY$,则由式(4.5.6)可得

$$\frac{\mathrm{d}y_1}{\mathrm{d}t}=y_1,\quad \frac{\mathrm{d}y_2}{\mathrm{d}t}=y_2+y_3,\quad \frac{\mathrm{d}y_3}{\mathrm{d}t}=y_3,$$

不难求得

$$y_1=k_1\mathrm{e}^t,\quad y_3=k_3\mathrm{e}^t,\quad y_2=(k_3t+k_2)\mathrm{e}^t,$$

代入 $X=PY$,得

$$x_1=-k_1\mathrm{e}^t+2k_3\mathrm{e}^t+2(k_3t+k_2)\mathrm{e}^t,$$

$$x_2=k_1\mathrm{e}^t+(k_3t+k_2)\mathrm{e}^t,$$

$$x_3=k_3\mathrm{e}^t+(k_3t+k_2)\mathrm{e}^t,$$

其中,k_1,k_2,k_3 均为任意常数.

4.5.2 矩阵计算

矩阵 A 的 Jordan 标准形 J 是准对角形矩阵,便于进行高次幂运算,可将矩阵 A 用 J 表示后进行原运算,变换矩阵 P 在运算过程中常可以互相抵消.

例 4.5.2 已知 $A=\begin{bmatrix}3&0&1\\-1&2&1\\1&0&3\end{bmatrix}$,求 A^{100}.

解:先求 A 的初等因子,然后求 A 的 Jordan 标准形 J.

$$J=\begin{bmatrix}2&1&\\&2&\\&&4\end{bmatrix}.$$

设 $P=(\alpha_1,\alpha_2,\alpha_3)$,由于 $P^{-1}AP=J$,即 $AP=PJ$. 于是有 $A\alpha_1=2\alpha_1$,$A\alpha_2=\alpha_1+2\alpha_2$,$A\alpha_3=4\alpha_3$,即

$$(2\boldsymbol{E}-\boldsymbol{A})\boldsymbol{\alpha}_1=\boldsymbol{0},$$
$$(2\boldsymbol{E}-\boldsymbol{A})\boldsymbol{\alpha}_2=-\boldsymbol{\alpha}_1,$$
$$(4\boldsymbol{E}-\boldsymbol{A})\boldsymbol{\alpha}_3=\boldsymbol{0},$$

解得

$$\boldsymbol{\alpha}_1=(0,1,0)^{\mathrm{T}},\quad \boldsymbol{\alpha}_2=\left(-\frac{1}{2},0,\frac{1}{2}\right)^{\mathrm{T}},\quad \boldsymbol{\alpha}_3=(1,0,1)^{\mathrm{T}}.$$

故

$$\boldsymbol{P}=\begin{bmatrix}0 & -\frac{1}{2} & 1\\ 1 & 0 & 0\\ 0 & \frac{1}{2} & 1\end{bmatrix},\quad \boldsymbol{P}^{-1}=\begin{bmatrix}0 & 1 & 0\\ -1 & 0 & 1\\ \frac{1}{2} & 0 & \frac{1}{2}\end{bmatrix},$$

于是

$$\boldsymbol{A}=\boldsymbol{PJP}^{-1}=\begin{bmatrix}0 & -\frac{1}{2} & 1\\ 1 & 0 & 0\\ 0 & \frac{1}{2} & 1\end{bmatrix}\begin{bmatrix}2 & 1 & \\ & 2 & \\ & & 4\end{bmatrix}\begin{bmatrix}0 & 1 & 0\\ -1 & 0 & 1\\ \frac{1}{2} & 0 & \frac{1}{2}\end{bmatrix},$$

$$\boldsymbol{A}^{100}=\begin{bmatrix}0 & -\frac{1}{2} & 1\\ 1 & 0 & 0\\ 0 & \frac{1}{2} & 1\end{bmatrix}\begin{bmatrix}2^{100} & 100\cdot 2^{99} & \\ & 2^{100} & \\ & & 4^{100}\end{bmatrix}\begin{bmatrix}0 & 1 & 0\\ -1 & 0 & 1\\ \frac{1}{2} & 0 & \frac{1}{2}\end{bmatrix}$$

$$=\begin{bmatrix}-2^{99}+2^{199} & 0 & -2^{99}+2^{199}\\ -100\cdot 2^{99} & 2^{100} & 100\cdot 2^{99}\\ -2^{99}+2^{199} & 0 & 2^{99}+2^{199}\end{bmatrix}.$$

本章小结

本章首先介绍了多项式矩阵(λ-矩阵)的概念、λ-矩阵的初等变换及 λ-矩阵的等价,给出了一类常用的相似标准形——Smith 标准形. Smith 标准形是非零

$m\times n$ 阶 λ-矩阵的等价矩阵，本章介绍了用初等变换求 λ-矩阵的 Smith 标准形的方法，基于 Smith 标准形阐述了不变因子、行列式因子、初等因子的概念，此外，给出了 λ-矩阵等价的几个充要条件和数字矩阵相似的几个充要条件.

Jordan 标准形是方阵的相似矩阵，本章给出了 Jordan 标准形的定义、求法和相似变换矩阵的求法，并介绍了 Jordan 标准形的应用.

本章介绍的理论和方法可以应用于 λ-矩阵和数字矩阵，是重要的数学工具.

学习完本章内容后，应能达到如下基本要求：

(1) 能求解 λ-矩阵的 Smith 标准形，能求解 λ-矩阵的不变因子、行列式因子和初等因子，理解这几类因子之间的关系；

(2) 掌握 λ-矩阵等价的充要条件、数字矩阵相似的充要条件；

(3) 掌握矩阵的 Jordan 标准形的定义，能求解矩阵的 Jordan 标准形及其相似变换矩阵；

(4) 了解 Jordan 标准形的应用.

习题 4

4-1 已知 $\boldsymbol{A}(\lambda)=\begin{bmatrix}\lambda+1 & \lambda\\ \lambda & \lambda-1\end{bmatrix}$，求 $\boldsymbol{A}^{-1}(\lambda)$.

4-2 用初等变换求下列 λ-矩阵的 Smith 标准形.

(1) $\begin{bmatrix}\lambda^3-\lambda & 2\lambda^2\\ \lambda^2+5\lambda & 3\lambda\end{bmatrix}$；　　(2) $\begin{bmatrix}\lambda^2-1 & 0\\ 0 & (\lambda-1)^3\end{bmatrix}$.

4-3 用初等变换把 λ-矩阵 $\boldsymbol{A}(\lambda)=\begin{bmatrix}\lambda & \lambda & 2\\ \frac{1}{2}\lambda^2+2 & \lambda-\frac{1}{2} & \lambda\\ 0 & \frac{1}{2}\lambda & \lambda+1\end{bmatrix}$ 化为 Smith 标准形.

4-4 用初等变换将 λ-矩阵 $\boldsymbol{A}(\lambda)=\begin{bmatrix}1-\lambda & \lambda^2 & \lambda\\ \lambda & \lambda & -\lambda\\ 1+\lambda^2 & \lambda^2 & -\lambda^2\end{bmatrix}$ 化为 Smith 标准形.

4-5 求 λ-矩阵 $\begin{bmatrix} \lambda(\lambda+1) & & \\ & \lambda & \\ & & (\lambda+1)^2 \end{bmatrix}$ 的不变因子和行列式因子.

4-6 用初等变换将 λ-矩阵 $\begin{bmatrix} \lambda(\lambda+1) & & \\ & \lambda & \\ & & (\lambda+1)^2 \end{bmatrix}$ 化为 Smith 标准形.

4-7 用初等变换将 λ-矩阵 $\begin{bmatrix} \lambda(\lambda+1) & 1 & \lambda^2 \\ \lambda & \lambda+1 & \lambda-1 \\ \lambda^3 & \lambda(\lambda-1) & \lambda^2 \end{bmatrix}$ 化为 Smith 标准形.

4-8 求矩阵 $\boldsymbol{A}=\begin{bmatrix} -1 & -2 & 6 \\ -1 & 0 & 3 \\ -1 & -1 & 4 \end{bmatrix}$ 的 Jordan 标准形.

4-9 求下列矩阵的 Jordan 标准形.

(1) $\begin{bmatrix} 0 & 1 & 0 \\ -4 & 4 & 0 \\ -2 & 1 & 2 \end{bmatrix}$; (2) $\begin{bmatrix} 5 & -3 & 2 \\ 6 & -4 & 4 \\ 4 & -4 & 5 \end{bmatrix}$;

(3) $\begin{bmatrix} 1 & -3 & 3 \\ -2 & -6 & 13 \\ -1 & -4 & 8 \end{bmatrix}$; (4) $\begin{bmatrix} 3 & -1 & 0 \\ 6 & -3 & 2 \\ 8 & -6 & 5 \end{bmatrix}$.

4-10 求下列矩阵的 Jordan 标准形.

(1) $\begin{bmatrix} 1 & -2 & 2 \\ 1 & 3 & -2 \\ 1 & 1 & 0 \end{bmatrix}$; (2) $\begin{bmatrix} 4 & -5 & 2 \\ 5 & -7 & 3 \\ 6 & -9 & 4 \end{bmatrix}$.

4-11 求下列矩阵的 Jordan 标准形.

(1) $\begin{bmatrix} 3 & 1 & & \\ -4 & -1 & & \\ & & 2 & 1 \\ & & -1 & 0 \end{bmatrix}$; (2) $\begin{bmatrix} 1 & 2 & 3 & 4 \\ & 1 & 2 & 3 \\ & & 1 & 2 \\ & & & 1 \end{bmatrix}$.

4-12 求矩阵 $\boldsymbol{A}=\begin{bmatrix}17 & 0 & -25\\ 0 & 1 & 0\\ 9 & 0 & -13\end{bmatrix}$ 的 Jordan 标准形,并求变换矩阵 $\boldsymbol{P}$.

4-13 求矩阵 $\begin{bmatrix}3 & 0 & 8\\ 3 & -1 & 6\\ -2 & 0 & -5\end{bmatrix}$ 的 Jordan 标准形及其变换矩阵 $\boldsymbol{P}$.

4-14 求变换习题 4-8 中的矩阵 $\boldsymbol{A}$ 为 Jordan 标准形的变换矩阵 $\boldsymbol{P}$.

4-15 已知矩阵 $\boldsymbol{A}=\begin{bmatrix}-1 & 0 & 1\\ 1 & 2 & 0\\ -4 & 0 & 3\end{bmatrix}$,求 $\boldsymbol{A}^{100}$.

4-16 已知 n 阶数字矩阵 $\boldsymbol{A}$ 的初等因子为 $\lambda,\lambda^3,(\lambda+1)^3$,试求 $\boldsymbol{A}$ 的不变因子和 $\boldsymbol{A}$ 的 Jordan 标准形.

4-17 已知 n 阶数字矩阵 $\boldsymbol{A}$ 的特征多项式 $|\lambda\boldsymbol{E}-\boldsymbol{A}|=\lambda^2(\lambda-1)(\lambda+1)^2$,试求 $\boldsymbol{A}$ 的不变因子、初等因子和 $\boldsymbol{A}$ 的 Jordan 标准形.

第5章

矩阵分解

本章的知识网络框图：

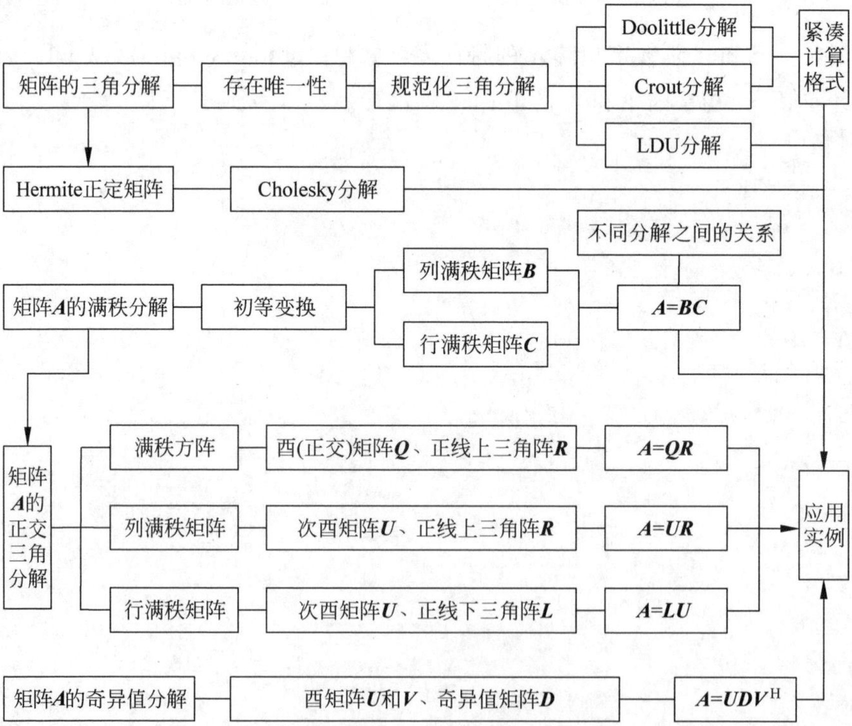

为便于进行理论研究或简化计算，常需要将矩阵分解为结构简单或性质特殊的矩阵的乘积形式，这就是矩阵分解．例如，给定 n 阶实对称矩阵 $\boldsymbol{A}$，可以找到 n 阶正交矩阵 $\boldsymbol{T}$，使得 $\boldsymbol{T}^{-1}\boldsymbol{A}\boldsymbol{T}$ 为对角阵 $\boldsymbol{D}$，且 $\boldsymbol{D}$ 的对角元素恰是 $\boldsymbol{A}$ 的全部特征值，

基于此可将矩阵 $\boldsymbol{A}$ 分解为三个矩阵的乘积：$\boldsymbol{A}=\boldsymbol{TDT}^{-1}$.

然而，仅基于矩阵相似来研究矩阵分解有很大的局限性，往往达不到深化理论或简化计算的目的，本章将从其他角度研究矩阵分解，具体包括矩阵的三角分解、满秩分解、正交三角分解、奇异值分解，最后给出矩阵分解的应用实例.

5.1 矩阵的三角分解

5.1.1 三角分解及其存在唯一性

定义 5.1.1 设 $\boldsymbol{A}\in\mathbb{C}^{n\times n}$，$\boldsymbol{A}$ 的前 k 行、前 k 列元素构成的子矩阵

$$\boldsymbol{A}_k=\begin{bmatrix} a_{11} & a_{12} & \cdots & a_{1k} \\ \vdots & \vdots & \ddots & \vdots \\ a_{k1} & a_{k2} & \cdots & a_{kk} \end{bmatrix} \quad (k=1,2,\cdots,n)$$

称为 $\boldsymbol{A}$ 的 k 阶**顺序主子阵**.

n 阶方阵 $\boldsymbol{A}$ 共有 n 阶顺序主子阵.

定义 5.1.2 设 $\boldsymbol{A}\in\mathbb{C}^{n\times n}$，$\boldsymbol{A}$ 的 k 阶顺序主子阵 $\boldsymbol{A}_k$ 的行列式 $\Delta_k=\det\boldsymbol{A}_k$ $(k=1,2,\cdots,n)$ 称为 $\boldsymbol{A}$ 的 k 阶**顺序主子式**.

n 阶方阵 $\boldsymbol{A}$ 共有 n 阶顺序主子式.

定义 5.1.3 设 $\boldsymbol{A}\in\mathbb{C}^{n\times n}$，若存在下三角阵 $\boldsymbol{L}\in\mathbb{C}^{n\times n}$ 和上三角阵 $\boldsymbol{U}\in\mathbb{C}^{n\times n}$，使得 $\boldsymbol{A}=\boldsymbol{LU}$，则称 $\boldsymbol{A}$ 可以进行**三角分解**.

矩阵的三角分解也称为 **LU 分解**.

下面研究矩阵三角分解的存在性和唯一性.

定理 5.1.1 设 $\boldsymbol{A}\in\mathbb{C}_n^{n\times n}$，则 $\boldsymbol{A}$ 可以进行三角分解的充要条件是 $\Delta_k\neq 0$ $(k=1,2,\cdots,n-1)$，其中 Δ_k 为 $\boldsymbol{A}$ 的 k 阶顺序主子式.

证：① 必要性. 若 $\boldsymbol{A}$ 可以进行三角分解，即 $\boldsymbol{A}=\boldsymbol{LU}$，其中 $\boldsymbol{L}=(l_{ij})_{n\times n}$，$(l_{ij}=0,i<j)$，$\boldsymbol{U}=(u_{ij})_{n\times n}$，$(u_{ij}=0,i>j)$，将这三个矩阵进行分块，得

$$\begin{bmatrix} \boldsymbol{A}_k & \boldsymbol{A}_{12} \\ \boldsymbol{A}_{21} & \boldsymbol{A}_{22} \end{bmatrix}=\begin{bmatrix} \boldsymbol{L}_k & \boldsymbol{0} \\ \boldsymbol{L}_{21} & \boldsymbol{L}_{22} \end{bmatrix}\begin{bmatrix} \boldsymbol{U}_k & \boldsymbol{U}_{12} \\ \boldsymbol{0} & \boldsymbol{U}_{22} \end{bmatrix},$$

这里 $\boldsymbol{A}_k$，$\boldsymbol{L}_k$ 和 $\boldsymbol{U}_k$ 分别是 $\boldsymbol{A}$，$\boldsymbol{L}$ 和 $\boldsymbol{U}$ 的 k 阶顺序主子阵，且 $\boldsymbol{L}_k$ 和 $\boldsymbol{U}_k$ 分别是下三角阵和上三角阵. 由矩阵的分块乘法运算可得

$$\boldsymbol{A}_k = \boldsymbol{L}_k \boldsymbol{U}_k \quad (k = 1, 2, \cdots, n),$$

因为

$$\det \boldsymbol{A} = \det \boldsymbol{L} \det \boldsymbol{U} = l_{11} l_{22} \cdots l_{nn} u_{11} u_{22} \cdots u_{nn} \neq 0,$$

所以

$$\Delta_k = \det \boldsymbol{A}_k = \det \boldsymbol{L}_k \det \boldsymbol{U}_k = l_{11} l_{22} \cdots l_{kk} u_{11} u_{22} \cdots u_{kk} \neq 0, \quad k = 1, 2, \cdots, n-1.$$

② 充分性. 对阶数 n 用数学归纳法证明.

当 $n=1$ 时，$\boldsymbol{A}_1 = (a_{11}) = (1)(a_{11})$，结论成立.

设对 $n=k$ 结论成立，即 $\boldsymbol{A}_k = \boldsymbol{L}_k \boldsymbol{U}_k$，其中 $\boldsymbol{L}_k$ 和 $\boldsymbol{U}_k$ 分别是下三角阵和上三角阵，且由 $\Delta_k = \det \boldsymbol{A}_k = \det \boldsymbol{L}_k \det \boldsymbol{U}_k \neq 0$ 可知 $\boldsymbol{L}_k$ 和 $\boldsymbol{U}_k$ 均可逆. 于是当 $n = k+1$ 时有

$$\boldsymbol{A}_{k+1} = \begin{bmatrix} \boldsymbol{A}_k & \boldsymbol{c}_k \\ \boldsymbol{r}_k^{\mathrm{T}} & a_{k+1,k+1} \end{bmatrix} = \begin{bmatrix} \boldsymbol{L}_k & \boldsymbol{0} \\ \boldsymbol{r}_k^{\mathrm{T}} \boldsymbol{U}_k^{-1} & 1 \end{bmatrix} \begin{bmatrix} \boldsymbol{U}_k & \boldsymbol{L}_k^{-1} \boldsymbol{c}_k \\ \boldsymbol{0}^{\mathrm{T}} & a_{k+1,k+1} - \boldsymbol{r}_k^{\mathrm{T}} \boldsymbol{U}_k^{-1} \boldsymbol{L}_k^{-1} \boldsymbol{c}_k \end{bmatrix},$$

其中，$\boldsymbol{c}_k = (a_{1,k+1}, a_{2,k+1}, \cdots, a_{k,k+1})^{\mathrm{T}}$，$\boldsymbol{r}_k^{\mathrm{T}} = (a_{k+1,1}, a_{k+1,2}, \cdots, a_{k+1,k})$，故由归纳假设知 $\boldsymbol{A}$ 可以进行三角分解. ■

由定理 5.1.1 可知，并不是所有可逆矩阵都可以进行三角分解，例如矩阵 $\boldsymbol{A} = \begin{bmatrix} 0 & 0 & 1 \\ 0 & 1 & 0 \\ 1 & 0 & 0 \end{bmatrix}$ 就不能进行三角分解.

定理 5.1.2 设 $\boldsymbol{A} \in \mathbb{C}_r^{n \times n}$，且 $\boldsymbol{A}$ 的前 r 个顺序主子式不为零，即 $\Delta_k \neq 0 (k = 1, 2, \cdots, r)$，则 $\boldsymbol{A}$ 可以进行三角分解.

证：由定理 5.1.1 可知，$\boldsymbol{A}_r$ 可以进行三角分解，即 $\boldsymbol{A}_r = \boldsymbol{L}_r \boldsymbol{U}_r$，且 $\boldsymbol{L}_r$ 和 $\boldsymbol{U}_r$ 分别是可逆的下三角阵和上三角阵，将矩阵 $\boldsymbol{A}$ 分块为

$$\boldsymbol{A} = \begin{bmatrix} \boldsymbol{A}_r & \boldsymbol{A}_{12} \\ \boldsymbol{A}_{21} & \boldsymbol{A}_{22} \end{bmatrix}.$$

由于 $\operatorname{rank} \boldsymbol{A}_r = \operatorname{rank} \boldsymbol{A} = r$，所以 $\boldsymbol{A}$ 的后 $n-r$ 行可以由前 r 行线性表示，即存在矩阵 $\boldsymbol{B} \in \mathbb{C}^{(n-r) \times r}$，使得 $\boldsymbol{A}_{21} = \boldsymbol{B} \boldsymbol{A}_r$，$\boldsymbol{A}_{22} = \boldsymbol{B} \boldsymbol{A}_{12}$，从而

$$\boldsymbol{A} = \begin{bmatrix} \boldsymbol{A}_r & \boldsymbol{A}_{12} \\ \boldsymbol{B} \boldsymbol{A}_r & \boldsymbol{B} \boldsymbol{A}_{12} \end{bmatrix} = \begin{bmatrix} \boldsymbol{L}_r & \boldsymbol{0} \\ \boldsymbol{B} \boldsymbol{L}_r & \boldsymbol{I}_{n-r} \end{bmatrix} \begin{bmatrix} \boldsymbol{U}_r & \boldsymbol{L}_r^{-1} \boldsymbol{A}_{12} \\ \boldsymbol{0} & \boldsymbol{0} \end{bmatrix},$$

即得到 $\boldsymbol{A}$ 的一种三角分解. ■

该定理的条件仅是充分条件. 例如矩阵 $\boldsymbol{A}=\begin{bmatrix}0 & 0\\1 & 2\end{bmatrix}$ 的秩为 1,不满足定理的条件,但

$$\boldsymbol{A}=\begin{bmatrix}0 & 0\\1 & 1\end{bmatrix}\begin{bmatrix}1 & 1\\0 & 1\end{bmatrix}=\begin{bmatrix}0 & 0\\1 & 2\end{bmatrix}\begin{bmatrix}1 & 1\\0 & 1/2\end{bmatrix}$$

都是 $\boldsymbol{A}$ 的三角分解.

定理 5.1.3 若 $\boldsymbol{A}\in\mathbb{C}^{n\times n}$ 可进行三角分解,则三角分解不唯一.

证:若 $\boldsymbol{A}=\boldsymbol{LU}$ 是 $\boldsymbol{A}$ 的一个三角分解,令 $\boldsymbol{D}$ 是一个对角元素都不为零的对角阵,则 $\boldsymbol{A}=\boldsymbol{LDD}^{-1}\boldsymbol{U}=\widetilde{\boldsymbol{L}}\widetilde{\boldsymbol{U}}$,其中 $\widetilde{\boldsymbol{L}}=\boldsymbol{LD}$,$\widetilde{\boldsymbol{U}}=\boldsymbol{D}^{-1}\boldsymbol{U}$ 也分别是下三角阵和上三角阵,即得到了 $\boldsymbol{A}$ 的另一三角分解,故 $\boldsymbol{A}$ 的三角分解不唯一. ■

5.1.2 规范化三角分解

为获得唯一的三角分解,需要对三角阵进行某种规范化.

定义 5.1.4 对角元素均为 1 的上(下)三角阵称为**单位上(下)三角阵**.

定义 5.1.5 设 $\boldsymbol{A}\in\mathbb{C}^{n\times n}$ 可分解为 $\boldsymbol{A}=\boldsymbol{LU}$,若 $\boldsymbol{L}$ 是单位下三角阵,$\boldsymbol{U}$ 是上三角阵,则称之为 $\boldsymbol{A}$ 的 **Doolittle 分解**. 若 $\boldsymbol{L}$ 是下三角阵,$\boldsymbol{U}$ 是单位上三角阵,则称之为 $\boldsymbol{A}$ 的 **Crout 分解**.

定义 5.1.6 设 $\boldsymbol{A}\in\mathbb{C}^{n\times n}$ 可分解为 $\boldsymbol{A}=\boldsymbol{LDU}$,若 $\boldsymbol{L}$ 是单位下三角阵,$\boldsymbol{D}$ 是对角阵,$\boldsymbol{U}$ 是单位上三角阵,则称之为 $\boldsymbol{A}$ 的 **LDU 分解**.

关于 LDU 分解的充要条件和唯一性,见下述定理.

定理 5.1.4 设 $\boldsymbol{A}\in\mathbb{C}_n^{n\times n}$,则 $\boldsymbol{A}$ 有唯一的 LDU 分解的充要条件是 $\Delta_k\neq 0(k=1,2,\cdots,n-1)$,其中 Δ_k 为 $\boldsymbol{A}$ 的 k 阶顺序主子式,对角阵 $\boldsymbol{D}=\mathrm{diag}(d_1,d_2,\cdots,d_n)$ 的元素满足

$$d_1=\Delta_1,\quad d_k=\frac{\Delta_k}{\Delta_{k-1}}\quad (k=2,3,\cdots,n).$$

证:① 由定理 5.1.1,$\boldsymbol{A}$ 可以进行三角分解 $\boldsymbol{A}=\boldsymbol{LU}$ 的充要条件是 $\Delta_k\neq 0(k=1,2,\cdots,n-1)$,令

$$\boldsymbol{D}_L=\mathrm{diag}(l_{11},l_{22},\cdots,l_{nn}),\quad \boldsymbol{D}_U=\mathrm{diag}(u_{11},u_{22},\cdots,u_{nn}),$$

由 $\boldsymbol{L}$ 和 $\boldsymbol{U}$ 可逆知 $\boldsymbol{D}_L$ 和 $\boldsymbol{D}_U$ 也可逆,从而

$$\boldsymbol{A}=\boldsymbol{LU}=\boldsymbol{LD}_L^{-1}\boldsymbol{D}_L\boldsymbol{D}_U\boldsymbol{D}_U^{-1}\boldsymbol{U}=(\boldsymbol{LD}_L^{-1})(\boldsymbol{D}_L\boldsymbol{D}_U)(\boldsymbol{D}_U^{-1}\boldsymbol{U})$$

此即 $\boldsymbol{A}$ 的 LDU 分解.

② 再证分解的唯一性. 设 $\boldsymbol{A}$ 有两个 LDU 分解 $\boldsymbol{A}=\boldsymbol{LDU}=\widetilde{\boldsymbol{L}}\widetilde{\boldsymbol{D}}\widetilde{\boldsymbol{U}}$,则

$$\widetilde{\boldsymbol{L}}^{-1}\boldsymbol{L}=\widetilde{\boldsymbol{D}}\widetilde{\boldsymbol{U}}\boldsymbol{U}^{-1}\boldsymbol{D}^{-1}.$$

上式的左边是单位下三角阵,右边是上三角阵,所以都应该是单位矩阵,因此有

$$\widetilde{\boldsymbol{L}}^{-1}\boldsymbol{L}=\boldsymbol{E},\quad \widetilde{\boldsymbol{D}}\widetilde{\boldsymbol{U}}\boldsymbol{U}^{-1}\boldsymbol{D}^{-1}=\boldsymbol{E}.$$

从而

$$\boldsymbol{L}=\widetilde{\boldsymbol{L}},\quad \widetilde{\boldsymbol{U}}\boldsymbol{U}^{-1}=\widetilde{\boldsymbol{D}}^{-1}\boldsymbol{D}.$$

又 $\widetilde{\boldsymbol{U}}\boldsymbol{U}^{-1}$ 是单位上三角阵,可知 $\widetilde{\boldsymbol{U}}\boldsymbol{U}^{-1}=\boldsymbol{E}$,$\widetilde{\boldsymbol{D}}^{-1}\boldsymbol{D}=\boldsymbol{E}$,故

$$\boldsymbol{L}=\widetilde{\boldsymbol{L}},\quad \boldsymbol{U}=\widetilde{\boldsymbol{U}},\quad \boldsymbol{D}=\widetilde{\boldsymbol{D}}.$$

故 $\boldsymbol{A}$ 的 LDU 分解是唯一的.

③ 将 $\boldsymbol{A}$,$\boldsymbol{L}$,$\boldsymbol{D}$,$\boldsymbol{U}$ 进行分块可得

$$\begin{bmatrix}\boldsymbol{A}_k & \boldsymbol{A}_{12}\\ \boldsymbol{A}_{21} & \boldsymbol{A}_{22}\end{bmatrix}=\begin{bmatrix}\boldsymbol{L}_k & \boldsymbol{0}\\ \boldsymbol{L}_{21} & \boldsymbol{L}_{22}\end{bmatrix}\begin{bmatrix}\boldsymbol{D}_k & \boldsymbol{0}\\ \boldsymbol{0} & \boldsymbol{D}_{22}\end{bmatrix}\begin{bmatrix}\boldsymbol{U}_k & \boldsymbol{U}_{12}\\ \boldsymbol{0} & \boldsymbol{U}_{22}\end{bmatrix},$$

其中 $\boldsymbol{A}_k$,$\boldsymbol{L}_k$,$\boldsymbol{D}_k$,$\boldsymbol{U}_k$ 分别是 $\boldsymbol{A}$,$\boldsymbol{L}$,$\boldsymbol{D}$,$\boldsymbol{U}$ 的 k 阶顺序主子阵,故有

$$\boldsymbol{A}_k=\boldsymbol{L}_k\boldsymbol{D}_k\boldsymbol{U}_k\quad (k=1,2,\cdots,n).$$

由于

$$\Delta_k=\det\boldsymbol{A}_k=\det\boldsymbol{L}_k\det\boldsymbol{D}_k\det\boldsymbol{U}_k=d_1d_2\cdots d_k,$$

因此

$$d_1=\Delta_1,\quad d_k=\frac{\Delta_k}{\Delta_{k-1}}\quad (k=2,3,\cdots,n).$$ ■

定理 5.1.5 $\boldsymbol{A}\in\mathbb{C}_n^{n\times n}$ 的 Doolittle 分解和 Crout 分解是唯一的.

证:设 $\boldsymbol{A}=\boldsymbol{LDU}$ 是 $\boldsymbol{A}\in\mathbb{C}_n^{n\times n}$ 的 LDU 分解,则 $\boldsymbol{A}=\boldsymbol{L}(\boldsymbol{DU})$ 是 $\boldsymbol{A}$ 的 Doolittle 分解,$\boldsymbol{A}=(\boldsymbol{LD})\boldsymbol{U}$ 是 $\boldsymbol{A}$ 的 Crout 分解,由 LDU 分解的唯一性可得 Doolittle 分解和 Crout 分解的唯一性. ■

例 5.1.1 求矩阵 $\boldsymbol{A}$ 的 Doolittle 分解、LDU 分解和 Crout 分解.

$$\boldsymbol{A}=\begin{bmatrix}1 & 3 & 0\\ 2 & 3 & 0\\ 2 & 0 & -6\end{bmatrix}$$

解:(1) 设

$$A=\begin{bmatrix}1&3&0\\2&3&0\\2&0&-6\end{bmatrix}=\begin{bmatrix}1&0&0\\l_{21}&1&0\\l_{31}&l_{32}&1\end{bmatrix}\begin{bmatrix}u_{11}&u_{12}&u_{13}\\&u_{22}&u_{23}\\&&u_{33}\end{bmatrix},$$

由矩阵乘法,有

$$u_{11}=a_{11}=1,\quad u_{12}=a_{12}=3,\quad u_{13}=a_{13}=0,$$

$$l_{21}=\frac{a_{21}}{u_{11}}=2,\quad l_{31}=\frac{a_{31}}{u_{11}}=2,$$

$$u_{22}=a_{22}-l_{21}u_{12}=-3,\quad u_{23}=a_{23}-l_{21}u_{13}=0,$$

$$l_{32}=\frac{a_{32}-l_{31}u_{12}}{u_{22}}=2,\quad u_{33}=a_{33}-l_{31}u_{13}-l_{32}u_{23}=-6.$$

故 A 的 Doolittle 分解为

$$A=\begin{bmatrix}1&0&0\\2&1&0\\2&2&1\end{bmatrix}\begin{bmatrix}1&3&0\\0&-3&0\\0&0&-6\end{bmatrix}.$$

(2) 设

$$A=\begin{bmatrix}1&3&0\\2&3&0\\2&0&-6\end{bmatrix}=\begin{bmatrix}l_{11}&0&0\\l_{21}&l_{22}&0\\l_{31}&l_{32}&l_{33}\end{bmatrix}\begin{bmatrix}1&u_{12}&u_{13}\\&1&u_{23}\\&&1\end{bmatrix},$$

同理可求得 A 的 Crout 分解为

$$A=\begin{bmatrix}1&0&0\\2&-3&0\\2&-6&-6\end{bmatrix}\begin{bmatrix}1&3&0\\0&1&0\\0&0&1\end{bmatrix}.$$

(3) 设

$$A=\begin{bmatrix}1&3&0\\2&3&0\\2&0&-6\end{bmatrix}=\begin{bmatrix}1&0&0\\2&1&0\\2&2&1\end{bmatrix}\begin{bmatrix}d_{11}&0&0\\0&d_{22}&0\\0&0&d_{33}\end{bmatrix}\begin{bmatrix}1&3&0\\0&1&0\\0&0&1\end{bmatrix},$$

由矩阵乘法,有

$$d_{11}=1,\quad d_{22}=-3,\quad d_{33}=-6.$$

故 A 的 LDU 分解为

$$A=\begin{bmatrix}1&0&0\\2&1&0\\2&2&1\end{bmatrix}\begin{bmatrix}1&0&0\\0&-3&0\\0&0&-6\end{bmatrix}\begin{bmatrix}1&3&0\\0&1&0\\0&0&1\end{bmatrix}.$$

5.1.3 三角分解的紧凑计算格式

分析 Doolittle 分解或 Crout 分解的过程可发现其计算过程存在规律性.

例如,Doolittle 分解先计算 $\boldsymbol{U}$ 矩阵的第一行未知元素,再计算 $\boldsymbol{L}$ 矩阵的第一列未知元素,再计算 $\boldsymbol{U}$ 矩阵的第二行未知元素,再计算 $\boldsymbol{L}$ 矩阵的第二列未知元素,以此类推,使后面的计算恰好能利用前面的结果.

将上述过程用数学语言刻画如下.

设 $\boldsymbol{A}\in\mathbb{C}^{n\times n}$ 可进行 Doolittle 分解,即

$$\boldsymbol{A}=\begin{bmatrix}a_{11}&a_{12}&\cdots&a_{1n}\\a_{21}&a_{22}&\cdots&a_{2n}\\\vdots&\vdots&\ddots&\vdots\\a_{n1}&a_{n2}&\cdots&a_{nn}\end{bmatrix}=\begin{bmatrix}1&&&\\l_{21}&1&&\\\vdots&\vdots&\ddots&\cdots\\l_{n1}&l_{n2}&\cdots&1\end{bmatrix}\begin{bmatrix}u_{11}&u_{12}&\cdots&u_{1n}\\&u_{22}&\cdots&u_{2n}\\&&\ddots&\vdots\\&&&u_{nn}\end{bmatrix},$$

则有

$$\begin{cases}a_{1j}=u_{1j} & (j=1,2,\cdots,n)\\ a_{i1}=l_{i1}u_{11} & (i=2,3,\cdots,n)\\ a_{kj}=\displaystyle\sum_{t=1}^{k-1}l_{kt}u_{tj}+u_{kj} & (j=k,k+1,\cdots,n;\ k=2,3,\cdots,n)\\ a_{ik}=\displaystyle\sum_{t=1}^{k-1}l_{it}u_{tk}+l_{ik}u_{kk} & (i=k+1,k+2,\cdots,n;\ k=2,3,\cdots,n)\end{cases}$$

由上式可导出 $\boldsymbol{A}$ 的 Doolittle 分解的紧凑计算格式:

$$\begin{cases}u_{1j}=a_{1j} & (j=1,2,\cdots,n)\\ l_{i1}=\dfrac{a_{i1}}{u_{11}} & (i=2,3,\cdots,n)\\ u_{kj}=a_{kj}-\displaystyle\sum_{t=1}^{k-1}l_{kt}u_{tj} & (j=k,k+1,\cdots,n;\ k=2,3,\cdots,n)\\ l_{ik}=\dfrac{1}{u_{kk}}\left(a_{ik}-\displaystyle\sum_{t=1}^{k-1}l_{it}u_{tk}\right) & (i=k+1,k+2,\cdots,n;\ k=2,3,\cdots,n)\end{cases}$$

具体计算时，可按图 5.1.1 所示由第 1 框至第 n 框逐步进行计算，对同一框中的元素，u_{kk} 必须在计算 l_{ik} 之前先算出，其余元素的计算先后次序没有影响. 此外，由公式可知，在计算出 u_{ij} 或 l_{ij} 后，a_{ij} 就不再使用了，因此算出的 u_{ij} 或 l_{ij} 可以直接放在 $\boldsymbol{A}$ 的相应元素的位置上.

$$\begin{array}{c|c|ccc|l}
u_{11} & u_{12} & u_{13} & \cdots & u_{1n} & \text{第 1 框} \\
\hline
l_{21} & u_{22} & u_{23} & \cdots & u_{2n} & \text{第 2 框} \\
\cline{3-5}
l_{31} & l_{32} & \ddots & & \vdots & \\
\vdots & \vdots & & & & \vdots \\
l_{n1} & l_{n2} & & \cdots & u_{nn} & \text{第 } n \text{ 框}
\end{array}$$

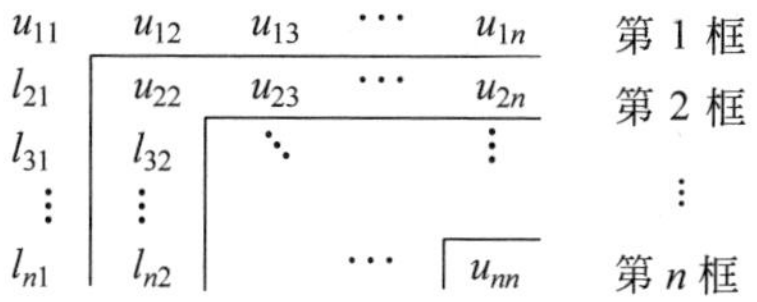

图 5.1.1　Doolittle 分解的紧凑计算格式

类似地，可得到 Crout 分解的紧凑计算格式：

$$\begin{cases}
l_{i1} = a_{i1} & (i = 1, 2, \cdots, n) \\
u_{1j} = \dfrac{a_{1j}}{l_{11}} & (j = 2, 3, \cdots, n) \\
l_{ik} = a_{ik} - \displaystyle\sum_{t=1}^{k-1} l_{it} u_{tk} & (i = k, k+1, \cdots, n;\ k = 2, 3, \cdots, n) \\
u_{kj} = \dfrac{1}{l_{kk}}\left(a_{kj} - \displaystyle\sum_{t=1}^{k-1} l_{kt} u_{tj}\right) & (j = k+1, k+2, \cdots, n;\ k = 2, 3, \cdots, n)
\end{cases}$$

例 5.1.2　求矩阵 $\boldsymbol{A} = \begin{bmatrix} 2 & -1 & 3 \\ 1 & 2 & 1 \\ 2 & 4 & 3 \end{bmatrix}$ 的 Doolittle 分解和 Crout 分解.

解：(1) 由 Doolittle 分解的紧凑计算格式可得

$$u_{11} = a_{11} = 2, \quad u_{12} = a_{12} = -1, \quad u_{13} = a_{13} = 3,$$

$$l_{21} = \frac{a_{21}}{u_{11}} = \frac{1}{2}, \quad l_{31} = \frac{a_{31}}{u_{11}} = 1,$$

$$u_{22} = a_{22} - l_{21} u_{12} = \frac{5}{2}, \quad u_{23} = a_{23} - l_{21} u_{13} = -\frac{1}{2},$$

$$l_{32} = \frac{1}{u_{22}}(a_{32} - l_{31} u_{12}) = 2, \quad u_{33} = a_{33} - l_{31} u_{13} - l_{32} u_{23} = 1.$$

故 $\boldsymbol{A}$ 的 Doolittle 分解为

$$A=\begin{bmatrix}1&0&0\\1/2&1&0\\1&2&1\end{bmatrix}\begin{bmatrix}2&-1&3\\0&5/2&-1/2\\0&0&1\end{bmatrix}.$$

(2) 由 Crout 分解的紧凑计算格式可得

$$l_{11}=a_{11}=2,\quad l_{21}=a_{21}=1,\quad l_{31}=a_{31}=2,$$

$$u_{12}=\frac{a_{12}}{l_{11}}=-\frac{1}{2},\quad u_{13}=\frac{a_{13}}{l_{11}}=\frac{3}{2},$$

$$l_{22}=a_{22}-l_{21}u_{12}=\frac{5}{2},\quad l_{32}=a_{32}-l_{31}u_{12}=5,$$

$$u_{23}=\frac{1}{l_{22}}(a_{23}-l_{21}u_{13})=-\frac{1}{5},\quad l_{33}=a_{33}-l_{31}u_{13}-l_{32}u_{23}=1.$$

故 $\boldsymbol{A}$ 的 Crout 分解为

$$A=\begin{bmatrix}2&0&0\\1&5/2&0\\2&5&1\end{bmatrix}\begin{bmatrix}1&-1/2&3/2\\0&1&-1/5\\0&0&1\end{bmatrix}.$$

5.1.4 Hermite 正定矩阵的 Cholesky 分解

定义 5.1.7 若矩阵 $\boldsymbol{A}\in\mathbb{R}^{n\times n}$ 满足 $\boldsymbol{A}^{\mathrm{T}}=\boldsymbol{A}$，且对任意非零向量 $\boldsymbol{0}\neq\boldsymbol{x}\in\mathbb{R}^n$，都有 $(\boldsymbol{Ax},\boldsymbol{x})=\boldsymbol{x}^{\mathrm{T}}\boldsymbol{Ax}>0$，则称 $\boldsymbol{A}$ 为**对称正定矩阵**.

定义 5.1.8 若矩阵 $\boldsymbol{A}\in\mathbb{C}^{n\times n}$ 满足 $\boldsymbol{A}^{\mathrm{H}}=\boldsymbol{A}$，且对任意非零向量 $\boldsymbol{0}\neq\boldsymbol{x}\in\mathbb{C}^n$，都有 $(\boldsymbol{Ax},\boldsymbol{x})=\boldsymbol{x}^{\mathrm{H}}\boldsymbol{Ax}>0$，则称 $\boldsymbol{A}$ 为 **Hermite 正定矩阵**.

显然，对称正定矩阵是 Hermite 正定矩阵在实线性空间的特例.

引理 5.1.1 $\boldsymbol{A}\in\mathbb{C}^{n\times n}$ 是 Hermite 正定矩阵的充要条件是 $\boldsymbol{A}$ 的 n 个顺序主子式全为正，即 $\Delta_k>0(k=1,2,\cdots,n)$.

Hermite 正定矩阵的三角分解有如下结果.

定理 5.1.6 设 $\boldsymbol{A}\in\mathbb{C}^{n\times n}$ 是 Hermite 正定矩阵，则存在唯一的对角元素均为正数的下三角阵 $\boldsymbol{G}\in\mathbb{C}^{n\times n}$，使

$$A=GG^{\mathrm{H}}.$$

称之为 $\boldsymbol{A}$ 的 **Cholesky 分解**.

证：由引理 5.1.1 知，若 $\boldsymbol{A}\in\mathbb{C}^{n\times n}$ 是 Hermite 正定矩阵，则有 $\Delta_k>0(k=1,$

$2,\cdots,n$)，故 $\boldsymbol{A}$ 有三角分解，且 $\boldsymbol{A}$ 有唯一的 LDU 分解 $\boldsymbol{A}=\boldsymbol{LDU}$，根据 $\boldsymbol{A}^{\mathrm{H}}=\boldsymbol{A}$ 和 LDU 分解的唯一性可得 $\boldsymbol{U}=\boldsymbol{L}^{\mathrm{H}}$，即

$$\boldsymbol{A}=\boldsymbol{LDL}^{\mathrm{H}}.$$

又由定理 5.1.4 和引理 5.1.1 知对角阵 $\boldsymbol{D}=\mathrm{diag}(d_1,d_2,\cdots,d_n)$ 的对角元素 $d_i>0\ (i=1,2,\cdots,n)$，于是

$$\boldsymbol{A}=\boldsymbol{L}\,\mathrm{diag}(\sqrt{d_1},\sqrt{d_2},\cdots,\sqrt{d_n})\,\mathrm{diag}(\sqrt{d_1},\sqrt{d_2},\cdots,\sqrt{d_n})\boldsymbol{L}^{\mathrm{H}}.$$

令

$$\boldsymbol{G}=\boldsymbol{L}\,\mathrm{diag}(\sqrt{d_1},\sqrt{d_2},\cdots,\sqrt{d_n}),$$

则有唯一分解

$$\boldsymbol{A}=\boldsymbol{GG}^{\mathrm{H}}.$$

其中 $\boldsymbol{G}$ 是对角元素均为正数的下三角阵. ■

Hermite 正定矩阵的 Cholesky 分解的特点是当 $\boldsymbol{G}$ 的元素求出后，$\boldsymbol{G}^{\mathrm{H}}$ 的元素即可随之求出，因此 Cholesky 分解比一般的三角分解计算量小，但要进行开平方根运算. 由于此分解法要进行开平方根运算，故也称为**平方根法**.

例 5.1.3 求矩阵 $\boldsymbol{A}=\begin{bmatrix}5 & 2 & -4\\ 2 & 1 & -2\\ -4 & -2 & 5\end{bmatrix}$ 的 Cholesky 分解.

解：设 $\boldsymbol{A}$ 的 Cholesky 分解是 $\boldsymbol{A}=\boldsymbol{GG}^{\mathrm{H}}$，由于 $\boldsymbol{A}$ 是对称正定矩阵，$\boldsymbol{G}$ 也是实下三角阵，设

$$\boldsymbol{A}=\begin{bmatrix}5 & 2 & -4\\ 2 & 1 & -2\\ -4 & -2 & 5\end{bmatrix}=\begin{bmatrix}g_{11} & 0 & 0\\ g_{21} & g_{22} & 0\\ g_{31} & g_{32} & g_{33}\end{bmatrix}\begin{bmatrix}g_{11} & g_{21} & g_{31}\\ 0 & g_{22} & g_{32}\\ 0 & 0 & g_{33}\end{bmatrix}$$

由矩阵乘法，有

$$g_{11}=\sqrt{a_{11}}=\sqrt{5},\quad g_{21}=\frac{a_{21}}{g_{11}}=\frac{2}{\sqrt{5}},\quad g_{31}=\frac{a_{31}}{g_{11}}=-\frac{4}{\sqrt{5}},$$

$$g_{22}=\sqrt{a_{22}-|g_{21}|^2}=\frac{1}{\sqrt{5}},\quad g_{32}=\frac{1}{g_{22}}(a_{32}-g_{31}g_{21})=-\frac{2}{\sqrt{5}},$$

$$g_{33}=\sqrt{a_{33}-|g_{31}|^2-|g_{32}|^2}=1.$$

故 $\boldsymbol{A}$ 的 Cholesky 分解为

$$\boldsymbol{A}=\begin{bmatrix}\sqrt{5} & 0 & 0\\ \dfrac{2}{\sqrt{5}} & \dfrac{1}{\sqrt{5}} & 0\\ -\dfrac{4}{\sqrt{5}} & -\dfrac{2}{\sqrt{5}} & 1\end{bmatrix}\begin{bmatrix}\sqrt{5} & \dfrac{2}{\sqrt{5}} & -\dfrac{4}{\sqrt{5}}\\ 0 & \dfrac{1}{\sqrt{5}} & -\dfrac{2}{\sqrt{5}}\\ 0 & 0 & 1\end{bmatrix}.$$

5.2 矩阵的满秩分解

5.2.1 满秩分解

定理 5.2.1 设 $\boldsymbol{A}\in\mathbb{C}_r^{m\times n}$，$0<r\leqslant\min\{m,n\}$，则存在 $\boldsymbol{B}\in\mathbb{C}_r^{m\times r}$ 及 $\boldsymbol{C}\in\mathbb{C}_r^{r\times n}$，使得

$$\boldsymbol{A}=\boldsymbol{BC}. \tag{5.2.1}$$

证：对 $\boldsymbol{A}$ 进行初等变换化为标准形，即存在 $\boldsymbol{P}\in\mathbb{C}_m^{m\times m}$，$\boldsymbol{Q}\in\mathbb{C}_n^{n\times n}$，使得

$$\boldsymbol{PAQ}=\begin{bmatrix}\boldsymbol{E}_r & \boldsymbol{D}\\ \boldsymbol{0} & \boldsymbol{0}\end{bmatrix},$$

于是

$$\boldsymbol{A}=\boldsymbol{P}^{-1}\begin{bmatrix}\boldsymbol{E}_r & \boldsymbol{D}\\ \boldsymbol{0} & \boldsymbol{0}\end{bmatrix}\boldsymbol{Q}^{-1}=\boldsymbol{P}^{-1}\begin{bmatrix}\boldsymbol{E}_r\\ \boldsymbol{0}\end{bmatrix}\begin{bmatrix}\boldsymbol{E}_r & \boldsymbol{D}\end{bmatrix}\boldsymbol{Q}^{-1}.$$

令

$$\boldsymbol{B}=\boldsymbol{P}^{-1}\begin{bmatrix}\boldsymbol{E}_r\\ \boldsymbol{0}\end{bmatrix},\quad \boldsymbol{C}=\begin{bmatrix}\boldsymbol{E}_r & \boldsymbol{D}\end{bmatrix}\boldsymbol{Q}^{-1},$$

则 $\boldsymbol{B}\in\mathbb{C}_r^{m\times r}$，$\boldsymbol{C}\in\mathbb{C}_r^{r\times n}$，且有

$$\boldsymbol{A}=\boldsymbol{BC}$$ ■

定理 5.2.1 表明任意矩阵都可以分解为一个列满秩矩阵与一个行满秩矩阵的乘积. 注意：矩阵的满秩分解一般是不唯一的，事实上，对任一 r 阶非奇异矩阵 $\boldsymbol{D}$，若令 $\boldsymbol{B}_1=\boldsymbol{BD}$，$\boldsymbol{C}_1=\boldsymbol{D}^{-1}\boldsymbol{C}$，则显然有 $\boldsymbol{A}=\boldsymbol{B}_1\boldsymbol{C}_1$.

例 5.2.1 求矩阵 $\boldsymbol{A}=\begin{bmatrix}1 & 1 & 0 & 1 & 0\\ 0 & 1 & 1 & 1 & 1\\ 2 & 3 & 1 & 3 & 1\end{bmatrix}$ 的一种满秩分解.

解：对矩阵 $\boldsymbol{A}$ 作初等行变换得到行简化阶梯形矩阵：

$$\boldsymbol{A}=\begin{bmatrix}1&1&0&1&0\\0&1&1&1&1\\2&3&1&3&1\end{bmatrix}\rightarrow\begin{bmatrix}1&0&-1&0&-1\\0&1&1&1&1\\0&0&0&0&0\end{bmatrix}$$

取

$$\boldsymbol{B}=\begin{bmatrix}1&1\\0&1\\2&3\end{bmatrix},\quad \boldsymbol{C}=\begin{bmatrix}1&0&-1&0&-1\\0&1&1&1&1\end{bmatrix}$$

容易验证 $\boldsymbol{A}=\boldsymbol{BC}$.

例 5.2.2 求矩阵 $\boldsymbol{A}=\begin{bmatrix}1&2&0&1&1&10\\3&6&1&4&2&36\\2&4&0&2&2&27\\6&12&1&7&5&73\end{bmatrix}$ 的一种满秩分解.

解：对矩阵 $\boldsymbol{A}$ 作初等行变换得到行简化阶梯形矩阵：

$$\boldsymbol{A}=\begin{bmatrix}1&2&0&1&1&10\\3&6&1&4&2&36\\2&4&0&2&2&27\\6&12&1&7&5&73\end{bmatrix}\rightarrow\begin{bmatrix}1&2&0&1&1&0\\0&0&1&1&-1&0\\0&0&0&0&0&1\\0&0&0&0&0&0\end{bmatrix}$$

取

$$\boldsymbol{B}=\begin{bmatrix}1&0&10\\3&1&36\\2&0&27\\6&1&73\end{bmatrix},\quad \boldsymbol{C}=\begin{bmatrix}1&2&0&1&1&0\\0&0&1&1&-1&0\\0&0&0&0&0&1\end{bmatrix}$$

容易验证 $\boldsymbol{A}=\boldsymbol{BC}$.

5.2.2 不同满秩分解之间的关系

引理 5.2.1 对于任意复矩阵 $\boldsymbol{A}\in\mathbb{C}^{m\times n}$，都有

$$\operatorname{rank}(\boldsymbol{AA}^{\mathrm{H}})=\operatorname{rank}(\boldsymbol{A}^{\mathrm{H}}\boldsymbol{A})=\operatorname{rank}\boldsymbol{A}=\operatorname{rank}\boldsymbol{A}^{\mathrm{H}}.$$

证：若 $\boldsymbol{x}\in\mathbb{C}^n$ 是 $\boldsymbol{A}^{\mathrm{H}}\boldsymbol{Ax}=\boldsymbol{0}$ 的解，则 $\boldsymbol{x}^{\mathrm{H}}\boldsymbol{A}^{\mathrm{H}}\boldsymbol{Ax}=\boldsymbol{0}$，即 $(\boldsymbol{Ax})^{\mathrm{H}}(\boldsymbol{Ax})=\boldsymbol{0}$，因此 $\boldsymbol{Ax}=\boldsymbol{0}$，这表明 $\boldsymbol{x}$ 也是 $\boldsymbol{Ax}=\boldsymbol{0}$ 的解. 同时，若 $\boldsymbol{x}$ 是 $\boldsymbol{Ax}=\boldsymbol{0}$ 的解，也必是 $\boldsymbol{A}^{\mathrm{H}}\boldsymbol{Ax}=\boldsymbol{0}$ 的

解. 所以,$\boldsymbol{Ax}=\boldsymbol{0}$ 与 $\boldsymbol{A}^{\mathrm{H}}\boldsymbol{Ax}=\boldsymbol{0}$ 是同解方程组,解空间的维数相同,即 $n-\operatorname{rank}\boldsymbol{A}=n-\operatorname{rank}(\boldsymbol{A}^{\mathrm{H}}\boldsymbol{A})$,故 $\operatorname{rank}(\boldsymbol{A}^{\mathrm{H}}\boldsymbol{A})=\operatorname{rank}\boldsymbol{A}$. 同理可得 $\operatorname{rank}(\boldsymbol{AA}^{\mathrm{H}})=\operatorname{rank}\boldsymbol{A}^{\mathrm{H}}$,又因为 $\operatorname{rank}\boldsymbol{A}=\operatorname{rank}\boldsymbol{A}^{\mathrm{H}}$,故命题得证. ■

矩阵的不同满秩分解之间存在如下定理所表述的关系.

定理 5.2.2 已知 $\boldsymbol{A}\in\mathbb{C}_r^{m\times n}$,$\boldsymbol{B},\boldsymbol{B}_1\in\mathbb{C}_r^{m\times r}$,$\boldsymbol{C},\boldsymbol{C}_1\in\mathbb{C}_r^{r\times n}$,若 $\boldsymbol{A}=\boldsymbol{BC}=\boldsymbol{B}_1\boldsymbol{C}_1$ 均为 $\boldsymbol{A}$ 的满秩分解,则存在 $\boldsymbol{\theta}\in\mathbb{C}_r^{r\times r}$,满足

$$\boldsymbol{B}=\boldsymbol{B}_1\boldsymbol{\theta},\quad \boldsymbol{C}=\boldsymbol{\theta}^{-1}\boldsymbol{C}_1. \tag{5.2.2}$$

证:由 $\boldsymbol{BC}=\boldsymbol{B}_1\boldsymbol{C}_1$,等式两端右乘 $\boldsymbol{C}^{\mathrm{H}}$,有

$$\boldsymbol{BCC}^{\mathrm{H}}=\boldsymbol{B}_1\boldsymbol{C}_1\boldsymbol{C}^{\mathrm{H}}, \quad ①$$

由引理 5.2.1,因为 $\operatorname{rank}\boldsymbol{C}=\operatorname{rank}\boldsymbol{CC}^{\mathrm{H}}=r$,故 $\boldsymbol{CC}^{\mathrm{H}}$ 是 r 阶满秩方阵,存在逆矩阵,由式①可知

$$\boldsymbol{B}=\boldsymbol{B}_1\boldsymbol{C}_1\boldsymbol{C}^{\mathrm{H}}(\boldsymbol{CC}^{\mathrm{H}})^{-1}=\boldsymbol{B}_1\boldsymbol{\theta}_1. \quad ②$$

其中,$\boldsymbol{\theta}_1=\boldsymbol{C}_1\boldsymbol{C}^{\mathrm{H}}(\boldsymbol{CC}^{\mathrm{H}})^{-1}$.

同理,等式 $\boldsymbol{BC}=\boldsymbol{B}_1\boldsymbol{C}_1$ 两端左乘 $\boldsymbol{B}^{\mathrm{H}}$ 并整理,可得

$$\boldsymbol{C}=(\boldsymbol{B}^{\mathrm{H}}\boldsymbol{B})^{-1}\boldsymbol{B}^{\mathrm{H}}\boldsymbol{B}_1\boldsymbol{C}_1=\boldsymbol{\theta}_2\boldsymbol{C}_1. \quad ③$$

其中,$\boldsymbol{\theta}_2=(\boldsymbol{B}^{\mathrm{H}}\boldsymbol{B})^{-1}\boldsymbol{B}^{\mathrm{H}}\boldsymbol{B}_1$.

将式②与③代入 $\boldsymbol{BC}=\boldsymbol{B}_1\boldsymbol{C}_1$,可得

$$\boldsymbol{BC}=\boldsymbol{B}_1\boldsymbol{\theta}_1\boldsymbol{\theta}_2\boldsymbol{C}_1=\boldsymbol{B}_1\boldsymbol{C}_1,$$

上式左乘 $\boldsymbol{B}_1^{\mathrm{H}}$,同时右乘 $\boldsymbol{C}_1^{\mathrm{H}}$ 得

$$\boldsymbol{B}_1^{\mathrm{H}}\boldsymbol{B}_1\boldsymbol{C}_1\boldsymbol{C}_1^{\mathrm{H}}=\boldsymbol{B}_1^{\mathrm{H}}\boldsymbol{B}_1\boldsymbol{\theta}_1\boldsymbol{\theta}_2\boldsymbol{C}_1\boldsymbol{C}_1^{\mathrm{H}}.$$

其中,$\boldsymbol{B}_1^{\mathrm{H}}\boldsymbol{B}_1$ 和 $\boldsymbol{C}_1\boldsymbol{C}_1^{\mathrm{H}}$ 都是 r 阶满秩方阵,故都是可逆矩阵(引理 5.2.1). 于是有

$$\boldsymbol{\theta}_1\boldsymbol{\theta}_2=\boldsymbol{E}.$$

由于 $\boldsymbol{\theta}_1\boldsymbol{\theta}_2$ 是 r 阶方阵,故 $\boldsymbol{\theta}_2=\boldsymbol{\theta}_1^{-1}$,取 $\boldsymbol{\theta}=\boldsymbol{\theta}_1$,则式(5.2.2)成立. ■

5.3 矩阵的正交三角分解

矩阵的正交三角分解(Orthogonal-Triangular Decomposition)又称为 $\boldsymbol{QR}$ 分解.

定义 5.3.1 如果方阵 $\boldsymbol{A}$ 可以分解为一个酉(正交)矩阵 $\boldsymbol{Q}$ 与一个复(实)上三

角矩阵 $\boldsymbol{R}$ 的乘积，即 $\boldsymbol{A}=\boldsymbol{QR}$，则称 $\boldsymbol{A}=\boldsymbol{QR}$ 为 $\boldsymbol{A}$ 的一个正交三角分解.

5.3.1 满秩方阵的正交三角分解

若 n 阶方阵的主对角线上的元素全是正的，则称该方阵是**正线矩阵**. 若 n 阶方阵是上三角阵且主对角线上的元素全是正的，则称为**正线上三角阵**；若 n 阶方阵是下三角阵且主对角线上的元素全是正的，则称为**正线下三角阵**.

定理 5.3.1 如果 n 阶方阵 $\boldsymbol{A}\in\mathbb{C}^{n\times n}(\mathbb{R}^{n\times n})$ 非奇异，则存在 n 阶酉(正交)矩阵 $\boldsymbol{Q}$ 和复(实)正线上三角阵 $\boldsymbol{R}$，使得 $\boldsymbol{A}=\boldsymbol{QR}$.

证：将矩阵 $\boldsymbol{A}$ 按列分块为 $\boldsymbol{A}=(\boldsymbol{\alpha}_1,\boldsymbol{\alpha}_2,\cdots,\boldsymbol{\alpha}_n)$，由于 $\boldsymbol{A}$ 非奇异，故列向量组 $\boldsymbol{\alpha}_1,\boldsymbol{\alpha}_2,\cdots,\boldsymbol{\alpha}_n$ 线性无关，用 Schmidt 正交化方法将 $\boldsymbol{\alpha}_i(i=1,2,\cdots,n)$ 正交化为 $\boldsymbol{\beta}_1,\boldsymbol{\beta}_2,\cdots,\boldsymbol{\beta}_n$ 可得

$$
\begin{aligned}
\boldsymbol{\beta}_1&=\boldsymbol{\alpha}_1,\\
\boldsymbol{\beta}_2&=\boldsymbol{\alpha}_2-\frac{(\boldsymbol{\alpha}_2,\boldsymbol{\beta}_1)}{(\boldsymbol{\beta}_1,\boldsymbol{\beta}_1)}\boldsymbol{\beta}_1,\\
\boldsymbol{\beta}_3&=\boldsymbol{\alpha}_3-\frac{(\boldsymbol{\alpha}_3,\boldsymbol{\beta}_1)}{(\boldsymbol{\beta}_1,\boldsymbol{\beta}_1)}\boldsymbol{\beta}_1-\frac{(\boldsymbol{\alpha}_3,\boldsymbol{\beta}_2)}{(\boldsymbol{\beta}_2,\boldsymbol{\beta}_2)}\boldsymbol{\beta}_2,\\
&\vdots\\
\boldsymbol{\beta}_n&=\boldsymbol{\alpha}_n-\frac{(\boldsymbol{\alpha}_n,\boldsymbol{\beta}_1)}{(\boldsymbol{\beta}_1,\boldsymbol{\beta}_1)}\boldsymbol{\beta}_1-\frac{(\boldsymbol{\alpha}_n,\boldsymbol{\beta}_2)}{(\boldsymbol{\beta}_2,\boldsymbol{\beta}_2)}\boldsymbol{\beta}_2-\cdots-\frac{(\boldsymbol{\alpha}_n,\boldsymbol{\beta}_{n-1})}{(\boldsymbol{\beta}_{n-1},\boldsymbol{\beta}_{n-1})}\boldsymbol{\beta}_{n-1},
\end{aligned}
$$

所得到的 $\boldsymbol{\beta}_1,\boldsymbol{\beta}_2,\cdots,\boldsymbol{\beta}_n$ 是正交向量组.

令 $k_{ij}=\dfrac{(\boldsymbol{\alpha}_i,\boldsymbol{\beta}_j)}{(\boldsymbol{\beta}_j,\boldsymbol{\beta}_j)}$，$j<i$，则

$$
\begin{aligned}
\boldsymbol{\alpha}_1&=\boldsymbol{\beta}_1\\
\boldsymbol{\alpha}_2&=k_{21}\boldsymbol{\beta}_1+\boldsymbol{\beta}_2\\
&\vdots\\
\boldsymbol{\alpha}_n&=k_{n1}\boldsymbol{\beta}_1+k_{n2}\boldsymbol{\beta}_2+\cdots+k_{n,n-1}\boldsymbol{\beta}_{n-1}+\boldsymbol{\beta}_n
\end{aligned}
$$

于是

$$
(\boldsymbol{\alpha}_1,\boldsymbol{\alpha}_2,\cdots,\boldsymbol{\alpha}_n)=(\boldsymbol{\beta}_1,\boldsymbol{\beta}_2,\cdots,\boldsymbol{\beta}_n)\begin{bmatrix}1 & k_{21} & \cdots & k_{n1}\\ & 1 & \cdots & \vdots\\ & & \ddots & k_{n,n-1}\\ & & & 1\end{bmatrix}
$$

再对 $\boldsymbol{\beta}_1,\boldsymbol{\beta}_2,\cdots,\boldsymbol{\beta}_n$ 单位化得 $\boldsymbol{\nu}_1=\frac{\boldsymbol{\beta}_1}{\|\boldsymbol{\beta}_1\|},\boldsymbol{\nu}_2=\frac{\boldsymbol{\beta}_2}{\|\boldsymbol{\beta}_2\|},\cdots,\boldsymbol{\nu}_n=\frac{\boldsymbol{\beta}_n}{\|\boldsymbol{\beta}_n\|}$，则

$$\boldsymbol{A}=(\boldsymbol{\nu}_1,\boldsymbol{\nu}_2,\cdots,\boldsymbol{\nu}_n)\begin{bmatrix}\|\boldsymbol{\beta}_1\| & & & \\ & \|\boldsymbol{\beta}_2\| & & \\ & & \ddots & \\ & & & \|\boldsymbol{\beta}_n\|\end{bmatrix}\begin{bmatrix}1 & k_{21} & \cdots & k_{n1} \\ & 1 & \cdots & \vdots \\ & & \ddots & k_{n,n-1} \\ & & & 1\end{bmatrix}$$

令 $\boldsymbol{Q}=(\boldsymbol{\nu}_1,\boldsymbol{\nu}_2,\cdots,\boldsymbol{\nu}_n)$，则 $\boldsymbol{Q}$ 是酉(正交)矩阵，令

$$\boldsymbol{R}=\begin{bmatrix}\|\boldsymbol{\beta}_1\| & & & \\ & \|\boldsymbol{\beta}_2\| & & \\ & & \ddots & \\ & & & \|\boldsymbol{\beta}_n\|\end{bmatrix}\begin{bmatrix}1 & k_{21} & \cdots & k_{n1} \\ & 1 & \cdots & \vdots \\ & & \ddots & k_{n,n-1} \\ & & & 1\end{bmatrix}$$

$$=\begin{bmatrix}\|\boldsymbol{\beta}_1\| & \frac{(\boldsymbol{\alpha}_2,\boldsymbol{\beta}_1)}{\|\boldsymbol{\beta}_1\|} & \cdots & \frac{(\boldsymbol{\alpha}_{n-1},\boldsymbol{\beta}_1)}{\|\boldsymbol{\beta}_1\|} & \frac{(\boldsymbol{\alpha}_n,\boldsymbol{\beta}_1)}{\|\boldsymbol{\beta}_1\|} \\ 0 & \|\boldsymbol{\beta}_2\| & \cdots & \frac{(\boldsymbol{\alpha}_{n-1},\boldsymbol{\beta}_2)}{\|\boldsymbol{\beta}_2\|} & \frac{(\boldsymbol{\alpha}_n,\boldsymbol{\beta}_2)}{\|\boldsymbol{\beta}_2\|} \\ \vdots & & \ddots & \vdots & \vdots \\ & & & \|\boldsymbol{\beta}_{n-1}\| & \frac{(\boldsymbol{\alpha}_n,\boldsymbol{\beta}_{n-1})}{\|\boldsymbol{\beta}_{n-1}\|} \\ & & & & \|\boldsymbol{\beta}_n\|\end{bmatrix}$$

由于 $\|\boldsymbol{\beta}_i\|>0\ (i=1,2,\cdots,n)$ 为正实数，$\boldsymbol{R}$ 为正线上三角矩阵，因此 $\boldsymbol{A}$ 有 QR 分解 $\boldsymbol{A}=\boldsymbol{QR}$.

推论 如果 n 阶方阵 $\boldsymbol{A}\in\mathbb{C}^{n\times n}(\mathbb{R}^{n\times n})$ 非奇异，则存在 n 阶酉(正交)矩阵 $\boldsymbol{Q}$ 和复(实)正线下三角矩阵 $\boldsymbol{L}$，使得 $\boldsymbol{A}=\boldsymbol{LQ}$.

证：若方阵 $\boldsymbol{A}\in\mathbb{C}^{n\times n}(\mathbb{R}^{n\times n})$ 非奇异，则 $\boldsymbol{A}^{\mathrm{T}}\in\mathbb{C}^{n\times n}(\mathbb{R}^{n\times n})$ 且非奇异. 根据定理 5.3.1，有

$$\boldsymbol{A}^{\mathrm{T}}=\widetilde{\boldsymbol{Q}}\widetilde{\boldsymbol{R}}.$$

其中，$\widetilde{\boldsymbol{Q}}$ 是 n 阶酉(正交)矩阵，$\widetilde{\boldsymbol{R}}$ 是正线上三角阵. 于是

$$\boldsymbol{A}=\widetilde{\boldsymbol{R}}^{\mathrm{T}}\widetilde{\boldsymbol{Q}}^{\mathrm{T}}=\boldsymbol{LQ}.$$

其中，$\boldsymbol{L}$ 是正线下三角阵，$\boldsymbol{Q}$ 是酉(正交)矩阵. ■

引理 5.3.1 若 n 阶方阵 $\boldsymbol{A}$ 是正线上三角阵，又是酉矩阵，则 $\boldsymbol{A}$ 是单位阵.

定理 5.3.2 如果 n 阶方阵 $\boldsymbol{A}\in\mathbb{C}^{n\times n}(\mathbb{R}^{n\times n})$ 非奇异，则其 QR 分解 $\boldsymbol{A}=\boldsymbol{QR}$ 是唯一的.

证：设 $\boldsymbol{A}$ 有两个分解式

$$\boldsymbol{A}=\boldsymbol{QR}=\widetilde{\boldsymbol{Q}}\widetilde{\boldsymbol{R}}.$$

则

$$\widetilde{\boldsymbol{Q}}^{-1}\boldsymbol{Q}=\widetilde{\boldsymbol{R}}\boldsymbol{R}^{-1}.$$

由于 $\widetilde{\boldsymbol{Q}}^{-1}\boldsymbol{Q}$ 是酉矩阵，$\widetilde{\boldsymbol{R}}\boldsymbol{R}^{-1}$ 是正线上三角阵，故由引理 5.3.1 知

$$\widetilde{\boldsymbol{Q}}^{-1}\boldsymbol{Q}=\boldsymbol{E},\quad \widetilde{\boldsymbol{R}}\boldsymbol{R}^{-1}=\boldsymbol{E}.$$

因此 $\boldsymbol{Q}=\widetilde{\boldsymbol{Q}}$，$\boldsymbol{R}=\widetilde{\boldsymbol{R}}$，分解的唯一性得证. ■

5.3.2 一般矩阵的正交三角分解

引理 5.3.2 对任意复矩阵 $\boldsymbol{A}\in\mathbb{C}^{m\times n}$，都有 $\boldsymbol{A}^{\mathrm{H}}\boldsymbol{A}$ 与 $\boldsymbol{A}\boldsymbol{A}^{\mathrm{H}}$ 是半正定 Hermite 矩阵.

证：首先，$\boldsymbol{A}^{\mathrm{H}}\boldsymbol{A}$ 显然是 Hermite 矩阵，对应的 Hermite 二次型为 $f(\boldsymbol{x})=\boldsymbol{x}^{\mathrm{H}}(\boldsymbol{A}^{\mathrm{H}}\boldsymbol{A})\boldsymbol{x}$，对任一 n 维复向量 $\boldsymbol{x}_0$，有

$$f(\boldsymbol{x}_0)=\boldsymbol{x}_0^{\mathrm{H}}(\boldsymbol{A}^{\mathrm{H}}\boldsymbol{A})\boldsymbol{x}_0=(\boldsymbol{A}\boldsymbol{x}_0)^{\mathrm{H}}(\boldsymbol{A}\boldsymbol{x}_0)=(\boldsymbol{A}\boldsymbol{x}_0,\boldsymbol{A}\boldsymbol{x}_0)=\|\boldsymbol{A}\boldsymbol{x}_0\|^2\geqslant 0.$$

故 $f(\boldsymbol{x})$ 为半正定的，从而 $\boldsymbol{A}^{\mathrm{H}}\boldsymbol{A}$ 是半正定 Hermite 矩阵. 类似地，可证 $\boldsymbol{A}\boldsymbol{A}^{\mathrm{H}}$ 是半正定 Hermite 矩阵. ■

定理 5.3.3 设 $\boldsymbol{A}\in\mathbb{C}_r^{m\times r}$，则 $\boldsymbol{A}$ 可以唯一地分解为

$$\boldsymbol{A}=\boldsymbol{UR} \tag{5.3.1}$$

其中，$\boldsymbol{U}\in U_r^{m\times r}$，$\boldsymbol{R}$ 是 r 阶正线上三角阵.

证：将矩阵 $\boldsymbol{A}$ 按列分块为 $\boldsymbol{A}=(\boldsymbol{\alpha}_1,\boldsymbol{\alpha}_2,\cdots,\boldsymbol{\alpha}_r)$，将 $\boldsymbol{\alpha}_1,\boldsymbol{\alpha}_2,\cdots,\boldsymbol{\alpha}_r$ 用 Schmidt 方法标准正交化得 $\boldsymbol{u}_1,\boldsymbol{u}_2,\cdots,\boldsymbol{u}_r$，则有 r 个关系式

$$\begin{aligned}
&\boldsymbol{\alpha}_1=k_{11}\boldsymbol{u}_1\\
&\boldsymbol{\alpha}_2=k_{21}\boldsymbol{u}_1+k_{22}\boldsymbol{u}_2\\
&\quad\vdots\\
&\boldsymbol{\alpha}_r=k_{r1}\boldsymbol{u}_1+k_{r2}\boldsymbol{u}_2+\cdots+k_{rr}\boldsymbol{u}_r
\end{aligned}$$

则

$$A=(\boldsymbol{\alpha}_1,\boldsymbol{\alpha}_2,\cdots,\boldsymbol{\alpha}_r)=(\boldsymbol{u}_1,\boldsymbol{u}_2,\cdots,\boldsymbol{u}_r)\begin{bmatrix} k_{11} & k_{21} & \cdots & k_{r1} \\ & k_{22} & \cdots & k_{r2} \\ & & \ddots & \vdots \\ & & & k_{rr} \end{bmatrix}=\boldsymbol{UR}.$$

其中,$\boldsymbol{U}=(\boldsymbol{u}_1,\boldsymbol{u}_2,\cdots,\boldsymbol{u}_r)\in U_r^{m\times r}$,$\boldsymbol{R}=(k_{ij})_{r\times r}$ 是正线上三角阵.

再证分解的唯一性. 设

$$\boldsymbol{A}=\boldsymbol{U}_1\boldsymbol{R}_1=\boldsymbol{U}_2\boldsymbol{R}_2,$$

则

$$\boldsymbol{A}^{\mathrm{H}}\boldsymbol{A}=\boldsymbol{R}_1^{\mathrm{H}}\boldsymbol{R}_1=\boldsymbol{R}_2^{\mathrm{H}}\boldsymbol{R}_2.$$

因为 $\boldsymbol{A}^{\mathrm{H}}\boldsymbol{A}$ 是正定 Hermite 矩阵(当 $\boldsymbol{A}^{\mathrm{H}}\boldsymbol{A}$ 满秩时正定),由定理 5.1.6,它的分解是唯一的,故 $\boldsymbol{R}_1=\boldsymbol{R}_2$,于是 $\boldsymbol{U}_1=\boldsymbol{U}_2$. ■

定理 5.3.4 若 $\boldsymbol{A}\in\mathbb{C}_r^{r\times n}$,则 $\boldsymbol{A}$ 可以唯一地分解为

$$\boldsymbol{A}=\boldsymbol{LU} \tag{5.3.2}$$

其中 $\boldsymbol{L}$ 是 r 阶正线下三角阵,$\boldsymbol{U}\in \boldsymbol{U}_r^{r\times n}$.

证:由定理 5.3.3 知 $\boldsymbol{A}^{\mathrm{T}}=\boldsymbol{U}_1\boldsymbol{R}$,故 $\boldsymbol{A}=\boldsymbol{R}^{\mathrm{T}}\boldsymbol{U}_1^{\mathrm{T}}$,其中 $\boldsymbol{R}^{\mathrm{T}}$ 为 r 阶正线下三角阵,$\boldsymbol{U}_1^{\mathrm{T}}\in\boldsymbol{U}_r^{r\times n}$. 令 $\boldsymbol{L}=\boldsymbol{R}^{\mathrm{T}}$,$\boldsymbol{U}=\boldsymbol{U}_1^{\mathrm{T}}$,于是得 $\boldsymbol{A}=\boldsymbol{LU}$. ■

定理 5.3.1 和定理 5.3.3 给出了矩阵正交三角分解的 Schmidt 正交化方法.

例 5.3.1 求矩阵 $\boldsymbol{A}=\begin{bmatrix}1 & 1 & 0\\ 1 & 0 & -1\\ 0 & 1 & -1\end{bmatrix}$ 的正交三角分解.

解:令 $\boldsymbol{A}=[\boldsymbol{\alpha}_1,\ \boldsymbol{\alpha}_2,\ \boldsymbol{\alpha}_3]$,用 Schmidt 正交化方法得:

$$\boldsymbol{\beta}_1=\boldsymbol{\alpha}_1$$

$$\boldsymbol{\beta}_2=-\frac{1}{2}\boldsymbol{\beta}_1+\boldsymbol{\alpha}_2=-\frac{1}{2}\boldsymbol{\alpha}_1+\boldsymbol{\alpha}_2$$

$$\boldsymbol{\beta}_3=\frac{1}{2}\boldsymbol{\beta}_1+\frac{1}{3}\boldsymbol{\beta}_2+\boldsymbol{\alpha}_3=\frac{1}{3}\boldsymbol{\alpha}_1+\frac{1}{3}\boldsymbol{\alpha}_2+\boldsymbol{\alpha}_3$$

单位化得

$$\boldsymbol{\gamma}_1=\frac{\sqrt{2}}{2}\boldsymbol{\beta}_1=\left(\frac{\sqrt{2}}{2},\frac{\sqrt{2}}{2},0\right)^{\mathrm{T}}$$

$$\boldsymbol{\gamma}_2=\frac{\sqrt{6}}{3}\boldsymbol{\beta}_2=\left(\frac{\sqrt{6}}{6},-\frac{\sqrt{6}}{6},\frac{\sqrt{6}}{3}\right)^{\mathrm{T}}$$

$$\boldsymbol{\gamma}_3=\frac{\sqrt{3}}{2}\boldsymbol{\beta}_3=\left(\frac{\sqrt{3}}{3},-\frac{\sqrt{3}}{3},-\frac{\sqrt{3}}{3}\right)^{\mathrm{T}}$$

$$\boldsymbol{Q}=[\boldsymbol{\gamma}_1,\boldsymbol{\gamma}_2,\boldsymbol{\gamma}_3]=\begin{bmatrix}\frac{\sqrt{2}}{2} & \frac{\sqrt{6}}{6} & \frac{\sqrt{3}}{3}\\ \frac{\sqrt{2}}{2} & -\frac{\sqrt{6}}{6} & -\frac{\sqrt{3}}{3}\\ 0 & \frac{\sqrt{6}}{3} & -\frac{\sqrt{3}}{3}\end{bmatrix}.$$

由于 $\boldsymbol{A}=\boldsymbol{QR}$，于是有 $\boldsymbol{R}=\boldsymbol{Q}^{-1}\boldsymbol{A}=\boldsymbol{Q}^{\mathrm{T}}\boldsymbol{A}$，即

$$\boldsymbol{R}=\boldsymbol{Q}^{\mathrm{T}}\boldsymbol{A}=\begin{bmatrix}\sqrt{2} & \frac{\sqrt{2}}{2} & -\frac{\sqrt{2}}{2}\\ 0 & \frac{\sqrt{6}}{2} & -\frac{\sqrt{6}}{6}\\ 0 & 0 & \frac{2\sqrt{3}}{3}\end{bmatrix},$$

则有 $\boldsymbol{A}=\boldsymbol{QR}$.

5.4 矩阵的奇异值分解

5.4.1 矩阵的奇异值

特征值是矩阵的重要指标之一，由特征值的计算可知，方阵有特征值，而长方阵没有特征值. 奇异值则是对一般矩阵而言的(不一定是方阵)，是与特征值同一范畴的概念.

设 $\boldsymbol{A}\in\mathbb{C}_r^{m\times n}$，$\lambda_i$ 是 $\boldsymbol{AA}^{\mathrm{H}}$ 的特征值，μ_i 是 $\boldsymbol{A}^{\mathrm{H}}\boldsymbol{A}$ 的特征值，由引理 5.3.2，$\boldsymbol{AA}^{\mathrm{H}}$ 和 $\boldsymbol{A}^{\mathrm{H}}\boldsymbol{A}$ 都是半正定 Hermite 矩阵，再由定理 3.3.6，λ_i 和 μ_i 都是非负实数. 此外，若一个方阵的秩为 r，则其非零特征值的个数是 r(对该方阵对角化后可得). 设

$$\lambda_1\geqslant\lambda_2\geqslant\cdots\geqslant\lambda_r>\lambda_{r+1}=\lambda_{r+2}=\cdots=\lambda_m=0$$

$$\mu_1 \geqslant \mu_2 \geqslant \cdots \geqslant \mu_r > \mu_{r+1} = \mu_{r+2} = \cdots = \mu_n = 0$$

关于特征值 λ_i 与 μ_i 的关系,此处不加证明地给出下述引理.

引理 5.4.1 设 $\boldsymbol{A} \in \mathbb{C}_r^{m \times n}$,$\lambda_i$ 是 $\boldsymbol{A}\boldsymbol{A}^{\mathrm{H}}$ 的特征值,μ_i 是 $\boldsymbol{A}^{\mathrm{H}}\boldsymbol{A}$ 的特征值($i=1,2,\cdots,r$),则

$$\lambda_i = \mu_i > 0 \quad (i=1,2,\cdots,r).$$

定义 5.4.1 设 $\boldsymbol{A} \in \mathbb{C}_r^{m \times n}$,$\boldsymbol{A}\boldsymbol{A}^{\mathrm{H}}$ 的正特征值为 λ_i,$\boldsymbol{A}^{\mathrm{H}}\boldsymbol{A}$ 的正特征值为 μ_i,称

$$\boldsymbol{\alpha}_i = \sqrt{\lambda_i} = \sqrt{\mu_i} \quad (i=1,2,\cdots,r)$$

是 $\boldsymbol{A}$ 的**正奇异值**,简称**奇异值**.

例 5.4.1 求 $\boldsymbol{A}=\begin{bmatrix}1 & 3\\0 & 0\\0 & 0\end{bmatrix}$ 的奇异值.

解:因为

$$\boldsymbol{A}\boldsymbol{A}^{\mathrm{H}} = \begin{bmatrix}10 & 0 & 0\\0 & 0 & 0\\0 & 0 & 0\end{bmatrix},$$

因此,$\boldsymbol{A}\boldsymbol{A}^{\mathrm{H}}$ 的特征值为 $10,0,0$,故 $\boldsymbol{A}$ 的奇异值为 $\sqrt{10}$.

定理 5.4.1 若 $\boldsymbol{A}$ 是正规矩阵,则 $\boldsymbol{A}$ 的奇异值是 $\boldsymbol{A}$ 的非零特征值的模.

证:对正规矩阵 $\boldsymbol{A}$,存在酉矩阵 $\boldsymbol{U}$,满足

$$\boldsymbol{A} = \boldsymbol{U}\mathrm{diag}\,(\lambda_1,\lambda_2,\cdots,\lambda_n)\boldsymbol{U}^{\mathrm{H}},$$

$$\boldsymbol{A}^{\mathrm{H}} = \boldsymbol{U}\mathrm{diag}(\bar{\lambda}_1,\bar{\lambda}_2,\cdots,\bar{\lambda}_n)\boldsymbol{U}^{\mathrm{H}},$$

故

$$\boldsymbol{A}\boldsymbol{A}^{\mathrm{H}} = \boldsymbol{U}\mathrm{diag}\,(\lambda_1\bar{\lambda}_1,\lambda_2\bar{\lambda}_2,\cdots,\lambda_n\bar{\lambda}_n)\boldsymbol{U}^{\mathrm{H}}.$$

于是 $\boldsymbol{A}\boldsymbol{A}^{\mathrm{H}}$ 的特征值为 $\lambda_1\bar{\lambda}_1,\lambda_2\bar{\lambda}_2,\cdots,\lambda_n\bar{\lambda}_n$. 再由奇异值的定义可得证. ■

5.4.2 矩阵的奇异值分解方法

定义 5.4.2 设 $\boldsymbol{A},\boldsymbol{B} \in \mathbb{C}^{m \times n}$,若存在 m 阶酉矩阵 $\boldsymbol{U}$ 和 n 阶酉矩阵 $\boldsymbol{V}$,使 $\boldsymbol{U}^{\mathrm{H}}\boldsymbol{A}\boldsymbol{V}=\boldsymbol{B}$,则称 $\boldsymbol{A}$ 与 $\boldsymbol{B}$ **酉等价**.

酉等价是酉相似的普遍化.

由正规矩阵的结构定理,正规矩阵 $\boldsymbol{A}$ 酉相似于对角阵 $\boldsymbol{D}$,即 $\boldsymbol{U}^{\mathrm{H}}\boldsymbol{A}\boldsymbol{U}=\boldsymbol{D}$,由此

可导出矩阵 $\boldsymbol{A}$ 的三因子分解 $\boldsymbol{A}=\boldsymbol{UDU}^{\mathrm{H}}$，但这一分解要求 $\boldsymbol{A}$ 是正规矩阵. 对于一般的复矩阵 $\boldsymbol{A}$，基于酉等价 $\boldsymbol{U}^{\mathrm{H}}\boldsymbol{AV}=\boldsymbol{D}$ 也可导出矩阵 $\boldsymbol{A}$ 的三因子分解 $\boldsymbol{A}=\boldsymbol{UDV}^{\mathrm{H}}$，这就是适用于一般复矩阵的奇异值分解(Singular Value Decomposition，SVD).

奇异值矩阵 $\boldsymbol{D}$ 是矩阵 $\boldsymbol{A}$ 在酉等价意义下的标准形，SVD 可将任意复矩阵 $\boldsymbol{A}$ 分解为酉矩阵 $\boldsymbol{U}$、奇异值矩阵 $\boldsymbol{D}$ 和酉矩阵 $\boldsymbol{V}^{\mathrm{H}}$ 之积.

定理 5.4.2　若 $\boldsymbol{A}\in\mathbb{C}_r^{m\times n}$，$\delta_1\geqslant\delta_2\geqslant\cdots\geqslant\delta_r$ 是 $\boldsymbol{A}$ 的 r 个奇异值，则存在 m 阶酉矩阵 $\boldsymbol{U}$ 和 n 阶酉矩阵 $\boldsymbol{V}$，满足

$$\boldsymbol{A}=\boldsymbol{UDV}^{\mathrm{H}}=\boldsymbol{U}\begin{bmatrix}\boldsymbol{\Delta} & \boldsymbol{0}\\ \boldsymbol{0} & \boldsymbol{0}\end{bmatrix}\boldsymbol{V}^{\mathrm{H}}.$$

其中，$\boldsymbol{\Delta}=\mathrm{diag}(\delta_1,\delta_2,\cdots,\delta_r)$.

证：由于 $\boldsymbol{AA}^{\mathrm{H}}$ 是半正定 Hermite 矩阵，故其特征值大于等于 0，存在 m 阶酉矩阵 $\boldsymbol{U}$，满足

$$\boldsymbol{U}^{\mathrm{H}}\boldsymbol{AA}^{\mathrm{H}}\boldsymbol{U}=\begin{bmatrix}\boldsymbol{\Delta\Delta} & \boldsymbol{0}\\ \boldsymbol{0} & \boldsymbol{0}\end{bmatrix},$$

其中，$\boldsymbol{\Delta}=\mathrm{diag}(\sqrt{\delta_1},\sqrt{\delta_2},\cdots,\sqrt{\delta_r})$.

令 $\boldsymbol{U}=(\boldsymbol{U}_1,\boldsymbol{U}_2)$，其中 $\boldsymbol{U}_1$ 是 $m\times r$ 次酉矩阵，$\boldsymbol{U}_2$ 是 $m\times(m-r)$次酉矩阵，则

$$\begin{bmatrix}\boldsymbol{U}_1^{\mathrm{H}}\\ \boldsymbol{U}_2^{\mathrm{H}}\end{bmatrix}\boldsymbol{AA}^{\mathrm{H}}[\boldsymbol{U}_1,\boldsymbol{U}_2]=\begin{bmatrix}\boldsymbol{\Delta\Delta} & \boldsymbol{0}\\ \boldsymbol{0} & \boldsymbol{0}\end{bmatrix}.$$

比较上式两端，得

$$\boldsymbol{U}_1^{\mathrm{H}}\boldsymbol{AA}^{\mathrm{H}}\boldsymbol{U}_1=\boldsymbol{\Delta\Delta} \tag{①}$$

$$\boldsymbol{U}_1^{\mathrm{H}}\boldsymbol{AA}^{\mathrm{H}}\boldsymbol{U}_2=\boldsymbol{0} \tag{②}$$

$$\boldsymbol{U}_2^{\mathrm{H}}\boldsymbol{AA}^{\mathrm{H}}\boldsymbol{U}_1=\boldsymbol{0} \tag{③}$$

$$\boldsymbol{U}_2^{\mathrm{H}}\boldsymbol{AA}^{\mathrm{H}}\boldsymbol{U}_2=\boldsymbol{0} \tag{④}$$

由①式，$\boldsymbol{U}_1^{\mathrm{H}}\boldsymbol{AA}^{\mathrm{H}}\boldsymbol{U}_1\boldsymbol{\Delta}^{-1}=\boldsymbol{\Delta}$，令 $\boldsymbol{V}_1=\boldsymbol{A}^{\mathrm{H}}\boldsymbol{U}_1\boldsymbol{\Delta}^{-1}$，则

$$\boldsymbol{V}_1^{\mathrm{H}}\boldsymbol{V}_1=\boldsymbol{\Delta}^{-1}\boldsymbol{U}_1^{\mathrm{H}}\boldsymbol{AA}^{\mathrm{H}}\boldsymbol{U}_1\boldsymbol{\Delta}^{-1}=\boldsymbol{\Delta}^{-1}\boldsymbol{\Delta}=\boldsymbol{E}_r,$$

所以 $\boldsymbol{V}_1\in\boldsymbol{U}_r^{n\times r}$.

当 $r<n$ 时，由线性空间基的扩充定理，存在 $\boldsymbol{V}_2$ 使 $\boldsymbol{V}=(\boldsymbol{V}_1,\boldsymbol{V}_2)$为 n 阶酉矩阵，因此

$$U^{H}AV=\begin{bmatrix}U_1^{H}\\U_2^{H}\end{bmatrix}A(V_1,V_2)=\begin{bmatrix}U_1^{H}AV_1 & U_1^{H}AV_2\\U_2^{H}AV_1 & U_2^{H}AV_2\end{bmatrix}.$$

对各元素逐一进行分析：

(1) $U_1^{H}AV_1=U_1^{H}AA^{H}U_1\Delta^{-1}=\Delta\Delta\Delta^{-1}=\Delta$.

(2) 由 V_1 和 V_2 正交知 $V_1^{H}V_2=0$，有$\Delta^{-1}U_1^{H}AV_2=0$，因此 $U_1^{H}AV_2=0$.

(3) 由式④得 $U_2^{H}A(U_2^{H}A)^{H}=0$，有 $U_2^{H}A=0$，故 $U_2^{H}AV_1=0$.

(4) 同理，$U_2^{H}AV_2=0$.

综上可得

$$U^{H}AV=\begin{bmatrix}\Delta & 0\\0 & 0\end{bmatrix},$$

将 A 表示出来，可得 $A=(U^{H})^{-1}\begin{bmatrix}\Delta & 0\\0 & 0\end{bmatrix}V^{-1}=U\begin{bmatrix}\Delta & 0\\0 & 0\end{bmatrix}V^{H}$. ■

定理 5.4.2 给出了任意复矩阵的奇异值分解. 可以证明，在定理 5.4.2 中：

(1) 酉矩阵 U 的列向量是 AA^{H} 的特征向量，酉矩阵 V 的列向量是 $A^{H}A$ 的特征向量，但并不是任取 n 个 $A^{H}A$ 的两两正交的单位特征向量都可以作为 V 的列向量，而是必须与 U 的列向量相匹配，匹配关系由 $V_1=A^{H}U_1(\Delta^{H})^{-1}$ 确定.

(2) 次酉矩阵 U_1 和 V_1 的列向量分别是 AA^{H} 和 $A^{H}A$ 的非零特征值所对应的特征向量.

(3) 次酉矩阵 U_2 和 V_2 的列向量分别是 AA^{H} 和 $A^{H}A$ 的零特征值所对应的特征向量.

定理 5.4.3 若 $A\in\mathbb{C}_r^{m\times n}$，$\delta_1\geqslant\delta_2\geqslant\cdots\geqslant\delta_r$ 是 A 的奇异值，则总有次酉矩阵 $U_r\in U_r^{m\times r}$，$V_r\in U_r^{n\times r}$，满足

$$A=U_r\Delta V_r^{H}.$$

其中，$\Delta=\mathrm{diag}(\delta_1,\delta_2,\cdots,\delta_r)$.

证：由定理 5.4.2 可知

$$A=UDV^{H}.$$

若设 $U=(u_1,u_2,\cdots,u_m)$，$V=(v_1,v_2,\cdots,v_n)$，则

$$A=(\boldsymbol{u}_1,\boldsymbol{u}_2,\cdots,\boldsymbol{u}_m)\begin{bmatrix}\delta_1 & & & & & \\ & \delta_2 & & & & \\ & & \ddots & & & \\ & & & \delta_r & & \\ & & & & \ddots & \\ & & & & & 0\end{bmatrix}\begin{bmatrix}\boldsymbol{v}_1^{\mathrm{H}}\\ \boldsymbol{v}_2^{\mathrm{H}}\\ \vdots\\ \boldsymbol{v}_n^{\mathrm{H}}\end{bmatrix}$$

$$=\delta_1\boldsymbol{u}_1\boldsymbol{v}_1^{\mathrm{H}}+\delta_2\boldsymbol{u}_2\boldsymbol{v}_2^{\mathrm{H}}+\cdots+\delta_r\boldsymbol{u}_r\boldsymbol{v}_r^{\mathrm{H}}$$

$$=(\boldsymbol{u}_1,\boldsymbol{u}_2,\cdots,\boldsymbol{u}_r)\begin{bmatrix}\delta_1 & & & \\ & \delta_2 & & \\ & & \ddots & \\ & & & \delta_r\end{bmatrix}\begin{bmatrix}\boldsymbol{v}_1^{\mathrm{H}}\\ \boldsymbol{v}_2^{\mathrm{H}}\\ \vdots\\ \boldsymbol{v}_r^{\mathrm{H}}\end{bmatrix}=\boldsymbol{U}_r\boldsymbol{\Delta}\boldsymbol{V}_r^{\mathrm{H}}$$ ■

定理 5.4.3 的分解对应定理 5.4.2 分解的核心部分，称为**次奇异值分解**.

一般情况下，求矩阵的奇异值分解是指按定理 5.4.2 的形式进行求解.

例 5.4.2 求矩阵 $A=\begin{bmatrix}1 & 0 & 0\\ 2 & 0 & 0\end{bmatrix}$ 的奇异值分解.

解： $AA^{\mathrm{H}}=\begin{bmatrix}1 & 2\\ 2 & 4\end{bmatrix}$，$|\lambda E-AA^{\mathrm{H}}|=(\lambda-1)(\lambda-4)-4=\lambda(\lambda-5)=0$，所以 AA^{H} 的特征值 $\lambda_1=5$，$\lambda_2=0$，A 的奇异值 $\alpha=\sqrt{5}$，$\Delta=\sqrt{5}$.

求特征值 $\lambda_1=5$ 对应的单位特征向量，解 $(5E-AA^{\mathrm{H}})X=0$ 并对结果单位化，得 $\boldsymbol{u}_1=\left(\frac{1}{\sqrt{5}},\frac{2}{\sqrt{5}}\right)^{\mathrm{T}}$，$U_1=\boldsymbol{u}_1=\left(\frac{1}{\sqrt{5}},\frac{2}{\sqrt{5}}\right)^{\mathrm{T}}$.

因此

$$V_1=A^{\mathrm{H}}U_1(\Delta^{\mathrm{H}})^{-1}=\begin{bmatrix}1 & 2\\ 0 & 0\\ 0 & 0\end{bmatrix}\begin{bmatrix}\frac{1}{\sqrt{5}}\\ \frac{2}{\sqrt{5}}\end{bmatrix}(\sqrt{5})^{-1}=\begin{bmatrix}1\\ 0\\ 0\end{bmatrix}$$

不难验证

$$A = U_1 \Delta V_1^{H} = \begin{bmatrix} \frac{1}{\sqrt{5}} \\ \frac{2}{\sqrt{5}} \end{bmatrix} \cdot \sqrt{5} \cdot \begin{bmatrix} 1 \\ 0 \\ 0 \end{bmatrix}^{H}.$$

这是次奇异值分解的形式. 求奇异值分解还需计算 U_2 和 V_2.

AA^{H} 的零特征值所对应的次酉矩阵

$$U_2 = \begin{bmatrix} -\frac{2}{\sqrt{5}} \\ \frac{1}{\sqrt{5}} \end{bmatrix},$$

$A^{H}A = \begin{bmatrix} 5 & 0 & 0 \\ 0 & 0 & 0 \\ 0 & 0 & 0 \end{bmatrix}$ 的零特征值所对应的次酉矩阵

$$V_2 = \begin{bmatrix} 0 & 0 \\ 1 & 0 \\ 0 & 1 \end{bmatrix},$$

于是 AA^{H} 对应的酉矩阵 U 与 $A^{H}A$ 对应的酉矩阵 V 分别为

$$U = \begin{bmatrix} \frac{1}{\sqrt{5}} & -\frac{2}{\sqrt{5}} \\ \frac{2}{\sqrt{5}} & \frac{1}{\sqrt{5}} \end{bmatrix}, \quad V = \begin{bmatrix} 1 & 0 & 0 \\ 0 & 1 & 0 \\ 0 & 0 & 1 \end{bmatrix}.$$

且

$$D = \begin{bmatrix} \Delta & \mathbf{0} \\ \mathbf{0} & \mathbf{0} \end{bmatrix} = \begin{bmatrix} \sqrt{5} & 0 & 0 \\ 0 & 0 & 0 \end{bmatrix}.$$

所以

$$A = UDV^{H} = \begin{bmatrix} \frac{1}{\sqrt{5}} & -\frac{2}{\sqrt{5}} \\ \frac{2}{\sqrt{5}} & \frac{1}{\sqrt{5}} \end{bmatrix} \begin{bmatrix} \sqrt{5} & 0 & 0 \\ 0 & 0 & 0 \end{bmatrix} \begin{bmatrix} 1 & 0 & 0 \\ 0 & 1 & 0 \\ 0 & 0 & 1 \end{bmatrix}.$$

5.5 应用实例

5.5.1 解线性代数方程组

矩阵的三角分解和正交三角分解都可应用于求解线性代数方程组.

1. 矩阵三角分解法

若线性代数方程组 $\boldsymbol{Ax}=\boldsymbol{b}$ 的系数矩阵 $\boldsymbol{A}\in\mathbb{C}_n^{n\times n}$，且 $\Delta_k\neq 0(k=1,2,\cdots,n-1)$，其中 Δ_k 为 $\boldsymbol{A}$ 的 k 阶顺序主子式，则 $\boldsymbol{A}$ 可以进行三角分解 $\boldsymbol{A}=\boldsymbol{LU}$. 于是可得与 $\boldsymbol{Ax}=\boldsymbol{b}$ 同解的两个线性代数方程组：

$$\boldsymbol{Ly}=\boldsymbol{b},\quad \boldsymbol{Ux}=\boldsymbol{y}.$$

注意这两个方程组的系数矩阵都是三角阵，因而便于求解：由第一个方程组递推求得 $\boldsymbol{y}$，再代入第二个方程组回代求得 $\boldsymbol{x}$.

例 5.5.1 用矩阵三角分解法解方程组 $\boldsymbol{Ax}=\boldsymbol{b}$，其中

$$\boldsymbol{A}=\begin{bmatrix}1 & 3 & 0\\ 2 & 3 & 0\\ 2 & 0 & -6\end{bmatrix},\quad \boldsymbol{b}=\begin{bmatrix}1\\2\\3\end{bmatrix}.$$

解：例 5.1.1 已解出 $\boldsymbol{A}$ 的 Doolittle 分解为

$$\boldsymbol{A}=\boldsymbol{LU}=\begin{bmatrix}1 & 0 & 0\\ 2 & 1 & 0\\ 2 & 2 & 1\end{bmatrix}\begin{bmatrix}1 & 3 & 0\\ 0 & -3 & 0\\ 0 & 0 & -6\end{bmatrix}.$$

由 $\boldsymbol{Ly}=\boldsymbol{b}$ 递推求得

$$y_1=1,\quad y_2=0,\quad y_3=1.$$

再由 $\boldsymbol{Ux}=\boldsymbol{y}$ 回代可得

$$x_3=-\frac{1}{6},\quad x_2=0,\quad x_1=1.$$

2. 矩阵正交三角分解法

矩阵的三角分解仅适用于方阵，而矩阵的正交三角分解无此要求，适用于一般矩阵. 此外，用于解线性代数方程组时，矩阵正交三角分解法通过矩阵运算完成求解，无须递推与回代.

例 5.5.2 用矩阵正交三角分解法解方程组 $\boldsymbol{Ax}=\boldsymbol{b}$，其中

$$\boldsymbol{A}=\begin{bmatrix}-3 & 1 & -2\\ 1 & 1 & 1\\ 1 & -1 & 0\\ 1 & -1 & 1\end{bmatrix},\quad \boldsymbol{b}=\begin{bmatrix}1\\ 0\\ -2\\ 1\end{bmatrix}.$$

解：可解出 $\boldsymbol{A}$ 的正交三角分解为

$$\boldsymbol{A}=\boldsymbol{UR}=\begin{bmatrix}-\frac{\sqrt{3}}{2} & 0 & 0\\ \frac{1}{2\sqrt{3}} & \frac{2}{\sqrt{6}} & 0\\ \frac{1}{2\sqrt{3}} & -\frac{1}{\sqrt{6}} & -\frac{1}{\sqrt{2}}\\ \frac{1}{2\sqrt{3}} & -\frac{1}{\sqrt{6}} & \frac{1}{\sqrt{2}}\end{bmatrix}\begin{bmatrix}2\sqrt{3} & -\frac{2}{\sqrt{3}} & \frac{4}{\sqrt{3}}\\ 0 & \frac{4}{\sqrt{6}} & \frac{1}{\sqrt{6}}\\ 0 & 0 & \frac{1}{\sqrt{2}}\end{bmatrix},$$

由 $\boldsymbol{URx}=\boldsymbol{b}$ 可得 $\boldsymbol{x}=\boldsymbol{R}^{-1}\boldsymbol{U}^{-1}\boldsymbol{b}=\boldsymbol{R}^{-1}\boldsymbol{U}^{\mathrm{H}}\boldsymbol{b}$，于是

$$\boldsymbol{R}^{-1}=\begin{bmatrix}\frac{\sqrt{3}}{6} & \frac{\sqrt{6}}{12} & -\frac{3\sqrt{2}}{4}\\ 0 & \frac{\sqrt{6}}{4} & -\frac{\sqrt{2}}{4}\\ 0 & 0 & \sqrt{2}\end{bmatrix},$$

$$\boldsymbol{x}=\boldsymbol{R}^{-1}\boldsymbol{U}^{\mathrm{H}}\boldsymbol{b}=\begin{bmatrix}-\frac{1}{4} & \frac{1}{4} & \frac{3}{4} & -\frac{3}{4}\\ 0 & \frac{1}{2} & 0 & -\frac{1}{2}\\ 0 & 0 & -1 & 1\end{bmatrix}\begin{bmatrix}1\\ 0\\ -2\\ 1\end{bmatrix}=\begin{bmatrix}-\frac{5}{2}\\ -\frac{1}{2}\\ 3\end{bmatrix}.$$

5.5.2 基于奇异值分解的数字图像压缩

数字图像可以模型化为矩阵，矩阵元素就是像素点的灰度值.

对于矩阵 $\boldsymbol{A}\in\mathbb{C}_r^{m\times n}$，$\boldsymbol{A}$ 的奇异值分解为

$$\boldsymbol{A}=\boldsymbol{UDV}^{\mathrm{H}}=\boldsymbol{U}\begin{bmatrix}\boldsymbol{\Delta} & \boldsymbol{0}\\ \boldsymbol{0} & \boldsymbol{0}\end{bmatrix}\boldsymbol{V}^{\mathrm{H}},$$

其中$\boldsymbol{U}$是m阶酉矩阵,$\boldsymbol{V}$是n阶酉矩阵,对角阵$\boldsymbol{\Delta}=\mathrm{diag}(\delta_1,\delta_2,\cdots,\delta_r)$,对角元素$\delta_1\geqslant\delta_2\geqslant\cdots\geqslant\delta_r>0$是$\boldsymbol{A}$的全部正奇异值.

设$\boldsymbol{U}$的列向量为$\boldsymbol{u}_1,\boldsymbol{u}_2,\cdots,\boldsymbol{u}_m$,$\boldsymbol{V}$的列向量为$\boldsymbol{v}_1,\boldsymbol{v}_2,\cdots,\boldsymbol{v}_n$,则有

$$\boldsymbol{A}=(\boldsymbol{u}_1,\boldsymbol{u}_2,\cdots,\boldsymbol{u}_m)\begin{bmatrix}\boldsymbol{\Delta} & \boldsymbol{0}\\ \boldsymbol{0} & \boldsymbol{0}\end{bmatrix}(\boldsymbol{v}_1,\boldsymbol{v}_2,\cdots,\boldsymbol{v}_n)^{\mathrm{H}}$$

$$=(\boldsymbol{u}_1,\boldsymbol{u}_2,\cdots,\boldsymbol{u}_m)\begin{bmatrix}\delta_1 & & & & & \\ & \delta_2 & & & & \\ & & \ddots & & & \\ & & & \delta_r & & \\ & & & & \ddots & \\ & & & & & 0\end{bmatrix}\begin{bmatrix}\boldsymbol{v}_1^{\mathrm{H}}\\ \boldsymbol{v}_2^{\mathrm{H}}\\ \vdots\\ \boldsymbol{v}_n^{\mathrm{H}}\end{bmatrix}$$

$$=\delta_1\boldsymbol{u}_1\boldsymbol{v}_1^{\mathrm{H}}+\delta_2\boldsymbol{u}_2\boldsymbol{v}_2^{\mathrm{H}}+\cdots+\delta_r\boldsymbol{u}_r\boldsymbol{v}_r^{\mathrm{H}}=\sum_{i=1}^{r}\delta_i\boldsymbol{u}_i\boldsymbol{v}_i^{\mathrm{H}}.$$

存储矩阵$\boldsymbol{A}$需要mn个数据,而存储$\delta_1\boldsymbol{u}_1\boldsymbol{v}_1^{\mathrm{H}}+\delta_2\boldsymbol{u}_2\boldsymbol{v}_2^{\mathrm{H}}+\cdots+\delta_r\boldsymbol{u}_r\boldsymbol{v}_r^{\mathrm{H}}$则需要$r(m+n+1)$个数据,当$r<\min\{m,n\}$时,$r(m+n+1)\leqslant mn$,从而可以实现数据压缩. 上述数据压缩方法由于可以从存储数据完全恢复原始数据,因而称为**无损压缩**. 对于图像数据,往往允许恢复的图像存在一定失真,以换取更大的数据压缩比(定义为原始图像数据量/压缩后图像数据量),这种数据压缩方法称为**有损压缩**. 例如,由于$\delta_1\geqslant\delta_2\geqslant\cdots\geqslant\delta_r$,前面的奇异值对图像恢复的贡献更大,若只取前$k$个奇异值,可得近似矩阵

$$\boldsymbol{A}\approx\delta_1\boldsymbol{u}_1\boldsymbol{v}_1^{\mathrm{H}}+\delta_2\boldsymbol{u}_2\boldsymbol{v}_2^{\mathrm{H}}+\cdots+\delta_k\boldsymbol{u}_k\boldsymbol{v}_k^{\mathrm{H}},\quad (k<r),$$

则只需要$k(m+n+1)$个存储数据,数据压缩比为$\dfrac{mn}{k(m+n+1)}$.

用奇异值分解(SVD)进行数字图像压缩时,奇异值个数不同时的压缩图像效果如图5.5.1所示. 图5.5.1(a)是原始图像(大小为512×512的Lena.bmp),对应一个512×512矩阵($m=n=512$). 图5.5.1(b)～图5.5.1(i)是奇异值个数为10至200时的压缩图像效果. 当奇异值个数为10时,压缩图像模糊,细节信息未被保留,当奇异值个数为20时,压缩图像仍较模糊但改善明显,当奇异值个数为30～50时,压缩图像效果不断改善且保留了原始图像的绝大部分信息,当奇异值个数为70时,压缩图像效果接近于原始图像,当奇异值个数为100时,压缩图像几

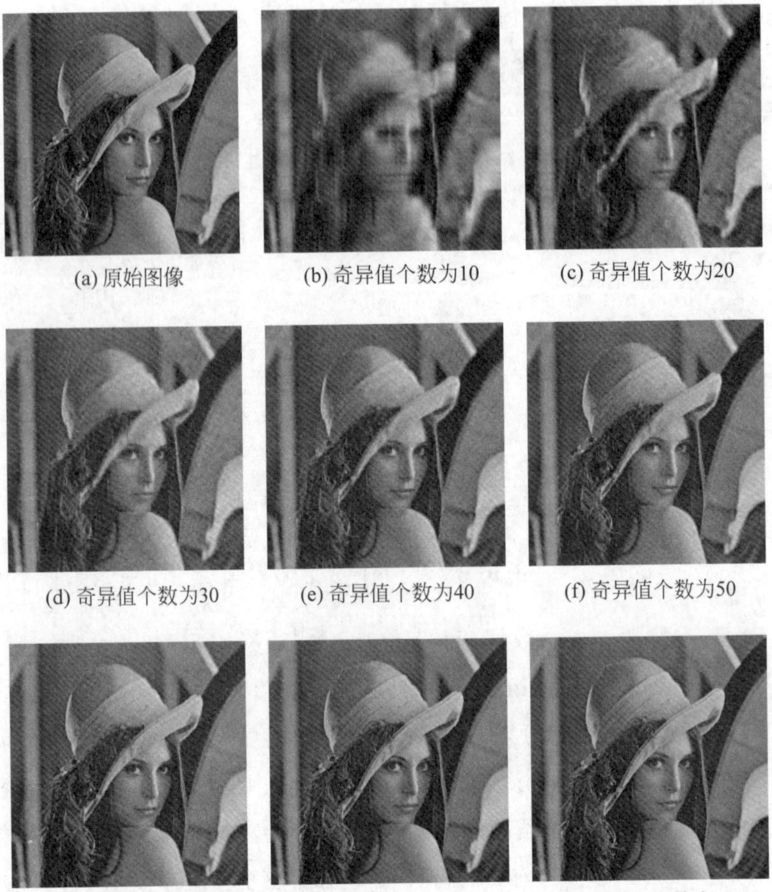

(a) 原始图像 (b) 奇异值个数为10 (c) 奇异值个数为20

(d) 奇异值个数为30 (e) 奇异值个数为40 (f) 奇异值个数为50

(g) 奇异值个数为70 (h) 奇异值个数为100 (i) 奇异值个数为200

图 5.5.1 奇异值个数不同时的压缩图像效果

乎等同于原始图像，当奇异值个数增加至 200 时，压缩图像效果继续改善但改善幅度趋于减小. 表 5.5.1 给出了奇异值个数不同时的数据压缩比.

表 5.5.1 奇异值个数不同时的数据压缩比

奇异值个数	数据压缩比
10	25.575
20	12.788
30	8.525
40	6.394
50	5.115

续表

奇异值个数	数据压缩比
70	3.654
100	2.558
200	1.279

5.5.3 基于奇异值分解的数字水印

数字水印(digital watermarking)技术是将特定的数字信号嵌入数字产品中以保护数字产品版权的技术. 例如,利用数字水印技术可在不影响多媒体产品质量的情况下将某些版权信息嵌入多媒体数据,以便发生版权纠纷时原创者可以检测或恢复嵌入其中的版权信息,作为重要的法律证据,是版权保护的有效手段.

数字水印应具有以下特点.

(1) 隐蔽性:数字水印嵌入后不影响原作品的价值与使用效果,不会造成感知质量上的下降,即要求数字水印具有不可察觉的特点.

(2) 鲁棒性:数字水印在常见信号处理后不会丢失,具有抵抗常见信号处理的能力.

(3) 安全性:对恶意篡改有强的抵抗力,版权方通过特定的算法能够准确地提取数字产品中的水印,且提取的水印能够证明版权所有.

基于奇异值分解的数字水印是一种变换域方法,具有很高的稳定性. 下面以在数字图像中嵌入数字水印为例介绍其原理.

将数字图像模型化为矩阵 $\boldsymbol{A}$,则 $\boldsymbol{A}$ 的奇异值分解为

$$\boldsymbol{A}=\boldsymbol{UDV}^{\mathrm{H}}=\boldsymbol{U}\begin{bmatrix}\boldsymbol{\Delta} & \boldsymbol{0}\\ \boldsymbol{0} & \boldsymbol{0}\end{bmatrix}\boldsymbol{V}^{\mathrm{H}},$$

其中 $\boldsymbol{U}$ 是 m 阶酉矩阵,$\boldsymbol{V}$ 是 n 阶酉矩阵,对角阵 $\boldsymbol{\Delta}=\mathrm{diag}(\delta_1,\delta_2,\cdots,\delta_r)$,对角元素 $\delta_1\geqslant\delta_2\geqslant\cdots\geqslant\delta_r>0$ 是 $\boldsymbol{A}$ 的全部正奇异值.

设 $\boldsymbol{U}$ 的列向量为 $\boldsymbol{u}_1,\boldsymbol{u}_2,\cdots,\boldsymbol{u}_m$,$\boldsymbol{V}$ 的列向量为 $\boldsymbol{v}_1,\boldsymbol{v}_2,\cdots,\boldsymbol{v}_n$,则由上一小节的推导,$\boldsymbol{A}$ 的奇异值分解为

$$\boldsymbol{A}=\delta_1\boldsymbol{u}_1\boldsymbol{v}_1^{\mathrm{H}}+\delta_2\boldsymbol{u}_2\boldsymbol{v}_2^{\mathrm{H}}+\cdots+\delta_r\boldsymbol{u}_r\boldsymbol{v}_r^{\mathrm{H}}=\sum_{i=1}^{r}\delta_i\boldsymbol{u}_i\boldsymbol{v}_i^{\mathrm{H}},$$

这表明 $\boldsymbol{A}$ 可以看成是 r 个秩为 1 的子图 $\boldsymbol{u}_i\boldsymbol{v}_i^{\mathrm{H}}$ 叠加的结果,而奇异值 δ_i 为权系数.

若以 F-范数的平方表示图像的能量,则由矩阵奇异值分解的定义有:

$$\|A\|_F^2=\mathrm{tr}(A^{\mathrm{H}}A)=\mathrm{tr}\left(V\begin{bmatrix}\Delta & 0\\0 & 0\end{bmatrix}U^{\mathrm{H}}U\begin{bmatrix}\Delta & 0\\0 & 0\end{bmatrix}V^{\mathrm{H}}\right)=\sum_{i=1}^{r}\delta_i^2,$$

也即矩阵 A 经奇异值分解后，其纹理和几何信息都集中在 U 和 V^{H} 中，而 Δ 中的奇异值则代表图像的能量信息.

图像矩阵的奇异值具有以下特性：

(1) 奇异值矩阵 D 体现图像的能量信息，酉矩阵 U 和 V 体现图像的纹理和几何信息；

(2) 对奇异值进行小幅度修改对图像的影响小，即奇异值具有稳定性.

以下简称图像矩阵为图像，数字水印嵌入和水印提取的基本原理如下.

1. 水印嵌入

设原始图像为 $A\in\mathbb{R}^{m\times n}$，水印图像 $W\in\mathbb{R}^{m\times n}$ 与原始图像大小一致(若不一致则可通过补零的方法实现一致)，对 A 进行奇异值分解可得 $A=UDV^{\mathrm{H}}$，希望将水印隐藏于 A 的奇异值中，但 D 为对角阵，无法直接将 W 添加到 D 中. 但是，利用奇异值的稳定性，可以对 $D+\alpha W$ 进行奇异值分解，其中 α 决定水印嵌入的强度，即有

$$D+\alpha W=U_1D_1V_1^{\mathrm{H}},$$

选择合适的嵌入系数 α，使 D_1 既含有水印信息，又与 D 相差不大，如果用 D_1 代替 D，则可得到新的图像

$$A_1=UD_1V^{\mathrm{H}},$$

即完成了水印嵌入. 由于奇异值对扰动具有不敏感性，当 α 选择合适时，新图像与原图像的差异在视觉上难以察觉.

2. 水印提取

设输入图像为 A^*，由于可能经过噪声恶化或人为处理，A^* 通常不等于 A_1，且一般并不知道 A^* 是否含有水印. 假设 A^* 确实含有水印，为了对水印进行提取，先对 A^* 作奇异值分解，得

$$A^*=U_2D_2V_2^{\mathrm{H}},$$

若 A^* 被破坏得不严重，则用 D_2 替换式($*$)中的 D_1 后，解出的 W^* 与真实水印 W 应该差别不大，从而有

$$W^*=\frac{1}{\alpha}(U_1D_2V_1^{\mathrm{H}}-D),$$

即完成了水印提取.

基于奇异值分解的数字水印实验结果如图 5.5.2 所示.

(a) 原始图像和原始水印　　(b) 嵌入系数为0.2的图像和提取的水印

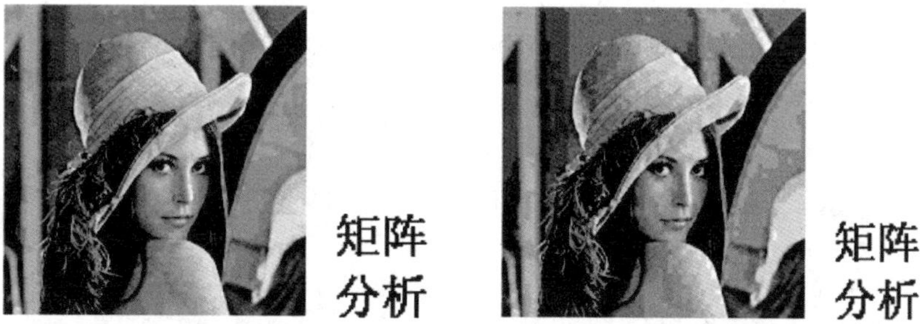

(c) 嵌入系数为0.5的图像和提取的水印　　(d) 嵌入系数为0.8的图像和提取的水印

图 5.5.2　嵌入系数不同时的图像和提取的水印

图 5.5.2(a)是原始图像(大小为 512×512 的 Lena.png)和原始水印(大小为 64×64 的矩阵分析.png),图 5.5.2(b)～图 5.5.2(d)依次是嵌入系数为 0.2、0.5 和 0.8 时生成的图像和提取出来的水印,可以发现嵌入系数越大,对原始图像的影响也越大,对提取出来的水印也有影响.

本章小结

本章介绍了几种常用的矩阵分解,包括矩阵的三角分解、满秩分解、正交三角分解、矩阵的奇异值分解,并介绍了矩阵分解的若干应用实例.

学习完本章内容后,应能达到如下基本要求:

(1) 掌握矩阵三角分解的定义及不唯一性,三种规范化三角分解的定义和计算,Hermite 正定矩阵的三角分解(Cholesky 分解)的定义和计算;

(2) 掌握矩阵满秩分解的定义及具体分解方法，理解矩阵满秩分解的不唯一性及不同满秩分解之间的关系；

(3) 掌握矩阵正交三角分解的定义及具体分解方法，理解矩阵正交三角分解与 Schmidt 正交与单位化方法之间的关系，理解矩阵正交三角分解的唯一性；

(4) 掌握矩阵的奇异值分解的定义及具体分解方法；

(5) 了解矩阵分解的应用.

习题 5

5-1 求 $\boldsymbol{A}=\begin{bmatrix}2 & 2 & 3\\ 4 & 7 & 7\\ -2 & 4 & 5\end{bmatrix}$ 的 Doolittle 分解，并计算 $|\boldsymbol{A}|$.

5-2 求 $\boldsymbol{A}=\begin{bmatrix}2 & -1 & 1\\ 4 & 2 & 1\\ 2 & 1 & 2\end{bmatrix}$ 的 Crout 分解，并计算 $|\boldsymbol{A}|$.

5-3 求 $\boldsymbol{A}=\begin{bmatrix}1 & 3 & 0\\ 2 & 4 & 0\\ 1 & 4 & 5\end{bmatrix}$ 的 Doolittle 分解，LDU 分解和 Crout 分解.

5-4 Crout 分解的紧凑计算格式与 Doolittle 分解的紧凑计算格式的区别是什么？

5-5 设 $\boldsymbol{A}=\begin{bmatrix}a-1 & 5\\ 5 & 1\end{bmatrix}$，则 a 取何值时矩阵 $\boldsymbol{A}$ 可以进行 Cholesky 分解？

5-6 求 $\boldsymbol{A}=\begin{bmatrix}3 & 2 & 1\\ 2 & 4 & 1\\ 1 & 1 & 1\end{bmatrix}$ 的 Cholesky 分解.

5-7 求 $\boldsymbol{A}=\begin{bmatrix}4 & -1 & 1\\ -1 & 4.25 & 2.75\\ 1 & 2.75 & 3.50\end{bmatrix}$ 的 Cholesky 分解.

5-8 求矩阵 $\boldsymbol{A}$ 的满秩分解.

(1) $\boldsymbol{A}=\begin{bmatrix}2 & 1\\ 0 & -1\\ -1 & 2\end{bmatrix}$　　(2) $\boldsymbol{A}=\begin{bmatrix}2 & -1 & 1\\ -2 & 1 & 2\\ 0 & 0 & 3\end{bmatrix}$

5-9 求矩阵 $\boldsymbol{A}=\begin{bmatrix}1 & 4 & -1 & 5 & 6\\ 2 & 0 & 0 & 0 & -14\\ -1 & 2 & -4 & 0 & 1\\ 2 & 6 & -5 & 5 & -7\end{bmatrix}$ 的满秩分解.

5-10 求矩阵 $\boldsymbol{A}=\begin{bmatrix}2 & 1 & -2 & 3 & 1\\ 2 & 5 & -1 & 4 & 1\\ 1 & 3 & -1 & 2 & 1\end{bmatrix}$ 的满秩分解.

5-11 求矩阵 $\boldsymbol{A}=\begin{bmatrix}1 & 3 & 2 & 1 & 4\\ 2 & 6 & 1 & 0 & 7\\ 3 & 9 & 3 & 1 & 11\end{bmatrix}$ 的满秩分解.

5-12 求矩阵 $\boldsymbol{A}=\begin{bmatrix}-3 & 1 & -2\\ 1 & 1 & 1\\ 1 & -1 & 0\\ 1 & -1 & 1\end{bmatrix}$ 的 QR 分解.

5-13 求矩阵 $\boldsymbol{A}=\begin{bmatrix}1 & 2 & 2\\ 2 & 1 & 2\\ 1 & 2 & 1\end{bmatrix}$ 的 QR 分解.

5-14 求矩阵 $\boldsymbol{A}=\begin{bmatrix}0 & 4 & 1\\ 1 & 1 & 1\\ 0 & 3 & 2\end{bmatrix}$ 的 QR 分解.

5-15 证明：若 $\boldsymbol{A}\in\mathbb{C}_r^{m\times n}$，则 $\boldsymbol{A}$ 可以分解为 $\boldsymbol{A}=\boldsymbol{U}_1\boldsymbol{R}\boldsymbol{L}\boldsymbol{U}_2$. 其中，$\boldsymbol{U}_1\in U_r^{m\times r}$，$\boldsymbol{R}$ 是 r 阶正线上三角阵，$\boldsymbol{L}$ 是 r 阶正线下三角阵，$\boldsymbol{U}_2\in\boldsymbol{U}_r^{r\times n}$.

5-16 求 $\boldsymbol{A}=\begin{bmatrix}1 & 1\\ 0 & 0\\ 1 & 1\end{bmatrix}$ 的奇异值分解.

5-17 求矩阵 $\boldsymbol{A}=\begin{bmatrix}2 & 0\\ 0 & 3\\ 0 & 0\end{bmatrix}$ 的奇异值分解.

5-18 求 $\boldsymbol{A}=\begin{bmatrix}2 & 0\\0 & -\mathrm{i}\\0 & 0\end{bmatrix}$ 的奇异值分解.

5-19 设 $\boldsymbol{A}=\boldsymbol{U}\boldsymbol{D}\boldsymbol{V}^{\mathrm{H}}$ 是矩阵 $\boldsymbol{A}$ 的一个奇异值分解,试证明:

(1) 酉矩阵 $\boldsymbol{U}$ 的列向量是 $\boldsymbol{A}\boldsymbol{A}^{\mathrm{H}}$ 的特征向量,称其为矩阵 $\boldsymbol{A}$ 的左奇异向量;

(2) 酉矩阵 $\boldsymbol{V}$ 的列向量是 $\boldsymbol{A}^{\mathrm{H}}\boldsymbol{A}$ 的特征向量,称其为矩阵 $\boldsymbol{A}$ 的右奇异向量.

第6章

矩阵的微积分

本章的知识网络框图：

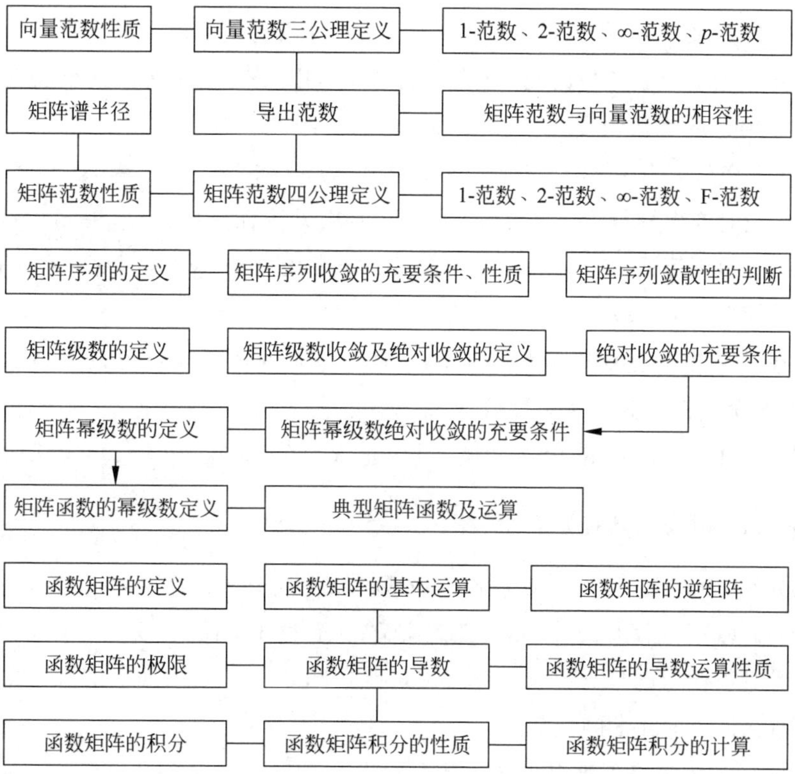

在高等数学课程中，针对变量是一维的情形研究了长度、极限、序列，以及一元函数的微分和积分等．在实际问题中，有时被研究对象用二维变量进行描述更为

方便，因此有必要将一维情形下的长度、极限、序列等推广到二维情形. 为此，本章介绍了二维矩阵相应的长度、极限、序列等概念和性质，以及以矩阵为变量的函数（矩阵函数）、以函数为元素的矩阵（函数矩阵）. 最后，本章介绍了矩阵的微积分的应用.

6.1 向量和矩阵的范数

6.1.1 向量范数

范数是实数的绝对值或复数的模等表示大小的概念的普遍化. 在第 1 章中把向量概念推广到线性空间并在线性空间中引入了内积运算，进而对向量赋予向量长度和向量夹角的概念. 但是，向量范数是比向量长度更一般的概念，引入内积后向量的长度是唯一的，但向量的范数并不唯一，可以定义多种向量范数.

定义 6.1.1 设 V 是数域$\mathbb{F}$上的线性空间，用 $\|\boldsymbol{x}\|$ 表示按照某个法则确定的与向量 $\boldsymbol{x}$ 对应的实数，且满足

(1) 非负性：当 $\boldsymbol{x}\neq\boldsymbol{0}$，$\|\boldsymbol{x}\|>0$；当且仅当 $\boldsymbol{x}=\boldsymbol{0}$ 时，$\|\boldsymbol{x}\|=0$；

(2) 绝对齐次性：$\|k\boldsymbol{x}\|=|k|\,\|\boldsymbol{x}\|$，其中 k 为任意数；

(3) 三角不等式：对于 V 中任何向量 $\boldsymbol{x},\boldsymbol{y}$ 都有 $\|\boldsymbol{x}+\boldsymbol{y}\|\leqslant\|\boldsymbol{x}\|+\|\boldsymbol{y}\|$.

则称实数 $\|\boldsymbol{x}\|$ 是向量 $\boldsymbol{x}$ 的**范数**.

上述定义并未给出向量范数的计算方法，只是规定了向量范数应满足的 3 个条件，这 3 个条件称为**向量范数公理**.

例 6.1.1 在 n 维欧氏空间中，对向量 $\boldsymbol{x}=(x_1,x_2,\cdots,x_n)$，定义 $\|\boldsymbol{x}\|=\sum_{i=1}^{n}|x_i|$，则 $\|\boldsymbol{x}\|$ 具有如下性质：

(1) 若 $\boldsymbol{x}\neq\boldsymbol{0}$，则 $\|\boldsymbol{x}\|>0$；若 $\boldsymbol{x}=\boldsymbol{0}$，则 $\|\boldsymbol{x}\|=0$；（非负性）

(2) $\|k\boldsymbol{x}\|=|k|\,\|\boldsymbol{x}\|$，$k$ 为任意实数；（绝对齐次性）

(3) 对于任意向量 $\boldsymbol{x}$ 和 $\boldsymbol{y}$，有 $\|\boldsymbol{x}+\boldsymbol{y}\|\leqslant\|\boldsymbol{x}\|+\|\boldsymbol{y}\|$.（三角不等式）

则 $\|\boldsymbol{x}\|$ 是向量 $\boldsymbol{x}$ 的范数.

由向量范数定义不难得出如下基本性质.

定理 6.1.1 对任意向量 $\boldsymbol{x},\boldsymbol{y}\in\mathbb{C}^n$，有

(1) $\|-\boldsymbol{x}\|=\|\boldsymbol{x}\|$；

(2) $\left| \|\boldsymbol{x}\| - \|\boldsymbol{y}\| \right| \leqslant \|\boldsymbol{x}-\boldsymbol{y}\|$.

证：(1) 由齐次性易得.

(2) 因为 $\|\boldsymbol{x}\| = \|\boldsymbol{x}-\boldsymbol{y}+\boldsymbol{y}\| \leqslant \|\boldsymbol{x}-\boldsymbol{y}\| + \|\boldsymbol{y}\|$，故

$$\|\boldsymbol{x}\| - \|\boldsymbol{y}\| \leqslant \|\boldsymbol{x}-\boldsymbol{y}\| \tag{*}$$

又

$$\|\boldsymbol{y}\| = \|\boldsymbol{x}-\boldsymbol{x}+\boldsymbol{y}\| \leqslant \|\boldsymbol{x}\| + \|-\boldsymbol{x}+\boldsymbol{y}\| = \|\boldsymbol{x}\| + \|\boldsymbol{x}-\boldsymbol{y}\|$$

故

$$\|\boldsymbol{x}\| - \|\boldsymbol{y}\| \geqslant -\|\boldsymbol{x}-\boldsymbol{y}\| \tag{**}$$

综合式(*)和式(**)，得

$$\left| \|\boldsymbol{x}\| - \|\boldsymbol{y}\| \right| \leqslant \|\boldsymbol{x}-\boldsymbol{y}\|. \quad \blacksquare$$

以下是 Minkowski(闵可夫斯基)不等式：对任意实数 $p \geqslant 1$ 和任意 $\boldsymbol{x}, \boldsymbol{y} \in \mathbb{C}^n$，有

$$\left(\sum_{i=1}^{n} |x_i + y_i|^p\right)^{\frac{1}{p}} \leqslant \left(\sum_{i=1}^{n} |x_i|^p\right)^{\frac{1}{p}} + \left(\sum_{i=1}^{n} |y_i|^p\right)^{\frac{1}{p}}$$

由 Minkowski 不等式可以引入 p-范数.

定义 6.1.2　对任意正数 $p \geqslant 1$，称向量 $\boldsymbol{x} = (x_1, x_2, \cdots, x_n)^{\mathrm{T}}$ 的函数

$$\|\boldsymbol{x}\|_p = \left(\sum_{i=1}^{n} |x_i|^p\right)^{\frac{1}{p}}$$

为向量 $\boldsymbol{x}$ 的 **p-范数**.

显然，$\|\boldsymbol{x}\|_p$ 满足非负性和齐次性，又由 Minkowski 不等式，$\|\boldsymbol{x}+\boldsymbol{y}\|_p \leqslant \|\boldsymbol{x}\|_p + \|\boldsymbol{y}\|_p$，所以 $\|\boldsymbol{x}\|_p$ 是向量范数.

常用的 p-范数有例 6.1.2～例 6.1.4 所示的三种.

例 6.1.2　设向量 $\boldsymbol{x} = (x_1, x_2, \cdots, x_n)^{\mathrm{T}} \in \mathbb{C}^n$，规定 $\|\boldsymbol{x}\| = \sum_{i=1}^{n} |x_i|$，则 $\|\cdot\|$ 是$\mathbb{C}^n$ 上的一个范数，称此范数为向量 $\boldsymbol{x}$ 的 1-范数，记为 $\|\boldsymbol{x}\|_1$，即 $\|\boldsymbol{x}\|_1 = \sum_{i=1}^{n} |x_i|$.

例 6.1.3　设向量 $\boldsymbol{x} = (x_1, x_2, \cdots, x_n)^{\mathrm{T}} \in \mathbb{C}^n$，规定 $\|\boldsymbol{x}\| = \sqrt{\sum_{i=1}^{n} |x_i|^2}$，则 $\|\cdot\|$ 是$\mathbb{C}^n$ 上的一个范数，称此范数为向量 $\boldsymbol{x}$ 的 2-范数，记为 $\|\boldsymbol{x}\|_2$，即 $\|\boldsymbol{x}\|_2 =$

$\sqrt{\sum_{i=1}^{n} |x_i|^2} = (\boldsymbol{x}^{\mathrm{H}}\boldsymbol{x})^{\frac{1}{2}}$. 2-范数也称为欧氏范数.

例 6.1.4 设向量 $\boldsymbol{x}=(x_1,x_2,\cdots,x_n)^{\mathrm{T}}\in\mathbb{C}^n$，规定 $\|\boldsymbol{x}\|=\lim\limits_{p\to\infty}\|\boldsymbol{x}\|_p$，则 $\|\cdot\|$ 是 $\mathbb{C}^n$ 上的一个范数，称此范数为向量 $\boldsymbol{x}$ 的 ∞-范数，记为 $\|\boldsymbol{x}\|_\infty$，即 $\|\boldsymbol{x}\|_\infty=\lim\limits_{p\to\infty}\|\boldsymbol{x}\|_p$.

定理 6.1.2 对向量 $\boldsymbol{x}=(x_1,x_2,\cdots,x_n)^{\mathrm{T}}\in\mathbb{C}^n$，有 $\|\boldsymbol{x}\|_\infty=\max|x_i|$，$i=1,2,\cdots,n$.

证：令 $\alpha=\max\limits_{1\leqslant i\leqslant n}|x_i|$，则

$$\beta_i=\frac{|x_i|}{\alpha}\leqslant 1 \quad (i=1,2,\cdots,n),$$

于是 $\|\boldsymbol{x}\|_p=\alpha\left(\sum\limits_{i=1}^{n}\beta_i^p\right)^{\frac{1}{p}}$，由于

$$1\leqslant\left(\sum_{i=1}^{n}\beta_i^p\right)^{\frac{1}{p}}\leqslant n^{\frac{1}{p}},$$

故

$$\lim_{p\to\infty}\left(\sum_{i=1}^{n}\beta_i^p\right)^{\frac{1}{p}}=1.$$

因此

$$\|\boldsymbol{x}\|_\infty=\lim_{p\to\infty}\|\boldsymbol{x}\|_p=\alpha=\max_{1\leqslant i\leqslant n}|x_i|. \qquad \blacksquare$$

定义 6.1.3 设 $\|\cdot\|_\alpha$ 和 $\|\cdot\|_\beta$ 是线性空间 V 的任意两种向量范数，若对 V 中任意向量 $\boldsymbol{x}$，存在两个与 $\boldsymbol{x}$ 无关的正常数 c_1 和 c_2，满足

$$c_1\|\boldsymbol{x}\|_\beta\leqslant\|\boldsymbol{x}\|_\alpha\leqslant c_2\|\boldsymbol{x}\|_\beta,$$

则称向量范数 $\|\cdot\|_\alpha$ 和 $\|\cdot\|_\beta$ 是等价的.

定理 6.1.3 线性空间 V 的任意两种不同的向量范数都是等价的.

例如，对于向量 $\boldsymbol{x}=(x_1,x_2,\cdots,x_n)^{\mathrm{T}}\in\mathbb{C}^n$，由定义不难得到

$$\frac{1}{n}\|\boldsymbol{x}\|_1\leqslant\|\boldsymbol{x}\|_\infty\leqslant\|\boldsymbol{x}\|_1$$

故向量范数 $\|\boldsymbol{x}\|_\infty$ 与 $\|\boldsymbol{x}\|_1$ 等价.

在线性空间中可以引进各种范数，按照不同法则规定的向量范数的大小一般不相等. 例如对 $\mathbb{R}^n$ 中的向量 $\boldsymbol{x}=(1,1,\cdots,1)^{\mathrm{T}}$，有

$$\|x\|_1=n,\quad \|x\|_2=\sqrt{n},\quad \|x\|_\infty=1.$$

定义不同的范数便于在实际问题中进行选取，从而简化问题的求解. 同时，虽然按不同范数定义得到的范数值不同，但根据范数的等价性定理，按一个范数定义得到某结论时，采用其他范数定义也可以得到相同的结论，即具有一致性. 例如，在研究矩阵序列收敛性时，使用不同范数定义得到的结论表现出一致性.

6.1.2 矩阵范数

由于全部 $m\times n$ 矩阵构成 mn 维向量空间，所以从空间角度看，向量范数的概念可以直接拓展到矩阵空间. 矩阵范数同样应该满足非负性、绝对齐次性、三角不等式，但是，在矩阵空间 $\mathbb{C}^{m\times n}$ 中，除了有加法和数乘运算外，还有一种重要的运算——矩阵的乘法. 若矩阵 $\boldsymbol{A}$ 和 $\boldsymbol{B}$ 分别为 $s\times n$ 和 $n\times t$ 矩阵，$\boldsymbol{AB}$ 为 $s\times t$ 矩阵，$\boldsymbol{AB}$ 的范数不一定等于 $\boldsymbol{A}$ 的范数乘以 $\boldsymbol{B}$ 的范数，为了应用方便，引入矩阵范数时需要加入相容性条件.

定义 6.1.4 对于矩阵 $\boldsymbol{A}\in\mathbb{C}^{m\times n}$，用 $\|\boldsymbol{A}\|$ 表示按照某个法则确定的与 $\boldsymbol{A}$ 对应的实数，且满足

(1) 非负性：当 $\boldsymbol{A}\neq\boldsymbol{0}$ 时，$\|\boldsymbol{A}\|>0$；当且仅当 $\boldsymbol{A}=\boldsymbol{0}$ 时，$\|\boldsymbol{A}\|=0$；

(2) 绝对齐次性：$\|k\boldsymbol{A}\|=|k|\,\|\boldsymbol{A}\|$，其中 k 为任意数；

(3) 三角不等式：对于任何两个可加矩阵 $\boldsymbol{A},\boldsymbol{B}$ 都有 $\|\boldsymbol{A}+\boldsymbol{B}\|\leqslant\|\boldsymbol{A}\|+\|\boldsymbol{B}\|$；

(4) 乘法相容性：当矩阵 $\boldsymbol{A}$ 与 $\boldsymbol{B}$ 可乘时，有 $\|\boldsymbol{AB}\|\leqslant\|\boldsymbol{A}\|\,\|\boldsymbol{B}\|$.

则称实数 $\|\boldsymbol{A}\|$ 是矩阵 $\boldsymbol{A}$ 的**矩阵范数**.

这 4 个条件称为**矩阵范数公理**.

由于一个 $m\times n$ 矩阵可以看作一个 mn 维向量，因此有些向量范数可以直接推广为矩阵范数，但矩阵之间还有矩阵乘法运算，并由乘法相容性公理约束，因此，能否推广关键要看是否满足乘法相容性. 例如，将向量的 1-范数形式上推广到矩阵范数 $\|\boldsymbol{A}\|=\sum\limits_{i=1}^{m}\sum\limits_{j=1}^{n}|a_{ij}|$，或将向量的 2-范数形式上推广到矩阵范数 $\|\boldsymbol{A}\|_F=\left(\sum\limits_{i=1}^{m}\sum\limits_{j=1}^{n}|a_{ij}|^2\right)^{1/2}$，二者都满足乘法相容性，后者称为 Frobenius(弗罗贝尼乌斯)范数或简称为 F-范数，记为 $\|\cdot\|_F$，即若 $\boldsymbol{A}=(a_{ij})\in\mathbb{C}^{m\times n}$，则 $\|\boldsymbol{A}\|_F=$

$\left(\sum_{i=1}^{m}\sum_{j=1}^{n}|a_{ij}|^2\right)^{\frac{1}{2}}$，可以证明该范数定义满足矩阵范数的 4 个性质. 但是，将向量的∞-范数形式推广到矩阵范数 $\|\boldsymbol{A}\|=\max\limits_{i,j}|a_{ij}|$不满足乘法相容性. 例如，取 $\boldsymbol{A}=\begin{bmatrix}1 & 2\\3 & 4\end{bmatrix}$，$\boldsymbol{B}=\begin{bmatrix}0 & 1\\0 & 1\end{bmatrix}$，则 $\boldsymbol{AB}=\begin{bmatrix}0 & 3\\0 & 7\end{bmatrix}$，若将向量的$\infty$-范数形式推广到矩阵范数，则 $\|\boldsymbol{A}\|=4$，$\|\boldsymbol{B}\|=1$，$\|\boldsymbol{AB}\|=7$，不满足乘法相容性.

定理 6.1.4 F-范数有如下几个性质：

(1) 若 $\boldsymbol{A}=(\boldsymbol{\alpha}_1,\boldsymbol{\alpha}_2,\cdots,\boldsymbol{\alpha}_n)$，则 $\|\boldsymbol{A}\|_F^2=\sum\limits_{i=1}^{n}\|\boldsymbol{\alpha}_i\|_2^2$.

(2) $\|\boldsymbol{A}\|_F^2=\mathrm{tr}(\boldsymbol{A}^{\mathrm{H}}\boldsymbol{A})=\sum\limits_{i=1}^{n}\lambda_i(\boldsymbol{A}^{\mathrm{H}}\boldsymbol{A})$. 其中，$\mathrm{tr}(\boldsymbol{A}^{\mathrm{H}}\boldsymbol{A})$是 n 阶方阵 $\boldsymbol{A}^{\mathrm{H}}\boldsymbol{A}$ 的迹，$\lambda_i(\boldsymbol{A}^{\mathrm{H}}\boldsymbol{A})$表示 $\boldsymbol{A}^{\mathrm{H}}\boldsymbol{A}$ 的第 i 个特征值. 该性质表明矩阵的 F-范数的平方等于矩阵的所有奇异值的平方和.

(3) 对于任何 m 阶酉矩阵 $\boldsymbol{U}$ 与 n 阶酉矩阵 $\boldsymbol{V}$，都有

$$\|\boldsymbol{A}\|_F=\|\boldsymbol{UA}\|_F=\|\boldsymbol{A}^{\mathrm{H}}\|_F=\|\boldsymbol{AV}\|_F=\|\boldsymbol{UAV}\|_F.$$

注：(3)表明酉变换不改变矩阵的 F-范数.

矩阵范数也有等价性定理.

定理 6.1.5 若 $\|\cdot\|_\alpha$ 与 $\|\cdot\|_\beta$ 是任意两种矩阵范数，则总存在正常数 c_1 和 c_2，对任意矩阵 $\boldsymbol{A}$，恒有

$$c_1\|\boldsymbol{A}\|_\beta\leqslant\|\boldsymbol{A}\|_\alpha\leqslant c_2\|\boldsymbol{A}\|_\beta. \tag{6.1.1}$$

上述定理表明$\mathbb{C}^{m\times n}$ 上的任意两种不同的矩阵范数等价.

6.1.3 向量范数与矩阵范数的相容性

定义 6.1.5 设 $\|\cdot\|_M$ 是$\mathbb{C}^{m\times n}$ 上的矩阵范数，$\|\cdot\|_V$ 是$\mathbb{C}^m$ 和$\mathbb{C}^n$ 上的同类向量范数，若对任意矩阵 $\boldsymbol{A}\in\mathbb{C}^{m\times n}$ 与向量 $\boldsymbol{x}\in\mathbb{C}^n$ 都有

$$\|\boldsymbol{Ax}\|_V\leqslant\|\boldsymbol{A}\|_M\|\boldsymbol{x}\|_V \tag{6.1.2}$$

则称 $\|\cdot\|_M$ 是与向量范数 $\|\cdot\|_V$ 相容的矩阵范数.

对上述相容性定义解释如下：设 $\boldsymbol{A}\in\mathbb{C}^{m\times n}$，$\boldsymbol{x}\in\mathbb{C}^n$，若已定义矩阵范数 $\|\cdot\|_M$，可将向量 $\boldsymbol{x}$ 与 $\boldsymbol{Ax}$ 均看作 $n\times1$ 与 $m\times1$ 矩阵，因此根据矩阵范数的相容性应有

$$\| Ax \|_M \leqslant \| A \|_M \| x \|_M$$

但 x 与 Ax 毕竟是向量，若取 $\| x \|_V$ 与 $\| Ax \|_V$ 为向量范数，$\| A \|_M$ 为矩阵范数，则不等式

$$\| Ax \|_V \leqslant \| A \|_M \| x \|_V$$

是否仍能成立？若成立则称向量范数与矩阵范数相容.

定理 6.1.6 设 $\| x \|_V$ 是向量范数，则

$$\| A \|_M = \max_{x \neq 0} \frac{\| Ax \|_V}{\| x \|_V} \tag{6.1.3}$$

满足矩阵范数定义，且 $\| A \|_M$ 是与向量范数 $\| x \|_V$ 相容的矩阵范数.

证：(1) 非负性和齐次性显然满足.

(2)
$$\begin{aligned} \| A+B \|_M &= \max_{x \neq 0} \frac{\| (A+B)x \|_V}{\| x \|_V} = \max_{x \neq 0} \frac{\| Ax+Bx \|_V}{\| x \|_V} \\ &\leqslant \max_{x \neq 0} \frac{\| Ax \|_V + \| Bx \|_V}{\| x \|_V} \leqslant \max_{x \neq 0} \frac{\| Ax \|_V}{\| x \|_V} + \max_{x \neq 0} \frac{\| Bx \|_V}{\| x \|_V} \\ &= \| A \|_M + \| B \|_M. \end{aligned}$$

因此 $\| A \|_M$ 满足矩阵范数三角不等式.

(3) 设 $B \neq 0$，则

$$\begin{aligned} \| AB \|_M &= \max_{x \neq 0} \frac{\| ABx \|_V}{\| x \|_V} = \max_{x \neq 0} \left(\frac{\| A(Bx) \|_V}{\| Bx \|_V} \frac{\| Bx \|_V}{\| x \|_V} \right) \\ &\leqslant \max_{x \neq 0} \frac{\| A(Bx) \|_V}{\| Bx \|_V} \max_{x \neq 0} \frac{\| Bx \|_V}{\| x \|_V} \\ &= \| A \|_M \| B \|_M. \end{aligned}$$

因此 $\| A \|_M$ 满足矩阵范数的相容性.

(4) 由式(6.1.3)，得 $\| A \|_M \geqslant \dfrac{\| Ax \|_V}{\| x \|_V}$，即

$$\| Ax \|_V \leqslant \| A \|_M \| x \|_V,$$

因此 $\| A \|_M$ 与 $\| x \|_V$ 相容. ■

由定理 6.1.6 所定义的矩阵范数称为**导出范数**(由向量范数导出的矩阵范数)或**从属范数**(从属于向量范数的矩阵范数).

由该定义可知，单位矩阵 E 的任何导出范数 $\| E \|_M = =1$.

导出范数的定义表明：矩阵范数是与向量范数密切相关的，有什么样的向量

范数就有什么样的矩阵范数，当在(6.1.3)式中取向量范数为向量 p-范数时，所导出的矩阵范数称为矩阵 p-范数，即 $\|\boldsymbol{A}\|_p=\max\limits_{\boldsymbol{x}\neq \boldsymbol{0}}\dfrac{\|\boldsymbol{Ax}\|_p}{\|\boldsymbol{x}\|_p}$，与向量 p-范数对应，常用的矩阵 p-范数是 $\|\boldsymbol{A}\|_1$，$\|\boldsymbol{A}\|_2$ 与 $\|\boldsymbol{A}\|_\infty$. 这三个范数的计算由下述定理给出.

定理 6.1.7 设矩阵 $\boldsymbol{A}=(a_{ij})_{m\times n}$，则

(1) $\|\boldsymbol{A}\|_1=\max\limits_j\left(\sum\limits_{i=1}^m |a_{ij}|\right)$，$j=1,2,\cdots,n$. 称 $\|\boldsymbol{A}\|_1$ 是**列和范数**，简称**列范数或 1-范数**.

(2) $\|\boldsymbol{A}\|_2=\max\limits_j(\lambda_j(\boldsymbol{A}^{\mathrm{H}}\boldsymbol{A}))^{\frac{1}{2}}$，其中，$\lambda_j(\boldsymbol{A}^{\mathrm{H}}\boldsymbol{A})$ 表示矩阵 $\boldsymbol{A}^{\mathrm{H}}\boldsymbol{A}$ 的第 j 个特征值. $\|\boldsymbol{A}\|_2$ 是 $\boldsymbol{A}$ 的奇异值的最大值，称 $\|\boldsymbol{A}\|_2$ 是**谱范数或 2-范数**.

(3) $\|\boldsymbol{A}\|_\infty=\max\limits_i\left(\sum\limits_{j=1}^n |a_{ij}|\right)$，$i=1,2,\cdots,m$. 称 $\|\boldsymbol{A}\|_\infty$ 是**行和范数**，简称**行范数或∞-范数**.

由向量范数可以按定理 6.1.6 导出矩阵范数，且这两个范数是相容的. 即使一个矩阵范数不是某个向量范数导出的，它们之间也可能是相容的. 给定一个矩阵范数，总可以构造向量范数使这两个范数相容，这就是下述定理.

定理 6.1.8 设 $\|\boldsymbol{A}\|_*$ 是矩阵范数，则存在向量范数 $\|\boldsymbol{x}\|$，满足

$$\|\boldsymbol{Ax}\|\leqslant\|\boldsymbol{A}\|_*\|\boldsymbol{x}\|.$$

证：设 $\boldsymbol{\alpha}$ 为非零向量，定义向量范数 $\|\boldsymbol{x}\|=\|\boldsymbol{x\alpha}^{\mathrm{H}}\|_*$，不难验证它满足向量范数的三个性质，且

$$\|\boldsymbol{Ax}\|=\|\boldsymbol{Ax\alpha}^{\mathrm{H}}\|_*\leqslant\|\boldsymbol{A}\|_*\|\boldsymbol{x\alpha}^{\mathrm{H}}\|_*=\|\boldsymbol{A}\|_*\|\boldsymbol{x}\| \qquad \blacksquare$$

由定理的证明可知，满足相容性条件的向量范数不止一个.

例 6.1.5 已知矩阵范数 $\|\boldsymbol{A}\|_*=\|\boldsymbol{A}\|_F=\left(\sum\limits_{i=1}^m\sum\limits_{j=1}^n|a_{ij}|^2\right)^{\frac{1}{2}}$，求与之相容的一个向量范数.

解：取 $\boldsymbol{\alpha}=(1,0,\cdots,0)^{\mathrm{T}}$，设 $\boldsymbol{x}=(x_1,x_2,\cdots,x_n)^{\mathrm{T}}$，则

$$\|\boldsymbol{x}\|=\|\boldsymbol{x\alpha}^{\mathrm{H}}\|_*=\left(\sum_{i=1}^n|x_i|^2\right)^{\frac{1}{2}}=\|\boldsymbol{x}\|_2.$$

定义 6.1.6 设矩阵 $\boldsymbol{A}\in\mathbb{C}^{n\times n}$，$\boldsymbol{A}$ 的 n 个特征值为 $\lambda_1,\lambda_2,\cdots,\lambda_n\in\mathbb{C}$，称

$\rho(\boldsymbol{A})=\max\{|\lambda_1|,|\lambda_2|,\cdots,|\lambda_n|\}$是 $\boldsymbol{A}$ 的**谱半径**.

由此定义可知,矩阵的谱半径是该矩阵的所有特征值的模的最大值.

定理 6.1.9 设矩阵 $\boldsymbol{A}\in\mathbb{C}^{n\times n}$,则 $\rho(\boldsymbol{A})\leqslant\|\boldsymbol{A}\|$,其中,$\rho(\boldsymbol{A})$是 $\boldsymbol{A}$ 的谱半径,$\|\boldsymbol{A}\|$是 $\boldsymbol{A}$ 的任意一种范数.

证:设 λ 是 $\boldsymbol{A}$ 的任意一个特征值,则有

$$\boldsymbol{Ax}=\lambda\boldsymbol{x},\quad \boldsymbol{x}\neq\boldsymbol{0},$$

其中 $\boldsymbol{x}$ 是对应于 λ 的特征向量.

由范数的绝对齐次性,有

$$\|\lambda\boldsymbol{x}\|=|\lambda|\ \|\boldsymbol{x}\|,$$

由范数相容性,有

$$\|\boldsymbol{Ax}\|\leqslant\|\boldsymbol{A}\|\ \|\boldsymbol{x}\|,$$

又 $\|\boldsymbol{Ax}\|=\|\lambda\boldsymbol{x}\|$,故

$$|\lambda|\ \|\boldsymbol{x}\|\leqslant\|\boldsymbol{A}\|\ \|\boldsymbol{x}\|,$$

又因为 $\boldsymbol{x}\neq\boldsymbol{0}$,故 $\|\boldsymbol{x}\|>0$,于是有

$$|\lambda|\leqslant\|\boldsymbol{A}\|,$$

由于 λ 是 $\boldsymbol{A}$ 的任意一个特征值,故

$$\rho(\boldsymbol{A})\leqslant\|\boldsymbol{A}\|.$$

■

6.2 矩阵序列与极限

6.2.1 矩阵序列

定义 6.2.1 设$\{\boldsymbol{A}_k\}$是矩阵序列,其中 $\boldsymbol{A}_k=(a_{ij}^{(k)})\in\mathbb{C}^{m\times n}$,$k=1,2,\cdots$,若 $m\times n$ 个数列$\{a_{ij}^{(k)}\}(i=1,2,\cdots,m;\ j=1,2,\cdots,n)$都收敛,则称**矩阵序列$\{\boldsymbol{A}_k\}$收敛**. 若 $\lim\limits_{k\to\infty}a_{ij}^{(k)}=a_{ij}$,则 $\lim\limits_{k\to\infty}\boldsymbol{A}_k=\boldsymbol{A}=(a_{ij})_{m\times n}$,称 $\boldsymbol{A}$ 为**矩阵序列$\{\boldsymbol{A}_k\}$的极限**.

若将向量看成矩阵的特例,类似可得向量序列收敛的定义.

定理 6.2.1 对于矩阵序列$\{\boldsymbol{A}_k\}$,$\lim\limits_{k\to\infty}\boldsymbol{A}_k=\boldsymbol{A}$ 的充要条件是对任何一种矩阵范数$\|\cdot\|$,都有 $\lim\limits_{k\to\infty}\|\boldsymbol{A}_k-\boldsymbol{A}\|=0$.

证:(1) 先对矩阵范数 $\|\boldsymbol{A}\|=\sum\limits_{i=1}^{m}\sum\limits_{j=1}^{n}|a_{ij}|$ 证明定理成立.

① 必要性 设 $\lim\limits_{k\to\infty}\boldsymbol{A}_k=\boldsymbol{A}=(a_{ij})$,由定义知,对于每个 i,j 都有

$$\lim_{k\to\infty}|a_{ij}^{(k)}-a_{ij}|=0\quad(i=1,2,\cdots,m;\ j=1,2,\cdots,n),$$

于是

$$\lim_{k\to\infty}\sum_{i=1}^{m}\sum_{j=1}^{n}|a_{ij}^{(k)}-a_{ij}|=0$$

$$\Leftrightarrow\lim_{k\to\infty}\|\boldsymbol{A}_k-\boldsymbol{A}\|=0.$$

② 充分性 $\lim\limits_{k\to\infty}\|\boldsymbol{A}_k-\boldsymbol{A}\|=\lim\limits_{k\to\infty}\sum\limits_{i=1}^{m}\sum\limits_{j=1}^{n}|a_{ij}^{(k)}-a_{ij}|=0$,因此,对于每个 i,j 都有

$$\lim_{k\to\infty}|a_{ij}^{(k)}-a_{ij}|=0\Leftrightarrow\lim_{k\to\infty}a_{ij}^{(k)}=a_{ij},$$

故

$$\lim_{k\to\infty}\boldsymbol{A}_k=\boldsymbol{A}.$$

(2) 由矩阵范数的等价性,对任一种矩阵范数 $\|\boldsymbol{A}\|_\alpha$,总存在正常数 c_1 和 c_2 使

$$c_1\|\boldsymbol{A}_k-\boldsymbol{A}\|\leqslant\|\boldsymbol{A}_k-\boldsymbol{A}\|_\alpha\leqslant c_2\|\boldsymbol{A}_k-\boldsymbol{A}\|,$$

令 $k\to\infty$ 取极限可知

$$\lim_{k\to\infty}\|\boldsymbol{A}_k-\boldsymbol{A}\|=0\Leftrightarrow\lim_{k\to\infty}\|\boldsymbol{A}_k-\boldsymbol{A}\|_\alpha=0,$$

于是定理对任意一种矩阵范数都成立. ■

6.2.2 矩阵序列收敛的性质

定理 6.2.2 收敛的矩阵序列具有以下性质:

(1) 一个收敛矩阵序列的极限是唯一的.

(2) 设 $\lim\limits_{k\to\infty}\boldsymbol{A}_k=\boldsymbol{A}$, $\lim\limits_{k\to\infty}\boldsymbol{B}_k=\boldsymbol{B}$,其中 $\boldsymbol{A},\boldsymbol{B}\in\mathbb{C}^{m\times n}$,则

$$\lim_{k\to\infty}(a\boldsymbol{A}_k+b\boldsymbol{B}_k)=a\boldsymbol{A}+b\boldsymbol{B},\quad a,b\in\mathbb{C}.$$

(3) 设 $\lim\limits_{k\to\infty}\boldsymbol{A}_k=\boldsymbol{A}$, $\lim\limits_{k\to\infty}\boldsymbol{B}_k=\boldsymbol{B}$,其中 $\boldsymbol{A},\boldsymbol{B}\in\mathbb{C}^{n\times n}$,则

$$\lim_{k\to\infty}\boldsymbol{A}_k\boldsymbol{B}_k=\boldsymbol{A}\boldsymbol{B}.$$

(4) 设 $\lim\limits_{k\to\infty}\boldsymbol{A}_k=\boldsymbol{A}$,其中 $\boldsymbol{A}\in\mathbb{C}^{n\times n}$,取 $\boldsymbol{P},\boldsymbol{Q}\in\mathbb{C}^{n\times n}$,则

$$\lim_{k\to\infty}\boldsymbol{P}\boldsymbol{A}_k\boldsymbol{Q}=\boldsymbol{P}\boldsymbol{A}\boldsymbol{Q}.$$

(5) 设 $\lim\limits_{k\to\infty}\boldsymbol{A}_k=\boldsymbol{A}$，且 $\boldsymbol{A}_k,\boldsymbol{A}$ 均可逆，则 $\{\boldsymbol{A}_k^{-1}\}$ 也收敛，且 $\lim\limits_{k\to\infty}\boldsymbol{A}_k^{-1}=\boldsymbol{A}^{-1}$.

证：(1)～(4)容易证明，仅证明(5).

(5) 设 $\boldsymbol{A}_k^*$ 为 $\boldsymbol{A}_k$ 的伴随矩阵，则 $\boldsymbol{A}_k^{-1}=\dfrac{1}{|\boldsymbol{A}_k|}\boldsymbol{A}_k^*$，因为 $\lim\limits_{k\to\infty}\boldsymbol{A}_k=\boldsymbol{A}$，且 $\boldsymbol{A}_k^*$ 的元素是 $\boldsymbol{A}_k$ 的 $n-1$ 阶代数余子式，因此有

$$\lim_{k\to\infty}\boldsymbol{A}_k^*=\boldsymbol{A}^*,$$

又由于 $\boldsymbol{A}_k,\boldsymbol{A}$ 均可逆，故

$$\lim_{k\to\infty}|\boldsymbol{A}_k|=|\boldsymbol{A}|\neq 0.$$

于是有

$$\lim_{k\to\infty}\boldsymbol{A}_k^{-1}=\lim_{k\to\infty}\frac{\boldsymbol{A}_k^*}{|\boldsymbol{A}_k|}=\frac{\boldsymbol{A}^*}{|\boldsymbol{A}|}=\boldsymbol{A}^{-1}.$$ ■

6.2.3 矩阵序列的敛散性

对于由 n 阶方阵 $\boldsymbol{A}$ 的幂组成的矩阵序列 $\boldsymbol{A},\boldsymbol{A}^2,\boldsymbol{A}^3,\cdots,\boldsymbol{A}^k,\cdots$ 有如下定理.

定理 6.2.3 若矩阵 $\boldsymbol{A}$ 的某一种范数 $\|\boldsymbol{A}\|<1$，则 $\lim\limits_{k\to\infty}\boldsymbol{A}^k=\boldsymbol{0}$.

证：由矩阵范数的相容性，有 $\|\boldsymbol{A}^k\|\leqslant\|\boldsymbol{A}\|^k$，又 $\|\boldsymbol{A}\|<1$，可得

$$\lim_{k\to\infty}\|\boldsymbol{A}^k\|=0,$$

又由矩阵范数的非负性可得

$$\lim_{k\to\infty}\boldsymbol{A}^k=\boldsymbol{0}.$$ ■

定理 6.2.4 给定矩阵序列 $\boldsymbol{A},\boldsymbol{A}^2,\cdots,\boldsymbol{A}^k,\cdots$，则 $\lim\limits_{k\to\infty}\boldsymbol{A}^k=\boldsymbol{0}$ 的充要条件是 $\rho(\boldsymbol{A})<1$.

证：设 $\boldsymbol{A}$ 的 Jordan 标准形是

$$\boldsymbol{J}=\begin{bmatrix}\boldsymbol{J}_1(\lambda_1) & & & \\ & \boldsymbol{J}_2(\lambda_2) & & \\ & & \ddots & \\ & & & \boldsymbol{J}_s(\lambda_s)\end{bmatrix},$$

其中，Jordan 块

$$\boldsymbol{J}_i(\lambda_i)=\begin{bmatrix}\lambda_i & 1 & & & \\ & \lambda_i & 1 & & \\ & & \ddots & \ddots & \\ & & & \ddots & 1 \\ & & & & \lambda_i\end{bmatrix}_{n_i\times n_i}\quad(i=1,2,\cdots,s),$$

于是有

$$\boldsymbol{A}^k=\boldsymbol{P}\mathrm{diag}(\boldsymbol{J}_1^k(\lambda_1),\boldsymbol{J}_2^k(\lambda_2),\cdots,\boldsymbol{J}_s^k(\lambda_s))\boldsymbol{P}^{-1}.$$

显然，$\lim\limits_{k\to\infty}\boldsymbol{A}^k=\boldsymbol{0}$ 的充要条件是 $\lim\limits_{k\to\infty}\boldsymbol{J}_i^k(\lambda_i)=\boldsymbol{0},i=1,2,\cdots,s$.

又因为

$$\boldsymbol{J}_i^k(\lambda_i)=\begin{bmatrix}\lambda_i^k & \mathrm{C}_k^1\lambda_i^{k-1} & & \cdots & \mathrm{C}_k^{n_i-1}\lambda_i^{k-n_i+1} \\ & \lambda_i^k & \mathrm{C}_k^1\lambda_i^{k-1} & & \\ & & & \ddots & \vdots \\ & & & \ddots & \\ & & & & \mathrm{C}_k^1\lambda_i^{k-1} \\ & & & & \lambda_i^k\end{bmatrix},$$

其中，$\mathrm{C}_k^l=\dfrac{k(k-1)\cdots(k-l+1)}{l!},k\geqslant l$；$\mathrm{C}_k^l=0,k<l$. 于是，$\lim\limits_{k\to\infty}\boldsymbol{J}_i^k(\lambda_i)=\boldsymbol{0}$ 的充要条件是 $|\lambda_i|<1$.

因此，$\lim\limits_{k\to\infty}\boldsymbol{A}^k=\boldsymbol{0}$ 的充要条件是 $\rho(\boldsymbol{A})<1$. ■

例 6.2.1 判断如下矩阵序列 $\boldsymbol{A}^k$ 的敛散性.

(1) $\boldsymbol{A}=\begin{bmatrix}1 & 1\\ 0 & 1\end{bmatrix}$；

(2) $\boldsymbol{A}=\begin{bmatrix}0.8 & 1\\ 0 & 0.8\end{bmatrix}$；

(3) $\boldsymbol{A}=\begin{bmatrix}0.27 & 0.52\\ 0.65 & 0.33\end{bmatrix}$.

分析：本题仅要求判断矩阵序列是否收敛，并未要求矩阵序列收敛至零矩阵.

解：(1) $\boldsymbol{A}^k=\begin{bmatrix}1 & k\\ 0 & 1\end{bmatrix}$，故 $\lim\limits_{k\to\infty}\boldsymbol{A}^k$ 发散.

(2) $\boldsymbol{A}$ 的特征值 $\lambda_1=\lambda_2=0.8<1$，由定理 6.2.4 可知 $\boldsymbol{A}^k$ 收敛，且 $\lim\limits_{k\to\infty}\boldsymbol{A}^k=\boldsymbol{0}$.

(3) 由于 $\|\boldsymbol{A}\|_1=0.92<1$，由定理 6.2.3 可知 $\boldsymbol{A}^k$ 收敛，且 $\lim\limits_{k\to\infty}\boldsymbol{A}^k=\boldsymbol{0}$.

例 6.2.2　判断矩阵序列 $\boldsymbol{A}^k$ 的敛散性，其中 $\boldsymbol{A}=\begin{bmatrix}1 & 1 & 0\\ 0 & 1 & 0\\ 0 & -1 & 1\end{bmatrix}$.

分析：本题仅要求判断矩阵序列是否收敛，并未要求矩阵序列收敛至零矩阵. 若无法判断其收敛至零矩阵，可转化为研究其标准形的矩阵序列情况.

解：$\boldsymbol{A}$ 的特征值 $\lambda_1=\lambda_2=\lambda_3=1$，$\rho(\boldsymbol{A})=1$，据此无法判断矩阵序列 $\boldsymbol{A}^k$ 的敛散性.

若 $\boldsymbol{J}$ 是 $\boldsymbol{A}$ 的 Jordan 标准形，由于 $\boldsymbol{A}^k=\boldsymbol{P}\boldsymbol{J}^k\boldsymbol{P}^{-1}$，故只需判断矩阵序列 $\boldsymbol{J}^k$ 的敛散性.

由于

$$\lambda\boldsymbol{E}-\boldsymbol{A}=\begin{bmatrix}\lambda-1 & -1 & 0\\ 0 & \lambda-1 & 0\\ 0 & 1 & \lambda-1\end{bmatrix}\to\begin{bmatrix}1 & & \\ & \lambda-1 & \\ & & (\lambda-1)^2\end{bmatrix}.$$

$\boldsymbol{A}$ 的不变因子为 $1,\lambda-1,(\lambda-1)^2$，$\boldsymbol{A}$ 的初等因子为 $\lambda-1,(\lambda-1)^2$，所以

$$\boldsymbol{J}=\begin{bmatrix}1 & 0 & 0\\ 0 & 1 & 1\\ 0 & 0 & 1\end{bmatrix},\quad \boldsymbol{J}^k=\begin{bmatrix}1 & 0 & 0\\ 0 & 1 & k\\ 0 & 0 & 1\end{bmatrix},$$

故 $\lim\limits_{k\to\infty}\boldsymbol{J}^k$ 发散，因此 $\boldsymbol{A}^k$ 发散.

6.3　矩阵级数与矩阵函数

6.3.1　矩阵级数

定义 6.3.1　设 $\boldsymbol{A}_k=(a_{ij}^{(k)})_{m\times n}\in\mathbb{C}^{m\times n}$，若 $m\times n$ 个常数项级数

$$\sum_{k=0}^{+\infty}a_{ij}^{(k)}=a_{ij}^{(0)}+a_{ij}^{(1)}+\cdots+a_{ij}^{(k)}+\cdots$$
$$(i=1,2,\cdots,m;\ j=1,2,\cdots,n)\tag{6.3.1}$$

都收敛，则称矩阵级数

$$\sum_{k=0}^{+\infty} \boldsymbol{A}_k = \boldsymbol{A}_0 + \boldsymbol{A}_1 + \cdots + \boldsymbol{A}_k + \cdots \tag{6.3.2}$$

收敛. 若常数项级数(6.3.1)的和为 a_{ij},则矩阵级数(6.3.2)的和为 $\boldsymbol{A}=(a_{ij})_{m\times n}$.

不收敛的矩阵级数称为**发散**的.

定义 6.3.2 若 $m\times n$ 个常数项级数(6.3.1)都绝对收敛,则称矩阵级数(6.3.2)绝对收敛.

例 6.3.1 已知

$$\boldsymbol{A}_k = \begin{bmatrix} \dfrac{1}{2^k} & \dfrac{\pi}{4^k} \\ 0 & \dfrac{1}{(k+1)(k+2)} \end{bmatrix}, \quad (k=0,1,\cdots)$$

讨论矩阵级数 $\sum\limits_{k=0}^{+\infty} \boldsymbol{A}_k$ 的敛散性.

解: 因为

$$\boldsymbol{S}_N = \sum_{k=0}^{N} \boldsymbol{A}_k = \begin{bmatrix} \sum\limits_{k=0}^{N} \dfrac{1}{2^k} & \sum\limits_{k=0}^{N} \dfrac{\pi}{4^k} \\ 0 & \sum\limits_{k=0}^{N} \dfrac{1}{(k+1)(k+2)} \end{bmatrix}$$

$$= \begin{bmatrix} 2-\dfrac{1}{2^N} & \dfrac{\pi}{3}\left(4-\dfrac{1}{4^N}\right) \\ 0 & 1-\dfrac{1}{N+2} \end{bmatrix},$$

因此所给矩阵级数收敛,其和为

$$\boldsymbol{S} = \lim_{N\to+\infty} \boldsymbol{S}_N = \begin{bmatrix} 2 & \dfrac{4}{3}\pi \\ 0 & 1 \end{bmatrix}.$$

利用矩阵范数,可以将判断矩阵级数是否绝对收敛的问题转化为判断一个正项级数是否收敛的问题.

定理 6.3.1 设矩阵序列 $\boldsymbol{A}_k=(a_{ij}^{(k)})_{m\times n}\in\mathbb{C}^{m\times n}$,则矩阵级数 $\sum\limits_{k=0}^{+\infty} \boldsymbol{A}_k$ 绝对收敛的充要条件是正项级数 $\sum\limits_{k=0}^{+\infty} \|\boldsymbol{A}_k\|$ 收敛, 其中 $\|\cdot\|$ 为$\mathbb{C}^{m\times n}$ 上的任一矩阵

范数.

证：① 充分性　取矩阵范数 $\|\boldsymbol{A}_k\|=\sum_{i=1}^{m}\sum_{j=1}^{n}|a_{ij}^{(k)}|$，对于每一个 i,j 都有

$$\|\boldsymbol{A}_k\|\geqslant|a_{ij}^{(k)}|,$$

因此，若 $\sum_{k=0}^{+\infty}\|\boldsymbol{A}_k\|$ 收敛，则对于每一个 i,j，常数项级数 $\sum_{k=0}^{+\infty}|a_{ij}^{(k)}|$ 都收敛，于是 $\sum_{k=0}^{+\infty}\boldsymbol{A}_k$ 绝对收敛.

② 必要性　若矩阵级数 $\sum_{k=0}^{+\infty}\boldsymbol{A}_k$ 绝对收敛，则对每一个 i,j 都有 $\sum_{k=0}^{+\infty}|a_{ij}^{(k)}|<+\infty$，于是

$$\sum_{k=0}^{+\infty}\|\boldsymbol{A}_k\|=\sum_{k=0}^{+\infty}\left(\sum_{i=1}^{m}\sum_{j=1}^{n}|a_{ij}^{(k)}|\right)=\sum_{i=1}^{m}\sum_{j=1}^{n}\left(\sum_{k=0}^{+\infty}|a_{ij}^{(k)}|\right)<+\infty$$

即正项级数 $\sum_{k=0}^{+\infty}\|\boldsymbol{A}_k\|$ 收敛.

最后，根据范数等价性定理可知此结论对任一矩阵范数都正确. ■

6.3.2　矩阵幂级数

矩阵幂级数是一类特殊的矩阵级数，它是研究矩阵函数的重要工具.

定义 6.3.3　设矩阵 $\mathbf{A}\in\mathbb{C}^{n\times n}$，$c_k\in\mathbb{C}$，称形式为

$$\sum_{k=0}^{+\infty}c_k\boldsymbol{A}^k=c_0\boldsymbol{E}+c_1\boldsymbol{A}+c_2\boldsymbol{A}^2+\cdots+c_k\boldsymbol{A}^k+\cdots$$

的矩阵级数为矩阵 **A** 的**幂级数**.

用定义判断矩阵幂级数的敛散性需要判断 n^2 个常数项级数的敛散性，当矩阵阶数 n 较大时很不方便. 由于矩阵幂级数是复变量 z 的幂级数 $\sum_{k=0}^{+\infty}c_kz^k$ 的推广，因此，矩阵幂级数 $\sum_{k=0}^{+\infty}c_k\boldsymbol{A}^k$ 的敛散性与复变量 z 的幂级数 $\sum_{k=0}^{+\infty}c_kz^k$ 的敛散性存在联系，这就是下述定理.

定理 6.3.2　设幂级数 $\sum_{k=0}^{+\infty}c_kx^k$ 的收敛半径为 R，矩阵 $\mathbf{A}\in\mathbb{C}^{n\times n}$，若 $\rho(\mathbf{A})<$

R，则矩阵幂级数 $\sum_{k=0}^{+\infty} c_k \boldsymbol{A}^k$ 绝对收敛；若 $\rho(\boldsymbol{A}) > R$，则 $\sum_{k=0}^{+\infty} c_k \boldsymbol{A}^k$ 发散.

例 6.3.2 由于幂级数

$$\mathrm{e}^x = 1 + x + \frac{1}{2!}x^2 + \cdots + \frac{1}{k!}x^k + \cdots$$

$$\cos(x) = 1 - \frac{1}{2!}x^2 + \frac{1}{4!}x^4 - \cdots + (-1)^k \frac{1}{(2k)!}x^{2k} + \cdots$$

$$\sin(x) = x - \frac{1}{3!}x^3 + \frac{1}{5!}x^5 - \cdots + (-1)^k \frac{1}{(2k+1)!}x^{2k+1} + \cdots$$

的收敛半径 $R=\infty$，所以对于任意 n 阶矩阵 $\boldsymbol{A}$，矩阵幂级数

$$\mathrm{e}^{\boldsymbol{A}} = \boldsymbol{E} + \boldsymbol{A} + \frac{1}{2!}\boldsymbol{A}^2 + \cdots + \frac{1}{k!}\boldsymbol{A}^k + \cdots$$

$$\cos(\boldsymbol{A}) = \boldsymbol{E} - \frac{1}{2!}\boldsymbol{A}^2 + \frac{1}{4!}\boldsymbol{A}^4 - \cdots + (-1)^k \frac{1}{(2k)!}\boldsymbol{A}^{2k} + \cdots$$

$$\sin(\boldsymbol{A}) = \boldsymbol{A} - \frac{1}{3!}\boldsymbol{A}^3 + \frac{1}{5!}\boldsymbol{A}^5 - \cdots + (-1)^k \frac{1}{(2k+1)!}\boldsymbol{A}^{2k+1} + \cdots$$

都绝对收敛.

由定理 6.3.2 可得下述定理.

定理 6.3.3 设幂级数 $\sum_{k=0}^{+\infty} c_k x^k$ 的收敛半径为 R，矩阵 $\boldsymbol{A} \in \mathbb{C}^{n\times n}$，若 $\boldsymbol{A}$ 的某一范数 $\|\boldsymbol{A}\|$ 在幂级数 $\sum_{k=0}^{+\infty} c_k x^k$ 的收敛域内，即 $\|\boldsymbol{A}\| < R$，则矩阵幂级数 $\sum_{k=0}^{+\infty} c_k \boldsymbol{A}^k$ 绝对收敛.

例 6.3.3 若 $\boldsymbol{A} = \begin{bmatrix} 0.25 & 0.50 & 0.15 \\ 0.15 & 0.50 & 0.30 \\ 0.20 & 0.45 & 0.20 \end{bmatrix}$，试证明 $\boldsymbol{E}+\boldsymbol{A}+\boldsymbol{A}^2+\cdots+\boldsymbol{A}^k+\cdots$ 绝对收敛.

证：因为级数 $1+x+x^2+\cdots+x^k+\cdots$ 的收敛半径为 1，而 $\|\boldsymbol{A}\|_\infty = 0.95 < 1$，故矩阵幂级数 $\boldsymbol{E}+\boldsymbol{A}+\boldsymbol{A}^2+\cdots+\boldsymbol{A}^k+\cdots$ 绝对收敛.

最后，介绍一个特殊的矩阵幂级数——Neumann 级数.

定理 6.3.4 设 $\boldsymbol{A} \in \mathbb{C}^{n\times n}$，矩阵幂级数

$$\sum_{k=0}^{+\infty} \boldsymbol{A}^k = \boldsymbol{E} + \boldsymbol{A} + \boldsymbol{A}^2 + \cdots + \boldsymbol{A}^k + \cdots \quad \text{(Neumann 级数)}$$

绝对收敛的充要条件是 $\rho(\boldsymbol{A})<1$,且其和是 $(\boldsymbol{E}-\boldsymbol{A})^{-1}$.

证:① 充分性　由于幂级数 $\sum_{k=0}^{+\infty} x^k = 1 + x + x^2 + \cdots + x^k + \cdots$ 的收敛半径 $R=1$. 故由定理 6.3.2,当 $\rho(\boldsymbol{A})<1$ 时,$\sum_{k=0}^{+\infty} \boldsymbol{A}^k = \boldsymbol{E} + \boldsymbol{A} + \boldsymbol{A}^2 + \cdots + \boldsymbol{A}^k + \cdots$ 绝对收敛.

② 必要性　若矩阵幂级数 $\sum_{k=0}^{+\infty} \boldsymbol{A}^k$ 绝对收敛,由定理 6.3.1,则正项级数 $\|\boldsymbol{E}\| + \|\boldsymbol{A}\| + \|\boldsymbol{A}^2\| + \cdots + \|\boldsymbol{A}^k\| + \cdots$ 收敛,故 $\|\boldsymbol{A}^k\| \to 0$,$\boldsymbol{A}^k \to \boldsymbol{0}$,再由定理 6.2.4,可得 $\rho(\boldsymbol{A})<1$.

再求其和. 因为

$$(\boldsymbol{E}-\boldsymbol{A})(\boldsymbol{E} + \boldsymbol{A} + \boldsymbol{A}^2 + \cdots + \boldsymbol{A}^k + \cdots) = \boldsymbol{E},$$

故

$$\boldsymbol{E} + \boldsymbol{A} + \boldsymbol{A}^2 + \cdots + \boldsymbol{A}^k + \cdots = (\boldsymbol{E}-\boldsymbol{A})^{-1}.$$ ■

例 6.3.4　设 $\boldsymbol{A}=\begin{bmatrix} 0.5 & 0.1 \\ 0.4 & 0.2 \end{bmatrix}$,求 $\boldsymbol{E}+\boldsymbol{A}+\boldsymbol{A}^2+\cdots+\boldsymbol{A}^k+\cdots$ 的和.

解:因 $\|\boldsymbol{A}\|_\infty = 0.6<1$,故 $\rho(\boldsymbol{A})<1$. 由定理 6.3.4 知所求矩阵幂级数绝对收敛,且其和是 $(\boldsymbol{E}-\boldsymbol{A})^{-1}$. 因此

$$\boldsymbol{E}-\boldsymbol{A} = \begin{bmatrix} 0.5 & -0.1 \\ -0.4 & 0.8 \end{bmatrix},$$

于是

$$\boldsymbol{E} + \boldsymbol{A} + \boldsymbol{A}^2 + \cdots + \boldsymbol{A}^k + \cdots = (\boldsymbol{E}-\boldsymbol{A})^{-1} = \frac{1}{0.36}\begin{bmatrix} 0.8 & 0.1 \\ 0.4 & 0.5 \end{bmatrix} = \frac{25}{9}\begin{bmatrix} \frac{4}{5} & \frac{1}{10} \\ \frac{2}{5} & \frac{1}{2} \end{bmatrix}.$$

6.3.3　矩阵函数的幂级数定义

矩阵函数与通常的函数类似,不同之处在于矩阵函数的自变量和因变量都是 n 阶方阵. 矩阵函数中最简单的是矩阵多项式,矩阵多项式是研究其他矩阵函数的

基础. 矩阵函数一般用幂级数表示.

由高等数学的相关知识及定理 6.3.2,可利用矩阵幂级数来定义矩阵函数.

定义 6.3.4 设幂级数 $\sum_{k=0}^{+\infty} c_k z^k$ 的收敛半径是R,且当$|z|<R$ 时,幂级数收敛于 $f(z)$,即

$$f(z)=\sum_{k=0}^{+\infty} c_k z^k \quad (|z|<R),$$

如果矩阵 $\boldsymbol{A}\in\mathbb{C}^{n\times n}$ 的谱半径$\rho(\boldsymbol{A})<R$,则称收敛矩阵幂级数 $\sum_{k=0}^{+\infty} c_k \boldsymbol{A}^k$ 的和为**矩阵函数**,记为 $f(\boldsymbol{A})$,即 $f(\boldsymbol{A})=\sum_{k=0}^{+\infty} c_k \boldsymbol{A}^k$.

定义 6.3.4 称为矩阵函数的幂级数定义或幂级数表示. 根据这个定义,可得到形式上和高等数学中的一些函数类似的矩阵函数.

如下的幂级数在各自的收敛域内均收敛:

$$\mathrm{e}^z=1+z+\frac{1}{2!}z^2+\cdots+\frac{1}{k!}z^k+\cdots=\sum_{k=0}^{\infty}\frac{1}{k!}z^k \quad (|z|<+\infty)$$

$$\sin z=\sum_{k=0}^{\infty}\frac{(-1)^k}{(2k+1)!}z^{2k+1} \quad (|z|<+\infty)$$

$$\cos z=\sum_{k=0}^{\infty}\frac{(-1)^k}{(2k)!}z^{2k} \quad (|z|<+\infty)$$

$$\frac{1}{1-z}=\sum_{k=0}^{\infty}z^k \quad (|z|<1)$$

$$\ln(1+z)=\sum_{k=0}^{\infty}\frac{(-1)^k}{k+1}z^{k+1} \quad (|z|<1)$$

因此,对于 n 阶方阵 $\boldsymbol{A}$,有

$$\mathrm{e}^{\boldsymbol{A}}=\sum_{k=0}^{\infty}\frac{1}{k!}\boldsymbol{A}^k \quad (\forall \boldsymbol{A}\in\mathbb{C}^{n\times n})$$

$$\sin\boldsymbol{A}=\sum_{k=0}^{\infty}\frac{(-1)^k}{(2k+1)!}\boldsymbol{A}^{2k+1} \quad (\forall \boldsymbol{A}\in\mathbb{C}^{n\times n})$$

$$\cos\boldsymbol{A}=\sum_{k=0}^{\infty}\frac{(-1)^k}{(2k)!}\boldsymbol{A}^{2k} \quad (\forall \boldsymbol{A}\in\mathbb{C}^{n\times n})$$

$$\frac{1}{\boldsymbol{E}-\boldsymbol{A}}=\sum_{k=0}^{\infty}\boldsymbol{A}^{k}\quad(\rho(\boldsymbol{A})<1)$$

$$\ln(\boldsymbol{E}+\boldsymbol{A})=\sum_{k=0}^{\infty}\frac{(-1)^{k}}{k+1}\boldsymbol{A}^{k+1}\quad(\rho(\boldsymbol{A})<1)$$

对于 n 阶方阵 $\boldsymbol{A}$，称 $\mathrm{e}^{\boldsymbol{A}}$ 为**矩阵指数函数**，称 $\sin\boldsymbol{A}$ 为**矩阵正弦函数**，称 $\cos\boldsymbol{A}$ 为**矩阵余弦函数**.

定理 6.3.5 对于任意方阵 $\boldsymbol{A},\boldsymbol{B}\in\mathbb{C}^{n\times n}$，$k,l\in\mathbb{C}$，有

(1) $\mathrm{e}^{k\boldsymbol{A}}\mathrm{e}^{l\boldsymbol{A}}=\mathrm{e}^{(k+l)\boldsymbol{A}}$；

(2) $(\mathrm{e}^{\boldsymbol{A}})^{-1}=\mathrm{e}^{-\boldsymbol{A}}$；

(3) 当 $\boldsymbol{AB}=\boldsymbol{BA}$ 时，$\mathrm{e}^{\boldsymbol{A}}\mathrm{e}^{\boldsymbol{B}}=\mathrm{e}^{\boldsymbol{B}}\mathrm{e}^{\boldsymbol{A}}=\mathrm{e}^{\boldsymbol{A}+\boldsymbol{B}}$；

(4) $\dfrac{\mathrm{d}}{\mathrm{d}t}(\mathrm{e}^{\boldsymbol{A}t})=\boldsymbol{A}\mathrm{e}^{\boldsymbol{A}t}=\mathrm{e}^{\boldsymbol{A}t}\boldsymbol{A}$；

(5) $\dfrac{\mathrm{d}}{\mathrm{d}t}(\sin(\boldsymbol{A}t))=\boldsymbol{A}\cos(\boldsymbol{A}t)=\cos(\boldsymbol{A}t)\cdot\boldsymbol{A}$；

(6) $\dfrac{\mathrm{d}}{\mathrm{d}t}(\cos(\boldsymbol{A}t))=-\boldsymbol{A}\sin(\boldsymbol{A}t)=-\sin(\boldsymbol{A}t)\cdot\boldsymbol{A}$.

6.4 函数矩阵的微分与积分

6.4.1 函数矩阵的定义及运算

定义 6.4.1 以实变量 x 的实函数 $a_{ij}(x)$ 为元素的矩阵

$$\boldsymbol{A}(x)=\begin{bmatrix}a_{11}(x) & a_{12}(x) & \cdots & a_{1n}(x)\\ a_{21}(x) & a_{22}(x) & \cdots & a_{2n}(x)\\ \vdots & \vdots & \ddots & \vdots\\ a_{m1}(x) & a_{m2}(x) & \cdots & a_{mn}(x)\end{bmatrix}$$

称为**函数矩阵**，其中所有元素 $a_{ij}(x)(i=1,2,\cdots,m;\ j=1,2,\cdots,n)$ 都是定义在区间 $[a,b]$ 上的实函数. 当 $m=1$ 时，$\boldsymbol{A}(x)$ 是**函数行向量**，当 $n=1$ 时，$\boldsymbol{A}(x)$ 是**函数列向量**.

函数矩阵的加法、数乘、矩阵乘法、转置运算及运算性质与常数矩阵相同.

定义 6.4.2 设 $\boldsymbol{A}(x)=(a_{ij}(x))$ 为 n 阶函数矩阵，若存在 n 阶函数矩阵

$\boldsymbol{B}(x)=(b_{ij}(x))$使得对于任何 $x\in[a,b]$都有 $\boldsymbol{A}(x)\boldsymbol{B}(x)=\boldsymbol{B}(x)\boldsymbol{A}(x)=\boldsymbol{E}$,则称 $\boldsymbol{A}(x)$在$[a,b]$上可逆,$\boldsymbol{B}(x)$是 $\boldsymbol{A}(x)$的**逆矩阵**,记为 $\boldsymbol{A}^{-1}(x)$.

定理 6.4.1 n 阶矩阵 $\boldsymbol{A}(x)$在$[a,b]$上可逆的充要条件是$|\boldsymbol{A}(x)|$在$[a,b]$上处处不为零,且 $\boldsymbol{A}^{-1}(x)=\dfrac{\boldsymbol{A}^*(x)}{|\boldsymbol{A}(x)|}$,其中 $\boldsymbol{A}^*(x)$是 $\boldsymbol{A}(x)$的伴随矩阵,即

$$\boldsymbol{A}^*(x)=\begin{bmatrix}\boldsymbol{A}_{11}(x) & \boldsymbol{A}_{21}(x) & \cdots & \boldsymbol{A}_{n1}(x)\\ \boldsymbol{A}_{12}(x) & \boldsymbol{A}_{22}(x) & \cdots & \boldsymbol{A}_{n2}(x)\\ \vdots & \vdots & \ddots & \vdots\\ \boldsymbol{A}_{1n}(x) & \boldsymbol{A}_{2n}(x) & \cdots & \boldsymbol{A}_{nn}(x)\end{bmatrix},$$

式中的 $\boldsymbol{A}_{ij}(x)$是 $\boldsymbol{A}(x)$中元素 $a_{ij}(x)$的代数余子式.

例如,函数矩阵 $\boldsymbol{A}(x)=\begin{bmatrix}x & 1\\ 1 & x\end{bmatrix}$在$[2,3]$上的逆矩阵为 $\boldsymbol{A}^{-1}(x)=\dfrac{1}{x^2-1}\begin{bmatrix}x & -1\\ -1 & x\end{bmatrix}$,在$[0,2]$上 $\boldsymbol{A}(x)$不可逆,这是因为在 $x=1$ 时,$|\boldsymbol{A}(x)|=0$.

6.4.2 函数矩阵的极限

定义 6.4.3 若 $\boldsymbol{A}(x)=(a_{ij}(x))_{m\times n}$ 的所有元素 $a_{ij}(x)$在 $x=x_0$ 处有极限,即

$$\lim_{x\to x_0} a_{ij}(x)=a_{ij}\quad (i=1,2,\cdots,m;\ j=1,2,\cdots,n),$$

其中 a_{ij} 为固定常数,则称 $\boldsymbol{A}(x)$在 $x=x_0$ 处有极限,并记为 $\lim\limits_{x\to x_0}\boldsymbol{A}(x)=\boldsymbol{A}$,其中

$$\boldsymbol{A}=\begin{bmatrix}a_{11} & a_{12} & \cdots & a_{1n}\\ a_{21} & a_{22} & \cdots & a_{2n}\\ \vdots & \vdots & \ddots & \vdots\\ a_{m1} & a_{m2} & \cdots & a_{mn}\end{bmatrix}.$$

若 $\boldsymbol{A}(x)$的所有元素 $a_{ij}(x)$在 $x=x_0$ 处连续,即

$$\lim_{x\to x_0} a_{ij}(x)=a_{ij}(x_0)\quad (i=1,2,\cdots,m;\ j=1,2,\cdots,n),$$

则称 $\boldsymbol{A}(x)$在 $x=x_0$ 处连续,并记为 $\lim\limits_{x\to x_0}\boldsymbol{A}(x)=\boldsymbol{A}(x_0)$,其中

$$A(x_0)=\begin{bmatrix} a_{11}(x_0) & a_{12}(x_0) & \cdots & a_{1n}(x_0) \\ a_{21}(x_0) & a_{22}(x_0) & \cdots & a_{2n}(x_0) \\ \vdots & \vdots & \ddots & \vdots \\ a_{m1}(x_0) & a_{m2}(x_0) & \cdots & a_{mn}(x_0) \end{bmatrix}$$

容易验证如下性质：

设 $\lim\limits_{x\to x_0}\boldsymbol{A}(x)=\boldsymbol{A}$，$\lim\limits_{x\to x_0}\boldsymbol{B}(x)=\boldsymbol{B}$，则

(1) $\lim\limits_{x\to x_0}(\boldsymbol{A}(x)\pm\boldsymbol{B}(x))=\boldsymbol{A}\pm\boldsymbol{B}$；

(2) $\lim\limits_{x\to x_0}(k\boldsymbol{A}(x))=k\boldsymbol{A}$；

(3) 当 $\boldsymbol{A}(x)$ 与 $\boldsymbol{B}(x)$ 可乘时，$\lim\limits_{x\to x_0}(\boldsymbol{A}(x)\boldsymbol{B}(x))=\boldsymbol{AB}$.

6.4.3 函数矩阵的导数

定义 6.4.4 若 $\boldsymbol{A}(x)=(a_{ij}(x))_{m\times n}$ 的所有元素 $a_{ij}(x)(i=1,2,\cdots,m;\ j=1,2,\cdots,n)$ 在点 $x=x_0$ 处可导，则称函数矩阵 $\boldsymbol{A}(x)$ 在点 $x=x_0$ 处可导，并记为

$$\boldsymbol{A}'(x_0)=\left.\frac{\mathrm{d}\boldsymbol{A}(x)}{\mathrm{d}x}\right|_{x=x_0}=\lim_{\Delta x\to 0}\frac{\boldsymbol{A}(x_0+\Delta x)-\boldsymbol{A}(x_0)}{\Delta x}$$

$$=\begin{bmatrix} a'_{11}(x_0) & a'_{12}(x_0) & \cdots & a'_{1n}(x_0) \\ a'_{21}(x_0) & a'_{22}(x_0) & \cdots & a'_{2n}(x_0) \\ \vdots & \vdots & \ddots & \vdots \\ a'_{m1}(x_0) & a'_{m2}(x_0) & \cdots & a'_{mn}(x_0) \end{bmatrix}.$$

函数矩阵的导数运算具有如下性质：

(1) $\boldsymbol{A}(x)$ 是常数矩阵的充要条件是 $\frac{\mathrm{d}\boldsymbol{A}(x)}{\mathrm{d}x}=\boldsymbol{0}$.

(2) 设 $\boldsymbol{A}(x)=(a_{ij}(x))_{m\times n}$，$\boldsymbol{B}(x)=(b_{ij}(x))_{m\times n}$ 均可导，则

$$\frac{\mathrm{d}}{\mathrm{d}x}[\boldsymbol{A}(x)+\boldsymbol{B}(x)]=\frac{\mathrm{d}\boldsymbol{A}(x)}{\mathrm{d}x}+\frac{\mathrm{d}\boldsymbol{B}(x)}{\mathrm{d}x}.$$

(3) 设 $k(x)$ 是 x 的标量函数，$\boldsymbol{A}(x)$ 是函数矩阵，$k(x)$ 与 $\boldsymbol{A}(x)$ 均可导，则

$$\frac{\mathrm{d}}{\mathrm{d}x}[k(x)\boldsymbol{A}(x)]=\frac{\mathrm{d}k(x)}{\mathrm{d}x}\boldsymbol{A}(x)+k(x)\frac{\mathrm{d}\boldsymbol{A}(x)}{\mathrm{d}x}.$$

特别地，当 $k(x)$ 是常数 k 时，有

$$\frac{\mathrm{d}}{\mathrm{d}x}[k\boldsymbol{A}(x)]=k\frac{\mathrm{d}\boldsymbol{A}(x)}{\mathrm{d}x}.$$

(4) 设 $\boldsymbol{A}(x)$与 $\boldsymbol{B}(x)$均可导,且 $\boldsymbol{A}(x)$与 $\boldsymbol{B}(x)$是可乘的,则

$$\frac{\mathrm{d}}{\mathrm{d}x}[\boldsymbol{A}(x)\boldsymbol{B}(x)]=\frac{\mathrm{d}\boldsymbol{A}(x)}{\mathrm{d}x}\boldsymbol{B}(x)+\boldsymbol{A}(x)\frac{\mathrm{d}\boldsymbol{B}(x)}{\mathrm{d}x}.$$

因为矩阵乘法没有交换律,所以 $\frac{\mathrm{d}}{\mathrm{d}x}\boldsymbol{A}^2(x)\neq 2\boldsymbol{A}(x)\frac{\mathrm{d}\boldsymbol{A}(x)}{\mathrm{d}x}$, $\frac{\mathrm{d}}{\mathrm{d}x}\boldsymbol{A}^3(x)\neq 3\boldsymbol{A}^2(x)\frac{\mathrm{d}\boldsymbol{A}(x)}{\mathrm{d}x}$.

(5) 若 $\boldsymbol{A}(x)$与 $\boldsymbol{A}^{-1}(x)$都可导,则

$$\frac{\mathrm{d}\boldsymbol{A}^{-1}(x)}{\mathrm{d}x}=-\boldsymbol{A}^{-1}(x)\frac{\mathrm{d}\boldsymbol{A}(x)}{\mathrm{d}x}\boldsymbol{A}^{-1}(x).$$

证:因为 $\boldsymbol{A}^{-1}(x)\boldsymbol{A}(x)=\boldsymbol{E}$,所以

$$\frac{\mathrm{d}}{\mathrm{d}x}[\boldsymbol{A}^{-1}(x)\boldsymbol{A}(x)]=\frac{\mathrm{d}\boldsymbol{A}^{-1}(x)}{\mathrm{d}x}\boldsymbol{A}(x)+\boldsymbol{A}^{-1}(x)\frac{\mathrm{d}\boldsymbol{A}(x)}{\mathrm{d}x}=\frac{\mathrm{d}\boldsymbol{E}}{\mathrm{d}x}=\boldsymbol{0},$$

于是

$$\frac{\mathrm{d}\boldsymbol{A}^{-1}(x)}{\mathrm{d}x}=-\boldsymbol{A}^{-1}(x)\frac{\mathrm{d}\boldsymbol{A}(x)}{\mathrm{d}x}\boldsymbol{A}^{-1}(x).$$

(6) 设 $\boldsymbol{A}(x)$为函数矩阵,$x=f(t)$是 t 的标量函数,$\boldsymbol{A}(x)$与 $f(t)$均可导,则

$$\frac{\mathrm{d}}{\mathrm{d}t}(\boldsymbol{A}(x))=\frac{\mathrm{d}\boldsymbol{A}(x)}{\mathrm{d}x}f'(t)=f'(t)\frac{\mathrm{d}\boldsymbol{A}(x)}{\mathrm{d}x}.$$

函数矩阵的导数也是一个函数矩阵,它可以再求导,因此就有函数矩阵的高阶导数.

例 6.4.1 已知 $\boldsymbol{A}(x)=\frac{1}{x^2-1}\begin{bmatrix}x^2 & -1\\ 1 & x\end{bmatrix}$,试计算$\frac{\mathrm{d}\boldsymbol{A}(x)}{\mathrm{d}x}$.

解:由性质(3)有

$$\begin{aligned}&\frac{\mathrm{d}}{\mathrm{d}x}\left\{\frac{1}{x^2-1}\begin{bmatrix}x^2 & -1\\ 1 & x\end{bmatrix}\right\}\\&=\frac{\mathrm{d}}{\mathrm{d}x}\left(\frac{1}{x^2-1}\right)\cdot\begin{bmatrix}x^2 & -1\\ 1 & x\end{bmatrix}+\frac{1}{x^2-1}\frac{\mathrm{d}}{\mathrm{d}x}\begin{bmatrix}x^2 & -1\\ 1 & x\end{bmatrix}\\&=-\frac{2x}{(x^2-1)^2}\begin{bmatrix}x^2 & -1\\ 1 & x\end{bmatrix}+\frac{1}{x^2-1}\begin{bmatrix}2x & 0\\ 0 & 1\end{bmatrix}\end{aligned}$$

$$=\frac{1}{(x^2-1)^2}\begin{bmatrix}-2x & 2x\\ -2x & -x^2-1\end{bmatrix}.$$

6.4.4 函数矩阵的积分

定义 6.4.5 若函数矩阵 $\boldsymbol{A}(x)=(a_{ij}(x))_{m\times n}$ 的所有元素 $a_{ij}(x)(i=1,2,\cdots,m;\ j=1,2,\cdots,n)$ 都在 $[a,b]$ 上可积，则称 $\boldsymbol{A}(x)$ 在 $[a,b]$ 上可积，且

$$\int_a^b \boldsymbol{A}(x)\mathrm{d}x=\begin{bmatrix}\int_a^b a_{11}(x)\mathrm{d}x & \int_a^b a_{12}(x)\mathrm{d}x & \cdots & \int_a^b a_{1n}(x)\mathrm{d}x\\ \int_a^b a_{21}(x)\mathrm{d}x & \int_a^b a_{22}(x)\mathrm{d}x & \cdots & \int_a^b a_{2n}(x)\mathrm{d}x\\ \vdots & \vdots & \ddots & \vdots\\ \int_a^b a_{m1}(x)\mathrm{d}x & \int_a^b a_{m2}(x)\mathrm{d}x & \cdots & \int_a^b a_{mn}(x)\mathrm{d}x\end{bmatrix}.$$

函数矩阵的定积分有如下性质：

(1) $\int_a^b k\boldsymbol{A}(x)\mathrm{d}x=k\int_a^b \boldsymbol{A}(x)\mathrm{d}x,k\in\mathbb{R}$.

(2) $\int_a^b [\boldsymbol{A}(x)+\boldsymbol{B}(x)]\mathrm{d}x=\int_a^b \boldsymbol{A}(x)\mathrm{d}x+\int_a^b \boldsymbol{B}(x)\mathrm{d}x$.

例 6.4.2 已知 $\boldsymbol{A}=\begin{bmatrix}\sin x & -\cos x\\ \cos x & \sin x\end{bmatrix}$，求 $\int_0^x \boldsymbol{A}(x)\mathrm{d}x$.

解：
$$\int_0^x \boldsymbol{A}(x)\mathrm{d}x=\begin{bmatrix}\int_0^x \sin x\,\mathrm{d}x & \int_0^x(-\cos x)\mathrm{d}x\\ \int_0^x \cos x\,\mathrm{d}x & \int_0^x \sin x\,\mathrm{d}x\end{bmatrix}$$
$$=\begin{bmatrix}1-\cos x & -\sin x\\ \sin x & 1-\cos x\end{bmatrix}.$$

6.5 应用实例

6.5.1 矩阵范数的应用

设矩阵 $\boldsymbol{A}\in\mathbb{C}^{n\times n}$，可以根据其矩阵范数大小判断 $\boldsymbol{E}-\boldsymbol{A}$ 是否为非奇异矩阵.

定理 6.5.1 设矩阵 $\boldsymbol{A}\in\mathbb{C}^{n\times n}$，且对 $\mathbb{C}^{n\times n}$ 上的某种矩阵范数 $\|\cdot\|$ 有 $\|\boldsymbol{A}\|<$

1,则 $\boldsymbol{E}-\boldsymbol{A}$ 非奇异,且

$$\|(\boldsymbol{E}-\boldsymbol{A})^{-1}\| \leqslant \frac{\|\boldsymbol{E}\|}{1-\|\boldsymbol{A}\|}.$$

证:设矩阵范数 $\|\boldsymbol{A}\|$ 与向量范数 $\|\boldsymbol{x}\|_V$ 相容,如果 $\boldsymbol{E}-\boldsymbol{A}$ 奇异,即 $|\boldsymbol{E}-\boldsymbol{A}|=0$,则齐次线性方程组 $(\boldsymbol{E}-\boldsymbol{A})\boldsymbol{x}=\boldsymbol{0}$ 有非零解 $\boldsymbol{x}_0$,即有 $(\boldsymbol{E}-\boldsymbol{A})\boldsymbol{x}_0=\boldsymbol{0}$,又 $\|\boldsymbol{A}\|<1$,从而 $\|\boldsymbol{x}_0\|_V=\|\boldsymbol{A}\boldsymbol{x}_0\|_V\leqslant\|\boldsymbol{A}\|\ \|\boldsymbol{x}_0\|_V<\|\boldsymbol{x}_0\|_V$,矛盾,故 $|\boldsymbol{E}-\boldsymbol{A}|\neq 0$,即 $\boldsymbol{E}-\boldsymbol{A}$ 非奇异.

再由 $(\boldsymbol{E}-\boldsymbol{A})^{-1}(\boldsymbol{E}-\boldsymbol{A})=\boldsymbol{E}$,$(\boldsymbol{E}-\boldsymbol{A})^{-1}=\boldsymbol{E}+(\boldsymbol{E}-\boldsymbol{A})^{-1}\boldsymbol{A}$,因此由范数的三角不等式有

$$\|(\boldsymbol{E}-\boldsymbol{A})^{-1}\| \leqslant \|\boldsymbol{E}\| + \|(\boldsymbol{E}-\boldsymbol{A})^{-1}\boldsymbol{A}\|$$

再由相容性,有

$$\|(\boldsymbol{E}-\boldsymbol{A})^{-1}\| \leqslant \|\boldsymbol{E}\| + \|(\boldsymbol{E}-\boldsymbol{A})^{-1}\|\ \|\boldsymbol{A}\|$$

整理得

$$\|(\boldsymbol{E}-\boldsymbol{A})^{-1}\| \leqslant \frac{\|\boldsymbol{E}\|}{1-\|\boldsymbol{A}\|}.$$ ■

定理 6.5.2 设矩阵 $\boldsymbol{A}\in\mathbb{C}^{n\times n}$,且对 $\mathbb{C}^{n\times n}$ 上的某种矩阵范数 $\|\cdot\|$ 有 $\|\boldsymbol{A}\|<1$,则

$$\|\boldsymbol{E}-(\boldsymbol{E}-\boldsymbol{A})^{-1}\| \leqslant \frac{\|\boldsymbol{A}\|}{1-\|\boldsymbol{A}\|}.$$

证:因为 $\|\boldsymbol{A}\|<1$,所以 $\boldsymbol{E}-\boldsymbol{A}$ 非奇异,又 $(\boldsymbol{E}-\boldsymbol{A})-\boldsymbol{E}=-\boldsymbol{A}$,两边同时右乘以 $(\boldsymbol{E}-\boldsymbol{A})^{-1}$,可得

$$\boldsymbol{E}-(\boldsymbol{E}-\boldsymbol{A})^{-1}=-\boldsymbol{A}(\boldsymbol{E}-\boldsymbol{A})^{-1}$$

再左乘以 $\boldsymbol{A}$ 并整理得

$$\boldsymbol{A}(\boldsymbol{E}-\boldsymbol{A})^{-1}=\boldsymbol{A}+\boldsymbol{A}[\boldsymbol{A}(\boldsymbol{E}-\boldsymbol{A})^{-1}]$$

取范数得

$$\|\boldsymbol{A}(\boldsymbol{E}-\boldsymbol{A})^{-1}\| \leqslant \|\boldsymbol{A}\| + \|\boldsymbol{A}\|\ \|\boldsymbol{A}(\boldsymbol{E}-\boldsymbol{A})^{-1}\|$$

故

$$\|\boldsymbol{A}(\boldsymbol{E}-\boldsymbol{A})^{-1}\| \leqslant \frac{\|\boldsymbol{A}\|}{1-\|\boldsymbol{A}\|},$$

从而

$$\|\boldsymbol{E}-(\boldsymbol{E}-\boldsymbol{A})^{-1}\| = \|-\boldsymbol{A}(\boldsymbol{E}-\boldsymbol{A})^{-1}\| = \|\boldsymbol{A}(\boldsymbol{E}-\boldsymbol{A})^{-1}\| \leqslant \frac{\|\boldsymbol{A}\|}{1-\|\boldsymbol{A}\|}.$$ ■

6.5.2 矩阵函数的应用

本小节介绍矩阵函数在一阶线性常系数微分方程组求解中的应用.

1. 一阶线性常系数齐次微分方程组求解

设有一阶线性常系数齐次微分方程组

$$\begin{cases} \dfrac{\mathrm{d}x_1}{\mathrm{d}t}=a_{11}x_1+a_{12}x_2+\cdots+a_{1n}x_n \\ \dfrac{\mathrm{d}x_2}{\mathrm{d}t}=a_{21}x_1+a_{22}x_2+\cdots+a_{2n}x_n \\ \vdots \\ \dfrac{\mathrm{d}x_n}{\mathrm{d}t}=a_{n1}x_1+a_{n2}x_2+\cdots+a_{nn}x_n \end{cases} \tag{6.5.1}$$

其中未知函数 $x_i=x_i(t)$是自变量 t 的函数,常系数 $a_{ij}\in\mathbb{C}$.

令 $\boldsymbol{A}=\begin{bmatrix} a_{11} & a_{12} & \cdots & a_{1n} \\ a_{21} & a_{22} & \cdots & a_{2n} \\ \vdots & \vdots & \ddots & \vdots \\ a_{n1} & a_{n2} & \cdots & a_{nn} \end{bmatrix}$,$X(t)=\begin{bmatrix} x_1(t) \\ x_2(t) \\ \vdots \\ x_n(t) \end{bmatrix}$,则方程组(6.5.1)就可以写为

$$\frac{\mathrm{d}X(t)}{\mathrm{d}t}=\boldsymbol{A}X(t) \tag{6.5.2}$$

下面讨论具有初始条件 $X(t)|_{t=0}=X(0)=(x_1(0),x_2(0),\cdots,x_n(0))^{\mathrm{T}}$ 的定解问题.

定理 6.5.3 满足初始条件 $X(t)|_{t=0}=X(0)=(x_1(0),x_2(0),\cdots,x_n(0))^{\mathrm{T}}$ 的一阶线性常系数齐次微分方程组$\dfrac{\mathrm{d}X(t)}{\mathrm{d}t}=\boldsymbol{A}X(t)$有唯一解 $X(t)=\mathrm{e}^{\boldsymbol{A}t}X(0)$,其中 $X(t)$是 t 的可微函数.

证:(1) 先证 $X(t)=\mathrm{e}^{\boldsymbol{A}t}X(0)$是所给齐次微分方程组的解. 将其代入式(6.5.2)左端,有

$$\frac{\mathrm{d}X(t)}{\mathrm{d}t}=\frac{\mathrm{d}}{\mathrm{d}t}(\mathrm{e}^{\boldsymbol{A}t}X(0))=\frac{\mathrm{d}(\mathrm{e}^{\boldsymbol{A}t})}{\mathrm{d}t}X(0)+\mathrm{e}^{\boldsymbol{A}t}\ \frac{\mathrm{d}X(0)}{\mathrm{d}t}=\boldsymbol{A}\mathrm{e}^{\boldsymbol{A}t}X(0)=\boldsymbol{A}X(t).$$

且当 $t=0$ 时 $X(0)=\mathrm{e}^{\boldsymbol{A}0}X(0)=\boldsymbol{E}X(0)=X(0)$,因此 $X=\mathrm{e}^{\boldsymbol{A}t}X(0)$是齐次微分方

程组$\frac{\mathrm{d}X(t)}{\mathrm{d}t}=\boldsymbol{A}X(t)$满足初始条件的解.

(2) 再证满足初始条件的任意解均具有形式 $X(t)=\mathrm{e}^{\boldsymbol{A}t}X(0)$.

设 $X(t)=\begin{bmatrix} x_1(t) \\ x_2(t) \\ \vdots \\ x_n(t) \end{bmatrix}$是该方程组的解，将 $x_i(t)$在 $t=0$ 点展开成幂级数

$$x_i(t)=x_i(0)+x'_i(0)t+\frac{1}{2!}x''_i(0)t^2+\cdots,\quad i=1,2,\cdots,n$$

则

$$X(t)=X(0)+X'(0)t+\frac{1}{2!}X''(0)t^2+\cdots,$$

$$\text{其中 } X(0)=\begin{bmatrix} x_1(0) \\ x_2(0) \\ \vdots \\ x_n(0) \end{bmatrix},\quad X'(0)=\begin{bmatrix} x'_1(0) \\ x'_2(0) \\ \vdots \\ x'_n(0) \end{bmatrix},\cdots.$$

将$\frac{\mathrm{d}X(t)}{\mathrm{d}t}=\boldsymbol{A}X(t)$逐次求导得

$$\frac{\mathrm{d}^2X}{\mathrm{d}t^2}=\boldsymbol{A}\frac{\mathrm{d}X}{\mathrm{d}t}=\boldsymbol{A}^2X$$

$$\frac{\mathrm{d}^3X}{\mathrm{d}t^3}=\frac{\mathrm{d}}{\mathrm{d}t}(\boldsymbol{A}^2X)=\boldsymbol{A}^2\frac{\mathrm{d}X}{\mathrm{d}t}=\boldsymbol{A}^3X$$

$$\cdots$$

于是 $X'(0)=\boldsymbol{A}X(0)$，$X''(0)=\boldsymbol{A}^2X(0)$，$X'''(0)=\boldsymbol{A}^3X(0)$，$\cdots$ ，代入 $X(t)$的展开式得

$$\begin{aligned} X(t)&=X(0)+X'(0)t+\frac{1}{2!}X''(0)t^2+\cdots \\ &=X(0)\left[\boldsymbol{E}+(\boldsymbol{A}t)+\frac{1}{2!}(\boldsymbol{A}t)^2+\cdots\right] \\ &=\mathrm{e}^{\boldsymbol{A}t}X(0) \end{aligned}$$

故在给定初始条件下，齐次微分方程组的解具有形式 $X(t)=\mathrm{e}^{\boldsymbol{A}t}X(0)$. ■

同理可证定解问题

$$\begin{cases}\dfrac{\mathrm{d}X(t)}{\mathrm{d}t}=\boldsymbol{A}X(t)\\ X(t)\,|_{t=t_0}=X(t_0)\end{cases}$$

的唯一解是 $X(t)=\mathrm{e}^{\boldsymbol{A}(t-t_0)}X(t_0)$，其中 $X(t)$ 是 t 的可微函数.

2. 一阶线性常系数非齐次微分方程组求解

设有一阶线性常系数非齐次微分方程组

$$\begin{cases}\dfrac{\mathrm{d}x_1}{\mathrm{d}t}=a_{11}x_1+a_{12}x_2+\cdots+a_{1n}x_n+f_1(t)\\ \dfrac{\mathrm{d}x_2}{\mathrm{d}t}=a_{21}x_1+a_{22}x_2+\cdots+a_{2n}x_n+f_2(t)\\ \qquad\vdots\\ \dfrac{\mathrm{d}x_n}{\mathrm{d}t}=a_{n1}x_1+a_{n2}x_2+\cdots+a_{nn}x_n+f_n(t)\end{cases}\tag{6.5.3}$$

其中未知函数 $x_i=x_i(t)$ 和已知函数 $f_i(t)$ 均是自变量 t 的函数，常系数 $a_{ij}\in\mathbb{C}$.

令 $\boldsymbol{A}=\begin{bmatrix}a_{11} & a_{12} & \cdots & a_{1n}\\ a_{21} & a_{22} & \cdots & a_{2n}\\ \vdots & \vdots & \ddots & \vdots\\ a_{n1} & a_{n2} & \cdots & a_{nn}\end{bmatrix}$，$X(t)=\begin{bmatrix}x_1(t)\\ x_2(t)\\ \vdots\\ x_n(t)\end{bmatrix}$，$f(t)=\begin{bmatrix}f_1(t)\\ f_2(t)\\ \vdots\\ f_n(t)\end{bmatrix}$，则

式(6.5.3)就可以写为

$$\frac{\mathrm{d}X(t)}{\mathrm{d}t}=\boldsymbol{A}X(t)+f(t)\tag{6.5.4}$$

定理 6.5.4 满足初始条件 $X(t)\,|_{t=t_0}=X(t_0)=(x_1(t_0),x_2(t_0),\cdots,x_n(t_0))^{\mathrm{T}}$ 的一阶线性常系数非齐次微分方程组 $\dfrac{\mathrm{d}X(t)}{\mathrm{d}t}=\boldsymbol{A}X(t)+f(t)$ 的解为

$$X(t)=\mathrm{e}^{\boldsymbol{A}(t-t_0)}X(t_0)+\int_{t_0}^{t}\mathrm{e}^{\boldsymbol{A}(t-\tau)}f(\tau)\mathrm{d}\tau,$$

其中 $X(t)$ 是 t 的可微函数.

证：由于

$$\begin{aligned}\frac{\mathrm{d}(\mathrm{e}^{-\boldsymbol{A}t}X(t))}{\mathrm{d}t}&=\mathrm{e}^{-\boldsymbol{A}t}(-\boldsymbol{A})X(t)+\mathrm{e}^{-\boldsymbol{A}t}X'(t)\\ &=\mathrm{e}^{-\boldsymbol{A}t}[X'(t)-\boldsymbol{A}X(t)]=\mathrm{e}^{-\boldsymbol{A}t}f(t)\end{aligned}$$

等式两端在$[t_0,t]$上积分得

$$e^{-\boldsymbol{A}t}X(t)-e^{-\boldsymbol{A}t}X(t_0)=\int_{t_0}^{t}e^{\boldsymbol{A}(t-\tau)}f(\tau)d\tau,$$

因此有

$$X(t)=e^{\boldsymbol{A}(t-t_0)}X(t_0)+\int_{t_0}^{t}e^{\boldsymbol{A}(t-\tau)}f(\tau)d\tau.$$ ■

本章小结

本章介绍了矩阵的微积分,包括向量和矩阵的范数、矩阵序列与极限、矩阵级数、矩阵函数的定义及计算、函数矩阵的微分与积分.

学习完本章内容后,应能达到如下基本要求:

(1) 掌握向量范数、矩阵范数的定义及性质. 对于向量范数,应掌握向量的1-范数、2-范数、∞-范数和p-范数的定义及性质;对于矩阵范数,应掌握矩阵的列和范数(1-范数)、谱范数(2-范数)、行和范数(∞-范数)、Frobenius-范数的定义及性质. 掌握导出范数的定义、矩阵范数与向量范数的相容性、矩阵谱半径的定义及性质.

(2) 掌握矩阵序列的定义、矩阵序列收敛的充要条件和性质、矩阵序列敛散性的判断方法.

(3) 掌握矩阵级数的定义、矩阵级数收敛和绝对收敛的定义、矩阵级数绝对收敛的充要条件、矩阵幂级数的定义、矩阵幂级数绝对收敛的充要条件.

(4) 掌握矩阵函数的幂级数定义、典型矩阵函数.

(5) 掌握函数矩阵的定义和基本运算,掌握函数矩阵的极限、函数矩阵对标量的导数、函数矩阵的积分.

习题 6

6-1 设$\boldsymbol{\alpha}\in\mathbb{C}^n$,试证明:$\frac{1}{n}\|\boldsymbol{\alpha}\|_1\leqslant\|\boldsymbol{\alpha}\|_\infty\leqslant\|\boldsymbol{\alpha}\|_2\leqslant\|\boldsymbol{\alpha}\|_1$.

6-2 设$a_1,a_2,\cdots,a_n\in\mathbb{R}^+$,$\boldsymbol{\alpha}=(x_1,x_2,\cdots,x_n)^{\mathrm{T}}\in\mathbb{R}^n$,证明 $\|\boldsymbol{\alpha}\|=\left(\sum_{i=1}^{n}a_i|x_i|^2\right)^{\frac{1}{2}}$是向量范数.

6-3　试证：对于 $\boldsymbol{A}=(a_{ij})\in\mathbb{C}^{m\times n}$，$\|\boldsymbol{A}\|=\sum_{i=1}^{m}\sum_{j=1}^{n}|a_{ij}|$ 是矩阵范数.

6-4　证明矩阵 $\boldsymbol{A}$ 的 Frobenius 范数满足矩阵范数定义的 4 个条件.

6-5　证明矩阵的 Frobenius 范数与向量的 2-范数相容.

6-6　对下列矩阵 $\boldsymbol{A}$，求 $\|\boldsymbol{A}\|_2$ 和 $\|\boldsymbol{A}\|_\infty$.

(1) $\boldsymbol{A}=\begin{bmatrix}3 & 2\\ -1 & 0\end{bmatrix}$　　(2) $\boldsymbol{A}=\begin{bmatrix}\mathrm{i} & 1+\mathrm{i}\\ -\mathrm{i} & 1-\mathrm{i}\end{bmatrix}$

6-7　设 $\boldsymbol{\alpha},\boldsymbol{\beta}\in\mathbb{C}^n$，$\boldsymbol{A},\boldsymbol{B}\in\mathbb{C}^{n\times n}$，试证：

(1) $\|\boldsymbol{\alpha}-\boldsymbol{\beta}\|\geqslant\|\boldsymbol{\alpha}\|-\|\boldsymbol{\beta}\|$.

(2) $\|\boldsymbol{A}-\boldsymbol{B}\|\geqslant\|\boldsymbol{A}\|-\|\boldsymbol{B}\|$.

6-8　设 $\boldsymbol{A}=(a_{ij})\in\mathbb{C}^{n\times n}$，试证：

(1) $\|\boldsymbol{A}\|=[\mathrm{tr}(\boldsymbol{A}^{\mathrm{H}}\boldsymbol{A})]^{\frac{1}{2}}$ 是矩阵范数.

(2) $\|\boldsymbol{A}\|=n\max\limits_{i,j}|a_{ij}|$ 是矩阵范数.

6-9　对 $\boldsymbol{\alpha}\in\mathbb{C}^n$，$\boldsymbol{A}\in\mathbb{C}^{n\times n}$，设 $\|\boldsymbol{A}\|$ 是导出范数，且 $\det\boldsymbol{A}\neq 0$，试证：

(1) $\|\boldsymbol{A}^{-1}\|\geqslant\|\boldsymbol{A}\|^{-1}$.

(2) $\|\boldsymbol{A}^{-1}\|^{-1}=\min\limits_{\boldsymbol{\alpha}\neq 0}\dfrac{\|\boldsymbol{A}\boldsymbol{\alpha}\|}{\|\boldsymbol{\alpha}\|}$.

6-10　设 $\boldsymbol{A}=\begin{bmatrix}0 & a & a\\ a & 0 & a\\ a & a & 0\end{bmatrix}$，求 a 为何值时有 $\lim\limits_{k\to\infty}\boldsymbol{A}^k=0$.

6-11　验证下列向量序列是否收敛，若收敛则试求其极限.

(1) $\boldsymbol{x}_k=\left(\dfrac{1}{k},\sin\left(\dfrac{1}{k}\right),\mathrm{e}^{-k}\right)^{\mathrm{T}}$；

(2) $\boldsymbol{x}_k=\left(\dfrac{\cos(k)}{k},\mathrm{e}^{1/k},1\right)^{\mathrm{T}}$；

(3) $\boldsymbol{x}_k=\left(k,0,\dfrac{k+1}{k-1},\sin(k)\right)^{\mathrm{T}}$.

6-12　考察矩阵序列 $\boldsymbol{A}_k=\begin{bmatrix}1 & \dfrac{1}{2^k}\\ 0 & \sum\limits_{i-1}^{k}\dfrac{1}{\mathrm{i}}\end{bmatrix}$ 的敛散性.

6-13 判断矩阵序列 $\boldsymbol{A}^k$ 的敛散性,其中 $\boldsymbol{A}=\begin{bmatrix}1 & 0 & 0\\ 0 & 0.9 & 1\\ 0 & 0 & 0.9\end{bmatrix}$.

6-14 判断矩阵序列 $\boldsymbol{A}^k$ 的敛散性,其中 $\boldsymbol{A}=\begin{bmatrix}\frac{2}{3} & 0 & -\frac{1}{3}\\ 0 & 1 & 0\\ -\frac{1}{6} & 0 & \frac{5}{6}\end{bmatrix}$.

6-15 讨论矩阵级数 $\sum\limits_{k=1}^{\infty}\boldsymbol{A}_k$ 的敛散性,其中

$$\boldsymbol{A}_k=\begin{bmatrix}\frac{1}{k(k+1)} & (-1)^{k-1}\frac{1}{k}\\ 0 & \frac{1}{2^k}\end{bmatrix}\quad (k=1,2,\cdots).$$

6-16 判断矩阵幂级数 $\sum\limits_{k=0}^{+\infty}\begin{bmatrix}0.1 & 0.7\\ 0.3 & 0.6\end{bmatrix}^k$ 的敛散性,若收敛,则试求其和.

6-17 判断矩阵幂级数 $\sum\limits_{k=0}^{+\infty}\frac{k}{6^k}\begin{bmatrix}1 & -8\\ -2 & 1\end{bmatrix}^k$ 的敛散性.

6-18 函数矩阵 $\boldsymbol{A}(x)=\begin{bmatrix}x+1 & 2x^2\\ 1 & 2(x-1)\end{bmatrix}$,试求:

(1) $\frac{\mathrm{d}}{\mathrm{d}x}\boldsymbol{A}(x)$　　(2) $\frac{\mathrm{d}}{\mathrm{d}x}\boldsymbol{A}^{-1}(x)$.

6-19 函数矩阵 $\boldsymbol{A}(x)=\begin{bmatrix}\mathrm{e}^{2x} & x^2\\ 3x & 0\end{bmatrix}$,试求:$\int_0^1\boldsymbol{A}(x)\mathrm{d}x$.

6-20 函数矩阵 $\boldsymbol{A}(x)=\begin{bmatrix}\mathrm{e}^{2x} & x\mathrm{e}^{x} & x^2\\ \mathrm{e}^{-x} & 2\mathrm{e}^{2x} & 0\\ 3x & 0 & 0\end{bmatrix}$,试求:

(1) $\int_0^1\boldsymbol{A}(x)\mathrm{d}x$　　(2) $\frac{\mathrm{d}}{\mathrm{d}x}\left[\int_0^{x^2}\boldsymbol{A}(t)\mathrm{d}t\right]$.

第7章

广义逆矩阵

本章的知识网络框图：

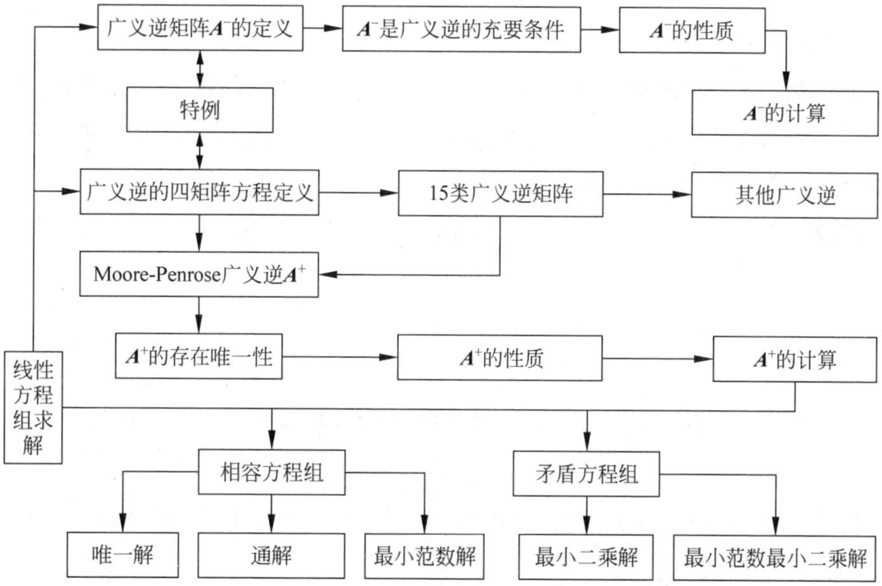

在线性方程组的求解问题中，一般通过系数矩阵的逆直接得到解的表达式.但是，实际问题中遇到的线性方程组的系数矩阵不一定是方阵，即使是方阵也不一定可逆，这就需要研究可否将逆矩阵的概念推广，使得在某种意义下可以求得其逆矩阵，并可将线性方程组的解用推广后的逆矩阵统一表示.

为推广逆矩阵的概念并使之应用于各类具体问题，出现了广义逆矩阵的概念.本章介绍广义逆矩阵的定义、性质及计算，着重介绍减号逆($\boldsymbol{A}^-$)和加号逆($\boldsymbol{A}^+$)，最后介绍广义逆矩阵在线性方程组求解中的应用.

7.1 广义逆矩阵的概念

7.1.1 广义逆矩阵的定义

若 $\boldsymbol{A}$ 为可逆方阵，则线性方程组 $\boldsymbol{Ax}=\boldsymbol{b}$ 有唯一解，其解为 $\boldsymbol{x}=\boldsymbol{A}^{-1}\boldsymbol{b}$. 若 $\boldsymbol{A}$ 不是可逆方阵，即 $\boldsymbol{A}\in\mathbb{C}^{m\times n}$，当 $\boldsymbol{x}\in\mathbb{C}^{n}$，$\boldsymbol{b}\in\mathbb{C}^{m}$ 且 $\boldsymbol{b}\in R(\boldsymbol{A})$ 时，线性方程组 $\boldsymbol{Ax}=\boldsymbol{b}$ 有解，这时能否用某个矩阵 $\boldsymbol{G}\in\mathbb{C}^{n\times m}$ 将线性方程组 $\boldsymbol{Ax}=\boldsymbol{b}$ 的解统一表示成 $\boldsymbol{x}=\boldsymbol{Gb}$ 的形式？

由于线性方程组的求解存在这种实际需求，即对任意一个矩阵 $\boldsymbol{A}\in\mathbb{C}^{m\times n}$，希望能在某种意义下求得其逆矩阵 $\boldsymbol{G}\in\mathbb{C}^{n\times m}$，这就需要将逆矩阵的概念进行推广，提出广义逆矩阵的概念.

定义 7.1.1 设线性方程组为 $\boldsymbol{Ax}=\boldsymbol{b}$，其中系数矩阵 $\boldsymbol{A}\in\mathbb{C}^{m\times n}$，未知向量 $\boldsymbol{x}\in\mathbb{C}^{n}$，列向量 $\boldsymbol{b}\in\mathbb{C}^{m}$ 已知，对于任意 $\boldsymbol{b}\in R(\boldsymbol{A})$，若存在 $\boldsymbol{A}^{-}\in\mathbb{C}^{n\times m}$，使得解 $\boldsymbol{x}=\boldsymbol{A}^{-}\boldsymbol{b}$ 成立，就称 $\boldsymbol{A}^{-}$ 是 $\boldsymbol{A}$ 的**广义逆矩阵**.

定理 7.1.1 对于矩阵 $\boldsymbol{A}\in\mathbb{C}^{m\times n}$，矩阵 $\boldsymbol{A}^{-}\in\mathbb{C}^{n\times m}$ 是 $\boldsymbol{A}$ 的广义逆矩阵的充要条件是

$$\boldsymbol{AA}^{-}\boldsymbol{A}=\boldsymbol{A} \tag{7.1.1}$$

证：① 必要性　设线性方程组为 $\boldsymbol{Ax}=\boldsymbol{b}$，其中，$\boldsymbol{A}\in\mathbb{C}^{m\times n}$，$\boldsymbol{x}\in\mathbb{C}^{n}$，$\boldsymbol{b}\in\mathbb{C}^{m}$，若 $\boldsymbol{A}^{-}\in\mathbb{C}^{n\times m}$ 是 $\boldsymbol{A}$ 的广义逆矩阵，则当 $\boldsymbol{b}\in R(\boldsymbol{A})$ 时，有 $\boldsymbol{x}=\boldsymbol{A}^{-}\boldsymbol{b}$，也即有

$$\boldsymbol{AA}^{-}\boldsymbol{b}=\boldsymbol{b}$$

设 $\boldsymbol{A}=(\boldsymbol{a}_1,\boldsymbol{a}_2,\cdots,\boldsymbol{a}_n)$，取 $\boldsymbol{b}=\boldsymbol{a}_i\ (i=1,2,\cdots,n)$，显然有 $\boldsymbol{b}=\boldsymbol{a}_i\in R(\boldsymbol{A})$，于是有

$$\begin{gathered}\boldsymbol{AA}^{-}\boldsymbol{a}_1=\boldsymbol{a}_1\\ \boldsymbol{AA}^{-}\boldsymbol{a}_2=\boldsymbol{a}_2\\ \vdots\\ \boldsymbol{AA}^{-}\boldsymbol{a}_n=\boldsymbol{a}_n\end{gathered}$$

等价地，有 $\boldsymbol{AA}^{-}\boldsymbol{A}=\boldsymbol{A}$.

② 充分性　若 $\boldsymbol{x}\in\mathbb{C}^{n}$ 是 $\boldsymbol{Ax}=\boldsymbol{b}$ 的解，且存在 $\boldsymbol{A}^{-}\in\mathbb{C}^{n\times m}$ 使

$$AA^{-}A=A,$$

将 x 右乘上式两端，得 $AA^{-}Ax=Ax$，即 $AA^{-}b=b$，这意味着 $x=A^{-}b$ 是 $Ax=b$ 的解，即 $A^{-}\in\mathbb{C}^{n\times m}$ 是 A 的广义逆矩阵. ■

当矩阵 A 的常义逆矩阵 A^{-1} 存在时，显然 A^{-1} 满足式(7.1.1)，所以广义逆矩阵 A^{-} 是常义逆矩阵 A^{-1} 的推广.

推论 $\operatorname{rank}A\leqslant\operatorname{rank}A^{-}$.

证：$\operatorname{rank}A=\operatorname{rank}(AA^{-}A)\leqslant\operatorname{rank}(AA^{-})\leqslant\operatorname{rank}A^{-}$. ■

根据定理 7.1.1，也可将式(7.1.1)作为广义逆矩阵 A^{-} 的定义式，按定义 7.1.1 或式(7.1.1)定义的广义逆也称为 A 的**减号逆**.

7.1.2 减号逆的性质

以下通过几个定理给出减号逆 A^{-} 的性质.

定理 7.1.2 设 $A\in\mathbb{C}^{m\times n}$，若 A^{-} 为 A 的减号逆，则 $(A^{\mathrm{T}})^{-}=(A^{-})^{\mathrm{T}}$，$(A^{\mathrm{H}})^{-}=(A^{-})^{\mathrm{H}}$.

证：已知 A^{-} 为 A 的减号逆，则由 $AA^{-}A=A$ 得 $(AA^{-}A)^{\mathrm{T}}=A^{\mathrm{T}}$，即

$$A^{\mathrm{T}}(A^{-})^{\mathrm{T}}A^{\mathrm{T}}=A^{\mathrm{T}},$$

可见 $(A^{-})^{\mathrm{T}}$ 为 A^{T} 的减号逆.

同理可证 $(A^{-})^{\mathrm{H}}$ 为 A^{H} 的减号逆，即 $(A^{\mathrm{H}})^{-}=(A^{-})^{\mathrm{H}}$. ■

定理 7.1.3 若 $A\in\mathbb{C}_n^{n\times n}$ 且存在逆矩阵 A^{-1}，则 $A^{-}=A^{-1}$，且 A^{-} 唯一.

证：因为 $A^{-1}=A^{-1}AA^{-1}=A^{-1}(AA^{-}A)A^{-1}=A^{-}$. ■

定理 7.1.4 若 $\lambda\in\mathbb{R}$，$A\in\mathbb{C}^{m\times n}$ 且 A^{-} 为 A 的减号逆，则 $(\lambda A)^{-}=\mu A^{-}$，其中

$$\mu=\begin{cases}\dfrac{1}{\lambda}, & \lambda\neq 0\\ 0, & \lambda=0\end{cases}.$$

证：当 $\lambda=0$ 时，公式显然成立. 当 $\lambda\neq 0$ 时，有

$$(\lambda A)(\mu A^{-})(\lambda A)=(\lambda A)\left(\frac{1}{\lambda}A^{-}\right)(\lambda A)=\lambda AA^{-}A=\lambda A,$$

故 $(\lambda A)^{-}=\mu A^{-}$. ■

定理 7.1.5 若矩阵 $A,B\in\mathbb{C}^{m\times n}$，$P\in\mathbb{C}_m^{m\times m}$，$Q\in\mathbb{C}_n^{n\times n}$，且 $B=PAQ$，若 A 的减号逆为 A^{-}，则 B 的减号逆为 $B^{-}=Q^{-1}A^{-}P^{-1}$.

证：因为

$$(\boldsymbol{PAQ})(\boldsymbol{Q}^{-1}\boldsymbol{A}^{-}\boldsymbol{P}^{-1})(\boldsymbol{PAQ})=\boldsymbol{PAA}^{-}\boldsymbol{AQ}=\boldsymbol{PAQ},$$

所以$(\boldsymbol{PAQ})^{-}=\boldsymbol{B}^{-}=\boldsymbol{Q}^{-1}\boldsymbol{A}^{-}\boldsymbol{P}^{-1}$. ■

定理 7.1.5 表明：若已知等价变换前的矩阵的减号逆，则可以求出等价变换后的矩阵的减号逆.

定理 7.1.6 若矩阵 $\boldsymbol{A},\boldsymbol{B}\in\mathbb{C}^{m\times n}$，$\boldsymbol{P}\in\mathbb{C}_m^{m\times m}$，$\boldsymbol{Q}\in\mathbb{C}_n^{n\times n}$，且 $\boldsymbol{B}=\boldsymbol{PAQ}$，若 $\boldsymbol{B}$ 的减号逆为 $\boldsymbol{B}^{-}$，则 $\boldsymbol{A}$ 的减号逆为 $\boldsymbol{A}^{-}=\boldsymbol{QB}^{-}\boldsymbol{P}$.

证：由于 $\boldsymbol{B}$ 的减号逆为 $\boldsymbol{B}^{-}$，故

$$\boldsymbol{BB}^{-}\boldsymbol{B}=\boldsymbol{B},$$

即

$$(\boldsymbol{PAQ})\boldsymbol{B}^{-}(\boldsymbol{PAQ})=\boldsymbol{PAQ}.$$

因为 $\boldsymbol{P}$ 和 $\boldsymbol{Q}$ 都是满秩方阵，所以

$$\boldsymbol{A}(\boldsymbol{QB}^{-}\boldsymbol{P})\boldsymbol{A}=\boldsymbol{A},$$

因此有

$$\boldsymbol{A}^{-}=\boldsymbol{QB}^{-}\boldsymbol{P}.$$ ■

定理 7.1.6 表明：若已知等价变换后的矩阵的减号逆，则可以求出等价变换前的矩阵的减号逆.

7.1.3 减号逆的计算

由线性代数知识，对于任意一个 $\boldsymbol{A}\in\mathbb{C}_r^{m\times n}$，总存在 $\boldsymbol{P}\in\mathbb{C}_m^{m\times m}$，$\boldsymbol{Q}\in\mathbb{C}_n^{n\times n}$，使得

$$\boldsymbol{PAQ}=\begin{bmatrix}\boldsymbol{E}_r & \boldsymbol{0}\\ \boldsymbol{0} & \boldsymbol{0}\end{bmatrix}. \tag{7.1.2}$$

其中，$\boldsymbol{P}$ 和 $\boldsymbol{Q}$ 都不唯一. 式(7.1.2)等号右边的矩阵是矩阵 $\boldsymbol{A}$ 的等价标准形. 下述定理揭示：任意矩阵的减号逆都可以利用其等价标准形的减号逆来求解.

定理 7.1.7 若 $\boldsymbol{B}=\begin{bmatrix}\boldsymbol{E}_r & \boldsymbol{0}\\ \boldsymbol{0} & \boldsymbol{0}\end{bmatrix}_{m\times n}$，则 $\boldsymbol{B}^{-}=\begin{bmatrix}\boldsymbol{E}_r & *\\ * & *\end{bmatrix}_{n\times m}$，其中 $*$ 是任意矩阵.

证：因为对 $\begin{bmatrix}\boldsymbol{E}_r & *\\ * & *\end{bmatrix}_{n\times m}$，有

$$\begin{bmatrix} E_r & 0 \\ 0 & 0 \end{bmatrix}_{m\times n} \begin{bmatrix} E_r & * \\ * & * \end{bmatrix}_{n\times m} \begin{bmatrix} E_r & 0 \\ 0 & 0 \end{bmatrix}_{m\times n} = \begin{bmatrix} E_r & 0 \\ 0 & 0 \end{bmatrix}_{m\times n},$$

所以

$$B^{-} = \begin{bmatrix} E_r & * \\ * & * \end{bmatrix}_{n\times m}.$$ ■

定理 7.1.7 表明：标准形 $\begin{bmatrix} E_r & 0 \\ 0 & 0 \end{bmatrix}_{m\times n}$ 的减号逆存在且不唯一.

定理 7.1.8 若矩阵 $A \in \mathbb{C}^{m\times n}$，且存在 $P \in \mathbb{C}_m^{m\times m}$，$Q \in \mathbb{C}_n^{n\times n}$，使得

$$PAQ = \begin{bmatrix} E_r & 0 \\ 0 & 0 \end{bmatrix}_{m\times n},$$

则

$$A^{-} = Q \begin{bmatrix} E_r & * \\ * & * \end{bmatrix}_{n\times m} P,$$

其中，* 是任意矩阵.

证：由定理 7.1.6 知

$$A^{-} = Q \begin{bmatrix} E_r & 0 \\ 0 & 0 \end{bmatrix}_{m\times n}^{-} P,$$

又由定理 7.1.7 知

$$\begin{bmatrix} E_r & 0 \\ 0 & 0 \end{bmatrix}_{m\times n}^{-} = \begin{bmatrix} E_r & * \\ * & * \end{bmatrix}_{n\times m},$$

其中，* 是任意矩阵.

所以有

$$A^{-} = Q \begin{bmatrix} E_r & * \\ * & * \end{bmatrix}_{n\times m} P.$$ ■

例 7.1.1 已知矩阵 $A = \begin{bmatrix} 1 & -1 & 2 \\ 2 & 2 & 3 \end{bmatrix}$，试求 A^{-}.

分析：将 A 通过初等变换化为等价标准形，从而求出 P 与 Q.

解：构造分块矩阵，在 A 的右边放一个单位矩阵 E_2，在 A 的下方放一个单位矩阵 E_3，将 A 通过初等变换化为等价标准形的同时，E_2 将化为 P，E_3 将化为 Q.

$$
\begin{bmatrix} A & E_2 \\ E_3 & 0 \end{bmatrix} = \begin{bmatrix} 1 & -1 & 2 & 1 & 0 \\ 2 & 2 & 3 & 0 & 1 \\ 1 & 0 & 0 & 0 & 0 \\ 0 & 1 & 0 & 0 & 0 \\ 0 & 0 & 1 & 0 & 0 \end{bmatrix} \to \begin{bmatrix} 1 & 0 & 0 & 1 & 0 \\ 0 & 1 & 0 & 0 & -1 \\ -3 & -2 & -7 & 0 & 0 \\ 0 & 0 & 1 & 0 & 0 \\ 2 & 1 & 4 & 0 & 0 \end{bmatrix}
$$

因此有

$$
\begin{bmatrix} 1 & 0 \\ 0 & -1 \end{bmatrix} A \begin{bmatrix} -3 & -2 & -7 \\ 0 & 0 & 1 \\ 2 & 1 & 4 \end{bmatrix} = \begin{bmatrix} 1 & 0 & 0 \\ 0 & 1 & 0 \end{bmatrix} = B
$$

即

$$
P = \begin{bmatrix} 1 & 0 \\ 0 & -1 \end{bmatrix}, \quad Q = \begin{bmatrix} -3 & -2 & -7 \\ 0 & 0 & 1 \\ 2 & 1 & 4 \end{bmatrix}
$$

标准形 B 的减号逆为

$$
B^- = \begin{bmatrix} 1 & 0 \\ 0 & 1 \\ * & * \end{bmatrix}, \quad * \text{ 为任意实数,}
$$

所以

$$
A^- = Q \begin{bmatrix} 1 & 0 \\ 0 & 1 \\ * & * \end{bmatrix} P, \quad * \text{ 为任意实数.}
$$

7.2 M-P 广义逆矩阵

7.2.1 M-P 广义逆矩阵的定义

1920 年，数学家 E. H. Moore 首先提出了广义逆矩阵的概念，但由于定义形式复杂，该研究成果并未得到重视. 直到 1955 年，另一位数学家 R. Penrose 以四个矩阵方程的形式给出了广义逆矩阵更简明的定义后，广义逆矩阵的研究才进入了一个新阶段，其理论和应用得到了迅速发展.

定义 7.2.1 对任意矩阵 $A \in \mathbb{C}^{m \times n}$，若存在矩阵 $G \in \mathbb{C}^{n \times m}$，且 G 满足如下

4 个 Penrose 方程：①$\boldsymbol{AGA}=\boldsymbol{A}$；②$\boldsymbol{GAG}=\boldsymbol{G}$；③$(\boldsymbol{AG})^{\mathrm{H}}=\boldsymbol{AG}$；④$(\boldsymbol{GA})^{\mathrm{H}}=\boldsymbol{GA}$ 中的某几个或全部,则称 $\boldsymbol{G}$ 为 $\boldsymbol{A}$ 的一个**广义逆矩阵**. 满足全部 4 个矩阵方程的广义逆矩阵称为 $\boldsymbol{A}$ 的 **Moore-Penrose 逆**,简称 **M-P 逆**. M-P 逆也记为 $\boldsymbol{A}^{+}$,称为 $\boldsymbol{A}$ 的**加号逆**.

当矩阵 $\boldsymbol{A}$ 的常义逆矩阵 $\boldsymbol{A}^{-1}$ 存在时,显然 $\boldsymbol{A}^{-1}$ 满足全部 4 个矩阵方程,所以 M-P 广义逆矩阵是常义逆矩阵 $\boldsymbol{A}^{-1}$ 的推广.

对任意给定的矩阵 $\boldsymbol{A}\in\mathbb{C}^{m\times n}$,其 M-P 广义逆 $\boldsymbol{A}^{+}$ 是否存在？若存在又是否唯一？以下定理回答了这一问题.

定理 7.2.1 设矩阵 $\boldsymbol{A}\in\mathbb{C}^{m\times n}$,则其 M-P 广义逆 $\boldsymbol{A}^{+}$ 存在且唯一.

证：(1) 存在性 设 $\mathrm{rank}(\boldsymbol{A})=r$,若 $r=0$,则 $\boldsymbol{A}$ 是 $m\times n$ 零矩阵,显然 $n\times m$ 零矩阵满足四个 Penrose 方程.

若 $r>0$,由矩阵的奇异值分解定理可知,存在 m 阶酉矩阵 $\boldsymbol{U}$ 和 n 阶酉矩阵 $\boldsymbol{V}$,使得

$$\boldsymbol{A}=\boldsymbol{U}\begin{bmatrix}\boldsymbol{\Delta} & \boldsymbol{0}\\ \boldsymbol{0} & \boldsymbol{0}\end{bmatrix}\boldsymbol{V}^{\mathrm{H}},$$

其中,$\boldsymbol{\Delta}=\mathrm{diag}(\delta_1,\delta_2,\cdots,\delta_r)$,$\delta_1,\delta_2,\cdots,\delta_r$ 是 $\boldsymbol{A}$ 的奇异值.

令

$$\boldsymbol{G}=\boldsymbol{V}\begin{bmatrix}\boldsymbol{\Delta}^{-1} & \boldsymbol{0}\\ \boldsymbol{0} & \boldsymbol{0}\end{bmatrix}\boldsymbol{U}^{\mathrm{H}},$$

可验证矩阵 $\boldsymbol{G}$ 满足四个 Penrose 方程,故 $\boldsymbol{A}$ 的 M-P 广义逆 $\boldsymbol{A}^{+}$ 存在.

(2) 唯一性 设矩阵 $\boldsymbol{G}$ 和 $\boldsymbol{F}$ 都满足四个 Penrose 方程,则

$$\begin{aligned}\boldsymbol{G}&=\boldsymbol{GAG}=\boldsymbol{G}(\boldsymbol{AG})^{\mathrm{H}}=\boldsymbol{G}((\boldsymbol{AFA})\boldsymbol{G})^{\mathrm{H}}=\boldsymbol{G}(\boldsymbol{AG})^{\mathrm{H}}(\boldsymbol{AF})^{\mathrm{H}}=\boldsymbol{GAGAF}\\&=\boldsymbol{GAF}=\boldsymbol{GA}(\boldsymbol{FAF})=(\boldsymbol{GA})^{\mathrm{H}}(\boldsymbol{FA})^{\mathrm{H}}\boldsymbol{F}=(\boldsymbol{FAGA})^{\mathrm{H}}\boldsymbol{F}\\&=(\boldsymbol{FA})^{\mathrm{H}}\boldsymbol{F}=\boldsymbol{FAF}=\boldsymbol{F}.\end{aligned}$$

故 $\boldsymbol{A}$ 的 M-P 广义逆 $\boldsymbol{A}^{+}$ 是唯一的. ■

定义 7.2.2 对矩阵 $\boldsymbol{A}\in\mathbb{C}^{m\times n}$,若存在矩阵 $\boldsymbol{G}\in\mathbb{C}^{n\times m}$ 满足 Penrose 方程中的第(i),(j),$\cdots$,(k)方程,则称 $\boldsymbol{G}$ 为 $\boldsymbol{A}$ 的$\{i,j,\cdots,k\}$逆,其全体记为 $\boldsymbol{A}\{i,j,\cdots,k\}$.

由定义 7.2.1 和定义 7.2.2 可知：按满足 1～4 个 Penrose 方程来分类,$\boldsymbol{A}$ 的广义逆矩阵共有 $C_4^1+C_4^2+C_4^3+C_4^4=15$ 类.

这 15 类广义逆矩阵中,应用较多的是：

(1) $\boldsymbol{A}\{1\}$：其中任意一个确定的广义逆称为**减号逆**,记为 $\boldsymbol{A}^{-}$；

(2) $\boldsymbol{A}\{1,2\}$：其中任意一个确定的广义逆称为**自反减号逆**，记为 $\boldsymbol{A}_r^-$；

(3) $\boldsymbol{A}\{1,3\}$：其中任意一个确定的广义逆称为**最小范数广义逆**，记为 $\boldsymbol{A}_m^-$；

(4) $\boldsymbol{A}\{1,4\}$：其中任意一个确定的广义逆称为**最小二乘广义逆**，记为 $\boldsymbol{A}_l^-$；

(5) $\boldsymbol{A}\{1,2,3,4\}$：该广义逆唯一，称为 **Moore-Penrose 逆或加号逆**，记为 $\boldsymbol{A}^+$.

定理 7.2.1 表明：$\boldsymbol{A}$ 的 M-P 广义逆 $\boldsymbol{A}^+$ 存在且唯一，从而上述 15 类广义逆矩阵都是存在的. 需要指出的是，只要 $\boldsymbol{A}$ 不是可逆矩阵，则除 $\boldsymbol{A}$ 的 M-P 广义逆以外的其他 14 类广义逆矩阵都是不唯一的.

在 15 类广义逆矩阵中，$\boldsymbol{A}^-$ 是最基本的，而 $\boldsymbol{A}^+$ 唯一且同时包含于 15 类广义逆矩阵的集合中，所以 $\boldsymbol{A}^-$ 和 $\boldsymbol{A}^+$ 在广义逆矩阵中十分重要. 7.1 节已经详细讨论了 $\boldsymbol{A}^-$ 的定义、性质和计算，7.2.1 节已经讨论了 $\boldsymbol{A}^+$ 的定义，后续将继续讨论 $\boldsymbol{A}^+$ 的性质和计算.

7.2.2 加号逆的性质

由定义 7.2.1 知，$\boldsymbol{A}^+\boldsymbol{A}$ 和 $\boldsymbol{A}\boldsymbol{A}^+$ 都是 Hermite 矩阵. 此外，由于 $\boldsymbol{A}^+$ 的唯一性，它所具有的性质与常义逆矩阵 $\boldsymbol{A}^{-1}$ 的性质相仿，定理 7.2.2 归纳了 $\boldsymbol{A}^+$ 的性质.

定理 7.2.2 设 $\boldsymbol{A}\in\mathbb{C}^{m\times n}$，则

(1) $(\boldsymbol{A}^+)^+=\boldsymbol{A}$；

(2) $(\boldsymbol{A}^{\mathrm{H}})^+=(\boldsymbol{A}^+)^{\mathrm{H}}$；

(3) $(a\boldsymbol{A})^+=\dfrac{1}{a}\boldsymbol{A}^+(a\neq 0)$；

(4) $(\boldsymbol{A}^{\mathrm{H}}\boldsymbol{A})^+=\boldsymbol{A}^+(\boldsymbol{A}^{\mathrm{H}})^+=\boldsymbol{A}^+(\boldsymbol{A}^+)^{\mathrm{H}}$；$(\boldsymbol{A}\boldsymbol{A}^{\mathrm{H}})^+=(\boldsymbol{A}^{\mathrm{H}})^+\boldsymbol{A}^+=(\boldsymbol{A}^+)^{\mathrm{H}}\boldsymbol{A}^+$；

(5) $\boldsymbol{A}^+=\boldsymbol{A}^{\mathrm{H}}(\boldsymbol{A}\boldsymbol{A}^{\mathrm{H}})^+=(\boldsymbol{A}^{\mathrm{H}}\mathrm{A})^+\boldsymbol{A}^{\mathrm{H}}$；

(6) $\mathrm{rank}(\boldsymbol{A})=\mathrm{rank}(\boldsymbol{A}^+)=\mathrm{rank}(\boldsymbol{A}^+\boldsymbol{A})=\mathrm{rank}(\boldsymbol{A}\boldsymbol{A}^+)$.

证：式(1)～(3)直接按定义 7.2.1 验证满足四个 Penrose 方程即可，下面证明(4)～(6).

(4)：令 $\boldsymbol{B}=\boldsymbol{A}^{\mathrm{H}}\boldsymbol{A}$，$\boldsymbol{G}=\boldsymbol{A}^+(\boldsymbol{A}^{\mathrm{H}})^+$，证 $\boldsymbol{B}^+=\boldsymbol{G}$ 即可. 由于

$$\boldsymbol{BG}=\boldsymbol{A}^{\mathrm{H}}\boldsymbol{A}\boldsymbol{A}^+(\boldsymbol{A}^{\mathrm{H}})^+=\boldsymbol{A}^{\mathrm{H}}(\boldsymbol{A}\boldsymbol{A}^+)^{\mathrm{H}}(\boldsymbol{A}^+)^{\mathrm{H}}=(\boldsymbol{A}^+\boldsymbol{A}\boldsymbol{A}^+\boldsymbol{A})^{\mathrm{H}}=(\boldsymbol{A}^+\boldsymbol{A})^{\mathrm{H}}=\boldsymbol{A}^+\boldsymbol{A},$$

$$\boldsymbol{GB}=\boldsymbol{A}^+(\boldsymbol{A}^{\mathrm{H}})^+\boldsymbol{A}^{\mathrm{H}}\boldsymbol{A}=\boldsymbol{A}^+(\boldsymbol{A}^+)^{\mathrm{H}}\boldsymbol{A}^{\mathrm{H}}\boldsymbol{A}=\boldsymbol{A}^+(\boldsymbol{A}\boldsymbol{A}^+)^{\mathrm{H}}\boldsymbol{A}=\boldsymbol{A}^+\boldsymbol{A}\boldsymbol{A}^+\boldsymbol{A}=\boldsymbol{A}^+\boldsymbol{A},$$

验证 4 个 Penrose 方程：

$$\boldsymbol{BGB}=\boldsymbol{BA}^+\boldsymbol{A}=\boldsymbol{A}^{\mathrm{H}}\boldsymbol{A}\boldsymbol{A}^+\boldsymbol{A}=\boldsymbol{A}^{\mathrm{H}}\boldsymbol{A}=\boldsymbol{B},$$

$$GBG = A^+AG = A^+AA^+(A^H)^+ = A^+(A^H)^+ = G,$$

$$(BG)^H = (A^+A)^H = A^+A = BG,$$

$$(GB)^H = (A^+A)^H = A^+A = GB,$$

所以$(A^HA)^+ = A^+(A^H)^+ = A^+(A^+)^H$.

令 $C = A^H$,则 $C^H = A$,故$(CC^H)^+ = (C^H)^+C^+ = (C^+)^HC^+$,也即

$$(AA^H)^+ = (A^H)^+A^+ = (A^+)^HA^+.$$

(5):由(4)的结果,有

$$A^+ = A^+AA^+ = (A^+A)^HA^+ = A^H(A^+)^HA^+ = A^H(AA^H)^+,$$

$$A^+ = A^+AA^+ = A^+(AA^+)^H = A^+(A^+)^HA^H = (A^HA)^+A^H.$$

(6):因为

$$\begin{aligned}\operatorname{rank}(A) &= \operatorname{rank}(AA^+A) \leqslant \operatorname{rank}(A^+A) \leqslant \operatorname{rank}(A^+) = \operatorname{rank}(A^+AA^+)\\ &\leqslant \operatorname{rank}(AA^+) \leqslant \operatorname{rank}(A),\end{aligned}$$

所以有

$$\operatorname{rank}(A) = \operatorname{rank}(A^+) = \operatorname{rank}(A^+A) = \operatorname{rank}(AA^+).$$ ■

7.2.3 加号逆的计算

定理 7.2.3 若 $A = \operatorname{diag}(\lambda_1, \lambda_2, \cdots, \lambda_n)$,$\lambda_1, \lambda_2, \cdots, \lambda_n \in \mathbb{C}$,则 $A^+ = \operatorname{diag}(\mu_1, \mu_2, \cdots, \mu_n)$,其中

$$\mu_i = \begin{cases} \dfrac{1}{\lambda_i}, & \lambda_i \neq 0 \\ 0, & \lambda_i = 0 \end{cases} \quad (i = 1, 2, \cdots, n).$$

证:不失一般性,令

$$\lambda_1, \lambda_2, \cdots, \lambda_r \neq 0, \quad \lambda_{r+1} = \lambda_{r+2} = \cdots = \lambda_n = 0,$$

则

$$G = \begin{bmatrix} \dfrac{1}{\lambda_1} & & & & & \\ & \ddots & & & & \\ & & \dfrac{1}{\lambda_r} & & & \\ & & & 0 & & \\ & & & & \ddots & \\ & & & & & 0 \end{bmatrix},$$

易证 $\boldsymbol{G}$ 满足定义 7.2.1 中的 4 个 Penrose 方程，所以 $\boldsymbol{A}^{+}=\boldsymbol{G}$. ■

推论 若 n 阶方阵 $\boldsymbol{A}=\begin{bmatrix}\boldsymbol{E}_r & \boldsymbol{0}\\ \boldsymbol{0} & \boldsymbol{0}\end{bmatrix}$，则 $\boldsymbol{A}^{+}=\boldsymbol{A}$.

定理 7.2.4 设 $\boldsymbol{A}\in\mathbb{C}_r^{m\times n}$，且 $\boldsymbol{A}$ 的一个满秩分解是 $\boldsymbol{A}=\boldsymbol{B}\boldsymbol{C}$（$\boldsymbol{B}\in\mathbb{C}_r^{m\times r}$，$\boldsymbol{C}\in\mathbb{C}_r^{r\times n}$），则

$$\boldsymbol{A}^{+}=\boldsymbol{C}^{\mathrm{H}}(\boldsymbol{C}\boldsymbol{C}^{\mathrm{H}})^{-1}(\boldsymbol{B}^{\mathrm{H}}\boldsymbol{B})^{-1}\boldsymbol{B}^{\mathrm{H}}.$$

证：由于 $\mathrm{rank}(\boldsymbol{C}\boldsymbol{C}^{\mathrm{H}})=\mathrm{rank}(\boldsymbol{C})=r$，$\mathrm{rank}(\boldsymbol{B}^{\mathrm{H}}\boldsymbol{B})=\mathrm{rank}(\boldsymbol{B})=r$，所以 $\boldsymbol{C}\boldsymbol{C}^{\mathrm{H}}$ 和 $\boldsymbol{B}^{\mathrm{H}}\boldsymbol{B}$ 都是 r 阶可逆矩阵. 记 $\boldsymbol{G}=\boldsymbol{C}^{\mathrm{H}}(\boldsymbol{C}\boldsymbol{C}^{\mathrm{H}})^{-1}(\boldsymbol{B}^{\mathrm{H}}\boldsymbol{B})^{-1}\boldsymbol{B}^{\mathrm{H}}$，易证 $\boldsymbol{G}$ 满足定义 7.2.1 中的 4 个 Penrose 方程. ■

推论 1 设 $\boldsymbol{A}\in\mathbb{C}_r^{m\times r}$，则 $\boldsymbol{A}^{+}=(\boldsymbol{A}^{\mathrm{H}}\boldsymbol{A})^{-1}\boldsymbol{A}^{\mathrm{H}}$.

证：因为 $\boldsymbol{A}\in\mathbb{C}_r^{m\times r}$，有 $\boldsymbol{A}=\boldsymbol{A}\boldsymbol{E}_r$，由定理 7.2.4 可证. ■

推论 2 设 $\boldsymbol{A}\in\mathbb{C}_r^{r\times n}$，则 $\boldsymbol{A}^{+}=\boldsymbol{A}^{\mathrm{H}}(\boldsymbol{A}\boldsymbol{A}^{\mathrm{H}})^{-1}$.

证：因为 $\boldsymbol{A}\in\mathbb{C}_r^{r\times n}$，有 $\boldsymbol{A}=\boldsymbol{E}_r\boldsymbol{A}$，由定理 7.2.4 可证. ■

下面总结复矩阵 $\boldsymbol{A}$ 的 M-P 广义逆 $\boldsymbol{A}^{+}$ 的计算方法：

(1) 若 $\boldsymbol{A}$ 为满秩方阵，则 $\boldsymbol{A}^{+}=\boldsymbol{A}^{-1}$.

(2) 若 $\boldsymbol{A}=\mathrm{diag}(\lambda_1,\lambda_2,\cdots,\lambda_n)$，$\lambda_1,\lambda_2,\cdots,\lambda_n\in\mathbb{C}$，则 $\boldsymbol{A}^{+}=\mathrm{diag}(\mu_1,\mu_2,\cdots,\mu_n)$，其中

$$\mu_i=\begin{cases}\dfrac{1}{\lambda_i}, & \lambda_i\neq 0\\ 0, & \lambda_i=0\end{cases}\quad(i=1,2,\cdots,n).$$

(3) 若 $\boldsymbol{A}\in\mathbb{C}_r^{m\times r}$（列满秩矩阵），则有 $\boldsymbol{A}^{+}=(\boldsymbol{A}^{\mathrm{H}}\boldsymbol{A})^{-1}\boldsymbol{A}^{\mathrm{H}}$.

(4) 若 $\boldsymbol{A}\in\mathbb{C}_r^{r\times n}$（行满秩矩阵），则有 $\boldsymbol{A}^{+}=\boldsymbol{A}^{\mathrm{H}}(\boldsymbol{A}\boldsymbol{A}^{\mathrm{H}})^{-1}$.

(5) 若 $\boldsymbol{A}$ 为降秩矩阵，且 $\boldsymbol{A}$ 的满秩分解为 $\boldsymbol{A}=\boldsymbol{B}\boldsymbol{C}$，其中 $\boldsymbol{B}\in\mathbb{C}_r^{m\times r}$（列满秩矩阵），$\boldsymbol{C}\in\mathbb{C}_r^{r\times n}$（行满秩矩阵），则

$$\boldsymbol{A}^{+}=\boldsymbol{C}^{\mathrm{H}}(\boldsymbol{C}\boldsymbol{C}^{\mathrm{H}})^{-1}(\boldsymbol{B}^{\mathrm{H}}\boldsymbol{B})^{-1}\boldsymbol{B}^{\mathrm{H}}.$$

注：若矩阵 $\boldsymbol{A}\in\mathbb{C}^{m\times n}$ 且 $\mathrm{rank}(\boldsymbol{A})<\min(m,n)$，则称 $\boldsymbol{A}$ 是降秩矩阵.

例 7.2.1 求矩阵 $\boldsymbol{A}=\begin{bmatrix}2 & 4 & 1 & 1\\ 1 & 2 & -1 & 2\\ -1 & -2 & -2 & 1\end{bmatrix}$ 的 Moore-Penrose 逆.

解：先对 $\boldsymbol{A}$ 进行初等变换

$$\boldsymbol{A} \rightarrow \begin{bmatrix} 1 & 2 & 0 & 1 \\ 0 & 0 & 1 & -1 \\ 0 & 0 & 0 & 0 \end{bmatrix},$$

故 $\boldsymbol{A}$ 的满秩分解

$$\boldsymbol{A} = \boldsymbol{BC} = \begin{bmatrix} 2 & 1 \\ 1 & -1 \\ -1 & -2 \end{bmatrix} \begin{bmatrix} 1 & 2 & 0 & 1 \\ 0 & 0 & 1 & -1 \end{bmatrix},$$

所以

$$\begin{aligned} \boldsymbol{A}^{+} &= \boldsymbol{C}^{\mathrm{H}}(\boldsymbol{CC}^{\mathrm{H}})^{-1}(\boldsymbol{B}^{\mathrm{H}}\boldsymbol{B})^{-1}\boldsymbol{B}^{\mathrm{H}} \\ &= \begin{bmatrix} 1 & 0 \\ 2 & 0 \\ 0 & 1 \\ 1 & -1 \end{bmatrix} \begin{bmatrix} 6 & -1 \\ -1 & 2 \end{bmatrix}^{-1} \begin{bmatrix} 6 & 3 \\ 3 & 6 \end{bmatrix}^{-1} \begin{bmatrix} 2 & 1 & -1 \\ 1 & -1 & -2 \end{bmatrix} \\ &= \frac{1}{33}\begin{bmatrix} 2 & 1 & -1 \\ 4 & 2 & -2 \\ 1 & -5 & -6 \\ 1 & 6 & 5 \end{bmatrix}. \end{aligned}$$

7.3 应用实例

7.3.1 相容方程组和矛盾方程组

设系数矩阵 $\boldsymbol{A} \in \mathbb{C}^{m \times n}$，未知向量 $\boldsymbol{x} \in \mathbb{C}^{n}$，已知列向量 $\boldsymbol{b} \in \mathbb{C}^{m}$，则线性方程组 $\boldsymbol{Ax} = \boldsymbol{b}$ 的求解情况有：

(1) 若 $\operatorname{rank}(\boldsymbol{A}, \boldsymbol{b}) = \operatorname{rank}(\boldsymbol{A})$，则 $\boldsymbol{Ax} = \boldsymbol{b}$ 有解，这时称 $\boldsymbol{Ax} = \boldsymbol{b}$ 是**相容方程组**.

(2) 若 $\operatorname{rank}(\boldsymbol{A}, \boldsymbol{b}) \neq \operatorname{rank}(\boldsymbol{A})$，则 $\boldsymbol{Ax} = \boldsymbol{b}$ 无解，这时称 $\boldsymbol{Ax} = \boldsymbol{b}$ 是**矛盾方程组**.

矛盾方程组的来源有：

(1) 未知量之间虽然满足线性关系，但由于系数和常数项是观测值，难免存在误差，这就使得相容方程组变成了矛盾方程组.

(2) 未知量之间不满足线性关系，但经过人为处理将其近似为线性关系，使得变量之间不能精确地满足某个线性方程组.

矛盾方程组是无解的，即不存在通常意义下的解. 但是，矛盾方程组也是对客观现实的一种数学建模，人们希望从数据拟合的角度求出矛盾方程组的解.

7.3.2 相容方程组的求解

相容方程组的解有以下可能情形：

(1) 唯一解. 若 $\boldsymbol{A}\in\mathbb{C}^{n\times n}$ 且非奇异，即 $\det\boldsymbol{A}\neq 0$ 或 $\operatorname{rank}\boldsymbol{A}=n$，则 $\boldsymbol{Ax}=\boldsymbol{b}$ 有唯一解，其解为 $\boldsymbol{x}=\boldsymbol{A}^{-1}\boldsymbol{b}$.

(2) 通解和最小范数解. 若 $\boldsymbol{A}$ 是奇异方阵或长方阵，则 $\boldsymbol{Ax}=\boldsymbol{b}$ 有无穷多解，此时可以求方程组的通解. 在无穷多解中，方程组的最小范数解在实际应用中是十分有用的，且可以证明最小范数解是唯一的.

定义 7.3.1 设系数矩阵 $\boldsymbol{A}\in\mathbb{C}^{m\times n}$，未知向量 $\boldsymbol{x}\in\mathbb{C}^{n}$，列向量 $\boldsymbol{b}\in\mathbb{C}^{m}$ 已知，称相容线性方程组 $\boldsymbol{Ax}=\boldsymbol{b}$ 的所有解 $\boldsymbol{x}$ 中，2-范数最小的解是 $\boldsymbol{Ax}=\boldsymbol{b}$ 的**最小范数解**或**最小模解**，即 $\|\boldsymbol{x}_0\|_2=\min\limits_{\boldsymbol{Ax}=\boldsymbol{b}}\|\boldsymbol{x}\|_2$.

一般情况下，相容方程组的解不唯一，用系数矩阵 $\boldsymbol{A}$ 的 M-P 广义逆 $\boldsymbol{A}^{+}$ 能表达出相容方程组的通解.

定理 7.3.1 设系数矩阵 $\boldsymbol{A}\in\mathbb{C}^{m\times n}$，未知向量 $\boldsymbol{x}\in\mathbb{C}^{n}$，列向量 $\boldsymbol{0}\in\mathbb{C}^{m}$，则齐次线性方程组 $\boldsymbol{Ax}=\boldsymbol{0}$ 的通解为

$$\boldsymbol{x}=(\boldsymbol{E}-\boldsymbol{A}^{+}\boldsymbol{A})\boldsymbol{z},$$

其中，$\boldsymbol{z}\in\mathbb{C}^{n}$ 是任意的 n 维列向量.

证：① 充分性

$$\boldsymbol{Ax}=\boldsymbol{A}(\boldsymbol{E}-\boldsymbol{A}^{+}\boldsymbol{A})\boldsymbol{z}=(\boldsymbol{A}-\boldsymbol{AA}^{+}\boldsymbol{A})\boldsymbol{z}=\boldsymbol{0}\cdot\boldsymbol{z}=\boldsymbol{0}.$$

② 必要性

若 $\boldsymbol{x}$ 满足方程组 $\boldsymbol{Ax}=\boldsymbol{0}$，则有

$$\boldsymbol{x}=\boldsymbol{x}-\boldsymbol{A}^{+}\boldsymbol{Ax}=(\boldsymbol{E}-\boldsymbol{A}^{+}\boldsymbol{A})\boldsymbol{x}.$$ ■

定理 7.3.2 设系数矩阵 $\boldsymbol{A}\in\mathbb{C}^{m\times n}$，未知向量 $\boldsymbol{x}\in\mathbb{C}^{n}$，列向量 $\boldsymbol{b}\in\mathbb{C}^{m}$ 已知，则非齐次线性方程组 $\boldsymbol{Ax}=\boldsymbol{b}$ 相容的充要条件为

$$\boldsymbol{AA}^{+}\boldsymbol{b}=\boldsymbol{b}.$$

证：(1) 充分性.

若 $\boldsymbol{AA}^{+}\boldsymbol{b}=\boldsymbol{b}$，则 $\boldsymbol{x}=\boldsymbol{A}^{+}\boldsymbol{b}$ 是方程组 $\boldsymbol{Ax}=\boldsymbol{b}$ 的解，即方程组 $\boldsymbol{Ax}=\boldsymbol{b}$ 相容.

(2) 必要性.

若方程组 $\boldsymbol{Ax}=\boldsymbol{b}$ 相容,则 $\boldsymbol{b}=\boldsymbol{Ax}=\boldsymbol{AA}^{+}\boldsymbol{Ax}=\boldsymbol{AA}^{+}\boldsymbol{b}$. ■

定理 7.3.3 设系数矩阵 $\boldsymbol{A}\in\mathbb{C}^{m\times n}$,未知向量 $\boldsymbol{x}\in\mathbb{C}^{n}$,列向量 $\boldsymbol{b}\in\mathbb{C}^{m}$ 已知,非齐次线性方程组 $\boldsymbol{Ax}=\boldsymbol{b}$ 是相容的,则

(1) 其通解可以表示为 $\boldsymbol{x}=\boldsymbol{A}^{+}\boldsymbol{b}+(\boldsymbol{E}-\boldsymbol{A}^{+}\boldsymbol{A})\boldsymbol{z}$,其中 $\boldsymbol{z}\in\mathbb{C}^{n}$ 是任意的 n 维列向量.

(2) 其唯一的最小范数解是 $\boldsymbol{x}_0=\boldsymbol{A}^{+}\boldsymbol{b}$.

证:(1) 由定理 7.3.1,只需证 $\boldsymbol{A}^{+}\boldsymbol{b}$ 是 $\boldsymbol{Ax}=\boldsymbol{b}$ 的特解即可.

因为 $\boldsymbol{Ax}=\boldsymbol{b}$ 是相容的,因此 $\exists\,\boldsymbol{x}_1\in\mathbb{C}^{n}$,满足 $\boldsymbol{Ax}_1=b$,所以

$$\boldsymbol{A}(\boldsymbol{A}^{+}\boldsymbol{b})=\boldsymbol{AA}^{+}\cdot\boldsymbol{b}=\boldsymbol{AA}^{+}\boldsymbol{Ax}_1=\boldsymbol{Ax}_1=\boldsymbol{b}.$$

(2) 首先证明 $\boldsymbol{x}=\boldsymbol{A}^{+}\boldsymbol{b}$ 是 $\boldsymbol{Ax}=\boldsymbol{b}$ 的最小范数解. 因为对于 $\forall\,\boldsymbol{b}\in\mathbb{C}^{m}$, $\forall\,\boldsymbol{z}\in\mathbb{C}^{n}$,有

$$\begin{aligned}(\boldsymbol{A}^{+}\boldsymbol{b},(\boldsymbol{E}-\boldsymbol{A}^{+}\boldsymbol{A})\boldsymbol{z})&=\boldsymbol{z}^{\mathrm{H}}(\boldsymbol{E}-\boldsymbol{A}^{+}\boldsymbol{A})^{\mathrm{H}}\boldsymbol{A}^{+}\boldsymbol{b}\\&=\boldsymbol{z}^{\mathrm{H}}[\boldsymbol{E}-(\boldsymbol{A}^{+}\boldsymbol{A})^{\mathrm{H}}]\boldsymbol{A}^{+}\boldsymbol{b}\\&=\boldsymbol{z}^{\mathrm{H}}[\boldsymbol{E}-\boldsymbol{A}^{+}\boldsymbol{A}]\boldsymbol{A}^{+}\boldsymbol{b}\\&=\boldsymbol{z}^{\mathrm{H}}(\boldsymbol{A}^{+}-\boldsymbol{A}^{+}\boldsymbol{AA}^{+})\boldsymbol{b}\\&=0,\end{aligned}$$

因而 $\boldsymbol{A}^{+}\boldsymbol{b}\perp(\boldsymbol{E}-\boldsymbol{A}^{+}\boldsymbol{A})\boldsymbol{z}$,又因为

$$\|\boldsymbol{A}^{+}\boldsymbol{b}+(\boldsymbol{E}-\boldsymbol{A}^{+}\boldsymbol{A})\boldsymbol{z}\|^2=\|\boldsymbol{A}^{+}\boldsymbol{b}\|^2+\|(\boldsymbol{E}-\boldsymbol{A}^{+}\boldsymbol{A})\boldsymbol{z}\|^2\geqslant\|\boldsymbol{A}^{+}\boldsymbol{b}\|^2,$$

所以 $\boldsymbol{A}^{+}\boldsymbol{b}$ 是 $\boldsymbol{Ax}=\boldsymbol{b}$ 的最小范数解.

再证唯一性. 假设 $\boldsymbol{x}^{*}=\boldsymbol{A}^{+}\boldsymbol{b}+(\boldsymbol{E}-\boldsymbol{A}^{+}\boldsymbol{A})\boldsymbol{z}^{*}$ 且 $\|\boldsymbol{x}^{*}\|=\|\boldsymbol{A}^{+}\boldsymbol{b}\|$,则由

$$\begin{aligned}\|\boldsymbol{x}^{*}\|^2=\|\boldsymbol{A}^{+}\boldsymbol{b}+(\boldsymbol{E}-\boldsymbol{A}^{+}\boldsymbol{A})\boldsymbol{z}^{*}\|^2&=\|\boldsymbol{A}^{+}\boldsymbol{b}\|^2+\|(\boldsymbol{E}-\boldsymbol{A}^{+}\boldsymbol{A})\boldsymbol{z}^{*}\|^2\\&=\|\boldsymbol{A}^{+}\boldsymbol{b}\|^2,\end{aligned}$$

可得

$$\|(\boldsymbol{E}-\boldsymbol{A}^{+}\boldsymbol{A})\boldsymbol{z}^{*}\|^2=0,$$

因而 $(\boldsymbol{E}-\boldsymbol{A}^{+}\boldsymbol{A})\boldsymbol{z}^{*}=\boldsymbol{0}$,所以 $\boldsymbol{x}^{*}=\boldsymbol{A}^{+}\boldsymbol{b}$. ■

例 7.3.1 求解线性方程组

$$\begin{cases}x_1+2x_2+3x_3=1\\x_2+x_3=0\\x_1+x_3=1\\2x_1+x_2+3x_3=2\end{cases}.$$

解：令

$$A=\begin{bmatrix}1&2&3\\0&1&1\\1&0&1\\2&1&3\end{bmatrix},\quad b=\begin{bmatrix}1\\0\\1\\2\end{bmatrix},\quad x=\begin{bmatrix}x_1\\x_2\\x_3\end{bmatrix},$$

则原方程组可表示为 $Ax=b$，且因为 $\operatorname{rank}A=\operatorname{rank}(A,b)=2$，所以方程组 $Ax=b$ 是相容的，对 A 进行满秩分解：

$$A=\begin{bmatrix}1&2\\0&1\\1&0\\2&1\end{bmatrix}\begin{bmatrix}1&0&1\\0&1&1\end{bmatrix}=BC,$$

可求得

$$A^{+}=C^{\mathrm{H}}(CC^{\mathrm{H}})^{-1}(B^{\mathrm{H}}B)^{-1}B^{\mathrm{H}}=\frac{1}{30}\begin{bmatrix}-6&-7&8&9\\9&8&-7&-6\\3&1&1&3\end{bmatrix},$$

故方程组 $Ax=b$ 的通解是

$$x=A^{+}b+(E-A^{+}A)z,$$

即

$$\begin{bmatrix}x_1\\x_2\\x_3\end{bmatrix}=\frac{1}{3}\begin{bmatrix}2\\-1\\1\end{bmatrix}+\frac{1}{3}\begin{bmatrix}z_1+z_2-z_3\\z_1+z_2-z_3\\-(z_1+z_2-z_3)\end{bmatrix}=\begin{bmatrix}1-c\\-c\\c\end{bmatrix},$$

其中，$c=\frac{1}{3}(1-z_1-z_2+z_3)$ 为任意常数.

7.3.3 矛盾方程组的求解

矛盾方程组的解有以下可能情形：

(1) 最小二乘解. 虽然矛盾方程组不存在常义解，但在实际问题中，可以求出矛盾方程组的最小二乘解.

(2) 最小范数最小二乘解. 一般来说，矛盾方程组的最小二乘解是不唯一的，可以求解矛盾方程组的最小范数最小二乘解（最佳逼近解），可以证明：矛盾方程组的最小范数最小二乘解是唯一的.

定义 7.3.2 设系数矩阵 $\boldsymbol{A}\in\mathbb{C}^{m\times n}$,未知向量 $\boldsymbol{x}\in\mathbb{C}^n$,列向量 $\boldsymbol{b}\in\mathbb{C}^m$ 已知,若向量 $\boldsymbol{x}_0\in\mathbb{C}^n$ 满足

$$\|\boldsymbol{A}\boldsymbol{x}_0-\boldsymbol{b}\|_2=\min_{x\in\mathbb{C}^n}\|\boldsymbol{A}\boldsymbol{x}-\boldsymbol{b}\|_2,$$

则称 $\boldsymbol{x}_0$ 是线性方程组 $\boldsymbol{A}\boldsymbol{x}=\boldsymbol{b}$ 的**最小二乘解.**

定义 7.3.3 若矛盾方程组 $\boldsymbol{A}\boldsymbol{x}=\boldsymbol{b}$ 的全部最小二乘解构成的集合为 L,$\boldsymbol{x}_0\in L$,且

$$\|\boldsymbol{x}_0\|_2=\min_{\boldsymbol{x}\in L}\|\boldsymbol{x}\|_2$$

则称 $\boldsymbol{x}_0$ 是矛盾方程组 $\boldsymbol{A}\boldsymbol{x}=\boldsymbol{b}$ 的**最小范数最小二乘解**或**最佳逼近解.**

引理 7.3.1 $\boldsymbol{x}_0\in\mathbb{C}^n$ 是矛盾方程组 $\boldsymbol{A}\boldsymbol{x}=\boldsymbol{b}$ 的最小二乘解的充要条件是 $\boldsymbol{x}_0$ 是方程组 $\boldsymbol{A}^{\mathrm{H}}\boldsymbol{A}\boldsymbol{x}=\boldsymbol{A}^{\mathrm{H}}\boldsymbol{b}$ 的解.

注意,$\boldsymbol{A}^{\mathrm{H}}\boldsymbol{A}\boldsymbol{x}=\boldsymbol{A}^{\mathrm{H}}\boldsymbol{b}$ 是相容的,这是因为取 $\boldsymbol{x}=\boldsymbol{A}^{+}\boldsymbol{b}$,下式成立:

$$\boldsymbol{A}^{\mathrm{H}}\boldsymbol{A}(\boldsymbol{A}^{+}\boldsymbol{b})=\boldsymbol{A}^{\mathrm{H}}(\boldsymbol{A}\boldsymbol{A}^{+})\boldsymbol{b}=\boldsymbol{A}^{\mathrm{H}}(\boldsymbol{A}\boldsymbol{A}^{+})^{\mathrm{H}}\boldsymbol{b}=(\boldsymbol{A}\boldsymbol{A}^{+}\boldsymbol{A})^{\mathrm{H}}\boldsymbol{b}=\boldsymbol{A}^{\mathrm{H}}\boldsymbol{b}.$$

引理 7.3.1 的意义是将矛盾方程组最小二乘解的求解问题转化为相容方程组的求解问题.

定理 7.3.4 设系数矩阵 $\boldsymbol{A}\in\mathbb{C}^{m\times n}$,未知向量 $\boldsymbol{x}\in\mathbb{C}^n$,列向量 $\boldsymbol{b}\in\mathbb{C}^m$ 已知,非齐次线性方程组 $\boldsymbol{A}\boldsymbol{x}=\boldsymbol{b}$ 是矛盾方程组,则

(1) 其最小二乘解的通解可以表示为 $\boldsymbol{x}=\boldsymbol{A}^{+}\boldsymbol{b}+(\boldsymbol{E}-\boldsymbol{A}^{+}\boldsymbol{A})\boldsymbol{z}$,其中 $\boldsymbol{z}\in\mathbb{C}^n$ 是任意 n 维列向量.

(2) 其唯一的最小范数最小二乘解是 $\boldsymbol{x}_0=\boldsymbol{A}^{+}\boldsymbol{b}$.

证:(1) 由引理 7.3.1,非齐次线性方程组 $\boldsymbol{A}\boldsymbol{x}=\boldsymbol{b}$ 的最小二乘解就是方程组 $\boldsymbol{A}^{\mathrm{H}}\boldsymbol{A}\boldsymbol{x}=\boldsymbol{A}^{\mathrm{H}}\boldsymbol{b}$ 的解,而由定理 7.3.3 可知,方程组 $\boldsymbol{A}^{\mathrm{H}}\boldsymbol{A}\boldsymbol{x}=\boldsymbol{A}^{\mathrm{H}}\boldsymbol{b}$ 的通解是

$$\boldsymbol{x}=(\boldsymbol{A}^{\mathrm{H}}\boldsymbol{A})^{+}\boldsymbol{A}^{\mathrm{H}}\boldsymbol{b}+(\boldsymbol{E}-(\boldsymbol{A}^{\mathrm{H}}\boldsymbol{A})^{+}(\boldsymbol{A}^{\mathrm{H}}\boldsymbol{A}))\boldsymbol{z},$$

其中,$\boldsymbol{z}\in\mathbb{C}^n$ 是任意 n 维列向量. 因为$(\boldsymbol{A}^{\mathrm{H}}\boldsymbol{A})^{+}\boldsymbol{A}^{\mathrm{H}}=\boldsymbol{A}^{+}$,所以

$$\boldsymbol{x}=\boldsymbol{A}^{+}\boldsymbol{b}+(\boldsymbol{E}-\boldsymbol{A}^{+}\boldsymbol{A})\boldsymbol{z},$$

因而,矛盾方程组 $\boldsymbol{A}\boldsymbol{x}=\boldsymbol{b}$ 的最小二乘解的通解可以表示为 $\boldsymbol{x}=\boldsymbol{A}^{+}\boldsymbol{b}+(\boldsymbol{E}-\boldsymbol{A}^{+}\boldsymbol{A})\boldsymbol{z}$.

(2) 证明 $\boldsymbol{x}_0=\boldsymbol{A}^{+}\boldsymbol{b}$ 是 $\boldsymbol{A}\boldsymbol{x}=\boldsymbol{b}$ 的唯一的最小范数最小二乘解类似于定理 7.3.3 中(2)的证明,此处从略. ■

例 7.3.2 判断线性方程组

$$\begin{cases} 2x_1+4x_2+x_3+x_4=10 \\ x_1+2x_2-x_3+2x_4=6 \\ -x_1-2x_2-2x_3+x_4=-7 \end{cases}$$

是否有解？如果有解，求通解和最小范数解；如果无解，求最小二乘解的通解和最佳逼近解.

解：由方程组知

$$\boldsymbol{A}=\begin{bmatrix} 2 & 4 & 1 & 1 \\ 1 & 2 & -1 & 2 \\ -1 & -2 & -2 & 1 \end{bmatrix},\ \boldsymbol{b}=\begin{bmatrix} 10 \\ 6 \\ -7 \end{bmatrix},$$

可求得

$$\boldsymbol{A}^{+}=\frac{1}{33}\begin{bmatrix} 2 & 1 & -1 \\ 4 & 2 & -2 \\ 1 & -5 & -6 \\ 1 & 6 & 5 \end{bmatrix},$$

由于

$$\boldsymbol{A}\boldsymbol{A}^{+}\boldsymbol{b}=(11,5,-6)^{\mathrm{T}}\neq\boldsymbol{b},$$

所以方程组 $\boldsymbol{Ax}=\boldsymbol{b}$ 无解，其最小二乘解的通解为

$$\boldsymbol{x}=\boldsymbol{A}^{+}\boldsymbol{b}+(\boldsymbol{E}-\boldsymbol{A}^{+}\boldsymbol{A})\boldsymbol{z}=\begin{bmatrix} 1 \\ 2 \\ 2/3 \\ 1/3 \end{bmatrix}+\frac{1}{11}\begin{bmatrix} 9 & -4 & -1 & -1 \\ -4 & 3 & -2 & -2 \\ -1 & -2 & 5 & 5 \\ -1 & -2 & 5 & 5 \end{bmatrix}\begin{bmatrix} z_1 \\ z_2 \\ z_3 \\ z_4 \end{bmatrix}.$$

其唯一的最佳逼近解是

$$\boldsymbol{x}_0=\boldsymbol{A}^{+}\boldsymbol{b}=\left(1,2,\frac{2}{3},\frac{1}{3}\right)^{\mathrm{T}}.$$

本章小结

本章从线性方程组求解存在的实际需求出发，给出了广义逆矩阵的概念. 广义逆矩阵对于奇异方阵和长方阵都存在，且具有通常逆矩阵的一些性质，当矩阵是非奇异方阵时，它可还原到通常意义下的逆矩阵 $\boldsymbol{A}^{-1}$.

本章着重介绍了两类广义逆矩阵，即减号逆 $\boldsymbol{A}^{-}$ 和加号逆 $\boldsymbol{A}^{+}$，其中，$\boldsymbol{A}^{+}$ 是 $\boldsymbol{A}^{-}$ 的特例，$\boldsymbol{A}^{-}$ 不唯一，而 $\boldsymbol{A}^{+}$ 具有唯一性，因而更有实用价值.

广义逆矩阵理论能把相容线性方程组的通解、最小范数解以及矛盾方程组的最小二乘解、最小范数最小二乘解全部统一起来，从而解决了古典线性代数理论不曾解决的一般线性方程组的求解问题.

学习完本章内容后，应能达到如下基本要求：

(1) 掌握减号逆 $\boldsymbol{A}^{-}$ 的定义、性质和计算.

(2) 掌握加号逆 $\boldsymbol{A}^{+}$ 的定义、性质和计算.

(3) 掌握相容方程组的求解方法.

(4) 掌握矛盾方程组的求解方法.

习题 7

7-1 已知 $\boldsymbol{A}=\begin{bmatrix}0 & -1 & 3 & 0\\ 2 & -4 & 1 & 5\\ -4 & 5 & 7 & -10\end{bmatrix}$，试求 $\boldsymbol{A}^{-}$.

7-2 已知矩阵 $\boldsymbol{A}=\begin{bmatrix}1 & 0 & 3\\ 2 & 3 & 0\\ 1 & 1 & 1\end{bmatrix}$，试求 $\boldsymbol{A}^{-}$.

7-3 已知矩阵 $\boldsymbol{A}=\begin{bmatrix}0 & 0 & 2\\ 1 & 1 & 0\\ 0 & 0 & 1\\ 1 & 1 & 1\end{bmatrix}$，试求 $\boldsymbol{A}^{-}$.

7-4 设 $\boldsymbol{A}$ 是 $m\times n$ 零矩阵，试求 $\boldsymbol{A}^{-}$.

7-5 设 $m\times n$ 矩阵 $\boldsymbol{A}$ 除了第 i 行第 j 列元素为 1 外，其他元素均为 0，试求 $\boldsymbol{A}^{-}$.

7-6 证明：设 $\boldsymbol{A}^{-}$ 是 $\boldsymbol{A}\in\mathbb{C}^{m\times n}$ 的一个广义逆矩阵，$\boldsymbol{V}\in\mathbb{C}^{n\times m}$ 为任意矩阵，则

$$\boldsymbol{X}=\boldsymbol{A}^{-}+\boldsymbol{V}-\boldsymbol{A}^{-}\boldsymbol{AVAA}^{-}$$

是 $\boldsymbol{A}$ 的广义逆矩阵.

7-7 设 $\boldsymbol{A}\in\mathbb{C}^{m\times n}$，若 $\boldsymbol{A}^{-}$ 为 $\boldsymbol{A}$ 的减号逆，证明：$\boldsymbol{AA}^{-}$ 与 $\boldsymbol{A}^{-}\boldsymbol{A}$ 都是幂等矩阵，且 $\text{rank}\boldsymbol{A}=\text{rank}\boldsymbol{AA}^{-}=\text{rank}\boldsymbol{A}^{-}\boldsymbol{A}$.

7-8 已知矩阵 $\boldsymbol{A}=\begin{bmatrix}1\\2\\3\end{bmatrix}$,试求 $\boldsymbol{A}^{+}$.

7-9 已知矩阵 $\boldsymbol{A}=\begin{bmatrix}-1 & 0 & 1\\2 & 0 & -2\end{bmatrix}$,试求 $\boldsymbol{A}^{+}$.

7-10 已知矩阵 $\boldsymbol{A}=\begin{bmatrix}1 & 2\\0 & 0\\2 & 4\end{bmatrix}$,试求 $\boldsymbol{A}^{+}$.

7-11 已知矩阵 $\boldsymbol{A}=\begin{bmatrix}0 & 1 & 0 & 1\\0 & 1 & 0 & 1\\2 & 0 & 1 & 1\end{bmatrix}$,试求 $\boldsymbol{A}^{+}$.

7-12 设 $\boldsymbol{A}\in\mathbb{C}^{m\times n}$,$\boldsymbol{P}$ 与 $\boldsymbol{Q}$ 分别是 m 阶与 n 阶酉矩阵. 试证:$(\boldsymbol{PAQ})^{+}=\boldsymbol{Q}^{+}\boldsymbol{A}^{+}\boldsymbol{P}^{+}$.

7-13 如果 $\boldsymbol{A}^{\mathrm{H}}=\boldsymbol{A}$,试证:$(\boldsymbol{A}^{2})^{+}=(\boldsymbol{A}^{+})^{2}$.

7-14 用广义逆矩阵 $\boldsymbol{A}^{+}$ 验证线性方程组无解,并求出最小范数最小二乘解:

$$\begin{cases}2x_3=1\\x_1+x_2=1\\x_3=1\\x_1+x_2+x_3=1\end{cases}.$$

7-15 用广义逆矩阵 $\boldsymbol{A}^{+}$ 验证线性方程组无解,并求出最佳逼近解:

$$\begin{cases}x_1-x_3+x_4=4\\x_2+x_3+x_4=0.5\\x_1-4x_2-5x_3-3x_4=-2\end{cases}.$$

7-16 判断线性方程组

$$\begin{cases}x_1+x_3+x_4=1\\2x_1+x_2+2x_3+x_4=2\\2x_1+2x_3+2x_4=3\\4x_1+2x_2+4x_3+2x_4=4\end{cases}$$

是否有解?如果有解,求通解和最小范数解;如果无解,求最小二乘解的通解和最佳逼近解.

参考文献

[1] 史荣昌,魏丰.矩阵分析[M].3版.北京：北京理工大学出版社,2018.

[2] 徐仲,张凯院,陆全,等.矩阵论简明教程[M].3版.北京：科学出版社,2014.

[3] 姜志侠,孟品超,李延忠.矩阵分析[M].北京：清华大学出版社,2015.

[4] 张贤达,周杰.矩阵论及其工程应用[M].北京：清华大学出版社,2015.

[5] 许立炜,赵礼峰.矩阵论[M].北京：科学出版社,2011.

[6] 范周田,彭娟.矩阵论[M].北京：机械工业出版社,2020.

[7] 戴华.矩阵论[M].北京：科学出版社,2001.

[8] 同济大学数学系.线性代数[M].6版.北京：高等教育出版社,2014.

[9] 申亚男,张晓丹,李为东.线性代数[M].2版.北京：机械工业出版社,2017.

附录A

矩阵运算相关MATLAB函数

MATLAB是美国Math Works公司推出的高性能数值计算和可视化软件，是当前国内外十分流行的系统仿真和工程设计软件包，它集数值计算、信号处理和图形显示于一身，具有良好的人机交互界面和仿真开发环境. MATLAB简单易学，使用者可以在短时间内掌握编程方法和软件工具，不必学习太多的编程语法规则，从而将精力放在具体问题的解决上. 下面用表A.1～表A.7列举与矩阵运算相关的部分MATLAB函数.

表A.1　矩阵的生成

功　能	MATLAB函数	示　例
生成全0矩阵	zeros	A=zeros(3,4)　　% 生成3行4列全0矩阵
生成全1矩阵	ones	A=ones(3,4)　　% 生成3行4列全1矩阵
生成单位矩阵	eye	A=eye(3)　　% 生成3阶单位矩阵
生成对角矩阵	diag	A=diag(v)　　% v为对角线元素构成的向量
生成范德蒙(Vandermonde)矩阵	vander	v=[1 3 5]; A=vander(v)　%返回Vandermonde矩阵，其列是向量v的幂

表A.2　矩阵的运算和变换

功　能	MATLAB函数	示　例
求矩阵的转置	transpose或运算符'	transpose(A)或A'
计算矩阵的行列式	det	det(A)
计算矩阵的秩	rank	rank(A)

续表

功　　能	MATLAB 函数	示　　例
求逆矩阵	inv	inv(A)
求方阵的特征值和特征向量	eig	[V,D]=eig(A)　% D 为特征值,V 为特征向量
计算矩阵的迹	trace	trace(A)
计算矩阵的阶	size	size(A)
计算矩阵的特征多项式	poly	poly(A)
矩阵的初等行变换	rref	R=rref(A)　　% 对矩阵 A 进行初等行变换,化为行阶梯形矩阵
求矩阵的正交矩阵	orth	Q=orth(A)　　% 求矩阵 A 的正交矩阵 Q

表 A.3　向量的内积运算

功　　能	MATLAB 函数	示　　例
求向量的内积	dot	dot(a,b)　　% 求向量 a 和 b 的内积

注：内积也称为点积,两个向量 $\boldsymbol{a}=(a_1,a_2,\cdots,a_n)$和 $\boldsymbol{b}=(b_1,b_2,\cdots,b_n)$的内积是一个数(标量),表示一个向量在另一个向量上的投影再乘以另一个向量的长度,即 $\boldsymbol{ab}=|\boldsymbol{a}||\boldsymbol{b}|\cos\theta=a_1b_1+a_2b_2+\cdots+a_nb_n$,其中 θ 为 $\boldsymbol{a}$ 和 $\boldsymbol{b}$ 的夹角.

表 A.4　矩阵的相似标准形

功　　能	MATLAB 函数	示　　例
求矩阵的 Smith 标准形	smithForm	S=smithForm(A)
求矩阵的 Jordan 标准形	jordan	[P,J]=jordan(A)　% 求方阵 A 的相似变换矩阵 P 及 Jordan 标准形 J

表 A.5　矩阵分解

功　　能	MATLAB 函数	示　　例
矩阵的三角分解(LU 分解)	lu	[L,U,P]=lu(A)　% L 为下三角矩阵,U 为上三角矩阵,P 为单位矩阵的置换矩阵
Hermite 正定矩阵的 Cholesky 分解	chol	[R,p]=chol(A)　% 返回矩阵 R,若 A 为正定矩阵,则 p=0,否则 p>0
正交三角分解(QR 分解)	qr	[Q,R]=qr(A)　　% 返回正交矩阵 Q 和正线上三角阵 R
奇异值分解(SVD)	svd	[U,S,V]=svd(A) % S 是奇异值矩阵,U 和 V 是酉矩阵,奇异值分解满足 $A=U*S*V^H$

表 A.6 向量和矩阵的范数

功　　能	MATLAB 函数	示　　例
向量的范数	norm	x=[1 2 3]; norm(x,1)　　% x 的 1-范数
		x=[1 2 3]; norm(x,2)　　% x 的 2-范数
		x=[1 2 3]; norm(x)　　% x 的 2-范数
		x=[1 2 3]; norm(x,inf)　　% x 的∞-范数
矩阵的范数	norm	A=[1 2 3; 4 5 6]; norm(A,1)　　% A 的 1-范数
		A=[1 2 3; 4 5 6]; norm(A,2)　　% A 的 2-范数
		A=[1 2 3; 4 5 6]; norm(A)　　% A 的 2-范数
		A=[1 2 3; 4 5 6]; norm(A,inf)　　% A 的∞-范数
		A=[1 2 3; 4 5 6]; norm(A,'fro')　　% A 的 F-范数

表 A.7 广义逆矩阵

功　　能	MATLAB 函数	示　　例
求矩阵的广义逆矩阵	pinv	pinv(A)　% 求矩阵 A 的 M-P 广义逆矩阵

附录B

习题参考答案

第1章　线性空间

1-1

(1) 不是,对数乘运算不封闭

(2) 是

(3) 不是,对加法运算或对数乘运算不封闭

(4) 是

(5) 是

1-2　$(2,3,-1,-1)^{\mathrm{T}}$

1-3　$[3,-3,2,-1]^{\mathrm{T}}$

1-4　$x_1=b+c+d-2a$；$x_2=a-c$；$x_3=a-d$；$x_4=a-b$

1-5　$[3,6,6,2]^{\mathrm{T}}$

1-6

(1) $\boldsymbol{P}=\begin{bmatrix}1/2 & -2 & -1/2 & -2\\ 3/2 & 1 & 5/2 & 4\\ 1/2 & 2 & 9/2 & 5\\ 3/2 & 2 & 11/2 & 8\end{bmatrix}$

(2) $\left(\frac{4}{9}x_1+\frac{1}{3}x_2-x_3-\frac{11}{9}x_4,\frac{1}{27}x_1+\frac{4}{9}x_2-\frac{1}{3}x_3-\frac{23}{27}x_4,\frac{1}{3}x_1-\frac{2}{3}x_4,\right.$

$\left.-\frac{7}{27}x_1-\frac{1}{9}x_2+\frac{1}{3}x_3+\frac{26}{27}x_4\right)^{\mathrm{T}}$

1-7 $R(\boldsymbol{A})=\text{span}\{(1,0,1)^{\mathrm{T}},(1,4,2)^{\mathrm{T}},(6,2,6)^{\mathrm{T}}\}$；$N(\boldsymbol{A})=\{\boldsymbol{0}\}$

1-8 $R(\boldsymbol{A})=\text{span}\{(0,-1,3,6)^{\mathrm{T}},(2,-4,1,5)^{\mathrm{T}},(-4,5,7,-10)^{\mathrm{T}}\}$；$N(\boldsymbol{A})=\{\boldsymbol{0}\}$

1-9

(1) V_1+V_2 的基为 $\boldsymbol{\alpha}_1,\boldsymbol{\alpha}_2,\boldsymbol{\beta}_1$，$\dim(V_1+V_2)=3$

(2) $V_1\cap V_2$ 的基为 $\left(-\frac{5}{3},\frac{5}{3},-5,\frac{5}{3}\right)^{\mathrm{T}}$，$\dim(V_1\cap V_2)=1$

1-10 $V_1\cap V_2$ 的基为 $(-1,1,1,0,0)^{\mathrm{T}},(12,0,-5,2,6)^{\mathrm{T}}$，$\dim(V_1\cap V_2)=2$

1-11

(1) V_1 的基为 $\xi_1=(2,1,0,0)^{\mathrm{T}},\xi_2=(2,0,1,1)^{\mathrm{T}}$，$\dim(V_1)=2$；$V_2$ 的基为 $\xi_3=(1,1,0,0)^{\mathrm{T}},\xi_4=(-1,0,1,0)^{\mathrm{T}},\xi_5=(-2,0,0,1)^{\mathrm{T}}$，$\dim(V_2)=3$

(2) $V_1\cap V_2$ 的基为 $(-8,-5,1,1)^{\mathrm{T}}$，$\dim(V_1\cap V_2)=1$

(3) V_1+V_2 的基为 $\xi_1=(2,1,0,0)^{\mathrm{T}},\xi_2=(2,0,1,1)^{\mathrm{T}},\xi_3=(1,1,0,0)^{\mathrm{T}},\xi_4=(-1,0,1,0)^{\mathrm{T}}$，$\dim(V_1+V_2)=4$

1-12 基是 $\boldsymbol{\alpha}_1,\boldsymbol{\alpha}_2,\boldsymbol{\alpha}_3$，维数是 3

1-13 (1) $V_1\cap V_2$ 的基为 $(-1,1,-3,1)^{\mathrm{T}}$，$\dim(V_1\cap V_2)=1$

(2) V_1+V_2 的基是 $\boldsymbol{\alpha}_1,\boldsymbol{\alpha}_2,\boldsymbol{\beta}_1$（也可以是其他组合），$\dim(V_1+V_2)=3$

1-14

(1) V_1 的基为 $\boldsymbol{\alpha}_1,\boldsymbol{\alpha}_2$，$\dim(V_1)=2$；$V_2$ 的基为 $\boldsymbol{\beta}_1$，$\dim(V_2)=1$

(2) $V_1\cap V_2$ 只有零向量，维数为 0

(3) V_1+V_2 的基是 $\boldsymbol{\alpha}_1,\boldsymbol{\alpha}_2,\boldsymbol{\beta}_1$，$\dim(V_1+V_2)=3$

1-15～1-17 略

1-18 $\left(\frac{1}{2},-\frac{1}{2},\frac{1}{2},-\frac{1}{2}\right)^{\mathrm{T}}$，$\left(\frac{2}{\sqrt{6}},\frac{1}{\sqrt{6}},0,\frac{1}{\sqrt{6}}\right)^{\mathrm{T}}$

1-19 $\left(\frac{1}{2},-\frac{1}{2},\frac{\mathrm{i}}{2},\frac{\mathrm{i}}{2}\right)^{\mathrm{T}},\left(-\frac{1}{2},\frac{1}{2},\frac{\mathrm{i}}{2},\frac{\mathrm{i}}{2}\right)^{\mathrm{T}},\left(\frac{\sqrt{2}}{2},\frac{\sqrt{2}}{2},0,0\right)^{\mathrm{T}}$

1-20 $\left(\frac{1}{\sqrt{6}},-\frac{2}{\sqrt{6}},\frac{1}{\sqrt{6}},0\right)^{\mathrm{T}}$，$\left(\frac{2}{\sqrt{30}},-\frac{1}{\sqrt{30}},-\frac{4}{\sqrt{30}},\frac{3}{\sqrt{3}}\right)^{\mathrm{T}}$

1-21 $[0,1/\sqrt{2},1/\sqrt{2},0,0]^{\mathrm{T}},\left[-\frac{\sqrt{10}}{5},\frac{\sqrt{10}}{10},-\frac{\sqrt{10}}{10},\frac{\sqrt{10}}{5},0\right]^{\mathrm{T}},\left[\frac{7}{\sqrt{315}},-\frac{6}{\sqrt{315}},\frac{6}{\sqrt{315}},\frac{13}{\sqrt{315}},\frac{5}{\sqrt{315}}\right]^{\mathrm{T}}$

1-22 略

第2章 线性变换

2-1 $\boldsymbol{D}=\begin{bmatrix}0 & 0 & \cdots & 0\\ 1 & 0 & \cdots & 0\\ 0 & \frac{1}{2} & \cdots & 0\\ \vdots & \vdots & \ddots & \vdots\\ 0 & 0 & \cdots & \frac{1}{n}\end{bmatrix}_{(n+1)\times n}$

2-2

(1) $N(\sigma)$的基是$(-5,4,4)^{\mathrm{T}}$,$\dim N(\sigma)=1$

(2) $R(\sigma)=\mathbb{R}^2$,基是$(1,0)^{\mathrm{T}}$,$(0,1)^{\mathrm{T}}$,$\dim R(\sigma)=2$

2-3～2-5 略

2-6 $\boldsymbol{A}=\begin{bmatrix}1 & -1 & 1\\ 2 & 4 & -2\\ -3 & -3 & 5\end{bmatrix}$

2-7

(1) $\begin{bmatrix}2 & 4 & 4\\ -3 & -4 & -6\\ 2 & 3 & 8\end{bmatrix}$

(2) 线性变换σ的核是零空间. 线性变换σ的值域是线性空间$\mathbb{R}^3$

2-8

(1) $N(\sigma)=\mathrm{span}\{(-2,2,3)^{\mathrm{T}}\}$；$R(\sigma)=\mathrm{span}\{(0,0,1)^{\mathrm{T}},(1,2,0)^{\mathrm{T}}\}$

(2) $\begin{bmatrix}1 & 1 & 0\\ 2 & 2 & 0\\ 3 & 0 & 2\end{bmatrix}$

2-9 $\boldsymbol{A}^{-1}$的特征值为λ^{-1},对应的特征向量是$\boldsymbol{\alpha}$.

2-10、2-11 略

2-12 $\boldsymbol{A}$的特征值：$\lambda_1=\lambda_2=-1$，$\lambda_3=2$.

对应于$\lambda=-1$的特征向量：$\boldsymbol{\alpha}_1=(1,-1,0)^{\mathrm{T}}$；$\boldsymbol{\alpha}_2=(1,0,-1)^{\mathrm{T}}$；对应于$\lambda=$

-1 的全部特征向量为：$k_1\boldsymbol{\alpha}_1+k_2\boldsymbol{\alpha}_2$，其中，$k_1,k_2$ 是不同时为零的常数.

对应于 $\lambda=2$ 的特征向量：$\boldsymbol{\alpha}_3=(1,1,1)^{\mathrm{T}}$；对应于 $\lambda=2$ 的全部特征向量为：$k_3\boldsymbol{\alpha}_3$，其中 k_3 是不为零的常数.

2-13　$\boldsymbol{A}$ 的特征值：$\lambda_1=\lambda_2=\lambda_3=2$.

对应于 $\lambda=2$ 的线性无关的特征向量：$\boldsymbol{\alpha}_1=(1,2,0)^{\mathrm{T}}$；$\boldsymbol{\alpha}_2=(0,0,1)^{\mathrm{T}}$，对应于 $\lambda=2$ 的全部特征向量为：$k_1\boldsymbol{\alpha}_1+k_2\boldsymbol{\alpha}_2$，其中，$k_1,k_2$ 是不同时为零的常数.

2-14　$\boldsymbol{A}$ 的特征值：$\lambda_1=\lambda_2=1$，$\lambda_3=-1$.

对应于 $\lambda=-1$ 的线性无关的特征向量：$\boldsymbol{\alpha}_1=(1,0,-1)^{\mathrm{T}}$，对应于 $\lambda=-1$ 的全部特征向量为：$k_1\boldsymbol{\alpha}_1$，其中 k_1 是不为零的任意常数.

对应于 $\lambda=1$ 的线性无关的特征向量：$\boldsymbol{\alpha}_2=(1,0,1)^{\mathrm{T}}$；$\boldsymbol{\alpha}_3=(0,1,0)^{\mathrm{T}}$，对应于 $\lambda=1$ 的全部特征向量为：$k_2\boldsymbol{\alpha}_2+k_3\boldsymbol{\alpha}_3$，其中，$k_2,k_3$ 是不同时为零的任意常数.

2-15　略

2-16　σ 的特征根为：$\lambda_1=\lambda_2=1$，$\lambda_3=-1$；

① 当 $\lambda=-1$ 时，$(\lambda\boldsymbol{E}-\boldsymbol{A})\boldsymbol{X}=\boldsymbol{0}$ 的基础解系：$\boldsymbol{\xi}_1=(1,0,-1)^{\mathrm{T}}$；所以 σ 对应特征根 $\lambda=-1$ 的全部特征向量为：，其中 k_1 是不为零的任意常数.

② 当 $\lambda=1$ 时，$(\lambda\boldsymbol{E}-\boldsymbol{A})\boldsymbol{X}=\boldsymbol{0}$ 的基础解系：$\boldsymbol{\xi}_2=(1,0,1)^{\mathrm{T}}$；$\boldsymbol{\xi}_3=(0,1,0)^{\mathrm{T}}$ 所以 σ 对应特征根 $\lambda=1$ 的全部特征向量为：

$$k_2(\boldsymbol{\alpha}_1,\boldsymbol{\alpha}_2,\boldsymbol{\alpha}_3)\boldsymbol{\xi}_2+k_3(\boldsymbol{\alpha}_1,\boldsymbol{\alpha}_2,\boldsymbol{\alpha}_3)\boldsymbol{\xi}_3=k_2(\boldsymbol{\alpha}_1+\boldsymbol{\alpha}_3)+k_3\boldsymbol{\alpha}_2$$

其中，k_2,k_3 是不同时为零的任意常数.

2-17

(1) 是

(2) 不是，不满足可加性

(3) 当 $\boldsymbol{\alpha}_0=\boldsymbol{0}$ 时是；当 $\boldsymbol{\alpha}_0\neq\boldsymbol{0}$ 时不是

第 3 章　典型矩阵与变换

3-1　(1) 提示：$\det(\boldsymbol{A}^{\mathrm{H}})=\det(\overline{\boldsymbol{A}^{\mathrm{T}}})=\overline{\det(\boldsymbol{A}^{\mathrm{T}})}=\overline{\det(\boldsymbol{A})}$　(2)、(3) 略

3-2　(1) $\begin{bmatrix}0&1\\-1&0\end{bmatrix}$　(2) $\begin{bmatrix}0&-1\\1&0\end{bmatrix}$

3-3　(1) $\boldsymbol{R}_y(\theta)=\begin{bmatrix}\cos\theta&0&-\sin\theta\\0&1&0\\\sin\theta&0&\cos\theta\end{bmatrix}$　(2) $\boldsymbol{R}_z(\theta)=\begin{bmatrix}\cos\theta&-\sin\theta&0\\\sin\theta&\cos\theta&0\\0&0&1\end{bmatrix}$

3-4 (1) $\begin{bmatrix}1 & 0\\0 & 0\end{bmatrix}$ (2) $\begin{bmatrix}0 & 0\\0 & 1\end{bmatrix}$ (3) $\begin{bmatrix}0 & 0 & 0\\0 & 0 & 0\\0 & 0 & 1\end{bmatrix}$

3-5 (1) $\begin{bmatrix}-1 & 0\\0 & 1\end{bmatrix}$ (2) $\begin{bmatrix}0 & 1\\1 & 0\end{bmatrix}$ (3) $\begin{bmatrix}0 & -1\\-1 & 0\end{bmatrix}$

3-6 (1) $\boldsymbol{Q}=\begin{bmatrix}\frac{1}{3} & \frac{2}{3} & \frac{2}{3}\\ \frac{2}{3} & -\frac{2}{3} & \frac{1}{3}\\ \frac{2}{3} & \frac{1}{3} & -\frac{2}{3}\end{bmatrix}$ $\boldsymbol{Q}^{\mathrm{T}}\boldsymbol{AQ}=\begin{bmatrix}-2 & 0 & 0\\0 & 4 & 0\\0 & 0 & 1\end{bmatrix}$

(2) $\boldsymbol{Q}=\begin{bmatrix}\frac{1}{2} & -\frac{1}{2} & \frac{1}{\sqrt{2}} & 0\\ \frac{1}{2} & \frac{1}{2} & 0 & \frac{1}{\sqrt{2}}\\ -\frac{1}{2} & \frac{1}{2} & \frac{1}{\sqrt{2}} & 0\\ -\frac{1}{2} & -\frac{1}{2} & 0 & \frac{1}{\sqrt{2}}\end{bmatrix}$ $\boldsymbol{Q}^{\mathrm{T}}\boldsymbol{AQ}=\begin{bmatrix}3 & 0 & 0 & 0\\0 & -1 & 0 & 0\\0 & 0 & 1 & 0\\0 & 0 & 0 & 1\end{bmatrix}$

3-7 $\boldsymbol{Q}=\begin{bmatrix}-\frac{1}{\sqrt{5}} & -\frac{4\sqrt{5}}{15} & \frac{2}{3}\\ \frac{2}{\sqrt{5}} & -\frac{2\sqrt{5}}{15} & \frac{1}{3}\\ \boldsymbol{0} & \frac{5\sqrt{5}}{15} & \frac{2}{3}\end{bmatrix}$； $\boldsymbol{Q}^{-1}\boldsymbol{AQ}=\boldsymbol{Q}^{\mathrm{T}}\boldsymbol{AQ}=\begin{bmatrix}7 & & \\ & 7 & \\ & & -2\end{bmatrix}$

3-8 (1) $-\sigma$ (2) $-\sigma$

3-9 $\boldsymbol{Q}=\begin{bmatrix}\frac{1}{3} & -\frac{2}{\sqrt{5}} & \frac{2\sqrt{5}}{15}\\ \frac{2}{3} & \frac{1}{\sqrt{5}} & \frac{4\sqrt{5}}{15}\\ -\frac{2}{3} & 0 & \frac{\sqrt{5}}{3}\end{bmatrix}$； $\boldsymbol{Q}^{\mathrm{T}}\boldsymbol{AQ}=\begin{bmatrix}10 & 0 & 0\\0 & 1 & 0\\0 & 0 & 1\end{bmatrix}$

3-10 $\boldsymbol{A}$ 是正规矩阵，$\boldsymbol{U}=\begin{bmatrix} \frac{\sqrt{2}}{2} & -\frac{\sqrt{2}}{2} & 0 \\ -\frac{\mathrm{i}}{2} & -\frac{\mathrm{i}}{2} & \frac{\sqrt{2}}{2}\mathrm{i} \\ \frac{1}{2} & \frac{1}{2} & \frac{\sqrt{2}}{2} \end{bmatrix}$，$\boldsymbol{U}^{\mathrm{H}}\boldsymbol{AU}=\begin{bmatrix} \sqrt{2}\,\mathrm{i} & 0 & 0 \\ 0 & -\sqrt{2}\,\mathrm{i} & 0 \\ 0 & 0 & 0 \end{bmatrix}$.

3-11 $\boldsymbol{A}$ 是正规矩阵，$\boldsymbol{U}=\begin{bmatrix} \frac{\sqrt{2}}{2}\mathrm{i} & -\frac{\sqrt{2}}{2}\mathrm{i} \\ \frac{\sqrt{2}}{2} & \frac{\sqrt{2}}{2} \end{bmatrix}$，$\boldsymbol{U}^{\mathrm{H}}\boldsymbol{AU}=\begin{bmatrix} 1+\mathrm{i} & 0 \\ 0 & 1-\mathrm{i} \end{bmatrix}$

3-12～3-16 略

第 4 章 矩阵的相似标准形

4-1 $\boldsymbol{A}^{-1}(\lambda)=\begin{bmatrix} -\lambda+1 & \lambda \\ \lambda & -\lambda-1 \end{bmatrix}$

4-2 (1) $\begin{bmatrix} \lambda & 0 \\ 0 & \lambda(\lambda^2-10\lambda-3) \end{bmatrix}$ (2) $\begin{bmatrix} (\lambda-1) & 0 \\ 0 & (\lambda+1)(\lambda-1)^3 \end{bmatrix}$

4-3 $\begin{bmatrix} 1 & 0 & 0 \\ 0 & 1 & 0 \\ 0 & 0 & \lambda^4-\lambda^3+3\lambda^2+\lambda \end{bmatrix}$

4-4 $\begin{bmatrix} 1 & 0 & 0 \\ 0 & \lambda & 0 \\ 0 & 0 & \lambda(\lambda+1) \end{bmatrix}$

4-5 $D_1(\lambda)=1$，$D_2(\lambda)=\lambda(\lambda+1)$，$D_3(\lambda)=\lambda^2(\lambda+1)^3$；

$d_1(\lambda)=1$，$d_2(\lambda)=\lambda(\lambda+1)$，$d_3(\lambda)=\lambda(\lambda+1)^2$.

4-6 $\begin{bmatrix} 1 & & \\ & \lambda(\lambda+1) & \\ & & \lambda(\lambda+1)^2 \end{bmatrix}$

4-7 $\begin{bmatrix} 1 & & \\ & 1 & \\ & & (-\lambda^2-\lambda+1)(-\lambda^4+\lambda^3+\lambda^2) \end{bmatrix}$

4-8　$\boldsymbol{J}=\begin{bmatrix}1&0&0\\0&1&1\\0&0&1\end{bmatrix}$ 或 $\begin{bmatrix}1&1&0\\0&1&0\\0&0&1\end{bmatrix}$

4-9　(1) $\begin{bmatrix}2&1&\\&2&\\&&2\end{bmatrix}$ 或 $\begin{bmatrix}2&&\\&2&1\\&&2\end{bmatrix}$　　(2) $\begin{bmatrix}1&&\\&2&\\&&3\end{bmatrix}$

(3) $\begin{bmatrix}1&1&\\&1&1\\&&1\end{bmatrix}$　　(4) $\begin{bmatrix}1&&\\&2+\mathrm{i}&\\&&2-\mathrm{i}\end{bmatrix}$

注：Jordan 块次序可以不同.

4-10　(1) $\begin{bmatrix}2&&\\&1&1\\&&1\end{bmatrix}$　　(2) $\begin{bmatrix}1&&\\&0&1\\&&0\end{bmatrix}$

4-11　(1) $\begin{bmatrix}1&1&&\\&1&&\\&&1&1\\&&&1\end{bmatrix}$　　(2) $\begin{bmatrix}1&1&&\\&1&1&\\&&1&1\\&&&1\end{bmatrix}$

4-12　$\boldsymbol{J}=\begin{bmatrix}1&&\\&2&1\\&&2\end{bmatrix}$,　　$\boldsymbol{P}=\begin{bmatrix}0&5&2\\1&0&0\\0&3&1\end{bmatrix}$.

4-13　$\boldsymbol{J}=\begin{bmatrix}-1&0&0\\0&-1&1\\0&0&-1\end{bmatrix}$,　　$\boldsymbol{P}=\begin{bmatrix}0&-4&-1\\1&-3&0\\0&2&0\end{bmatrix}$

4-14　$\boldsymbol{P}=\begin{bmatrix}-1&2&2\\1&1&0\\0&1&1\end{bmatrix}$

4-15　$\boldsymbol{A}^{100}=\begin{bmatrix}-199&0&100\\201-2^{100}&2^{100}&-101+2^{100}\\-400&0&201\end{bmatrix}$

4-16　$\boldsymbol{A}$ 的不变因子是：$1,1,1,1,1,\lambda,\lambda^3(\lambda+1)^3$

A 的 Jordan 标准形是：

$$\begin{bmatrix} -1 & 1 & & & & & \\ & -1 & 1 & & & & \\ & & -1 & & & & \\ & & & 0 & 1 & & \\ & & & & 0 & 1 & \\ & & & & & 0 & \\ & & & & & & 0 \end{bmatrix}$$

4-17　略

第5章　矩阵分解

5-1　$\boldsymbol{A}=\begin{bmatrix} 1 & & \\ 2 & 1 & \\ -1 & 2 & 1 \end{bmatrix}\begin{bmatrix} 2 & 2 & 3 \\ & 3 & 1 \\ & & 6 \end{bmatrix}$，$|\boldsymbol{A}|=36$

5-2　$\boldsymbol{A}=\begin{bmatrix} 2 & & \\ 4 & 4 & \\ 2 & 2 & 3/2 \end{bmatrix}\begin{bmatrix} 1 & -1/2 & 1/2 \\ & 1 & -1/4 \\ & & 1 \end{bmatrix}$，$|\boldsymbol{A}|=12$

5-3　$\boldsymbol{A}=\begin{bmatrix} 1 & 0 & 0 \\ 2 & 1 & 0 \\ 1 & -1/2 & 1 \end{bmatrix}\begin{bmatrix} 1 & 3 & 0 \\ 0 & -2 & 0 \\ 0 & 0 & 5 \end{bmatrix}$，　$\boldsymbol{A}=\begin{bmatrix} 1 & 0 & 0 \\ 2 & -2 & 0 \\ 1 & 1 & 5 \end{bmatrix}\begin{bmatrix} 1 & 3 & 0 \\ 0 & 1 & 0 \\ 0 & 0 & 1 \end{bmatrix}$

$$\boldsymbol{A}=\begin{bmatrix} 1 & 0 & 0 \\ 2 & 1 & 0 \\ 1 & -1/2 & 1 \end{bmatrix}\begin{bmatrix} 1 & 0 & 0 \\ 0 & -2 & 0 \\ 0 & 0 & 5 \end{bmatrix}\begin{bmatrix} 1 & 3 & 0 \\ 0 & 1 & 0 \\ 0 & 0 & 1 \end{bmatrix}$$

5-4　Crout 分解的紧凑计算格式与 Doolittle 分解的紧凑计算格式的区别是前者每行元素除以对角线上的元素，每列元素不除以对角线上的元素；后者则是每列元素除以对角线上的元素，每行元素不除以对角线上的元素，其余步骤完全一样.

5-5　$a>26$

5-6　$\boldsymbol{A}=\begin{bmatrix} \sqrt{3} & 0 & 0 \\ \dfrac{2}{\sqrt{3}} & \dfrac{\sqrt{8}}{\sqrt{3}} & 0 \\ \dfrac{1}{\sqrt{3}} & \dfrac{1}{\sqrt{24}} & \dfrac{\sqrt{5}}{\sqrt{8}} \end{bmatrix}\begin{bmatrix} \sqrt{3} & \dfrac{2}{\sqrt{3}} & \dfrac{1}{\sqrt{3}} \\ 0 & \dfrac{\sqrt{8}}{\sqrt{3}} & \dfrac{1}{\sqrt{24}} \\ 0 & 0 & \dfrac{\sqrt{5}}{\sqrt{8}} \end{bmatrix}$

5-7 $\boldsymbol{A}=\begin{bmatrix} 2 & & \\ -0.5 & 2 & \\ 0.5 & 1.5 & 1 \end{bmatrix}\begin{bmatrix} 2 & -0.5 & 0.5 \\ & 2 & 1.5 \\ & & 1 \end{bmatrix}$

5-8 (1) $\boldsymbol{A}=\boldsymbol{A}\boldsymbol{E}$ (2) $\boldsymbol{A}=\boldsymbol{B}\boldsymbol{C}=\begin{bmatrix} 2 & 1 \\ -2 & 2 \\ 0 & 3 \end{bmatrix}\begin{bmatrix} 1 & -1/2 & 0 \\ 0 & 0 & 1 \end{bmatrix}$

5-9 $\boldsymbol{A}=\boldsymbol{B}\boldsymbol{C}=\begin{bmatrix} 1 & 4 & -1 \\ 2 & 0 & 0 \\ -1 & 2 & -4 \\ 2 & 6 & -5 \end{bmatrix}\begin{bmatrix} 1 & 0 & 0 & 0 & -7 \\ 0 & 1 & 0 & \frac{10}{7} & \frac{29}{7} \\ 0 & 0 & 1 & \frac{5}{7} & \frac{25}{7} \end{bmatrix}$

5-10 $\boldsymbol{A}=\boldsymbol{B}\boldsymbol{C}=\begin{bmatrix} 2 & 1 & -2 \\ 2 & 5 & -1 \\ 1 & 3 & -1 \end{bmatrix}\begin{bmatrix} 1 & 0 & 0 & 8/5 & -2/5 \\ 0 & 1 & 0 & 1/5 & 1/5 \\ 0 & 0 & 1 & 1/5 & -4/5 \end{bmatrix}$

5-11 $\boldsymbol{A}=\begin{bmatrix} 3 & 2 \\ 6 & 1 \\ 9 & 3 \end{bmatrix}\begin{bmatrix} \frac{1}{3} & 1 & 0 & -\frac{1}{9} & \frac{10}{9} \\ 0 & 0 & 1 & \frac{2}{3} & \frac{1}{3} \end{bmatrix}$

5-12 $\boldsymbol{A}=\begin{bmatrix} -\frac{\sqrt{3}}{2} & 0 & 0 \\ \frac{1}{2\sqrt{3}} & \frac{2}{\sqrt{6}} & 0 \\ \frac{1}{2\sqrt{3}} & -\frac{1}{\sqrt{6}} & -\frac{1}{\sqrt{2}} \\ \frac{1}{2\sqrt{3}} & -\frac{1}{\sqrt{6}} & \frac{1}{\sqrt{2}} \end{bmatrix}\begin{bmatrix} 2\sqrt{3} & -\frac{2}{\sqrt{3}} & \frac{4}{\sqrt{3}} \\ 0 & \frac{4}{\sqrt{6}} & \frac{1}{\sqrt{6}} \\ 0 & 0 & \frac{1}{\sqrt{2}} \end{bmatrix}$

5-13 $\boldsymbol{A}=\begin{bmatrix} \frac{1}{\sqrt{6}} & \frac{1}{\sqrt{3}} & \frac{1}{\sqrt{2}} \\ \frac{2}{\sqrt{6}} & -\frac{1}{\sqrt{3}} & 0 \\ \frac{1}{\sqrt{6}} & \frac{1}{\sqrt{3}} & -\frac{1}{\sqrt{2}} \end{bmatrix}\begin{bmatrix} \sqrt{6} & \sqrt{6} & \frac{7}{\sqrt{6}} \\ 0 & \sqrt{3} & \frac{1}{\sqrt{3}} \\ 0 & 0 & \frac{1}{\sqrt{2}} \end{bmatrix}$

5-14 $\boldsymbol{A}=\begin{bmatrix}0 & \frac{4}{5} & -\frac{3}{5}\\ 1 & 0 & 0\\ 0 & \frac{3}{5} & \frac{4}{5}\end{bmatrix}\begin{bmatrix}1 & 1 & 1\\ 0 & 5 & 2\\ 0 & 0 & 1\end{bmatrix}$

5-15 略

5-16 $\boldsymbol{A}=\begin{bmatrix}\frac{1}{\sqrt{2}} & -\frac{1}{\sqrt{2}} & 0\\ 0 & 0 & 1\\ \frac{1}{\sqrt{2}} & \frac{1}{\sqrt{2}} & 0\end{bmatrix}\begin{bmatrix}2 & 0\\ 0 & 0\\ 0 & 0\end{bmatrix}\begin{bmatrix}\frac{1}{\sqrt{2}} & \frac{1}{\sqrt{2}}\\ -\frac{1}{\sqrt{2}} & \frac{1}{\sqrt{2}}\end{bmatrix}$

5-17 $\boldsymbol{A}=\begin{bmatrix}0 & 1 & 0\\ 1 & 0 & 0\\ 0 & 0 & 1\end{bmatrix}\begin{bmatrix}3 & 0\\ 0 & 2\\ 0 & 0\end{bmatrix}\begin{bmatrix}0 & 1\\ 1 & 0\end{bmatrix}$

5-18 $\boldsymbol{A}=\boldsymbol{UDV}^{\mathrm{H}}=\begin{bmatrix}1 & 0 & 0\\ 0 & 1 & 0\\ 0 & 0 & 1\end{bmatrix}\begin{bmatrix}2 & 0\\ 0 & 1\\ 0 & 0\end{bmatrix}\begin{bmatrix}1 & 0\\ 0 & \mathrm{i}\end{bmatrix}^{\mathrm{H}}$

5-19 略

第 6 章 矩阵的微积分

6-1～6-5 略

6-6 (1) $\|\boldsymbol{A}\|_2=\sqrt{7+3\sqrt{5}}$，$\|\boldsymbol{A}\|_\infty=5$

(2) $\|\boldsymbol{A}\|_2=\sqrt{3+\sqrt{5}}$，$\|\boldsymbol{A}\|_\infty=1+\sqrt{2}$

6-7～6-9 略

6-10 $-\frac{1}{2}<a<\frac{1}{2}$

6-11 (1) 收敛，$(0,0,0)^{\mathrm{T}}$ (2) 收敛，$(0,1,1)^{\mathrm{T}}$ (3) 发散

6-12 发散

6-13 收敛，$\lim\limits_{k\to\infty}\boldsymbol{A}^k=\begin{bmatrix}1 & 0 & 0\\ 0 & 0 & 0\\ 0 & 0 & 0\end{bmatrix}$

6-14 收敛.

6-15 收敛，$\sum_{k=1}^{\infty} A_k = \begin{bmatrix} 1 & \ln 2 \\ & 1 \end{bmatrix}$.

6-16 收敛，其和为$\frac{2}{3}\begin{bmatrix} 4 & 7 \\ 3 & 9 \end{bmatrix}$.

6-17 绝对收敛.

6-18 (1) $\begin{bmatrix} 1 & 4x \\ 0 & 2 \end{bmatrix}$ (2) $\begin{bmatrix} -1 & 2x \\ 0 & -\frac{1}{2} \end{bmatrix}$

6-19 $\begin{bmatrix} \frac{1}{2}(e^2-1) & \frac{1}{3} \\ \frac{3}{2} & 0 \end{bmatrix}$

6-20 (1) $\begin{bmatrix} \frac{1}{2}(e^2-1) & 1 & \frac{1}{3} \\ 1-e^{-1} & e^2-1 & 0 \\ \frac{3}{2} & 0 & 0 \end{bmatrix}$ (2) $2x\begin{bmatrix} e^{2x^2} & x^2e^{x^2} & x^4 \\ e^{-x^2} & 2e^{2x^2} & 0 \\ 3x^2 & 0 & 0 \end{bmatrix}$.

第7章 广义逆矩阵

7-1 $\boldsymbol{A}^{-}=\boldsymbol{Q}\begin{bmatrix} \boldsymbol{E}_2 & \boldsymbol{X} \\ \boldsymbol{Y} & \boldsymbol{Z} \end{bmatrix}\boldsymbol{P}$，其中，$\boldsymbol{X}\in\mathbb{C}^{2\times 1}$，$\boldsymbol{Y}\in\mathbb{C}^{2\times 2}$，$\boldsymbol{Z}\in\mathbb{C}^{2\times 1}$.

7-2 $\boldsymbol{A}^{-}=\begin{bmatrix} 1 & 0 & 0 \\ 0 & 1 & 0 \\ 0 & 0 & 1 \end{bmatrix}\begin{bmatrix} 1 & 0 & 0 \\ 0 & 1 & 0 \\ 0 & 0 & * \end{bmatrix}\begin{bmatrix} 1 & 0 & 0 \\ -1 & 0 & 1 \\ 1 & 1 & -3 \end{bmatrix}$，其中$*$为任意实数

7-3 $\boldsymbol{A}^{-}=\begin{bmatrix} 1 & 0 & 0 \\ 0 & 0 & 1 \\ 0 & 1 & 0 \end{bmatrix}\begin{bmatrix} 1 & 0 & 0 & 0 \\ 0 & 1 & 0 & 0 \\ 0 & 0 & * & * \end{bmatrix}\begin{bmatrix} 0 & 1 & 0 & 0 \\ 0 & 0 & 1 & 0 \\ 1 & 0 & -2 & 0 \\ 0 & -1 & -1 & 1 \end{bmatrix}$，其中$*$为任意实数.

7-4 所有 $n\times m$ 矩阵.

7-5 所有第 j 行第 i 列元素为 1 的 $n\times m$ 矩阵.

7-6、7-7　略

7-8　$\boldsymbol{A}^{+}=\frac{1}{14}\begin{bmatrix}1 & 2 & 3\end{bmatrix}$

7-9　$\boldsymbol{A}^{+}=\frac{1}{10}\begin{bmatrix}-1 & 2\\ 0 & 0\\ 1 & -2\end{bmatrix}$

7-10　$\boldsymbol{A}^{+}=\frac{1}{25}\begin{bmatrix}1 & 0 & 2\\ 2 & 0 & 4\end{bmatrix}$

7-11　$\boldsymbol{A}^{+}=\frac{1}{22}\begin{bmatrix}-2 & -2 & 8\\ 6 & 6 & -2\\ -1 & -1 & 4\\ 5 & 5 & 2\end{bmatrix}$

7-12、7-13　略

7-14　由于 $\boldsymbol{AA}^{+}\boldsymbol{b}\neq\boldsymbol{b}$，方程组 $\boldsymbol{Ax}=\boldsymbol{b}$ 无解，其最小范数最小二乘解为 $\boldsymbol{x}_0=\boldsymbol{A}^{+}\boldsymbol{b}=\frac{2}{11}(2,2,3)^{\mathrm{T}}$.

7-15　由于 $\boldsymbol{AA}^{+}\boldsymbol{b}\neq\boldsymbol{b}$，方程组 $\boldsymbol{Ax}=\boldsymbol{b}$ 无解，其最佳逼近解为 $\boldsymbol{x}_0=\boldsymbol{A}^{+}\boldsymbol{b}=\frac{1}{18}(20,7,-13,27)^{\mathrm{T}}$.

7-16　由于 $\boldsymbol{AA}^{+}\boldsymbol{b}\neq\boldsymbol{b}$，方程组 $\boldsymbol{Ax}=\boldsymbol{b}$ 无解，其最小二乘解的通解为

$$\boldsymbol{x}=\boldsymbol{A}^{+}\boldsymbol{b}+(\boldsymbol{E}-\boldsymbol{A}^{+}\boldsymbol{A})\boldsymbol{z}=\frac{1}{5}\begin{bmatrix}2\\ -1\\ 2\\ 3\end{bmatrix}+\frac{1}{5}\begin{bmatrix}3 & -1 & -2 & -1\\ -1 & 2 & -1 & 2\\ -2 & -1 & 3 & -1\\ -1 & 2 & -1 & 2\end{bmatrix}\begin{bmatrix}z_1\\ z_2\\ z_3\\ z_4\end{bmatrix}$$

其中，$z_1,z_2,z_3,z_4\in\mathbb{C}$ 是任意常数.

最佳逼近解是 $\boldsymbol{x}_0=\boldsymbol{A}^{+}\boldsymbol{b}=\frac{1}{5}(2,-1,2,3)^{\mathrm{T}}$.